国防科技大学研究生数学公共课程系列教材

数据驱动的非预期故障诊断理论及应用

何章鸣　王炯琦　周海银　邢　琰　王大轶　著

科学出版社

北　京

内 容 简 介

本书介绍了数据驱动的故障诊断理论，内容涉及故障诊断方法的数学基础、理论分析和应用集成，涵盖了经典的数据驱动故障诊断方法和部分较新的非预期故障诊断方法. 数学基础包括：矩阵分析、数理统计、故障诊断基本方法. 理论分析包括：非预期故障诊断的通用过程模型、基于平滑预处理的非预期故障诊断方法、基于时序建模的故障检测方法、静态模型故障检测方法评估、动态模型非预期故障诊断与可视化. 应用集成包括：非预期故障诊断工具箱设计.

数据驱动和非预期故障诊断是本书的特色，另外本书有大量翔实的应用案例可供参考. 本书可作为应用数学、系统科学和自动控制专业高年级本科生与研究生的教学参考书，同时对从事数据处理、状态监控的科技人员也具有一定的参考价值.

图书在版编目（CIP）数据

数据驱动的非预期故障诊断理论及应用/何章鸣等著. —北京：科学出版社，2017. 5

ISBN 978-7-03-051902-3

I.①数… II. ①何…III. ①故障诊断-理论-研究生-教材 IV. ①TB4

中国版本图书馆 CIP 数据核字（2017）第 038293 号

责任编辑：李 欣 赵彦超／责任校对：张凤琴
责任印制：吴兆东／封面设计：耕者工作室

科 学 出 版 社出版
北京东黄城根北街 16 号
邮政编码：100717
http://www.sciencep.com
北京虎彩文化传播有限公司 印刷
科学出版社发行 各地新华书店经销
*
2017 年 5 月第 一 版 开本：720 × 1000 B5
2022 年 1 月第六次印刷 印张：14 3/4
字数：284 000

定价：78. 00 元

（如有印装质量问题，我社负责调换）

前　言

当系统发生故障时, 为了避免人力、物力和财力的巨大损失, 故障诊断系统必须及时地完成故障诊断的各项任务, 包括故障检测和故障隔离, 前者主要判断故障是否发生, 后者主要判断故障发生的位置和类型.

对于高可靠系统来说, 已有对策的预期故障往往很少发生, 而发生的故障很多都是暂时没有对策的非预期故障. 例如卫星姿态控制系统, 由于承担的任务艰巨且造价昂贵, 在航天器上天之前, 技术人员就通过机理分析、数学仿真、物理试验等手段建立了比较完备的故障模式库并提出了相应的故障处理方法. 但是, 航天器在轨运行时仍然会发生未知的故障, 如姿态控制系统在调姿时的未知故障. 由于已知故障模式库中没有这种故障的历史数据、特征描述、维修方法和预防措施, 只能通过逐个排查、专家会诊、猜测分析和仿真模拟等手段才最终完成故障诊断任务.

非预期故障检测与隔离是健康管理不可或缺的部分, 若能够快速检测和精确隔离非预期故障, 必将大大降低故障处理和系统维护的成本. 非预期故障诊断是传统故障诊断任务的升级, 能够完善故障模式库和数据库, 提供非预期故障的容错方法和维修方案, 从而提高系统可靠性, 延长系统的寿命.

诊断方法的性能评价是方法选择的重要依据, 评价中常用到两个常用指标, 即误报率和漏报率, 当引入一种新的故障诊断方法时有必要从理论证明和仿真验证两个角度对方法进行评估, 而前者的结果更加稳定和迫切. 但是, 与基于模型的故障诊断方法和基于知识的故障诊断方法相比, 数据驱动故障诊断方法有典型的“拿来主义”特点, 很多时候只是从“试错”“直观定性”和“仿真验证”的角度直接将各种数据处理方法应用于故障诊断, 很少从理论角度论证不同诊断方法的效果差异. 比如, 数据降维方法和故障诊断中都有主元分析、偏最小二乘和典型相关分析. 一个自然的问题是: 为什么必须要用这些方法? 在什么条件下哪种方法占优? 什么时候这些方法会相互转化? 怎样才能降低故障诊断算法的算法浮点数? 动态方法和静态方法到底有什么关联? 本书将回答这些问题.

近年来, 作者在国家“973”计划项目、国家自然科学基金、总装备部预先研究项目、国家重点实验室开发基金项目、国防科技大学科研计划项目的资助下, 较为深入地开展了非预期故障诊断理论与方法的研究, 取得的相关理论研究和应用成果构成了本书的主体内容.

本书以非预期故障诊断为背景, 以系统科学理论与应用数学技术为指导, 针对复杂系统可能存在的非预期故障, 用“基于模型故障诊断的数据驱动设计思想”统揽全局, 将非预期故障问题转化为趋势提取、参数估计、数据降维、统计判别和性能优化等问题. 针对不同的数据特点和模型结构, 采取不同的诊断方法, 并评价了不同方法的性能指标, 部分研究成果已经直接应用于复杂系统的故障诊断中.

本书的读者对象主要是数据处理、状态监控、故障诊断、系统工程、应用数学等专业和有关工程领域的高年级本科生、研究生, 本书也可供其他领域从事信息处理与优化的技术或管理人员参考, 以及卫星控制系统及相关试验系统的研制单位、鉴定部门、应用单位的工程技术人员参考.

本书分为概述、数学基础、理论分析和应用集成四个部分, 遵循 "从基础到核心, 从框架到方法, 从平稳到非平稳, 从多批次到单批次, 从全数据到半数据, 从静态到动态, 从理论到应用" 的顺序. 全书由何章鸣统稿和定稿.

本书引用了许多学者的工作 (见参考文献), 在此, 特别对有关作者和出版单位表示衷心感谢. 为使本书内容完整, 书中引用了作者在有关刊物上发表的一些文章, 作者特别对这些刊物及其出版单位表示诚挚的谢意.

在本书的撰写出版过程中, 作者得到了北京控制工程研究所王大轶研究员等专家的关心和帮助, 课题组的研究生李书兴、周萱影、尹晨、侯博文、孙博文、张琨、魏居辉、李鑫、任韬等为本书提供了许多有价值的素材, 认真阅读了书稿, 并参加了本书的校对和修改工作. 作者一并向他们表示衷心的感谢.

由于作者理论水平有限, 以及研究工作的局限性, 疏漏和不当之处难免, 恳请读者批评指正, 希望通过交流和学习共同促进故障诊断理论和应用的发展, 交流邮箱为 hzmnudt@sina.com.

何章鸣

2016 年 12 月于长沙

目　　录

第 1 章　非预期故障诊断概述

1.1　背景与意义

1.1.1　背景

国际自动控制联合会 (IFAC, International Federation of Automatic Control) 约定[10]: 当系统的某个特征参数发生了不可接受的偏移时, 称系统发生了故障; 故障检测就是判断系统是否发生故障; 故障隔离就是判断故障的类型和硬件位置; 故障辨识就是进一步判断故障的幅值和时变特性等; 过程恢复则是故障处理和系统维修的过程.

美国机械故障预防小组 (Machinery Fault Prevention Group) 于 1967 年成立, 这标志着现代故障诊断技术的诞生. 半个世纪以来, 故障诊断技术得到了长足发展, 其内涵和技术理念不断升级[7,9,13−16] :由依据监测与诊断为途径的被动感知转变为以状态与寿命预测为手段的主动防御; 由以确定健康状态为目标的状态监测转变为以根据监测、诊断和预测结果确定应对措施为目标的健康管理; 由对故障多发关键部件的聚焦转变为对分系统, 甚至全系统全寿命周期的全面综合考虑; 由对传统的已知类型的预期故障诊断转变为对当前的未知类型的非预期故障诊断.

非预期故障诊断的相关概念　故障可以分为两类: 一类是预期故障 (AF, Anticipated Fault), 就是在故障模式库中存在的故障; 另一类是非预期故障 (UF Unanticipated Fault), 这类故障客观存在, 但是故障模式库中没有记录. 前者往往存在对应的监控记录、特征描述和处理方法等先验信息, 而后者则缺乏对应的先验信息, 一般只有少量的测试数据 (Test Data), 没有对应的训练数据 (Training Data).

自二十世纪八十年代以来, 出现了很多与非预期故障相关的概念: 1991 年, Jagota[17] 提到了新异类 (Novelty) 检测等概念, 提出新异类检测的目标是识别训练阶段未感应到的新的数据. 2003 年, Hofbaur[18] 提出了检测未知模式 (Unknown Modes) 的混合模型. 2006 年, 段琢华[19] 提出的粒子滤波模型能够检测未知故障 (Unknown Fault). 同年, 栾家辉[20] 提出了解决无对策故障 (Un-presupposed Fault) 的需求. 2007 年, Patcha[14] 总结了异类 (Anomaly) 检测系统和用于计算机网络攻击混合检测系统的相关技术. 2008 年, Zhang Bin[21] 提到了非预期故障, 并认为新异类检测方法可以解决非预期故障检测问题. 2010 年, 徐克俊[22] 在航天发射故障诊断技术领域介绍了潜在电路分析法, 并用以解决航天器的非预期功能故障 (Unexpected

Functional Fault). 同年, Bartkowiak[23] 总结了异类、新异类和单类分类器 (OCC, One-Class Classifier) 的联系, 指明野点 (Outlier) 处理、异常检测和新异类检测的实质就是单类分类问题, 即基于正常数据检测异常问题. 2011 年, 北京控制研究所提出了针对军用卫星的非预期故障检测与诊断的方法研究问题. 另外, 数据库软件领域也存在解决非预期事务故障(Unexpected Transactional Fault)[24]的需求.

综上所述, 不同领域都有非预期故障检测和隔离的需求. 尽管各领域的术语有差异, 但是非预期故障、非预期功能故障、非预期事务故障、新异类、未知模式、未知故障、无对策故障等术语的内涵是一致的. 正因如此, 本书用 "非预期故障" 统一上述概念和术语.

非预期故障的原因　困扰工程人员的一个问题是: 对于高可靠系统来说, 如卫星姿态控制系统 (SACS, Satellite Attitude Control System), 已有对策的预期故障往往很少发生, 而发生的故障很多都是暂时没有对策的非预期故障. 例如, 卫星作为航天器中的一个重要类型, 是一个大系统, 具有结构复杂、传感器多、数据非平稳、非线性等特征[25, 26]. 由于任务艰巨且自身非常昂贵, 所以在上天之前, 技术人员就通过机理分析、物理仿真等手段建立了比较完备的故障模式库和对应的故障处理方法. 但是, 在轨卫星仍然会发生难以预料的故障, 如 "宇流" 故障——在某型号卫星姿态调整过程中, 喷气执行机构通过喷气发动机产生高压气体向星体外喷射, 气体对卫星太阳能帆板产生了冲击, 导致该卫星姿态大角度翻转. 在此之前, 卫星控制系统技术人员对 "宇流" 引起的帆板故障没有相应的经验, 也从来没有预见过这种故障.

非预期故障的原因主要包括: 第一, 系统仍处于设计和实验阶段, 全物理故障仿真难以穷举, 缺乏对应的观测数据和先验知识. 第二, 设备昂贵, 无法开展故障植入试验, 因此通过试验手段构建故障仿真数据也存在困难. 另外, 昂贵设备在发生故障的时候一般会停机保护, 因而采集不到足够的故障数据. 第三, 系统发生故障时, 来不及采集数据就可能已经发生重大事故. 第四, 系统所处的环境发生了前所未有的变化, 导致难以判断系统所处的状态. 第五, 高可靠系统的关键部件不易发生故障, 即使安装了在线监测系统, 实际采集到的数据主要是正常模式数据, 故障模式数据仍然只是少量, 使得故障模式库不仅不完备, 而且不同模式的数据容量也不对称.

在先验知识缺乏, 故障样本稀缺, 故障模式不完备的情况下, 如何及时地检测, 甚至隔离和处理非预期故障, 是控制系统故障诊断的一大难点, 对故障诊断技术也是一个重大挑战.

1.1.2　意义

与预期故障不同, 非预期故障具有多重不确定性, 如故障模式不确定、故障时间不确定、故障硬件不确定和故障处理方法不确定. 这些不确定性导致的结果是: 要么无法检测非预期故障; 要么可以检测但难以隔离; 要么可以隔离, 但是故障导致灾难的速度远远快于故障处理进度. 非预期故障诊断方法的研究, 试图避免非预期故障引起的重大事故, 并避免造成人力、物力和财力的巨大损失, 这决定了非预期故障诊断方法的研究具有重大的理论研究意义与迫切的工程应用意义.

在理论研究方面, 研究非预期故障诊断的过程策略和具体方法, 可以突破传统故障诊断方法的局限, 在一定程度上解决非线性、非平稳和动态系统的故障诊断问题. 探索各种非预期故障诊断方法, 本书重点研究数据驱动的诊断方法. 充分利用系统的传感器、控制器等各部件的数据, 同时结合系统结构与功能的深层原理, 研究数据驱动方法在非预期故障诊断中的适用性, 完善故障诊断理论, 提高故障隔离的正确率, 为系统进行状态监控和健康管理提供一定理论依据, 进而实现系统的自主诊断.

在工程应用方面, 健康管理需要依据监控、检测、诊断或预测信息, 结合可用资源和使用需求, 对维护活动做出适当决策[15, 27]. 非预期故障检测与隔离是健康管理不可或缺的部分, 若能够快速检测和精确隔离非预期故障, 必将大大降低故障处理和系统维护的成本. 非预期故障诊断是传统故障诊断任务的升级, 能够完善故障模式库和数据库, 提供非预期故障的容错方法和维修方案, 从而提高系统可靠性, 延长系统的寿命. 依此, 非预期故障诊断对提高系统健康管理的层次和性能具有重要意义.

1.2 国内外研究现状

1.2.1 非预期故障诊断的方法

非预期故障诊断的任务是预期故障诊断任务的扩展, 有两种思路解决非预期故障诊断问题. 其一, 改进传统的预期故障诊断方法, 使其具有非预期故障检测甚至是隔离的功能; 其二, 探索全新的能够有效诊断非预期故障的方法. 显然前者更具有继承性, 也更容易实施, 也是本书的主要思路.

从二十世纪七十年代起, 涌现出大量的故障诊断方法. 大部分的方法都假定故障模式库是完备的, 即发生的故障都是预期故障. 这些方法大体分为三类: 基于模型 (Model-based) 的故障诊断方法、基于知识 (Knowledge-based) 的故障诊断方法和数据驱动 (Data-driven) 的故障诊断方法.

注解 1.1 故障诊断方法有不同的称谓:

(1) 基于模型的方法的关键信息是模型的结构 (Structure) 和模型的参数 (Parameter), 因此也称为全模型方法; 数据驱动方法的关键信息是训练数据, 因此也称为全数据方法. 应用中可能要利用基于模型和数据驱动的混合方法, 我们称这类混合方法为半模型半数据方法. 一方面, 通过状态监控, 能够获得一部分训练数据, 但是数据的品质可能不高, 比如数据容量有限或者数据可能被噪声污染. 另一方面, 通过机理分析, 能够获得系统的模型结构, 该结构描述了输入/输出变量所满足的数学模型, 但是模型的参数可能是未知的.

(2) 由于混合方法同时考虑了被监控对象的模型和数据两方面的信息, 因此该方法的诊断性能应该更高, 而且应用也更广泛, 应用中经常遇到 "半数据半模型" 的故障诊断问题. 见本书第 8 章和第 9 章.

基于模型 基于模型的故障诊断方法所需要的先验信息全部来源于已知的模型结构和模型参数. 它假设输入/输出 (I/O, Input/Output) 数据符合某种模型结构, 比如状态空间模型结构, 而且模型的参数是已知的. 具体的方法有故障检测滤波器 (FDF, Fault Detection Filter)[28−30]、诊断观测器 (DO, Diagnostic Observer)[31, 32]、对偶空间法 (PS, Parity Space)[33, 34] 等. 基于模型故障诊断的相关理论, 尤其是线性系统理论, 已经非常成熟, 也得到了大量应用. 然而, 这些方法有一定的局限性: 很难应用于复杂系统, 因为此时精确的动态模型要么获取代价太高, 要么根本无法获得. 另外, 系统模型的不确定性和干扰的不确定性导致基于模型故障诊断方法的鲁棒性设计也变得相对复杂, 如未知输入观测器 (UIO, Unknown Input Observer)[10, 35].

传统的基于模型的方法可以直接用于检测非预期故障, 但是无法隔离非预期故障, 因为基于模型的诊断方法大多认为所有的故障都是预期的, 即, 要么是与输入信号相关的执行器故障, 要么是与输出信号相关的传感器故障. 正因为如此, 文献 [36] 断言 "在基于模型的框架下, 非预期故障可以检测但是不可以隔离".

基于知识 基于知识的故障诊断方法所需要的先验信息全部来源于知识规则库. 它假设能够获得比较完善的知识规则库和对应的数据库. 具体的方法有专家系统 (ES, Expert Systems)[37, 38]、人工神经网络 (ANN, Artificial Neural Networks)[39−41]和有向图 (SDG, Signed Directed Graph)[42−44]等. 这些方法不需要诊断对象的精确动态模型, 其核心思想就是将工程师、操作者以及维修人员所掌握的知识转换成监控诊断的规则, 并且研制出故障诊断的在线集成化专家系统. 其难点在于知识库的构建, 比如, 在专家系统中, 如何将专家知识转化成计算机可以执行的形如 "if⟶then" 的符号规则.

传统的基于知识的方法经过扩展也可以实现非预期故障的检测. 若新的故障数据与预期知识库所有规则都不匹配, 则认为发生了非预期故障. 但是基于知识的方法无法直接隔离非预期故障, 因此需要相关的工程师干预和专家的会诊. 近些年出现一些新的基于知识推理的方法,

例如, 2007 年, 德国莱比锡计算机研究院的 Petra 提出了基于案例推理 (CBR,

Casebased Reasoning) 的新异类检测和处理系统的框架[45]. 又如, 2009 年, 田玉玲提出了一种结合层次分解模型和人工免疫的新方法[46]. 层次分解的方法能够显著减少计算量, 提高故障诊断推理效率, 同时, 人工免疫新方法也为复杂系统的非预期故障检测与隔离开辟了新的技术途径[47−49].

数据驱动 数据驱动的故障诊断方法所需要的先验信息全部来源于离线训练数据. 它假设数据的输入/输出模型的结构和参数是**未知**的, 但是能够获得用于训练的正常数据. 具体的方法包括多元统计分析 (MSA, Multivariate Statistical Analysis)、主元分析 (PCA, Principal Component Analysis)[7, 50]、典型相关分析 (CCA, Canonical Correlation Analysis)[51]、偏最小二乘 (PLS, Partial Least Square Regression)[52] 等. 这些方法直接以监控数据为基础, 利用数据处理、多元统计和模式识别的技术进行故障诊断.

随着大数据时代的到来, 数据驱动方法在这几年重新受到重视. 传感器技术的发展使得监控数据的获取变得容易且冗余, 数据库技术的发展使得数据的存取变得快捷稳定, 数据处理技术的发展使得数据驱动故障诊断方法变得丰富. 与基于模型和基于知识的故障诊断方法不同, 数据驱动方法不仅可以实现非预期故障的检测, 而且可以自动对故障进行数据分析, 从而获得对故障隔离有用的信息. 利用计算机和可视化技术, 还可以实现视觉观察非预期故障信息. 例如, 基于主元特征提取, 利用单类支持向量机 (OCSVM, One-Class Support Vector Machine)[53] 机器学习方法建立分类器, 实现预期故障隔离和非预期故障检测. 基于扩展指定元分析 (EDCA, Extended Designated Component Analysis)[54, 55] 将基于数据的统计建模和系统运行经验相结合, 将观测数据在指定元空间 (预期故障模式空间) 进行投影, 据此进行故障隔离, 从而有望解决微小故障和非预期故障隔离问题. 该方法是一种知识导引的数据驱动方法, 可以避免主元分析贡献率的 "故障掩饰"(FS, Fault Smearing)[56] 效应, 从而能够用于多变量故障等非预期故障诊断.

综上所述, 基于模型和基于知识的故障诊断方法只能部分解决非预期故障检测问题, 但几乎无法解决非预期故障隔离问题. 然而, 随着传感器、数据库、计算机和数据处理技术的发展, 数据驱动方法逐渐成为当前的热点, 并且这些技术为非预期故障的检测和隔离提供了最重要的信息源. 与基于模型和基于知识的方法相比, 数据驱动方法更适合解决非预期故障诊断问题. 学者们对非预期故障的数据驱动诊断方法兴趣渐浓, 但成熟的研究成果并不多见.

数据驱动诊断方法的可用信息 对于数据驱动诊断方法来说, 下列四个方面的数据信息是非预期故障检测与隔离的重要信息支撑.

第一, 数据的位置分布信息. 如果正常模式数据和各种故障模式数据都是平稳的, 那么基于数据的位置分布信息就可以有效地隔离故障, 该类方法简单实用. 这类方法把与当前故障数据距离最小的故障模式判断为当前故障数据的模式[7, 57, 58].

然而, 该类方法可能遇到三个瓶颈: 其一, 正常数据可能是非平稳的, 故障可能被宽幅正常信号所覆盖, 导致故障检测率很低; 其二, 即使是相同模式的两个故障数据, 由于故障幅值不同, 它们的空间位置分布也是相互远离的, 所以在多幅值故障情况下, 该方法可能会把相同故障模式判断为不同故障模式; 其三, 该方法需要所有故障模式的训练数据, 然而故障状态下系统可能停机, 导致故障模式训练数据非常缺乏.

第二, 数据的方向分布信息. 相对数据的位置信息来说, 数据的方向信息是更可靠的故障隔离信息[10, 59, 60]. 由于故障的方向对故障的幅值不敏感, 所以该类方法可以防止将不同幅值的预期故障判断为非预期故障. 基于方向故障隔离方法认为: 相同故障模式的数据在方向分布上相互靠近, 不同故障模式的数据在方向分布上相互远离, 并且把与当前故障方向夹角最小的故障模式判断为当前故障模式.

第三, 数据对检测统计量的贡献信息. 基于贡献图的故障隔离方法也常常出现在工业应用领域中[7,61−64].故障贡献图把对检测统计量贡献最大的变量判断为故障变量[64]. 与基于位置信息故障隔离方法不同, 贡献图不需要故障模式的训练数据. 但是大多数贡献图方法都可能遭遇 "故障掩饰" 效应, 也称为 "复合效应"[54], 即故障变量的贡献率可能比非故障变量的贡献率更小[63−65].

第四, 高维数据的低维可视化信息. 数据可视化是一个集计算机科学、心理学和统计学为一体的交叉学科问题[58]. 最优可视化可以给用户带来最大化的视觉信息, 高维信息的低维表示实现了从 "可想象" 到 "可看见" 的跨越. 故障诊断技术人员可以依据可视化算法寻找最优的视角获得视觉感官, 结合领域知识, 实现非预期故障的诊断.

后面正是利用上述的数据信息, 展开了非预期故障的数据驱动诊断方法研究. 研究过程中, 针对不同的数据条件和系统条件, 提出了不同的数据驱动诊断方法, 以期实现非预期故障的检测与隔离.

1.2.2　非预期故障诊断的应用

众多领域都存在非预期故障, 因而非预期故障诊断的应用需求非常迫切.

2001 年, Tom Brotherton[66] 在 IEEE 宇航会议提出用神经网络的方法对现代军用飞机的非预期故障进行检测, 然而该方法实质是单类神经网络分类器. 经过正常数据的训练, 该分类器能够检测到任意故障, 但是该方法不能判断某种被检测到的故障到底是预期故障还是非预期故障.

2004 年, Iverson[67] 在对哥伦比亚航天飞机飞行数据的故障检测中使用了归纳监测系统 (IMS, Inductive Monitoring System). IMS 是一种用于故障检测的无监督学习系统, 它使用聚类算法对正常数据聚类, 当新数据不能与已有聚类匹配时, 则指示出现了异类. 哥伦比亚航天飞机 STS-07 失事后, Iverson 使用该航天飞机的前五次飞行数据训练 IMS, 接着用 STS-07 数据对其进行测试, 结果显示, 该系统检测到航天飞机左翼上的温度出现了异常. 同年, NASA[67] 研究中心针对航天飞行器的状态监测, 在非预期故障检测技术方面开展了一系列研究与应用工作.

2005 年, 军械工程学院任国全[68, 69] 针对自行火炮变速箱, 研究了基于 BP-ART2 集成的神经网络的故障诊断方法, 以期对新增的非预期故障模式进行有效检测. 同年, 哈尔滨工业大学安若铭[70, 71] 针对某卫星电源系统, 将功能单元引入到系统建模中, 并与结构抽象技术相结合构建分层诊断模型, 能够产生所有可能的候选解, 从而对非预期故障进行检测. 同年, 浙江大学蒋丽英[72] 针对链霉素发酵间歇过程的故障诊断问题, 提出了结合多向主元分析模型和多向判别部分最小二乘模型的混合方法, 具有检测非预期故障的能力.

2006 年, 段琢华[19] 在智能控制与自动化国际会议上, 针对移动机器人, 提出了基于粒子滤波和后验概率进行非预期故障检测的方法. 该方法认为, 如果没有任何占优的后验概率, 意味着非预期故障的发生. 然而, 基于模型的方法假定了所有故障在状态方程和测量方程中的传递矩阵都已经确定. 由于无法提前获得非预期故障的传播机理, 故障向量不可能考虑非预期故障, 所以该方法无法实现非预期故障隔离.

2007 年, Patcha[14] 总结了异类检测系统和用于计算机网络攻击混合检测系统的相关技术, 指出以往的签名技术只能检测出有过签名记录的攻击, 对于无记录未知攻击没有检测能力, 但是异类检测技术可以解决这一问题, 异类检测技术可以解决网络攻击的两个主要问题: 误报率高和高速网络流检测. 同年, 南京航空航天大学沙金刚[73] 在航空发动机的诊断研究中, 从故障发生时间的归一化残差比的实际特征向量中使用聚类算法寻找故障模式的归类, 应用最大隶属度原则进行识别. 对于非预期故障, 由于其特征向量对已知故障聚类中心的隶属度会比较低, 可以依此对非预期故障模式进行在线学习和检测.

2008 年, George Vachtsevanos[21] 在预测和健康管理国际会议上提出利用多测元数据代替精确模型, 在 Bayes 估计框架和粒子滤波的基础上对飞机部件进行任意故障的早期检测, 然而该方法也没有对非预期故障进行隔离. 同年 Arindam Banerjee[74] 综述了新异类检测在预防网络攻击, 信用卡保护和医疗体检中的应用.

2009 年, 美国 Johns Hopkins 大学 Cancro[75] 结合 NASA 的任务背景, 在阐述开发航天器故障管理系统的需求和原则时, 就明确指出必须及时处理非预期故障诊断问题, 不过并没有给出具体可行的技术途径. 同年, 加拿大 Concordia 大学 Barua Amitabh[76] 依据部件之间的健康状态依赖关系, 采用层次分解策略研究了卫星的故障诊断问题, 此外, 他还利用诊断树方法在地面站软件中对卫星控制系统进行了分析, 但并没有考虑对于非预期故障隔离的适用性.

2010 年, 国防科技大学的胡雷[16] 研究了涡轮泵的单类支持向量机故障诊断方法. 并以三类模式 { 正常, 传感器故障, 叶片脱落故障 } 的数据为基础, 任意添加了一类其他故障, 试验结果表明单类支持向量机能够隔离预期故障和检测非预期故障. 然而检测出非预期故障, 并不表示诊断工作的结束. 还需要深入研究该方法在非预期故障隔离方面的算法和策略.

综上所述, 无论是理论方法研究还是应用现状, 现有的非预期故障诊断方法只涉及其中的检测部分. 大部分方法都能够检测出非预期故障, 少部分方法能够进一步判断非预期故障不在预期故障模式库中, 极少有方法进一步考虑非预期故障的变量定位和物理隔离.

1.3 全书概况

1.3.1 问题引出

通过前面对非预期故障诊断的发展与应用概况的分析可知, 数据驱动的非预期故障诊断方法还存在一系列问题:

(1) 数据驱动的故障诊断方法的数学基础不清晰、不统一.

(2) 非预期故障诊断的基本过程还不清晰. 需要对非预期故障进行严格的数学描述, 并对非预期故障诊断功能和过程进行细化和规范, 有必要建立一个非预期故障诊断的通用过程模型.

(3) 非平稳数据的故障诊断问题. 传统多元统计分析方法只适用于平稳数据的诊断问题, 当数据具有明显的非平稳趋势时需要改进原有的故障诊断方法.

(4) 非预期故障诊断的自适应问题. 随着系统数据的累积, 如何更好地更新与故障诊断相关的参数和检测统计量, 是故障诊断需要解决的关键问题之一.

(5) 非预期故障诊断性能的评估问题. 针对现有的大量故障诊断方法, 如何在统一的框架下比较不同方法的诊断性能是一个研究难点.

(6) 非预期故障的可视化问题. 人的直觉能够提供大量的对故障隔离有用的信息. 如何在低维空间实现高维故障信息的可视化是另一个研究难点.

(7) 非预期故障诊断方法的集成问题. 将所研究的非预期故障诊断方法集成为工具箱, 将理论落到实处, 对应用研究和交流合作都是非常有意义的工作.

1.3.2 章节安排

如图 1.1 所示, 全书分为概述、数学基础、理论分析和应用集成四个部分, 遵循 “从基础到核心, 从框架到方法, 从平稳到非平稳, 从多批次到单批次, 从全数据到半数据, 从静态到动态, 从理论到应用” 的逻辑顺序.

第 1 部分为概述, 共 1 章, 即非预期故障诊断概述. 介绍了非预期故障诊断的背景与意义、国内外的研究现状.

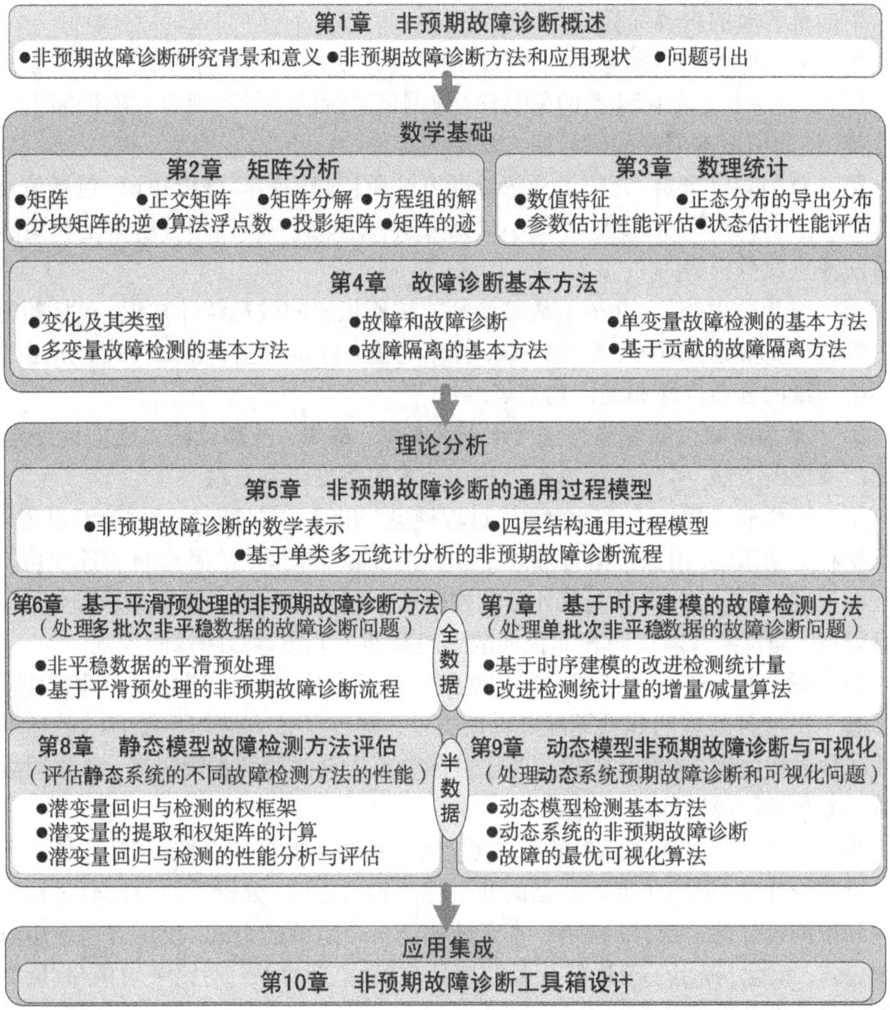

图 1.1 论文框架

第 2 部分为数学基础, 共 3 章: 包括矩阵分析基础、数理统计基础和故障诊断基础. 其中矩阵分析是数据处理和算法实现的基础, 数理统计是假设检验和推理决策的基础.

第 3 部分为理论分析, 共 5 章, 这一部分包含了作者最新的研究成果: 包括非预期故障诊断通用过程模型、基于平滑预处理的非预期故障诊断方法、基于时序建模的检测方法、静态模型故障检测设计与评估、动态模型非预期故障诊断与可视化.

第 4 部分为应用集成, 共 1 章: 主要介绍了数据驱动的非预期故障诊断应用集成, 包括故障诊断相关 MATLAB 命令和工具箱设计.

下面是各章的内容简介.

第 1 章为非预期故障诊断概述. 介绍了非预期故障诊断的背景、意义, 国内外研究现状, 还分析了故障诊断的信息源, 依据信息源的差异对现有故障诊断方法进行分类, 继而引出本书在故障诊断方法中的定位.

第 2 章为矩阵分析. 介绍了故障诊断方法所依赖的矩阵分析知识. 包括信息的矩阵表示方法、矩阵的广义逆和最小二乘方法、矩阵的三种常用分解方法和矩阵计算算法浮点数分析等.

第 3 章为数理统计. 介绍了故障诊断方法所依赖的数理统计知识. 包括随机变量、随机向量和随机矩阵、数据样本、样本均值、样本方差、递归公式、常用的多元随机向量的分布特性和统计判别等.

第 4 章为故障诊断基本方法. 介绍了变化、故障、故障诊断方法的性能指标, 一元故障诊断方法, 多元故障诊断方法和基本的故障隔离方法.

第 5 章为非预期故障诊断的通用过程模型. 介绍了非预期故障的诊断过程、诊断框架和诊断策略. 用数学语言描述了非预期故障、非预期故障诊断的各项功能和过程模型, 然后基于单类多元统计分析构建了针对平稳数据的预期故障检测、预期故障隔离、非预期故障检测和非预期故障隔离四个非预期故障诊断规则.

第 6 章为基于平滑预处理的非预期故障诊断方法. 针对多批次非平稳数据, 提出了基于平滑预处理的非预期故障诊断方法. 对比了该方法与传统方法的计算稳健性和数据相关性. 本章还构建了基于故障特征方向的预期故障隔离、非预期故障检测和非预期故障隔离的新规则.

第 7 章为基于时序建模的故障诊断方法. 针对单批次非平稳数据, 构造了一种改进检测统计量, 提出了提取数据的非平稳趋势的方法, 分析了趋势提取对计算稳健性和检测统计量适应性的影响. 本章证明了一个重要的公式: 校正方差逆矩阵的更新公式. 依此, 提出了改进统计量的增量/减量更新算法. 对比了增量/减量算法与传统暴力算法的算法浮点数.

第 8 章为静态模型故障检测方法评估. 针对静态系统, 构建了潜变量提取, 回归和检测的统一权框架. 在该框架下, 用三个定理给出了不同潜变量回归方法的转化关系, 校正性能关系和故障检测性能关系.

第 9 章为动态模型非预期故障诊断与可视化. 针对动态系统, 提出了残差生成的稳定核表示及其辨识算法. 基于故障的特征方向建立了预期故障隔离规则和非预期故障检测规则. 针对非预期故障隔离问题, 为了解决了非预期故障隔离的信息表示问题, 提出了最优可视化算法.

第 10 章为非预期故障诊断工具箱设计. 介绍了非预期故障诊断工具箱的特点理念, 故障诊断常用的 MATLAB 命令、设计实现和工具箱演示. 非预期故障诊断工具箱设计是前述几章方法的集成.

第2章 矩阵分析

矩阵 (Matrix) 是数据的一种表现形式, 也称为数据表格, 该表格的每个元素都是数值. 本章主要介绍在故障诊断中可能用到的与矩阵相关的定义、性质、引理、定理和推论. 这些内容是后续章节理论、算法和仿真的矩阵基础.

2.1 矩阵和运算

2.1.1 矩阵

定义 2.1 矩阵是具有确定行数和列数的数据表格, 通常记为

$$\boldsymbol{A}=\begin{pmatrix} a_{11} & \cdots & a_{1n} \\ \vdots & & \vdots \\ a_{m1} & \cdots & a_{mn} \end{pmatrix}$$

或者 $\boldsymbol{A}=(a_{ij})_{m\times n}$ 和 $\boldsymbol{A}\in\mathbb{R}^{m\times n}$, 其中 m 和 n 分别表示矩阵的行数和列数, 而 $\mathbb{R}^{m\times n}$ 表示全体 m 行 n 列的矩阵的集合.

若 $m=n$, 则称 $\boldsymbol{A}$ 是方阵; 若 $m=1$, 则称 $\boldsymbol{A}$ 是行向量; 若 $n=1$, 称 $\boldsymbol{A}$ 是列向量. 除特殊说明, 后面的向量指列向量, 并且约定: 矩阵用粗体大写字母表示, 如 $\boldsymbol{A}$ 和 $\boldsymbol{B}$; 向量用粗体小写字母表示, 如 $\boldsymbol{x}$ 和 $\boldsymbol{y}$; 数量用非粗体小写字母表示, 如 m 和 n.

矩阵是观测数据的一种表现形式. 在过程监控中, 行数 m 表示传感器的数量, 列数 n 表示数据的采样的数量, 有时候采样的数量远远大于传感器的数量, 比如 8.6.3 节的田纳西–伊斯曼工业监控数据; 有时候则相反, 比如 8.6.4 节的近红外光谱数据. 若没有特殊说明, 本书约定: 采样的数量大于传感器的数量, 即 $n>m$.

后面常用到如下四种特殊的矩阵:

(1) $\boldsymbol{0}$ 表示所有元素都是 0 的矩阵, 称为零矩阵 (Zeros Array).

(2) $\boldsymbol{1}$ 表示所有元素都是 1 的矩阵, 称为壹矩阵 (Ones Array).

(3) $\boldsymbol{I}$ 表示对角元都是 1, 非对角元都是 0 的矩阵, 称为单位矩阵 (Identity Matrix).

(4) $\boldsymbol{\Lambda}=\operatorname{diag}(\boldsymbol{a})$ 或者 $\boldsymbol{\Lambda}=\operatorname{diag}(a_1,\cdots,a_m)$ 表示对角元为 $\boldsymbol{a}=(a_1,\cdots,a_m)$, 非对角元都是 0 的矩阵, 称为对角矩阵 (Diagonal Matrix).

简洁起见,上面四种矩阵都没有注明它们的行数和列数,此时称这些矩阵有“适当”的行数和列数,即可以通过上下文判断它们的行数和列数.

定义 2.2　若 $\boldsymbol{A}=(a_{ij})_{m\times n}$, $\boldsymbol{B}=(b_{ij})_{n\times m}$, 其中 $b_{ij}=a_{ji}, i=1,\cdots,n; j=1,\cdots,m$, 则称矩阵 $\boldsymbol{B}$ 是矩阵 $\boldsymbol{A}$ 的转置 (Transpose), 记为 $\boldsymbol{B}=\boldsymbol{A}^{\mathrm{T}}$. 若 $\boldsymbol{A}^{\mathrm{T}}=\boldsymbol{A}$, 则称矩阵 $\boldsymbol{A}$ 是对称矩阵 (Symmetric Matrix). 若 $\boldsymbol{A}^{\mathrm{T}}=-\boldsymbol{A}$, 则称矩阵 $\boldsymbol{A}$ 是反对称矩阵 (Antisymmetric Matrix).

2.1.2　矩阵的运算

矩阵加法 (Matrix Addition)、数乘矩阵 (Scalar Multiplication) 和矩阵乘法 (Matrix Multiplication) 是三种最基本矩阵运算, 定义如下.

定义 2.3　若 $\boldsymbol{A}=(a_{ij})_{m\times n}, \boldsymbol{B}=(b_{ij})_{m\times n}, \boldsymbol{C}=(c_{ij})_{m\times n}$, 且

$$c_{ij}=a_{ij}+b_{ij} \tag{2.1}$$

其中 $i=1,\cdots,m; j=1,\cdots,n$, 则称 $\boldsymbol{C}$ 是 $\boldsymbol{A}$ 和 $\boldsymbol{B}$ 的和, 记为 $\boldsymbol{C}=\boldsymbol{A}+\boldsymbol{B}$.

定义 2.4　若 $\boldsymbol{A}=(a_{ij})_{m\times n}, \boldsymbol{B}=(b_{ij})_{m\times n}, k\in\mathbb{R}$, 且

$$b_{ij}=k\times a_{ij} \tag{2.2}$$

其中 $i=1,\cdots,m; j=1,\cdots,n$, 则称 $\boldsymbol{B}$ 是数字 k 和矩阵 $\boldsymbol{A}$ 的积, 记为 $\boldsymbol{B}=k\boldsymbol{A}$.

定义 2.5　若 $\boldsymbol{A}=(a_{ij})_{m\times p}, \boldsymbol{B}=(b_{ij})_{p\times n}, \boldsymbol{C}=(c_{ij})_{m\times n}$, 且

$$c_{ij}=\sum_{k=1}^{n}a_{ik}b_{kj} \tag{2.3}$$

其中 $i=1,\cdots,m; j=1,\cdots,n$, 则称 $\boldsymbol{C}$ 是矩阵 $\boldsymbol{A}$ 和矩阵 $\boldsymbol{B}$ 的积, 记为 $\boldsymbol{C}=\boldsymbol{AB}$.

例 2.1　若 $\boldsymbol{A}=(0,1), \boldsymbol{B}=\begin{pmatrix}1\\0\end{pmatrix}$, 那么

$$\boldsymbol{AB}=\boldsymbol{0}\neq\begin{pmatrix}0 & 1\\0 & 0\end{pmatrix}=\boldsymbol{BA}$$

这个例子表明矩阵的乘法不满足交换律 (Commutative Law).

2.1.3　矩阵的数值特征

迹 (Trace)、行列式 (Determinant) 和范数 (Norm) 是矩阵最基本的三种数值特征.

定义 2.6　若 $\boldsymbol{A}=(a_{ij})_{n\times n}$, 则称下式为 $\boldsymbol{A}$ 的迹.

$$\mathrm{tr}\,(\boldsymbol{A})=\sum_{i=1}^{n}a_{ii} \tag{2.4}$$

定义 2.7 若 $\boldsymbol{A}=(a_{ij})_{n\times n}$, 则称下式为 $\boldsymbol{A}$ 的行列式.

$$\det(\boldsymbol{A})=\sum_{i_1 i_2\cdots i_n}(-1)^{\tau(i_1 i_2\cdots i_n)}a_{1i_1}\cdots a_{ni_n} \tag{2.5}$$

其中 $\tau(i_1 i_2\cdots i_n)$ 表示排列 $i_1 i_2\cdots i_n$ 中的逆序数, 即排列中前一个数大于后一个数的总次数.

尽管矩阵相乘不满足交换律, 但是行列式和迹满足交换律, 即

$$\begin{cases}\operatorname{tr}(\boldsymbol{AB})=\operatorname{tr}(\boldsymbol{BA}) & (2.6\text{a})\\ \det(\boldsymbol{AB})=\det(\boldsymbol{BA}) & (2.6\text{b})\end{cases}$$

在参数估计性能评估 (3.3 节) 和 Kalman 滤波 (3.4 节) 要用到上述交换律公式.

定义 2.8 若 $\boldsymbol{x}\in\mathbb{R}^{n\times 1}$, 则称下式为 n 维向量 $\boldsymbol{x}$ 的范数.

$$\|\boldsymbol{x}\|=\sqrt{\sum_{i=1}^{m}x_i^2} \tag{2.7}$$

定义 2.9 若 $\boldsymbol{A}\in\mathbb{R}^{m\times n}$, 则称下式为矩阵 $\boldsymbol{A}$ 的 Frobenius-范数.

$$\|\boldsymbol{A}\|_F=\sqrt{\sum_{i=1}^{m}\sum_{j=1}^{n}x_{ij}^2} \tag{2.8}$$

显然, Frobenius-范数是向量范数在矩阵空间上的推广, 在 2.4.3 节中, 常用另一种范数来分析方程解的稳定性, 这种范数称为算子范数 (Operator Norm), 定义如下.

定义 2.10 若 $\boldsymbol{A}\in\mathbb{R}^{m\times n}$, 则称下式为矩阵 $\boldsymbol{A}$ 的算子范数

$$\|\boldsymbol{A}\|=\max_{\|\boldsymbol{x}\|=1,\boldsymbol{x}\in\mathbb{R}^{n\times 1}}\|\boldsymbol{Ax}\| \tag{2.9}$$

由定义可知

$$\|\boldsymbol{Ax}\|\leqslant\|\boldsymbol{A}\|\,\|\boldsymbol{x}\| \tag{2.10}$$

2.1.4 矩阵表示方程

确定型线性方程

称如下方程为确定型线性方程 (Deterministic Linear Equation)

$$\boldsymbol{Ax}=\boldsymbol{b} \tag{2.11}$$

其中 $\boldsymbol{x} \in \mathbb{R}^{n\times1}$ 为未知变量 (Unknown Variable), $\boldsymbol{A} \in \mathbb{R}^{m\times n}$ 为系数矩阵 (Coefficient Matrix), $\boldsymbol{b} \in \mathbb{R}^{m\times1}$ 为常数向量 (Constant Vector), $\bar{\boldsymbol{A}} = (\boldsymbol{A} \,\vdots\, \boldsymbol{b})$ 为增广矩阵 (Augmented Matrix).

在 2.4 节中, 将分析这类方程解的存在性 (Existence) 和稳定性 (Stability).

随机型线性方程

称如下方程为随机型线性方程 (Stochastic Linear Equation)

$$\boldsymbol{y} = \boldsymbol{X}\boldsymbol{\beta} + \boldsymbol{e} \tag{2.12}$$

其中 $\boldsymbol{\beta} \in \mathbb{R}^{n\times1}$ 为未知的待估参数 (Parameter), $\boldsymbol{X} \in \mathbb{R}^{m\times n}$ 为设计矩阵 (Design Matrix), $\boldsymbol{y} \in \mathbb{R}^{m\times1}$ 为观测向量 (Observation Vector), $\boldsymbol{e} \in \mathbb{R}^{m\times1}$ 为噪声向量 (Noise Vector).

在 3.3 节中, 将分析这类方程的参数估计性能.

静态线性系统

在第 8 章中, 用下列线性方程来描述经典的静态线性系统 (Static Linear System)

$$\boldsymbol{y} = \boldsymbol{\beta}\boldsymbol{u} + \boldsymbol{e} \tag{2.13}$$

其中 $\boldsymbol{u} \in \mathbb{R}^{n_{\boldsymbol{u}}\times1}$ 为输入向量 (Input Vector), $\boldsymbol{y} \in \mathbb{R}^{n_{\boldsymbol{y}}\times1}$ 为输出向量 (Output Vector), $\boldsymbol{e} \in \mathbb{R}^{n_{\boldsymbol{y}}\times1}$ 为噪声向量, $\boldsymbol{\beta} \in \mathbb{R}^{n_{\boldsymbol{y}}\times n_{\boldsymbol{u}}}$ 为未知的系数矩阵.

动态线性系统

在第 9 章中, 用以下方程组来描述经典的动态线性系统 (Dynamic Linear System).

$$\begin{cases} \boldsymbol{x}_k = \boldsymbol{A}\boldsymbol{x}_{k-1} + \boldsymbol{B}\boldsymbol{u}_{k-1} + \boldsymbol{E}\boldsymbol{w}_{k-1} & (2.14\text{a}) \\ \boldsymbol{y}_k = \boldsymbol{C}\boldsymbol{x}_k + \boldsymbol{D}\boldsymbol{u}_k + \boldsymbol{v}_k & (2.14\text{b}) \end{cases}$$

其中公式 (2.14a) 为状态方程, 公式 (2.14b) 为测量方程, $\boldsymbol{x} \in \mathbb{R}^{n_{\boldsymbol{x}}\times1}$ 为状态变量 (State Vector), $\boldsymbol{u} \in \mathbb{R}^{n_{\boldsymbol{u}}\times1}$ 为输入变量 (Input Vector), $\boldsymbol{y} \in \mathbb{R}^{n_{\boldsymbol{y}}\times1}$ 为输出变量 (Output Vector), $\boldsymbol{w}(k) \in \mathbb{R}^{n_{\boldsymbol{w}}\times1}$ 为过程噪声 (Process Noise), $\boldsymbol{v}(k) \in \mathbb{R}^{n_{\boldsymbol{y}}\times1}$ 为测量噪声 (Measurement Noise), $\boldsymbol{A} \in \mathbb{R}^{n_{\boldsymbol{x}}\times n_{\boldsymbol{x}}}$ 为状态转移矩阵 (State Transfer Matrix), $\boldsymbol{B} \in \mathbb{R}^{n_{\boldsymbol{x}}\times n_{\boldsymbol{u}}}$ 为控制矩阵 (Control Matrix), $\boldsymbol{C} \in \mathbb{R}^{n_{\boldsymbol{y}}\times n_{\boldsymbol{x}}}$ 为测量矩阵 (Measurement Matrix), $\boldsymbol{D} \in \mathbb{R}^{n_{\boldsymbol{y}}\times n_{\boldsymbol{u}}}$ 为直接传递矩阵 (Feedthrough Matrix).

2.2 正 交 矩 阵

定义 2.11　*若 $\boldsymbol{A}$ 是方阵, 且满足下式, 则称 $\boldsymbol{A}$ 是正交矩阵* (Orthogonal Matrix).

$$\boldsymbol{A}^{\mathrm{T}}\boldsymbol{A} = \boldsymbol{I} \tag{2.15}$$

正交矩阵常用于矩阵的分解 (见 2.3 节), 矩阵分解经常要把某个矩阵分解成两个矩阵的乘积, 其中的一个矩阵往往是正交矩阵. 下面分析两种特殊的正交矩阵: 反射 (Reflection) 和旋转 (Rotation).

2.2.1 反射

定义 2.12 若两个非零向量 $\boldsymbol{x}_1, \boldsymbol{x}_2$ 的范数相等, $\boldsymbol{v} = \boldsymbol{x}_2 - \boldsymbol{x}_1$, 且 $\boldsymbol{v}$ 上的投影矩阵为

$$\boldsymbol{P_v} = \boldsymbol{v}\left(\boldsymbol{v}^{\mathrm{T}}\boldsymbol{v}\right)^{-1}\boldsymbol{v}^{\mathrm{T}} \tag{2.16}$$

则称下式为 $\boldsymbol{v}$-Householder 反射矩阵, 简称为反射

$$\boldsymbol{H_v} = \boldsymbol{I} - 2\boldsymbol{P_v} \tag{2.17}$$

公式 (2.17) 的几何意义如图 2.1 所示, 灰色的平面为反射镜面, 该平面与 $\boldsymbol{v} = \overrightarrow{O_1O_2}$ 垂直, 反射变换 $\boldsymbol{H_v}$ 把 $\boldsymbol{x}_1 = \overrightarrow{O_0O_1}$ 反射到 $\overrightarrow{O_0O_2} = \boldsymbol{x}_2$, 同理, $\boldsymbol{H_v}$ 也把 $\boldsymbol{x}_2$ 反射到 $\boldsymbol{x}_1$.

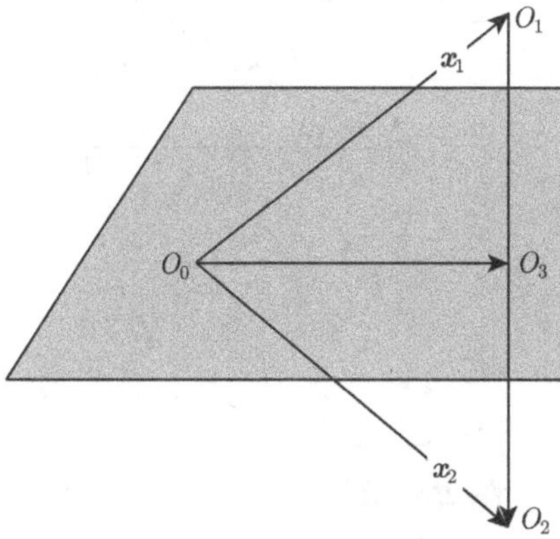

图 2.1 反射矩阵

显然, 反射 $\boldsymbol{H_v}$ 具有下列性质.

(1) $\boldsymbol{H_v}$ 是正交的.

(2) $\boldsymbol{H_v}$ 的行列式等于 -1.

(3) $\boldsymbol{H_v}$ 是对称的.

(4) $\boldsymbol{H_v}$ 满足

$$\begin{cases} \boldsymbol{H_v x}_1 = \boldsymbol{x}_2 \\ \boldsymbol{H_v x}_2 = \boldsymbol{x}_1 \end{cases} \tag{2.18}$$

2.2.2 旋转

定义 2.13 若 $\theta > 0$, 记 $c = \cos(\theta), s = \sin(\theta)$, 则称下式为 θ-Jocobi 旋转矩阵, 简称为 Jocobi 旋转

$$\boldsymbol{G}_\theta = \begin{pmatrix} c & s \\ -s & c \end{pmatrix} \tag{2.19}$$

公式 (2.19) 的几何意义如图 2.2 所示, 在单位圆上, 向量 $\boldsymbol{x}_1$ 为

$$\boldsymbol{x}_1 = \overrightarrow{O_0O_1} = \begin{pmatrix} \cos(\varphi) \\ \sin(\varphi) \end{pmatrix} \tag{2.20}$$

若逆时针旋转角度为 θ, 则 $\boldsymbol{x}_1$ 变成了 $\boldsymbol{x}_2 = \overrightarrow{O_0O_2}$, 即 $\boldsymbol{G}_\theta\boldsymbol{x}_1 = \boldsymbol{x}_2$; 同理, 若顺时针旋转角度为 θ, 则 $\boldsymbol{x}_2$ 变成 $\boldsymbol{x}_1 = \overrightarrow{O_0O_1}$, 即 $\boldsymbol{G}_{-\theta}\boldsymbol{x}_2 = \boldsymbol{x}_1$.

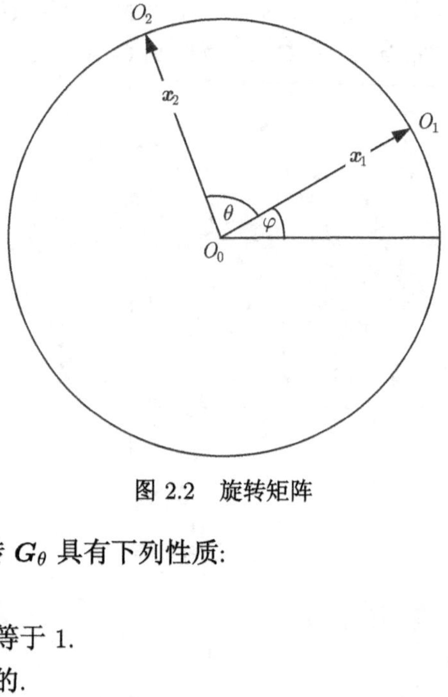

图 2.2　旋转矩阵

显然, Jocobi 旋转 $\boldsymbol{G}_\theta$ 具有下列性质:

(1) $\boldsymbol{G}_\theta$ 是正交的.

(2) $\boldsymbol{G}_\theta$ 的行列式等于 1.

(3) $\boldsymbol{G}_\theta$ 是反对称的.

(4) 若 $\boldsymbol{G}_\theta\boldsymbol{x}_1 = \boldsymbol{x}_2$, 则旋转满足

$$\boldsymbol{G}_{-\theta}\boldsymbol{x}_2 = \boldsymbol{x}_1 \tag{2.21}$$

若 Jocobi 旋转从 2 维向量推广到 n 维向量, 则称如下矩阵为 Givens 旋转矩阵, 简称为 Givens 旋转:

$$G_\theta(i,j) = \begin{pmatrix} I & & & & \\ & c & \cdots & s & \\ & \vdots & I & \vdots & \\ & -s & \cdots & c & \\ & & & & I \end{pmatrix} \tag{2.22}$$

可以发现, 除了 $\{(i,i),(i,j),(j,j),(j,i)\}$ 四个位置上的元素外, $G_\theta(i,j)$ 与 n 阶单位矩阵 I 的元素完全相同. 容易验证 Givens 旋转同样具有 Jocobi 旋转的四个性质.

定义 2.14 统称 Jocobi 旋转和 Givens 旋转为旋转.

2.3 矩阵分解

在各种故障诊断算法中, 常用到三种矩阵分解: QR 分解 (QR Decomposition)、奇异值分解 (SVD, Singular Value Decomposition) 和特征值分解 (EVD, Eigen Value Decomposition).

2.3.1 QR 分解

定理 2.1 若 $A \in \mathbb{R}^{m\times n}$, 则存在正交矩阵 $Q \in \mathbb{R}^{m\times m}$ 和上三角矩阵 $R \in \mathbb{R}^{m\times n}$, 使得

$$A = QR \tag{2.23}$$

称公式 (2.23) 为矩阵 A 的 QR 分解. 需要的注意是, 矩阵的 QR 分解不是唯一的, 最常见 QR 分解算法有两种: 反射法和旋转法.

反射法 设 a_1 是 A 的第一列, 不妨 $\|a_1\| \neq 0$, $A = (a_1, A_{n-1})$, $e_1 = (1,0,\cdots,0)^{\mathrm{T}} \in \mathbb{R}^{m\times 1}$, 令 $v_1 = a_1 - \|a_1\| e_1$, 对应的反射矩阵为 H_{v_1}, 由公式 (2.17) 可知

$$H_{v_1} a_1 = \|a_1\| e_1 \tag{2.24}$$

于是

$$H_{v_1} A = (\|a_1\| e_1, H_{v_1} A_{n-1}) \tag{2.25}$$

依此类推, 经过 $(m-1)$ 次反射变换后, 矩阵 A 变成了上三角的 R, 即

$$H_{v_{m-1}} \cdots H_{v_1} A = R \tag{2.26}$$

而下式就是所求的正交矩阵

$$Q = \left(H_{v_{m-1}} \cdots H_{v_1}\right)^{\mathrm{T}} = H_{v_1} \cdots H_{v_{m-1}} \tag{2.27}$$

旋转法　若 Givens 旋转为 $\boldsymbol{G}_\theta(i,j)$, 其中 $\boldsymbol{G}_\theta$ 是对应的 Jocobi 旋转, $\boldsymbol{x}=(x_1,\cdots,x_n)^{\mathrm{T}}$ 和 $\boldsymbol{y}=(y_1,\cdots,y_n)^{\mathrm{T}}$ 且 $\boldsymbol{y}=\boldsymbol{G}_\theta(i,j)\boldsymbol{x}$, 则 $\boldsymbol{y}$ 和 $\boldsymbol{x}$ 只有第 i 维和第 j 维的元素有差异, 即

$$\begin{cases}\begin{pmatrix} y_i \\ y_j \end{pmatrix}=\boldsymbol{G}_\theta\begin{pmatrix} x_i \\ x_j \end{pmatrix} \\ y_k=x_k, \quad k\neq i,j\end{cases} \tag{2.28}$$

首先, $i=1, j=2$, 记

$$\begin{cases} r=\sqrt{x_1^2+x_2^2} \\ \begin{pmatrix} c \\ s \end{pmatrix}=\begin{pmatrix} x_1/r \\ x_2/r \end{pmatrix}\end{cases} \tag{2.29}$$

则

$$\begin{pmatrix} c & s \\ -s & c \end{pmatrix}\begin{pmatrix} x_1 \\ x_2 \end{pmatrix}=\begin{pmatrix} r \\ 0 \end{pmatrix} \tag{2.30}$$

利用上述原理, 经过 $(m-1)$ 次旋转, 可以把第一列中 $\boldsymbol{A}(1,1)$ 以外的元素全部变为 0, 即

$$\boldsymbol{G}_{\theta_m}(1,m)\cdots\boldsymbol{G}_{\theta_2}(1,2)\boldsymbol{A}=\begin{pmatrix} \tilde{a}_{11} & * \\ \boldsymbol{0} & \tilde{\boldsymbol{A}} \end{pmatrix}$$

依此类推, 经过 $\sum\limits_{j=1}^{n}(m-j)$ 次旋转, 就可以把 $\boldsymbol{A}$ 变换为上三角矩阵.

2.3.2　奇异值分解

定理 2.2　*若 $\boldsymbol{A}\in\mathbb{R}^{m\times n}$, 则存在两个正交方阵 $\boldsymbol{U}\in\mathbb{R}^{m\times m}$ 和 $\boldsymbol{V}\in\mathbb{R}^{n\times n}$, 以及对角矩阵 $\boldsymbol{\varLambda}=\begin{pmatrix} \boldsymbol{\varLambda}_1 & \boldsymbol{0} \\ \boldsymbol{0} & \boldsymbol{0} \end{pmatrix}\in\mathbb{R}^{m\times n}$, 其中 $\boldsymbol{\varLambda}_1=\mathrm{diag}(\lambda_1,\cdots,\lambda_r)$, 且 $\lambda_1\geqslant\cdots\geqslant\lambda_r>0$, 使得*

$$\boldsymbol{A}=\boldsymbol{U}\boldsymbol{\varLambda}\boldsymbol{V}^{\mathrm{T}} \tag{2.31}$$

称公式 (2.31) 为矩阵 $\boldsymbol{A}$ 的奇异值分解, 称 $\lambda_1,\cdots,\lambda_r$ 为非零奇异值 (Nonzero Singular Value), 称 r 为 $\boldsymbol{A}$ 的秩 (Rank), 记为 $\mathrm{rank}(\boldsymbol{A})$.

定义 2.15　*若公式 (2.31) 中 $\boldsymbol{U}$ 和 $\boldsymbol{V}$ 的前 r 列分别记为 $\boldsymbol{U}_1$ 和 $\boldsymbol{V}_1$, r 为 $\boldsymbol{A}$ 的秩且 $\boldsymbol{U}=(\boldsymbol{U}_1,\boldsymbol{U}_2), \boldsymbol{V}=(\boldsymbol{V}_1,\boldsymbol{V}_2)$, 则称下式为 $\boldsymbol{A}$ 的简约奇异值分解 (Economy Size SVD)*

$$\boldsymbol{A}=\boldsymbol{U}_1\boldsymbol{\varLambda}_1\boldsymbol{V}_1^{\mathrm{T}} \tag{2.32}$$

矩阵非零奇异值的平方等于 $\boldsymbol{A}^{\mathrm{T}}\boldsymbol{A}$ 的非零特征值 (见 2.3.3 节), 所以公式 (2.31) 中的对角矩阵 $\boldsymbol{\Lambda}$ 是唯一的, 但是正交矩阵 $\boldsymbol{U}$ 和 $\boldsymbol{V}$ 不是唯一的.

例 2.2 对于 2 阶单位矩阵 $\boldsymbol{A}=\begin{pmatrix}1&0\\0&1\end{pmatrix}$, 则下面两式都是 $\boldsymbol{A}$ 的奇异值分解

$$\boldsymbol{A}=\begin{pmatrix}1&0\\0&1\end{pmatrix}\begin{pmatrix}1&0\\0&1\end{pmatrix}\begin{pmatrix}1&0\\0&1\end{pmatrix}$$

$$\boldsymbol{A}=\begin{pmatrix}\sqrt{2}/2&\sqrt{2}/2\\\sqrt{2}/2&-\sqrt{2}/2\end{pmatrix}\begin{pmatrix}1&0\\0&1\end{pmatrix}\begin{pmatrix}\sqrt{2}/2&\sqrt{2}/2\\\sqrt{2}/2&-\sqrt{2}/2\end{pmatrix}$$

利用迹、行列式和奇异值分解的定义, 以及迹和行列式的交换律公式 (2.6), 可以验证下述定理成立.

定理 2.3 若 $\boldsymbol{A}$ 是 n 阶方阵, 则

$$\begin{cases}\operatorname{trace}(\boldsymbol{A})=\sum\limits_{i=1}^{n}\lambda_i\\\det(\boldsymbol{A})=\prod\limits_{i=1}^{n}\lambda_i\end{cases}\tag{2.33}$$

下面的分析既是奇异值分解的算法, 也是奇异值分解定理的证明. 不妨假定 $m>n$. 奇异值分解算法可以分成两步[3, 4], 算法第一步是解析的, 因而计算量是确定的; 算法第二步是数值迭代的, 因而计算量依赖于预先设置的计算精度.

1. 第一步: 反射二对角化

第一步的目标是寻找有限个反射正交矩阵乘积 $\boldsymbol{U}_0$ 和 $\boldsymbol{V}_0$, 把 $\boldsymbol{A}$ 变换为二对角形式, 即

$$\boldsymbol{U}_0^{\mathrm{T}}\boldsymbol{A}\boldsymbol{V}_0=\begin{pmatrix}\boldsymbol{B}\\\boldsymbol{0}\end{pmatrix}\tag{2.34}$$

其中

$$\boldsymbol{B}=\begin{pmatrix}\delta_1&\gamma_2&&\\&\delta_2&\ddots&\\&&\ddots&\gamma_n\\&&&\delta_n\end{pmatrix}\tag{2.35}$$

具体过程如下:

首先, $\boldsymbol{A}$ 的分块形式为 $\boldsymbol{A}=(\boldsymbol{a}_1,\boldsymbol{A}_1)$, 其中 $\boldsymbol{a}_1$ 是 $\boldsymbol{A}$ 的第一列, 由 2.3.1 节的 QR 分解证明方法可知: 存在 m 阶反射 $\tilde{\boldsymbol{P}}_1$ 使得

$$\tilde{\boldsymbol{P}}_1(\boldsymbol{a}_1,\boldsymbol{A}_1)=\left(\delta_1\boldsymbol{e}_1,\tilde{\boldsymbol{P}}_1\boldsymbol{A}_1\right)$$

其中 $\delta_1=\|\boldsymbol{a}_1\|$, $\boldsymbol{e}_1=(1,0,\cdots,0)\in\mathbb{R}^{m\times 1}$.

$\tilde{\boldsymbol{P}}_1\boldsymbol{A}_1$ 的分块形式为 $\tilde{\boldsymbol{P}}_1\boldsymbol{A}_1=\begin{pmatrix}\boldsymbol{u}_1^{\mathrm{T}}\\ \tilde{\boldsymbol{A}}_1^{\mathrm{T}}\end{pmatrix}$, 其中 $\boldsymbol{u}_1^{\mathrm{T}}$ 是 $\tilde{\boldsymbol{P}}_1\boldsymbol{A}_1$ 的第一行, 必然存在 $(n-1)$ 阶反射 $\tilde{\boldsymbol{Q}}_1$, 使得

$$\begin{pmatrix}\boldsymbol{u}_1^{\mathrm{T}}\\ \tilde{\boldsymbol{A}}_1^{\mathrm{T}}\end{pmatrix}\tilde{\boldsymbol{Q}}_1=\begin{pmatrix}\gamma_2\boldsymbol{e}_1^{\mathrm{T}}\\ \tilde{\boldsymbol{A}}_1^{\mathrm{T}}\tilde{\boldsymbol{Q}}_1\end{pmatrix}$$

其中 $\gamma_2=\|\boldsymbol{u}_1\|$, $\boldsymbol{e}_1\in\mathbb{R}^{(n-1)\times 1}$.

其次, $\tilde{\boldsymbol{A}}_1^{\mathrm{T}}\tilde{\boldsymbol{Q}}_1$ 的分块形式为 $\tilde{\boldsymbol{A}}_1^{\mathrm{T}}\tilde{\boldsymbol{Q}}_1=(\boldsymbol{a}_2,\boldsymbol{A}_2)$, 则存在 $m-1$ 阶反射 $\tilde{\boldsymbol{P}}_2$ 使得

$$\tilde{\boldsymbol{P}}_2(\boldsymbol{a}_2,\boldsymbol{A}_2)=\left(\delta_2\boldsymbol{e}_1,\tilde{\boldsymbol{P}}_2\boldsymbol{A}_2\right)$$

其中 $\delta_2=\|\boldsymbol{a}_2\|$, $\boldsymbol{e}_1\in\mathbb{R}^{(m-1)\times 1}$.

$\tilde{\boldsymbol{P}}_2\boldsymbol{A}_2$ 的分块形式为 $\tilde{\boldsymbol{P}}_2\boldsymbol{A}_2=\begin{pmatrix}\boldsymbol{u}_2^{\mathrm{T}}\\ \tilde{\boldsymbol{A}}_2^{\mathrm{T}}\end{pmatrix}$, 必然存在 $n-2$ 阶反射 $\tilde{\boldsymbol{Q}}_2$ 使得

$$\begin{pmatrix}\boldsymbol{u}_2^{\mathrm{T}}\\ \tilde{\boldsymbol{A}}_2^{\mathrm{T}}\end{pmatrix}\tilde{\boldsymbol{Q}}_2=\begin{pmatrix}\gamma_3\boldsymbol{e}_1^{\mathrm{T}}\\ \tilde{\boldsymbol{A}}_2^{\mathrm{T}}\tilde{\boldsymbol{Q}}_2\end{pmatrix}$$

其中 $\gamma_3=\|\boldsymbol{u}_2\|$, $\boldsymbol{e}_1\in\mathbb{R}^{(n-2)\times 1}$.

依此类推, $\tilde{\boldsymbol{A}}_{n-2}^{\mathrm{T}}\tilde{\boldsymbol{Q}}_{n-2}$ 的分块形式为 $\tilde{\boldsymbol{A}}_{n-2}^{\mathrm{T}}\tilde{\boldsymbol{Q}}_{n-2}=(\boldsymbol{a}_{n-1},\boldsymbol{A}_{n-1})$(此时 $\boldsymbol{A}_{n-1}$ 只剩一列), 则存在 $m-(n-1)=m-n+1$ 阶反射 $\tilde{\boldsymbol{P}}_{n-1}$ 使得

$$\tilde{\boldsymbol{P}}_{n-1}(\boldsymbol{a}_{n-1},\boldsymbol{A}_{n-1})=\left(\delta_{n-1}\boldsymbol{e}_1,\tilde{\boldsymbol{P}}_{n-1}\boldsymbol{A}_{n-1}\right)$$

其中 $\delta_{n-1}=\|\boldsymbol{a}_{n-1}\|$, $\boldsymbol{e}_1\in\mathbb{R}^{(n-m+1)\times 1}$.

$\tilde{\boldsymbol{P}}_{n-1}\boldsymbol{A}_{n-1}$ 的分块形式为 $\tilde{\boldsymbol{P}}_{n-1}\boldsymbol{A}_{n-1}=\begin{pmatrix}\boldsymbol{u}_{n-1}^{\mathrm{T}}\\ \tilde{\boldsymbol{A}}_{n-1}^{\mathrm{T}}\end{pmatrix}$(此时 $\boldsymbol{u}_{n-1}$ 是一个数字), 必然存在 $n-(n-1)=1$ 阶反射 $\tilde{\boldsymbol{Q}}_{n-1}=\mathrm{sign}(\boldsymbol{u}_{n-1})$ 使得

$$\begin{pmatrix}\boldsymbol{u}_{n-1}^{\mathrm{T}}\\ \tilde{\boldsymbol{A}}_{n-1}^{\mathrm{T}}\end{pmatrix}\tilde{\boldsymbol{Q}}_{n-1}=\begin{pmatrix}\gamma_3\boldsymbol{e}_1^{\mathrm{T}}\\ \tilde{\boldsymbol{A}}_2^{\mathrm{T}}\tilde{\boldsymbol{Q}}_2\end{pmatrix}$$

其中 $\gamma_n = \|\boldsymbol{u}_{n-1}\|$, $\boldsymbol{e}_1 \in \mathbb{R}^{1\times 1}$.

最后, 令 $\boldsymbol{P}_k = \begin{pmatrix} \boldsymbol{I}_{k-1} & \\ & \tilde{\boldsymbol{P}}_k \end{pmatrix}, k = 1,\cdots,n$; $\boldsymbol{Q}_k = \begin{pmatrix} \boldsymbol{I}_k & \\ & \tilde{\boldsymbol{Q}}_k \end{pmatrix}, k = 1,\cdots, n-1$; $\boldsymbol{U}_0 = \boldsymbol{P}_1\cdots\boldsymbol{P}_n$; $\boldsymbol{V}_0 = \boldsymbol{Q}_1\cdots\boldsymbol{Q}_{n-1}$. 由反射的对称性和正交性可知公式 (2.34) 成立.

2. 第二步: 旋转对角化

第二步的目标是寻找正交矩阵序列 $\{\boldsymbol{U}_i\}_{i=1}^{\infty}$ 和 $\{\boldsymbol{V}_i\}_{i=1}^{\infty}$ 使得 $\boldsymbol{U}_i^{\mathrm{T}}\begin{pmatrix} \boldsymbol{B} \\ \boldsymbol{0} \end{pmatrix}\boldsymbol{V}_i$ 中的 $\boldsymbol{B}$ 收敛于对角矩阵 $\boldsymbol{\Lambda} = \mathrm{diag}\,(\lambda_1,\cdots,\lambda_n)$, 具体过程如下.

首先, 取 $n-1$ 个旋转 $\boldsymbol{G}_{\theta_i}(i,i+1), i = 1,\cdots,n-1$ 可以把上二对角矩阵变成下二对角矩阵, 即

$$\boldsymbol{B}\prod_{i=1}^{n-1}\boldsymbol{G}_{\theta_i}^{\mathrm{T}}(i,i+1) = \begin{pmatrix} \delta_{1,1} & & & \\ \alpha_2 & \delta_{2,1} & & \\ & \ddots & \ddots & \\ & & \alpha_n & \delta_{n,1} \end{pmatrix} \tag{2.36}$$

其中

$$\delta_1 \leqslant \delta_{1,1} \tag{2.37}$$

其次, 取 $m-1$ 次旋转 $\boldsymbol{G}_{\theta_i}(i,i+1), i = 1,\cdots,m-1$, 可以把下二对角矩阵变成上二对角矩阵, 即

$$\prod_{i=n}^{2}\boldsymbol{G}_{\theta}(i-1,i)\begin{pmatrix} \delta_{1,1} & & & \\ \alpha_2 & \delta_{2,1} & & \\ & \ddots & \ddots & \\ & & \alpha_n & \delta_{n,1} \end{pmatrix} = \begin{pmatrix} \delta_{1,2} & \gamma_2 & & \\ & \delta_{2,2} & \ddots & \\ & & \ddots & \gamma_n \\ & & & \delta_{n,2} \end{pmatrix} \tag{2.38}$$

其中

$$\delta_{1,1} \leqslant \delta_{1,2} \tag{2.39}$$

依此类推, 首个对角元序列 $\{\delta_{1,i}\}_{i=1}^{\infty}$ 单调递增, 而且 $\|\boldsymbol{A}\|_F$ 是 $\{\delta_{1,i}\}_{i=1}^{\infty}$ 的上界, 利用确界原理[5] 可知:$\{\delta_{1,i}\}_{i=1}^{\infty}$ 收敛至上确界, 收敛值记为 λ_1. 假定计算精度是 tol, 且对于某个 i_0 满足 $|\gamma_2| < \sqrt{\delta_{1,i_0}\delta_{2,i_0}} \times \mathrm{tol}$, 则令 $\alpha_2 = \gamma_2 = 0$.

对于 $n-1$ 阶子二对角矩阵

$$\begin{pmatrix} \delta_{2,i_0} & \gamma_3 & & \\ & \delta_{3,i_0} & \ddots & \\ & & \ddots & \gamma_n \\ & & & \delta_{n,i_0} \end{pmatrix} \tag{2.40}$$

重复上述方法, 可以使得

$$\delta_{1,i} \to \lambda_1 \, (i \to \infty)\,; \delta_{2,i} \to \lambda_2 \, (i \to \infty)\,; \cdots; \delta_{n,i} \to \lambda_n \, (i \to \infty)$$

最后, 所有左乘旋转的乘积记为 $\boldsymbol{U}_1^{\mathrm{T}}$, 所有右乘旋转的乘积记为 $\boldsymbol{V}_1$, 则有

$$\boldsymbol{U}_1^{\mathrm{T}} \begin{pmatrix} \boldsymbol{B} \\ \boldsymbol{0} \end{pmatrix} \boldsymbol{V}_1 = \begin{pmatrix} \boldsymbol{\Lambda} \\ \boldsymbol{0} \end{pmatrix} \tag{2.41}$$

不妨设 $\lambda_1 \geqslant \cdots \geqslant \lambda_n$, 否则, 若 $\lambda_i < \lambda_j$ 且 $i < j$, 则用 $G_{\pi/2}(i,j)\boldsymbol{U}$ 代替 $\boldsymbol{U}$, 用 $\boldsymbol{V}G_{-\pi/2}(i,j)$ 代替 $\boldsymbol{V}$ 即可调换 λ_i 和 λ_j 的顺序.

综上, 令 $\boldsymbol{U} = \boldsymbol{U}_0\boldsymbol{U}_1$ 和 $\boldsymbol{V} = \boldsymbol{V}_0\boldsymbol{V}_1$, 则奇异值分解公式 (2.31) 成立.

2.3.3　广义特征值分解

定义 2.16　若 $\boldsymbol{A} \in \mathbb{R}^{n\times n}$, 非零向量 $\boldsymbol{u} \in \mathbb{C}^{n\times 1}$, 且

$$\boldsymbol{A}\boldsymbol{u} = \lambda \boldsymbol{u} \tag{2.42}$$

则称复数 λ 是 $\boldsymbol{A}$ 的特征值 (Eigen Value), $\boldsymbol{u}$ 是与 λ 对应的特征向量 (Eigen Vector).

定义 2.17　若 $\boldsymbol{\Lambda} = \operatorname{diag}(\lambda_1, \cdots, \lambda_n)$ 表示由所有特征值构成的对角矩阵, 且有 n 个与之对应的不相关的特征向量, 而 $\boldsymbol{U} = (\boldsymbol{u}_1, \cdots, \boldsymbol{u}_n)$ 表示这 n 个特征向量构成的特征矩阵, 则称下式为矩阵 $\boldsymbol{A}$ 的特征值分解

$$\boldsymbol{A}\boldsymbol{U} = \boldsymbol{U}\boldsymbol{\Lambda} \tag{2.43}$$

在理论分析中, 常用到对称矩阵的特征值分解的结论.

定理 2.4　对称矩阵的特征值是实数; 不同特征值对应的特征向量相互正交; 任何对称矩阵都可以相似对角化.

证明　对任意特征值 λ 及其特征向量 $\boldsymbol{u}$, 有 $\boldsymbol{A}\boldsymbol{u} = \lambda\boldsymbol{u}$, 该等式两边同时左乘 $\boldsymbol{u}$ 的共轭转置 $\overline{\boldsymbol{u}}^{\mathrm{T}}$, 则 $\overline{\boldsymbol{u}}^{\mathrm{T}}\boldsymbol{A}\boldsymbol{u} = \lambda\overline{\boldsymbol{u}}^{\mathrm{T}}\boldsymbol{u}$, 所以

$$\lambda = \frac{\overline{\boldsymbol{u}}^{\mathrm{T}}\boldsymbol{A}\boldsymbol{u}}{\overline{\boldsymbol{u}}^{\mathrm{T}}\boldsymbol{u}} = \frac{\boldsymbol{u}^{\mathrm{T}}\overline{\boldsymbol{A}\boldsymbol{u}}}{\boldsymbol{u}^{\mathrm{T}}\overline{\boldsymbol{u}}} = \overline{\left(\frac{\overline{\boldsymbol{u}}^{\mathrm{T}}\boldsymbol{A}\boldsymbol{u}}{\overline{\boldsymbol{u}}^{\mathrm{T}}\boldsymbol{u}}\right)} = \overline{\lambda}$$

所以 λ 是实数, 第一个命题得证.

假设 $\lambda_1 \neq \lambda_2$ 是两个不同的特征值, 对应的特征向量为 $\boldsymbol{u}_1$ 和 $\boldsymbol{u}_2$, 即

$$\boldsymbol{A}\boldsymbol{u}_1 = \lambda_1 \boldsymbol{u}_1, \quad \boldsymbol{A}\boldsymbol{u}_2 = \lambda_2 \boldsymbol{u}_2$$

于是

$$\lambda_1 \boldsymbol{u}_2^{\mathrm{T}} \boldsymbol{u}_1 = \boldsymbol{u}_2^{\mathrm{T}} \boldsymbol{A} \boldsymbol{u}_1 = \boldsymbol{u}_1^{\mathrm{T}} \boldsymbol{A} \boldsymbol{u}_2 = \lambda_2 \boldsymbol{u}_1^{\mathrm{T}} \boldsymbol{u}_2$$

所以

$$(\lambda_1 - \lambda_2)\, \boldsymbol{u}_2^{\mathrm{T}} \boldsymbol{u}_1 = 0$$

因此

$$\boldsymbol{u}_2^{\mathrm{T}} \boldsymbol{u}_1 = 0$$

因此, 第二个命题得证.

定理的第三个命题可以用归纳法证明. ■

若对称矩阵的特征值分解为 $\boldsymbol{A}\boldsymbol{U} = \boldsymbol{U}\boldsymbol{\Lambda}$, 且 $\boldsymbol{U}$ 是正交矩阵, 则

$$\boldsymbol{A} = \boldsymbol{U}\boldsymbol{\Lambda}\boldsymbol{U}^{\mathrm{T}} \tag{2.44}$$

从上式可以发现, 对称矩阵的奇异值分解与特征值分解形态相似. 然而, 奇异值分解适用于任意矩阵, 特征值分解只适用于方阵. 即便是方阵: 奇异值是非负的, 而特征值可能是负的. 但是对于正定矩阵, 奇异值和特征值是相同的.

例 2.3 若 $\boldsymbol{A} = \begin{pmatrix} 1 & 0 \\ 0 & -1 \end{pmatrix}$, 则 $\boldsymbol{A}$ 的奇异值分解为

$$\boldsymbol{A} = \begin{pmatrix} 1 & 0 \\ 0 & 1 \end{pmatrix} \begin{pmatrix} 1 & 0 \\ 0 & 1 \end{pmatrix} \begin{pmatrix} 1 & 0 \\ 0 & -1 \end{pmatrix}$$

则 $\boldsymbol{A}$ 的特征值分解为

$$\boldsymbol{A} = \begin{pmatrix} 1 & 0 \\ 0 & 1 \end{pmatrix} \begin{pmatrix} 1 & 0 \\ 0 & -1 \end{pmatrix} \begin{pmatrix} 1 & 0 \\ 0 & 1 \end{pmatrix}$$

定义 2.18 若对称矩阵的所有特征值都大于 0, 则称该对称矩阵为正定矩阵.

定义 2.19 若正定矩阵的奇异值分解为 $\boldsymbol{A} = \boldsymbol{U}\boldsymbol{\Lambda}\boldsymbol{U}^{\mathrm{T}}$, $\boldsymbol{\Lambda}^{1/2}$ 的每个元素是 $\boldsymbol{\Lambda}$ 对应元素的开方, 则称 $\boldsymbol{U}\boldsymbol{\Lambda}^{1/2}\boldsymbol{U}^{\mathrm{T}}$ 为 $\boldsymbol{A}$ 的开方, 记为 $\boldsymbol{A}^{1/2}$.

定义 2.20 若 $\boldsymbol{A} \in \mathbb{R}^{n\times n}$, $\boldsymbol{B} \in \mathbb{R}^{n\times n}$, 非零向量 $\boldsymbol{u} \in \mathbb{C}^{n\times 1}$, 且

$$\boldsymbol{A}\boldsymbol{u} = \lambda \boldsymbol{B}\boldsymbol{u} \tag{2.45}$$

则称复数 λ 是广义特征值 (Generalized Eigen Value), $\boldsymbol{u}$ 是与 λ 对应广义特征向量 (Generalized Eigen Vector).

定义 2.21　若 $\boldsymbol{\Lambda} = \mathrm{diag}(\lambda_1, \cdots, \lambda_n)$ 表示由所有广义特征值构成的特征值矩阵, $\boldsymbol{U} = (\boldsymbol{u}_1, \cdots, \boldsymbol{u}_n)$ 表示对应的广义特征向量构成的特征向量矩阵, 则称下式称为 $(\boldsymbol{A}, \boldsymbol{B})$ 的广义特征值分解 (Generalized Eigen Value Decomposition).

$$\boldsymbol{A}\boldsymbol{U} = \boldsymbol{B}\boldsymbol{U}\boldsymbol{\Lambda} \tag{2.46}$$

定义 2.22　若 $\boldsymbol{A}$ 和 $\boldsymbol{B}$ 都是对称矩阵, 且 $\boldsymbol{B}$ 是正定矩阵, 则称 $(\boldsymbol{A}, \boldsymbol{B})$ 是一个正则矩阵对.

定理 2.5　若 $(\boldsymbol{A}, \boldsymbol{B})$ 是一个正则矩阵对, 则所有广义特征值都是实数; 不同特征值 λ_1, λ_2 对应的特征向量 $\boldsymbol{u}_1, \boldsymbol{u}_2$ 相对于 $\boldsymbol{B}$ 是正交的, 即 $\boldsymbol{u}_2^{\mathrm{T}}\boldsymbol{B}\boldsymbol{u}_1 = 0$, 且存在可逆矩阵 $\boldsymbol{U}$, 使得

$$\begin{cases} \boldsymbol{U}^{\mathrm{T}}\boldsymbol{A}\boldsymbol{U} = \boldsymbol{\Lambda} & (2.47\mathrm{a}) \\ \boldsymbol{U}^{\mathrm{T}}\boldsymbol{B}\boldsymbol{U} = \boldsymbol{I}_n & (2.47\mathrm{b}) \end{cases}$$

其中 $\boldsymbol{\Lambda} = \mathrm{diag}(\lambda_1, \cdots, \lambda_n)$ 是特征值矩阵, $\boldsymbol{U} = (\boldsymbol{u}_1, \cdots, \boldsymbol{u}_n)$ 是对应的特征向量矩阵.

证明　首先, 若 $\boldsymbol{A}\boldsymbol{u} = \lambda\boldsymbol{B}\boldsymbol{u}$, 则

$$\lambda = \frac{\overline{\boldsymbol{u}}^{\mathrm{T}}\boldsymbol{A}\boldsymbol{u}}{\overline{\boldsymbol{u}}^{\mathrm{T}}\boldsymbol{B}\boldsymbol{u}} = \frac{\boldsymbol{u}^{\mathrm{T}}\overline{\boldsymbol{A}\boldsymbol{u}}}{\boldsymbol{u}^{\mathrm{T}}\boldsymbol{B}\overline{\boldsymbol{u}}} = \overline{\left(\frac{\overline{\boldsymbol{u}}^{\mathrm{T}}\boldsymbol{A}\boldsymbol{u}}{\overline{\boldsymbol{u}}^{\mathrm{T}}\boldsymbol{B}\boldsymbol{u}}\right)} = \overline{\lambda}$$

所以 λ 是实数, 第一个命题得证.

其次, 因为 $\boldsymbol{B}$ 可逆, 奇异值分解为 $\boldsymbol{B} = \boldsymbol{U}\boldsymbol{\Lambda}_B\boldsymbol{U}^{\mathrm{T}}$, 所以 $\boldsymbol{B}^{1/2} = \boldsymbol{U}\boldsymbol{\Lambda}_B^{1/2}\boldsymbol{U}^{\mathrm{T}}$ 也是可逆的. 若两个特征值 $\lambda_1 \neq \lambda_2$, 且对应的特征向量分别为 $\boldsymbol{u}_1$ 和 $\boldsymbol{u}_2$, 则

$$\left(\boldsymbol{B}^{-1/2}\boldsymbol{A}\boldsymbol{B}^{-1/2}\right)\left(\boldsymbol{B}^{1/2}\boldsymbol{u}_i\right) = \lambda_i\left(\boldsymbol{B}^{1/2}\boldsymbol{u}_i\right), \quad i = 1, 2$$

由定理 2.4 可知 $\left(\boldsymbol{B}^{1/2}\boldsymbol{u}_1\right)^{\mathrm{T}}\left(\boldsymbol{B}^{1/2}\boldsymbol{u}_2\right) = 0$, 即 $\boldsymbol{u}_1^{\mathrm{T}}\boldsymbol{B}\boldsymbol{u}_2 = 0$, 因此, 第二个命题得证.

最后, 若 $\boldsymbol{B}$ 是正定矩阵, 那么 $\boldsymbol{U}_1 = \boldsymbol{B}^{-1/2}$ 也是正定矩阵, 且

$$\boldsymbol{U}_1\boldsymbol{B}\boldsymbol{U}_1 = \boldsymbol{I}_n \tag{2.48}$$

因为 $\boldsymbol{U}_1\boldsymbol{A}\boldsymbol{U}_1$ 是对称矩阵, 由定理 2.4 可知存在正交矩阵 $\boldsymbol{U}_2$ 使得

$$\boldsymbol{U}_2^{\mathrm{T}}(\boldsymbol{U}_1\boldsymbol{A}\boldsymbol{U}_1)\boldsymbol{U}_2 = \boldsymbol{\Lambda} \tag{2.49}$$

其中 $\boldsymbol{\Lambda} = \mathrm{diag}(\lambda_1, \cdots, \lambda_n)$, 此时

$$\boldsymbol{U}_2^{\mathrm{T}}(\boldsymbol{U}_1\boldsymbol{B}\boldsymbol{U})\boldsymbol{U}_2 = \boldsymbol{U}_2^{\mathrm{T}}\boldsymbol{I}_n\boldsymbol{U}_2 = \boldsymbol{I}_n \tag{2.50}$$

所以 $\boldsymbol{U}=\boldsymbol{U}_1\boldsymbol{U}_2$ 满足

$$\begin{cases} \boldsymbol{U}^{\mathrm{T}}\boldsymbol{A}\boldsymbol{U}=\boldsymbol{\Lambda} \\ \boldsymbol{U}^{\mathrm{T}}\boldsymbol{B}\boldsymbol{U}=\boldsymbol{I}_n \end{cases} \tag{2.51}$$

利用行列式的交换律公式 (2.6) 得: $|\boldsymbol{A}-\lambda\boldsymbol{B}|=\prod\limits_{i=1}^{n}(\lambda_i-\lambda)$, 即 $\lambda_1,\cdots,\lambda_n$ 是所有的广义特征值, 且 $\boldsymbol{U}=(\boldsymbol{u}_1,\cdots,\boldsymbol{u}_n)$ 是对应的特征向量. ■

2.4 线性方程组的解

Gauss 消元法[97] 是求解相容线性方程组的最常用方法. 该方法利用最简行阶梯形判断方程是否有解; 若方程有解则给出通解结构. 但是, 很多现实问题是无解问题 (也称为不相容问题), 此时仍需要给出一个合理的 "解", 如最小二乘解. 值得注意的是, 如果方程的系数矩阵不是列满秩的, 那么最小二乘解不是唯一的. 无论方程是否有解, 本节都将给出 "通解" 结构, 最后分析解的稳定性.

2.4.1 广义逆

定义 2.23 若 $\boldsymbol{A}$ 的简约奇异值分解为 $\boldsymbol{A}=\boldsymbol{U}_1\boldsymbol{\Lambda}_1\boldsymbol{V}_1^{\mathrm{T}}$, 记 $\boldsymbol{A}$ 的秩为 r, 则 $\boldsymbol{\Lambda}$ 是 r 阶对角阵且称下式为 $\boldsymbol{A}$ 的 Moore-Penrose 广义逆, 简称为广义逆 (Generized Inverse)

$$\boldsymbol{A}^{+}=\boldsymbol{V}_1\boldsymbol{\Lambda}_1^{-1}\boldsymbol{U}_1^{\mathrm{T}} \tag{2.52}$$

若 $n=r$, 则称 $\boldsymbol{A}$ 为列满秩的 (Full Column Rank), 因为 $\boldsymbol{A}^{+}\boldsymbol{A}=\boldsymbol{I}_n$, 所以 $\boldsymbol{A}^{+}$ 又称为 $\boldsymbol{A}$ 的左逆 (Left Inverse), 记为 $\boldsymbol{A}_L^{+}$; 同理, 若 $m=r$, 则称 $\boldsymbol{A}$ 为行满秩的 (Full Row Rank), 因为 $\boldsymbol{A}\boldsymbol{A}^{+}=\boldsymbol{I}_n$, 所以 $\boldsymbol{A}^{+}$ 又称为 $\boldsymbol{A}$ 的右逆 (Right Inverse), 记为 $\boldsymbol{A}_R^{+}$. 进一步, 若 $m=n=r$, 则称 $\boldsymbol{A}^{+}$ 为 $\boldsymbol{A}$ 的逆矩阵 (Inverse Matrix), 记为 $\boldsymbol{A}^{-1}$, 显然, 此时 $\boldsymbol{A}$ 与 $\boldsymbol{A}^{-1}$ 互为逆矩阵, 且 $\boldsymbol{A}^{+}\boldsymbol{A}=\boldsymbol{A}\boldsymbol{A}^{+}=\boldsymbol{I}_m$.

定理 2.6 若 $\boldsymbol{A}^{+}$ 是 $\boldsymbol{A}$ 的广义逆, 则

$$\begin{cases} \boldsymbol{A}\boldsymbol{A}^{+}\boldsymbol{A}=\boldsymbol{A} \\ \boldsymbol{A}^{+}\boldsymbol{A}\boldsymbol{A}^{+}=\boldsymbol{A}^{+} \\ (\boldsymbol{A}\boldsymbol{A}^{+})^{\mathrm{T}}=\boldsymbol{A}\boldsymbol{A}^{+} \\ (\boldsymbol{A}^{+}\boldsymbol{A})^{\mathrm{T}}=\boldsymbol{A}^{+}\boldsymbol{A} \end{cases} \tag{2.53}$$

注解 2.1 可以验证, 若某个矩阵 $\boldsymbol{B}$ 满足公式 (2.53) 中的 4 个等式, 那么 $\boldsymbol{B}$ 就是 $\boldsymbol{A}$ 的广义逆, 因而矩阵的广义逆是存在且唯一的.

推论 2.7　可以验证下式成立

$$\begin{cases} \boldsymbol{A}^{+} = \left(\boldsymbol{A}^{\mathrm{T}}\boldsymbol{A}\right)^{+}\boldsymbol{A}^{\mathrm{T}} \\ \boldsymbol{A}^{+} = \boldsymbol{A}^{\mathrm{T}}\left(\boldsymbol{A}\boldsymbol{A}^{\mathrm{T}}\right)^{+} \end{cases} \tag{2.54}$$

2.4.2　线性方程的解

考虑如下线性方程

$$\boldsymbol{A}\boldsymbol{x} = \boldsymbol{b} \tag{2.55}$$

该方程可能无解, 也可能有唯一解, 甚至有无穷多个解. 数据处理、多元分析、现代控制等具体问题中经常遇到无解的情形. 但是, 即使无解, 也要获得某个 “合理” 的解, 如求某个 $\boldsymbol{x}$ 使得 $\|\boldsymbol{A}\boldsymbol{x}-\boldsymbol{b}\|^2$ 最小, 此时称 $\boldsymbol{x}$ 为最小二乘解 (Least Square Solution); 然而最小二乘解也不一定是唯一的, 若某个解 $\boldsymbol{x}$ 是其中范数最小的最小二乘解, 即 $\|\boldsymbol{x}\|$ 最小, 则称 $\boldsymbol{x}$ 为极小范数最小二乘解 (Minimal Norm Least Square Solution), 后面将会发现极小范数最小二乘解是唯一的.

若 $\boldsymbol{A}$ 的奇异值分解为

$$\boldsymbol{A} = (\boldsymbol{U}_1, \boldsymbol{U}_2)\begin{pmatrix} \boldsymbol{\Lambda}_1 & \\ & \boldsymbol{\Lambda}_2 \end{pmatrix}(\boldsymbol{V}_1, \boldsymbol{V}_2)^{\mathrm{T}}$$

且 $\boldsymbol{A}$ 的简约奇异值分解为 $\boldsymbol{A} = \boldsymbol{U}_1\boldsymbol{\Lambda}_1\boldsymbol{V}_1^{\mathrm{T}}$, 则 $\boldsymbol{A}$ 的广义逆为 $\boldsymbol{A}^{+} = \boldsymbol{V}_1\boldsymbol{\Lambda}_1^{-1}\boldsymbol{U}_1^{\mathrm{T}}$, 增广矩阵为 $\tilde{\boldsymbol{A}} = (\boldsymbol{A}, \boldsymbol{b})$, 秩 $r = \operatorname{rank}(\boldsymbol{A})$ 恰为 $\boldsymbol{U}_1$ 的列数, 表 2.1 给出了方程 (2.55) 解的数量、解的条件和通解形式.

表 2.1　解的数量、解的条件和通解形式

解的数量	解的条件	通解形式
有唯一解	$\operatorname{rank}\left(\tilde{\boldsymbol{A}}\right) = r$ 且 $r = n$	$\boldsymbol{x} = \boldsymbol{A}^{+}\boldsymbol{b}$
有唯一的最小二乘 “解”	$\operatorname{rank}\left(\tilde{\boldsymbol{A}}\right) = r + 1$ 且 $r = n$	
有无穷多解	$\operatorname{rank}\left(\tilde{\boldsymbol{A}}\right) = r$ 且 $r < n$	$\boldsymbol{x} = \boldsymbol{A}^{+}\boldsymbol{b} + \boldsymbol{V}_2\boldsymbol{y}, \boldsymbol{y} \in \mathbb{R}^{(n-r)}$
有无穷多最小二乘 “解”	$\operatorname{rank}\left(\tilde{\boldsymbol{A}}\right) = r + 1$ 且 $r < n$	

可以验证无论方程 (2.55) 的解是否唯一, 通解都满足

$$\begin{cases} \|\boldsymbol{A}\boldsymbol{x} - \boldsymbol{b}\|^2 = \boldsymbol{b}^{\mathrm{T}}\left(\boldsymbol{U}_2\boldsymbol{U}_2^{\mathrm{T}}\right)\boldsymbol{b} & (2.56\mathrm{a}) \\ \|\boldsymbol{x}\|^2 = \left\|\boldsymbol{A}^{+}\boldsymbol{b}\right\|^2 + \|\boldsymbol{V}_2\boldsymbol{y}\|^2 & (2.56\mathrm{b}) \end{cases}$$

其实

$$\begin{aligned}&\|\boldsymbol{Ax}-\boldsymbol{b}\|^2\\=&\left[\boldsymbol{A}\left(\boldsymbol{A}^+\boldsymbol{b}+\boldsymbol{V}_2\boldsymbol{y}\right)-\boldsymbol{b}\right]^{\mathrm{T}}\left[\boldsymbol{A}\left(\boldsymbol{A}^+\boldsymbol{b}+\boldsymbol{V}_2\boldsymbol{y}\right)-\boldsymbol{b}\right]\\=&\left[\left(\boldsymbol{U}_1\boldsymbol{U}_1^{\mathrm{T}}\boldsymbol{b}\right)-\boldsymbol{b}\right]^{\mathrm{T}}\left[\left(\boldsymbol{U}_1\boldsymbol{U}_1^{\mathrm{T}}\boldsymbol{b}\right)-\boldsymbol{b}\right]\\=&\boldsymbol{b}^{\mathrm{T}}\left(\boldsymbol{I}_m-\boldsymbol{AA}^+\right)\boldsymbol{b}=\boldsymbol{b}^{\mathrm{T}}\left(\boldsymbol{U}_2\boldsymbol{U}_2^{\mathrm{T}}\right)\boldsymbol{b}\end{aligned}$$

把 $\mathrm{SSE}=\|\boldsymbol{Ax}-\boldsymbol{b}\|^2$ 称为残差平方和 (Sum of Squares for Error), 如果方程有解, 则 $\mathrm{SSE}=0$. 另外

$$\begin{aligned}\|\boldsymbol{x}\|^2=&\left(\boldsymbol{A}^+\boldsymbol{b}+\boldsymbol{V}_2\boldsymbol{y}\right)^{\mathrm{T}}\left(\boldsymbol{A}^+\boldsymbol{b}+\boldsymbol{V}_2\boldsymbol{y}\right)\\=&\left(\boldsymbol{b}^{\mathrm{T}}\boldsymbol{A}^{+\mathrm{T}}\boldsymbol{A}^+\boldsymbol{b}+\boldsymbol{y}^{\mathrm{T}}\boldsymbol{V}_2^{\mathrm{T}}\boldsymbol{A}^+\boldsymbol{b}\right)+\left(\boldsymbol{b}^{\mathrm{T}}\boldsymbol{A}^{+\mathrm{T}}\boldsymbol{V}_2\boldsymbol{y}+\boldsymbol{y}^{\mathrm{T}}\boldsymbol{V}_2^{\mathrm{T}}\boldsymbol{V}_2\boldsymbol{y}\right)\\=&\left(\boldsymbol{b}^{\mathrm{T}}\boldsymbol{U}_1\boldsymbol{\Lambda}_1^{-1}\boldsymbol{V}_1^{\mathrm{T}}\boldsymbol{V}_1\boldsymbol{\Lambda}_1^{-1}\boldsymbol{U}_1^{\mathrm{T}}\boldsymbol{b}+\boldsymbol{y}^{\mathrm{T}}\boldsymbol{V}_2^{\mathrm{T}}\boldsymbol{V}_1\boldsymbol{\Lambda}_1^{-1}\boldsymbol{U}_1^{\mathrm{T}}\boldsymbol{b}\right)\\&+\left(\boldsymbol{b}^{\mathrm{T}}\boldsymbol{U}_1\boldsymbol{\Lambda}_1^{-1}\boldsymbol{V}_1^{\mathrm{T}}\boldsymbol{V}_2\boldsymbol{y}+\boldsymbol{y}^{\mathrm{T}}\boldsymbol{V}_2^{\mathrm{T}}\boldsymbol{V}_2\boldsymbol{y}\right)\\=&\left(\boldsymbol{b}^{\mathrm{T}}\boldsymbol{U}_1\boldsymbol{\Lambda}_1^{-2}\boldsymbol{U}_1^{\mathrm{T}}\boldsymbol{b}\right)+\left(\boldsymbol{y}^{\mathrm{T}}\boldsymbol{V}_2^{\mathrm{T}}\boldsymbol{V}_2\boldsymbol{y}\right)\\=&\left\|\boldsymbol{A}^+\boldsymbol{b}\right\|^2+\|\boldsymbol{V}_2\boldsymbol{y}\|^2\end{aligned}$$

公式 (2.56b) 表明: 若方程无解, 则 $\boldsymbol{x}=\boldsymbol{A}^+\boldsymbol{b}$ 是唯一的极小范数最小二乘 "解".

2.4.3 条件数和方程解的稳定性

定义 2.24 若 $\boldsymbol{A}\in\mathbb{R}^{m\times n}$, 且 λ_1 和 λ_n 分别是 $\boldsymbol{A}$ 的最大奇异值和最小奇异值, 则称下式为 $\boldsymbol{A}$ 的条件数 (Condition Number)

$$\mathrm{cond}\left(\boldsymbol{A}\right)=\lambda_1/\lambda_n \tag{2.57}$$

方程 (2.55) 的解常受噪声的影响, 若微小的扰动会导致方程解的巨大变化, 则称方程 (2.55) 的解是不稳定的. 由下面的分析可知, 条件数 $\mathrm{cond}(\boldsymbol{A})$ 是刻画方程解稳定性的指标.

首先, 若 $\lambda_n=0$, 由表 2.1 可知方程 $\boldsymbol{Ax}=\boldsymbol{b}$ 的通解为

$$\boldsymbol{x}=\boldsymbol{A}^+\boldsymbol{b}+\boldsymbol{V}_2\boldsymbol{y},\quad \boldsymbol{y}\in\mathbb{R}^{n-r}$$

也就是说方程 (2.55) 有无穷多解, 此时, 即使任何没有扰动, 解也是不稳定的.

其次, 若 $\lambda_n>0$, 则公式 (2.55) 存在唯一的最小二乘解

$$\boldsymbol{x}=\boldsymbol{A}^+\boldsymbol{b} \tag{2.58}$$

若常数向量存在扰动 $\Delta\boldsymbol{b}$, 不妨设扰动后的方程为

$$\boldsymbol{A}(\boldsymbol{x}+\Delta\boldsymbol{x})=(\boldsymbol{b}+\Delta\boldsymbol{b}) \tag{2.59}$$

扰动方程 (2.59) 的解为

$$\boldsymbol{x}+\Delta\boldsymbol{x}=\boldsymbol{A}^{+}\boldsymbol{b}+\boldsymbol{A}^{+}\Delta\boldsymbol{b} \tag{2.60}$$

把公式 (2.58) 代入公式 (2.60), 得

$$\Delta\boldsymbol{x}=\boldsymbol{A}^{+}\Delta\boldsymbol{b} \tag{2.61}$$

由算子范数定义式 (2.9), 可知 $\|\boldsymbol{A}\|=\lambda_1$, 且 $\left\|\boldsymbol{A}^{+}\right\|=\lambda_n^{-1}$, 再由公式 (2.61) 和算子范数不等式 (2.10) 可得

$$\begin{cases}\|\Delta\boldsymbol{x}\|\leqslant\left\|\boldsymbol{A}^{+}\right\|\|\Delta\boldsymbol{b}\|=\lambda_n^{-1}\|\Delta\boldsymbol{b}\|\\ \|\boldsymbol{b}\|\leqslant\|\boldsymbol{A}\|\|\boldsymbol{x}\|=\lambda_1\|\boldsymbol{x}\|\end{cases} \tag{2.62}$$

于是

$$\frac{\|\Delta\boldsymbol{x}\|}{\|\boldsymbol{x}\|}\leqslant\operatorname{cond}(\boldsymbol{A})\frac{\|\Delta\boldsymbol{b}\|}{\|\boldsymbol{b}\|} \tag{2.63}$$

上式表明: $\operatorname{cond}(\boldsymbol{A})$ 是扰动放大倍数的一个上界, 其实这个上界还是 “可达” 的, 即存在 $\boldsymbol{b}$ 和 $\Delta\boldsymbol{b}$ 使得下列等式成立

$$\frac{\|\Delta\boldsymbol{x}\|}{\|\boldsymbol{x}\|}=\operatorname{cond}(\boldsymbol{A})\frac{\|\Delta\boldsymbol{b}\|}{\|\boldsymbol{b}\|} \tag{2.64}$$

实际上, 若 $\boldsymbol{A}$ 的简约奇异值分解为 $\boldsymbol{A}=\boldsymbol{U}_1\boldsymbol{\Lambda}_1\boldsymbol{V}_1^{\mathrm{T}}$, 则只要 $\boldsymbol{b}$ 与 $\boldsymbol{U}_1$ 的第一列平行, $\Delta\boldsymbol{b}$ 与 $\boldsymbol{U}_1$ 的最后一列平行, 即

$$\begin{cases}\boldsymbol{U}_1^{\mathrm{T}}\boldsymbol{b}=(\|\boldsymbol{b}\|,0,\cdots,0)^{\mathrm{T}}\\ \boldsymbol{U}_1^{\mathrm{T}}\Delta\boldsymbol{b}=(0,\cdots,0,\|\Delta\boldsymbol{b}\|)^{\mathrm{T}}\end{cases} \tag{2.65}$$

那么

$$\frac{\|\Delta\boldsymbol{x}\|}{\|\boldsymbol{x}\|}=\frac{\left\|\boldsymbol{A}^{+}\Delta\boldsymbol{b}\right\|}{\left\|\boldsymbol{A}^{+}\boldsymbol{b}\right\|}=\frac{\left\|\boldsymbol{V}_1\boldsymbol{\Lambda}_1^{-1}\boldsymbol{U}_1^{\mathrm{T}}\Delta\boldsymbol{b}\right\|}{\left\|\boldsymbol{V}_1\boldsymbol{\Lambda}_1^{-1}\boldsymbol{U}_1^{\mathrm{T}}\boldsymbol{b}\right\|}=\frac{\lambda_1\|\Delta\boldsymbol{b}\|}{\lambda_n\|\boldsymbol{b}\|}=\operatorname{cond}(\boldsymbol{A})\frac{\|\Delta\boldsymbol{b}\|}{\|\boldsymbol{b}\|}$$

例 2.4 $\boldsymbol{A}\boldsymbol{x}=\boldsymbol{b}$ 中 $\boldsymbol{A}=\begin{pmatrix}10&0\\0&0.1\end{pmatrix}$, $\boldsymbol{b}=\begin{pmatrix}1\\0\end{pmatrix}$, 则奇异值分解为 $\boldsymbol{A}=\boldsymbol{I}_2\begin{pmatrix}10&0\\0&0.1\end{pmatrix}\boldsymbol{I}_2$. 条件数为 $\operatorname{cond}(\boldsymbol{A})=\dfrac{10}{0.1}=100$, 方程的解为 $\boldsymbol{x}=\begin{pmatrix}0.1\\0\end{pmatrix}$.

假定扰动为 $\Delta\boldsymbol{b}=\begin{pmatrix}0\\0.1\end{pmatrix}$, 那么扰动后的解为 $\boldsymbol{x}+\Delta\boldsymbol{x}=\begin{pmatrix}0.1\\1\end{pmatrix}$, 此时 $\Delta\boldsymbol{x}=\begin{pmatrix}0\\1\end{pmatrix}$, 且

$$\frac{\|\Delta\boldsymbol{x}\|}{\|\boldsymbol{x}\|}=100\frac{\|\Delta\boldsymbol{b}\|}{\|\boldsymbol{b}\|}$$

上述例子表明: 解的扰动是常数扰动的 100 倍, 而 100 就是方程的条件数 $\mathrm{cond}(\boldsymbol{A})$.

解决最小二乘解的不稳定性的常用方法包括: 有偏估计和潜变量回归, 见 3.3 节和 8.3 节.

2.5 分块矩阵的逆

2.5.1 分块初等矩阵

假设 n 阶单位矩阵 $\boldsymbol{I}_n$ 的分块矩阵 (Partitioned Matrix) 为

$$\boldsymbol{I}_n=\begin{pmatrix}\boldsymbol{I}_{11} & \mathbf{0} & \mathbf{0}\\ \mathbf{0} & \ddots & \mathbf{0}\\ \mathbf{0} & \mathbf{0} & \boldsymbol{I}_{rr}\end{pmatrix}$$

其中 $\boldsymbol{I}_{ii}$ 是 n_i 阶单位矩阵, 而且 $\sum\limits_{i=1}^{r}n_i=n$, 那么与该分块形式对应的三种初等变换和初等矩阵 (Elementary Matrices) 分别为:

第一, 把 $\boldsymbol{I}$ 的第 i 行块与第 j 行块交换, 得到 $\boldsymbol{P}(i,j)$.

第二, 把 $\boldsymbol{I}$ 的第 i 行块乘以一个可逆矩阵 $\boldsymbol{K}$, 得到 $\boldsymbol{P}(j(\boldsymbol{K}))$.

第三, 把 $\boldsymbol{I}$ 的第 j 行块乘以矩阵 $\boldsymbol{K}$, 然后加到第 i 行块, 得到 $\boldsymbol{P}(i,j(\boldsymbol{K}))$.

可以验证$\boldsymbol{P}(i,j)$, $\boldsymbol{P}(j(\boldsymbol{K}))$和$\boldsymbol{P}(i,j(\boldsymbol{K}))$的逆矩阵分别为$\boldsymbol{P}(i,j)$, $\boldsymbol{P}\left(j\left(\boldsymbol{K}^{-1}\right)\right)$和 $\boldsymbol{P}(i,j(-\boldsymbol{K}))$, 且初等矩阵的逆矩阵还是初等矩阵.

2.5.2 分块矩阵的逆

定理 2.8 若 $\boldsymbol{A},\boldsymbol{D},\left(\boldsymbol{D}-\boldsymbol{C}\boldsymbol{A}^{-1}\boldsymbol{B}\right),\left(\boldsymbol{A}-\boldsymbol{B}\boldsymbol{D}^{-1}\boldsymbol{C}\right)$ 都是可逆矩阵, 则以下两式成立

$$\begin{pmatrix}\boldsymbol{A} & \boldsymbol{B}\\ \boldsymbol{C} & \boldsymbol{D}\end{pmatrix}^{-1}$$

$$=\begin{pmatrix}\boldsymbol{A}^{-1}+\boldsymbol{A}^{-1}\boldsymbol{B}\left(\boldsymbol{D}-\boldsymbol{C}\boldsymbol{A}^{-1}\boldsymbol{B}\right)^{-1}\boldsymbol{C}\boldsymbol{A}^{-1} & -\boldsymbol{A}^{-1}\boldsymbol{B}\left(\boldsymbol{D}-\boldsymbol{C}\boldsymbol{A}^{-1}\boldsymbol{B}\right)^{-1}\\ -\left(\boldsymbol{D}-\boldsymbol{C}\boldsymbol{A}^{-1}\boldsymbol{B}\right)^{-1}\boldsymbol{C}\boldsymbol{A}^{-1} & \left(\boldsymbol{D}-\boldsymbol{C}\boldsymbol{A}^{-1}\boldsymbol{B}\right)^{-1}\end{pmatrix} \tag{2.66}$$

$$\begin{pmatrix} A & B \\ C & D \end{pmatrix} = \begin{pmatrix} (A-BD^{-1}C)^{-1} & -(A-BD^{-1}C)^{-1}BD^{-1} \\ -(D-CA^{-1}B)^{-1}CA^{-1} & (D-CA^{-1}B)^{-1} \end{pmatrix} \tag{2.67}$$

证明　可以用初等行变换法先把可逆矩阵单位化, 如下

$$\left(\begin{array}{cc:cc} A & B & E & 0 \\ C & D & 0 & E \end{array}\right) \to \left(\begin{array}{cc:cc} E & A^{-1}B & A^{-1} & 0 \\ C & D & 0 & E \end{array}\right)$$

$$\to \left(\begin{array}{cc:cc} E & A^{-1}B & A^{-1} & 0 \\ 0 & D-CA^{-1}B & -CA^{-1} & E \end{array}\right)$$

$$\to \left(\begin{array}{cc:cc} E & 0 & A^{-1}+A^{-1}B(D-CA^{-1}B)^{-1}CA^{-1} & -A^{-1}B(D-CA^{-1}B)^{-1} \\ 0 & E & -(D-CA^{-1}B)^{-1}CA^{-1} & (D-CA^{-1}B)^{-1} \end{array}\right)$$

于是公式 (2.66) 得证.

同理, 也可以先把第二行块单位化, 其实

$$\left(\begin{array}{cc:cc} A & B & E & 0 \\ C & D & 0 & E \end{array}\right) \to \left(\begin{array}{cc:cc} A & B & E & 0 \\ D^{-1}C & E & 0 & D^{-1} \end{array}\right)$$

$$\to \left(\begin{array}{cc:cc} A-BD^{-1}C & 0 & E & -BD^{-1} \\ D^{-1}C & E & 0 & D^{-1} \end{array}\right)$$

$$\to \left(\begin{array}{cc:cc} E & 0 & (A-BD^{-1}C)^{-1} & -(A-BD^{-1}C)^{-1}BD^{-1} \\ 0 & E & -D^{-1}C(A-BD^{-1}C)^{-1} & D^{-1}+D^{-1}C(A-BD^{-1}C)^{-1}BD^{-1} \end{array}\right)$$

利用可逆矩阵的唯一性可知公式 (2.67) 成立. ■

利用上述定理, 可以验证以下推论成立.

推论 2.9　以下三个公式成立:

(1) Duncan-Guttman 公式: 若 $A, C, (C^{-1}+DA^{-1}B)$ 都是可逆矩阵, 则

$$(A+BCD)^{-1} = A^{-1} - A^{-1}B(C^{-1}+DA^{-1}B)^{-1}DA^{-1} \tag{2.68}$$

(2) Sherman-Morrison 公式: 若 x 是列向量, 则

$$(A+xx^{\mathrm{T}})^{-1} = A^{-1} - \frac{A^{-1}xx^{\mathrm{T}}A^{-1}}{1+x^{\mathrm{T}}A^{-1}x} \tag{2.69}$$

(3) 若 $M=(X,Y)^{\mathrm{T}}(X,Y)$ 可逆, 记 $\Pi_X = X\left(X^{\mathrm{T}}X\right)^{-1}X^{\mathrm{T}}$, $\Pi_Y = Y(Y^{\mathrm{T}}\cdot Y)^{-1}Y^{\mathrm{T}}$, 则

$$M^{-1}=\begin{pmatrix} \left(X^{\mathrm{T}}(I-\Pi_Y)X\right)^{-1} & -\left(X^{\mathrm{T}}(I-\Pi_Y)X\right)^{-1}X^{\mathrm{T}}Y^{+\mathrm{T}} \\ -\left(Y^{\mathrm{T}}(I-\Pi_X)Y\right)^{-1}Y^{\mathrm{T}}X^{+\mathrm{T}} & \left(Y^{\mathrm{T}}(I-\Pi_X)Y\right)^{-1} \end{pmatrix} \tag{2.70}$$

推论中的三个公式在第 3 章中用于证明正态分布的条件分布公式、威沙特分布公式和 Kalman 滤波公式; 在第 7 章中用于证明方差逆的递归公式.

2.5.3 分块矩阵的广义逆

推论 2.9 的三个公式可以进一步推广为分块矩阵的广义逆公式.

定理 2.10 以下三个公式成立:

(1) 若 $A^+AUBV=UBV, UBVA^+A=UBV$, 则

$$(A+UBV)^+=A^+-A^+UB\left(B+BVA^+UB\right)^+BVA^+ \tag{2.71}$$

(2) 若 $A\in\mathbb{R}^{m\times n}, u\in\mathbb{R}^{m\times 1}, v\in\mathbb{R}^{n\times 1}, v^{\mathrm{T}}A^+u\neq -1$, 则

$$\left(A+uv^{\mathrm{T}}\right)^+=A^+-\frac{A^+uv^{\mathrm{T}}A^+}{1+v^{\mathrm{T}}A^+u} \tag{2.72}$$

(3) 若 $A=X^{\mathrm{T}}X, B=Y^{\mathrm{T}}Y, C=X^{\mathrm{T}}Y, M=\begin{pmatrix} A & C \\ C^{\mathrm{T}} & B \end{pmatrix}$, 则

$$M^+=\begin{pmatrix} A^++A^+CD^+C^{\mathrm{T}}A^+ & -A^+CD^+ \\ -D^+C^{\mathrm{T}}A^+ & D^+ \end{pmatrix} \tag{2.73}$$

2.5.4 分块矩阵的行列式

定理 2.11 若 A 可逆, 则

$$\begin{vmatrix} A & B \\ C & D \end{vmatrix}=|A|\left|D-CA^{-1}B\right| \tag{2.74}$$

证明 因为

$$\begin{pmatrix} E & 0 \\ -C & E \end{pmatrix}\begin{pmatrix} A^{-1} & 0 \\ 0 & E \end{pmatrix}\begin{pmatrix} A & B \\ C & D \end{pmatrix}=\begin{pmatrix} E & A^{-1}B \\ 0 & D-CA^{-1}B \end{pmatrix}$$

所以, 两边取行列式得

$$\left|A^{-1}\right|\begin{vmatrix} A & B \\ C & D \end{vmatrix}=\left|D-CA^{-1}B\right|$$

上式说明公式 (2.74) 成立.

该定理将用于分析条件正态分布, 见 3.2.1 节.

2.6 算法浮点数

大量工程问题可以转化为矩阵计算问题, 同一个问题可能有多种解决策略, 但是不同策略耗费的计算机资源往往是不同的. 我们用算法浮点数 (FLOPS, FLOating Point ArithmeticS) 来衡量不同策略耗费的计算机资源. 矩阵计算问题往往包括: 矩阵乘法、QR 分解、SVD 分解、矩阵的 MP 逆运算等. 这些运算都可以分解成简单的加法和乘法. 相对于乘法来说, 加法的运算量可以忽略. 以下假定一次除法等价于一次乘法, 因此下面只考虑计算问题中乘法的算法浮点数.

2.6.1 矩阵乘法

若 $\boldsymbol{A}\in\mathbb{R}^{m\times p}$, $\boldsymbol{B}\in\mathbb{R}^{p\times n}$, 则 $\boldsymbol{C}=\boldsymbol{AB}$ 的 FLOPS 为mpn. 其实 $c_{ij}=\sum\limits_{k=1}^{p}a_{ik}a_{kj}$, 所以计算每个元素 c_{ij} 需要 p 次乘法, 而 $\boldsymbol{C}$ 有 mn 个元素, 因此 $\boldsymbol{C}=\boldsymbol{AB}$ 的总 FLOPS 为 mpn.

2.6.2 QR 分解

QR 分解就是要把 $\boldsymbol{A}$ 分解为 $\boldsymbol{A}=\boldsymbol{QR}$, 其中 $\boldsymbol{Q}$ 是正交矩阵, 而 $\boldsymbol{R}$ 是上三角矩阵. 文献 [97] 指出, 对于 n 阶方阵, 把矩阵变换为上三角阵的 FLOPS 为 $\dfrac{2n^3}{3}$.

对于一般的矩阵, 假设 $\boldsymbol{A}\in\mathbb{R}^{m\times n}$, 且 $m>n$, 用反射法进行 QR 分解的 FLOPS 为可以用以下引理来衡量.

引理 2.12 若 $\boldsymbol{A}\in\mathbb{R}^{m\times n}$, 那么 QR 分解 $\boldsymbol{A}=\boldsymbol{QR}$ 的 FLOPS 为 $2m^2n-mn^2+\dfrac{n^3}{3}$.

证明 计算量分为两部分.

第一部分是计算上三角矩阵 $\boldsymbol{R}$.

其实, $\boldsymbol{A}$ 的分块为 $\boldsymbol{A}=(\boldsymbol{a}_1,\boldsymbol{A}_{n-1})$, 若 $\boldsymbol{e}_1=(1,0,\cdots,0)^{\mathrm{T}}\in\mathbb{R}^{m\times1},\boldsymbol{v}_1=\boldsymbol{a}_1-\|\boldsymbol{a}_1\|\boldsymbol{e}_1$, 则计算 $\boldsymbol{v}_1^{+}=\boldsymbol{v}_1^{\mathrm{T}}/\|\boldsymbol{v}_1\|^2$ 共需要 m 次乘法; $\boldsymbol{H}_{\boldsymbol{v}_1}=\boldsymbol{I}_m-2\boldsymbol{v}_1\boldsymbol{v}_1^{+}$, $\boldsymbol{H}_{\boldsymbol{v}_1}\boldsymbol{A}=(\boldsymbol{e}_1,\boldsymbol{H}_{\boldsymbol{v}_1}\boldsymbol{A}_{n-1})$, $\boldsymbol{H}_{\boldsymbol{v}_1}\boldsymbol{A}_{n-1}=\boldsymbol{A}_{n-1}-2\boldsymbol{v}_1\left(\boldsymbol{v}_1^{+}\boldsymbol{A}_{n-1}\right)$, 而 $\boldsymbol{b}_1^{\mathrm{T}}=\boldsymbol{v}_1^{+}\boldsymbol{A}_{n-1}$ 需要 $m(n-1)$ 次乘法, $\boldsymbol{v}_1\boldsymbol{b}_1^{\mathrm{T}}$ 也需要 $m(n-1)$ 次乘法, 综上 $\boldsymbol{H}_{\boldsymbol{v}_1}\boldsymbol{A}=(\boldsymbol{e}_1,\boldsymbol{H}_{\boldsymbol{v}_1}\boldsymbol{A}_{n-1})$ 需要 $m+2m(n-1)$ 次乘法, 若忽略了低阶项 m, 则约为 $2m(n-1)$.

依此类推, 把 $\boldsymbol{A}$ 转化为上三角矩阵 $\boldsymbol{R}$ 的 FLOPS 为 $2\sum\limits_{i=0}^{n-1}(m-i)(n+1-i)\approx mn^2-\dfrac{n^3}{3}$.

第二部分是计算正交矩阵 $\boldsymbol{Q}$.

其实

$$Q = H_{v_1}\begin{pmatrix} I_1 & 0 \\ 0 & H_{v_2} \end{pmatrix}\begin{pmatrix} I_2 & 0 \\ 0 & H_{v_3} \end{pmatrix}\cdots\begin{pmatrix} I_{n-2} & 0 \\ 0 & H_{v_{n-1}} \end{pmatrix}\begin{pmatrix} I_{n-1} & 0 \\ 0 & H_{v_n} \end{pmatrix}$$

由第一部分的分析可知, 最右侧两个矩阵的 FLOPS 约为 $2(m-n+2)^2$, 最右侧三个矩阵的 FLOPS 约为 $2\left[(m-n+2)^2+(m-n+3)^2\right]$. 依此类推, 忽略低阶运算项后, Q 的 FLOPS 为

$$2\sum_{i=1}^{n-1}(m-n+i+1)^2 \approx 2\left(m^2n - mn^2 + \frac{n^3}{3}\right)$$

综上, QR 分解的 FLOPS 约为

$$\left(mn^2 - \frac{n^3}{3}\right) + 2\left(m^2n - mn^2 + \frac{n^3}{3}\right) = 2m^2n - mn^2 + \frac{n^3}{3}$$ ■

2.6.3 奇异值分解

引理 2.13 若 $A \in \mathbb{R}^{m\times n}$, 则奇异值分解 $A = U\Lambda V^{\mathrm{T}}$ 的 FLOPS 为 $2\left(2m^2n - mn^2 + \dfrac{n^3}{3}\right)$.

证明 SVD 分解最常用的 SVD 方法是"两步法", 第一步是解析解, 第二步是数值解, 因此计算量来源于两部分.

第一部分是用 Householder 反射, 把 A 转化为二对角矩阵 $\tilde{A}$, FLOPS 为 $2\left(2m^2\,n - mn^2 + \dfrac{n^3}{3}\right)$.

第二部分是针对 $\tilde{A}$, 利用迭代的方法 $\tilde{A}$ 对 $\tilde{A}$ 进行奇异值分解, FLOPS 为 $o(n^2)$. 由于第二步的 FLOPS 相对于第一步的FLOPS 来说小得多, 可以忽略, 因此 SVD 的 FLOPS 大致为 $2\left(2m^2n - mn^2 + \dfrac{n^3}{3}\right)$. 若 $m \gg n$, 则 SVD 的 FLOPS 也可以用 $o(mn^2)$ 来衡量. ■

2.6.4 广义逆

若 A 的奇异值分解为 $A = U\Lambda V^{\mathrm{T}}$, 那么广义逆 $A^{+} = V\Lambda^{+}U^{\mathrm{T}}$, 所以广义逆和 SVD 分解的 FLOPS 是相当的. 但是, 在应用中常用下面这个引理来衡量 FLOPS[98].

引理 2.14 若 $A \in \mathbb{R}^{m\times n}, m > n$, 则广义逆的 FLOPS 为 $\dfrac{3}{2}mn^2 + \dfrac{1}{2}n^3$.

2.7 投影矩阵

投影 (Projection) 是最常用的线性变换之一. 投影矩阵的几何意义非常明确, 它被广泛应用于参数估计和状态估计中. 本节介绍正交投影 (Orthogonal Projection) 和斜投影 (Oblique Projection) 的相关定义与定理.

2.7.1 正交投影

定义 2.25 分别称以下两个等式为矩阵 $\boldsymbol{A}$ 上的正交投影和正交补投影:

$$\begin{cases} \boldsymbol{\Pi}_A = \boldsymbol{A}\boldsymbol{A}^+ & (2.75\text{a}) \\ \boldsymbol{\Pi}_A^{\perp} = \boldsymbol{I}_m - \boldsymbol{A}\boldsymbol{A}^+ & (2.75\text{b}) \end{cases}$$

在不引起歧义的情况下, 正交投影和正交补投影分别简称为 $\boldsymbol{A}$ 上的投影和补投影. 若 $\boldsymbol{A}$ 的奇异值分解为

$$\boldsymbol{A} = (\boldsymbol{U}_1, \boldsymbol{U}_2)\begin{pmatrix} \boldsymbol{\varLambda}_1 & \boldsymbol{0} \\ \boldsymbol{0} & \boldsymbol{0} \end{pmatrix}(\boldsymbol{V}_1, \boldsymbol{V}_2)^{\mathrm{T}}$$

且 $\boldsymbol{A}$ 的简约奇异值分解为 $\boldsymbol{A} = \boldsymbol{U}_1\boldsymbol{\varLambda}_1\boldsymbol{V}_1^{\mathrm{T}}$, 则可以验证

$$\begin{cases} \boldsymbol{\Pi}_{\boldsymbol{A}} = \boldsymbol{U}_1\boldsymbol{U}_1^{\mathrm{T}} \\ \boldsymbol{\Pi}_{\boldsymbol{A}}^{\perp} = \boldsymbol{U}_2\boldsymbol{U}_2^{\mathrm{T}} \end{cases} \tag{2.76}$$

除了对称性, 投影还具有以下几个性质:

(1) 幂等性:

$$\boldsymbol{\Pi}_{\boldsymbol{A}}^2 = \boldsymbol{\Pi}_{\boldsymbol{A}} \tag{2.77}$$

(2) 不变性:

$$\boldsymbol{\Pi}_{\boldsymbol{A}}\boldsymbol{A} = \boldsymbol{A} \tag{2.78}$$

(3) 正交性:

$$\begin{cases} \boldsymbol{\Pi}_{\boldsymbol{A}}^{\perp}\boldsymbol{A} = \boldsymbol{0} \\ \boldsymbol{\Pi}_{\boldsymbol{A}}^{\perp}\boldsymbol{\Pi}_{\boldsymbol{A}} = \boldsymbol{0} \end{cases} \tag{2.79}$$

(4) 勾股定理:

$$\|\boldsymbol{B}\|_F^2 = \|\boldsymbol{\Pi}_{\boldsymbol{A}}\boldsymbol{B}\|_F^2 + \left\|\boldsymbol{\Pi}_{\boldsymbol{A}}^{\perp}\boldsymbol{B}\right\|_F^2 \tag{2.80}$$

(5) 几何性:

$$\boldsymbol{B} = \boldsymbol{\Pi}_{\boldsymbol{A}}\boldsymbol{B} + \boldsymbol{\Pi}_{\boldsymbol{A}}^{\perp}\boldsymbol{B} \tag{2.81}$$

式 (2.81) 意味着任何矩阵 $\boldsymbol{B}$ 都可以分解成两部分, 第一部分 $\boldsymbol{\Pi}_{\boldsymbol{A}}\boldsymbol{B}$ 与 $\boldsymbol{A}$ 平行, 第二部分 $\boldsymbol{\Pi}_{\boldsymbol{A}}^{\perp}\boldsymbol{B}$ 与 $\boldsymbol{A}$ 垂直, 下面分两种情况讨论投影的几何意义.

二维投影: 若 $\boldsymbol{A}$ 是一个向量, 则 $\boldsymbol{A}$ 的张成子空间是一条直线, 若向量 $\boldsymbol{A}$ 用射线 $\overrightarrow{O_0O_1}$ 表示, $\boldsymbol{B}$ 用 $\overrightarrow{O_0O_2}$ 表示, 那么 $\boldsymbol{B}$ 在 $\boldsymbol{A}$ 上的投影和补投影分别用 $\overrightarrow{O_0O_3}$ 和 $\overrightarrow{O_3O_2}$, 显然 $\overrightarrow{O_0O_3}$ 和 $\overrightarrow{O_3O_2}$ 垂直 (图 2.3).

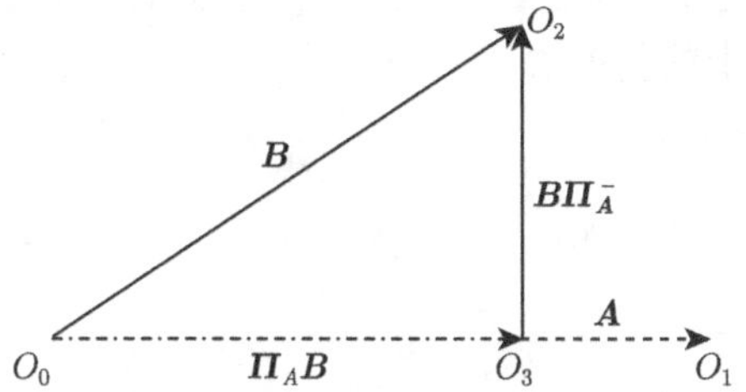

图 2.3 二维投影

三维投影:$\boldsymbol{A}$ 包括两个向量, $\boldsymbol{A}=(\boldsymbol{A}_1,\boldsymbol{A}_2)$ 的张成子空间是一个地平面, 该平面用 α 表示, $\boldsymbol{B}$ 是地面倾斜物, 用 $\overrightarrow{O_0O_2}$ 表示. 那么在赤道上, 中午 12 点太阳直射时, $\boldsymbol{B}$ 在 $\boldsymbol{A}$ 上的投影和补投影分别用 $\overrightarrow{O_0O_3}$ 和 $\overrightarrow{O_3O_2}$, 显然 $\overrightarrow{O_0O_3}$ 和 $\overrightarrow{O_3O_2}$ 垂直 (图 2.4).

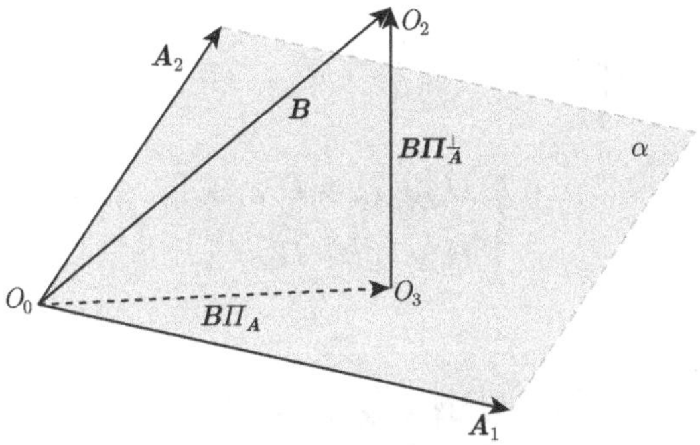

图 2.4 三维投影

2.7.2 斜投影

上面介绍了正交投影, 下面介绍斜投影, 斜投影实质是正交投影的 "细分". 其实, 若 $\boldsymbol{A}=(\boldsymbol{A}_1,\boldsymbol{A}_2)$, 那么在 $\boldsymbol{A}$ 上的投影为 $\boldsymbol{\Pi}_{\boldsymbol{A}}=(\boldsymbol{A}_1,\boldsymbol{A}_2)(\boldsymbol{A}_1,\boldsymbol{A}_2)^{+}$ 可分解如下为两部分

$$\boldsymbol{\Pi}_{\boldsymbol{A}}=(\boldsymbol{A}_1,\boldsymbol{0})(\boldsymbol{A}_1,\boldsymbol{A}_2)^{+}+(\boldsymbol{0},\boldsymbol{A}_2)(\boldsymbol{A}_1,\boldsymbol{A}_2)^{+} \tag{2.82}$$

定义 2.26 把 $(\boldsymbol{A}_1,\boldsymbol{0})(\boldsymbol{A}_1,\boldsymbol{A}_2)^{+}$ 称为沿着 $\boldsymbol{A}_2$ 在 $\boldsymbol{A}_1$ 上的斜投影, 并记为 $\boldsymbol{\Pi}_{\boldsymbol{A}_2,\boldsymbol{A}_1}$. 同理, 把 $(\boldsymbol{0},\boldsymbol{A}_2)(\boldsymbol{A}_1,\boldsymbol{A}_2)^{+}$ 称为沿着 $\boldsymbol{A}_1$ 在 $\boldsymbol{A}_2$ 上的斜投影, 并记为

$\boldsymbol{\Pi}_{\boldsymbol{A}_1,\boldsymbol{A}_2}$.

由定义可知

$$\boldsymbol{\Pi}_{\boldsymbol{A}} = \boldsymbol{\Pi}_{\boldsymbol{A}_2,\boldsymbol{A}_1} + \boldsymbol{\Pi}_{\boldsymbol{A}_2,\boldsymbol{A}_1} \tag{2.83}$$

如图 2.5 所示: $\boldsymbol{B}$ 在 $\boldsymbol{A}$ 上的投影用 $\boldsymbol{\Pi}_{\boldsymbol{A}}\boldsymbol{B} = \overrightarrow{O_0O_3}$ 表示, 它可以分解为两部分, 其中 $\boldsymbol{\Pi}_{\boldsymbol{A}_2,\boldsymbol{A}_1}\boldsymbol{B} = \overrightarrow{O_0O_4}$ 是 $\boldsymbol{B}$ 沿着 $\boldsymbol{A}_2$ 在 $\boldsymbol{A}_1$ 上的斜投影, 另外 $\boldsymbol{\Pi}_{\boldsymbol{A}_1,\boldsymbol{A}_2}\boldsymbol{B} = \overrightarrow{O_0O_5}$ 是 $\boldsymbol{B}$ 沿着 $\boldsymbol{A}_1$ 在 $\boldsymbol{A}_2$ 上的斜投影.

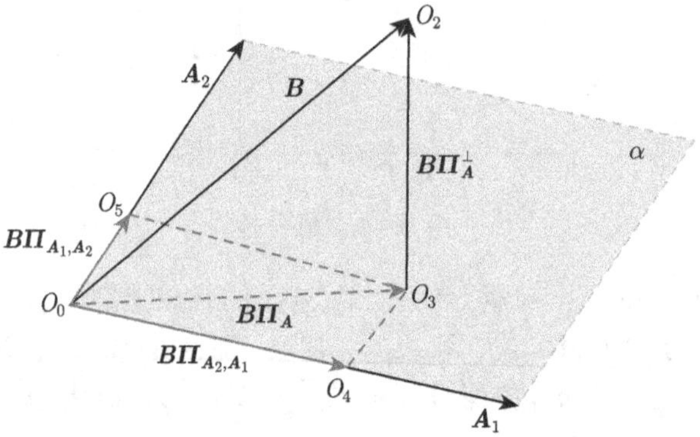

图 2.5　三维斜投影

斜投影具有下列性质:

(1) 幂等性:

$$\begin{cases} \boldsymbol{\Pi}^2_{\boldsymbol{A}_2,\boldsymbol{A}_1} = \boldsymbol{\Pi}_{\boldsymbol{A}_2,\boldsymbol{A}_1} \\ \boldsymbol{\Pi}^2_{\boldsymbol{A}_1,\boldsymbol{A}_2} = \boldsymbol{\Pi}_{\boldsymbol{A}_1,\boldsymbol{A}_2} \end{cases} \tag{2.84}$$

(2) 不变性:

$$\begin{cases} \boldsymbol{\Pi}_{\boldsymbol{A}_2,\boldsymbol{A}_1}\boldsymbol{A}_1 = \boldsymbol{A}_1 \\ \boldsymbol{\Pi}_{\boldsymbol{A}_1,\boldsymbol{A}_2}\boldsymbol{A}_2 = \boldsymbol{A}_2 \end{cases} \tag{2.85}$$

(3) 正交性:

$$\begin{cases} \boldsymbol{\Pi}_{\boldsymbol{A}_2,\boldsymbol{A}_1}\boldsymbol{A}_2 = \boldsymbol{0} \\ \boldsymbol{\Pi}_{\boldsymbol{A}_1,\boldsymbol{A}_2}\boldsymbol{A}_1 = \boldsymbol{0} \end{cases} \tag{2.86}$$

(4) 如果 $\boldsymbol{A} = (\boldsymbol{A}_1, \boldsymbol{A}_2)$ 是列满秩的, 那么

$$\begin{cases} \boldsymbol{\Pi}_{\boldsymbol{A}_2,\boldsymbol{A}_1} = \boldsymbol{A}_1\left(\boldsymbol{\Pi}^{\perp}_{\boldsymbol{A}_2}\boldsymbol{A}_1\right)^+ \\ \boldsymbol{\Pi}_{\boldsymbol{A}_1,\boldsymbol{A}_2} = \boldsymbol{A}_2\left(\boldsymbol{\Pi}^{\perp}_{\boldsymbol{A}_1}\boldsymbol{A}_2\right)^+ \end{cases} \tag{2.87}$$

证明 只证明性质 4: 由分块矩阵求逆公式 (2.70) 得

$$\begin{pmatrix} \boldsymbol{A}_1^{\mathrm{T}}\boldsymbol{A}_1 & \boldsymbol{A}_1^{\mathrm{T}}\boldsymbol{A}_2 \\ \boldsymbol{A}_2^{\mathrm{T}}\boldsymbol{A}_1 & \boldsymbol{A}_2^{\mathrm{T}}\boldsymbol{A}_2 \end{pmatrix}^{-1}$$

$$= \begin{pmatrix} \left(\boldsymbol{A}_1^{\mathrm{T}}\left(\boldsymbol{I}-\boldsymbol{\Pi}_{A_2}\right)\boldsymbol{A}_1\right)^{-1} & -\left(\boldsymbol{A}_2^{\mathrm{T}}\left(\boldsymbol{I}-\boldsymbol{\Pi}_{A_1}\right)\boldsymbol{A}_2\right)^{-1}\boldsymbol{A}_1^{\mathrm{T}}\boldsymbol{A}_2^{+\mathrm{T}} \\ -\left(\boldsymbol{A}_2^{\mathrm{T}}\left(\boldsymbol{I}-\boldsymbol{\Pi}_{A_1}\right)\boldsymbol{A}_2\right)^{-1}\boldsymbol{A}_2^{\mathrm{T}}\boldsymbol{A}_1^{+\mathrm{T}} & \left(\boldsymbol{A}_2^{\mathrm{T}}\left(\boldsymbol{I}-\boldsymbol{\Pi}_{A_1}\right)\boldsymbol{A}_2\right)^{-1} \end{pmatrix}$$

利用斜投影的定义、投影的对称性和投影的幂等性可得

$$\begin{aligned}
\boldsymbol{\Pi}_{\boldsymbol{A}_1,\boldsymbol{A}_2} &= (\boldsymbol{0},\boldsymbol{A}_2)(\boldsymbol{A}_1,\boldsymbol{A}_2)^{+} = (\boldsymbol{0},\boldsymbol{A}_2)\begin{pmatrix} \boldsymbol{A}_1^{\mathrm{T}}\boldsymbol{A}_1 & \boldsymbol{A}_1^{\mathrm{T}}\boldsymbol{A}_2 \\ \boldsymbol{A}_2^{\mathrm{T}}\boldsymbol{A}_1 & \boldsymbol{A}_2^{\mathrm{T}}\boldsymbol{A}_2 \end{pmatrix}^{-1}(\boldsymbol{A}_1,\boldsymbol{A}_2)^{\mathrm{T}} \\
&= \left(-\boldsymbol{A}_2\left(\boldsymbol{A}_2^{\mathrm{T}}\left(\boldsymbol{I}-\boldsymbol{\Pi}_{\boldsymbol{A}_1}\right)\boldsymbol{A}_2\right)^{-1}\boldsymbol{A}_2^{\mathrm{T}}\boldsymbol{A}_1^{+\mathrm{T}}, \boldsymbol{A}_2\left(\boldsymbol{A}_2^{\mathrm{T}}\left(\boldsymbol{I}-\boldsymbol{\Pi}_{\boldsymbol{A}_1}\right)\boldsymbol{A}_2\right)^{-1}\right)(\boldsymbol{A}_1,\boldsymbol{A}_2)^{\mathrm{T}} \\
&= \boldsymbol{A}_2\left(\boldsymbol{A}_2^{\mathrm{T}}\left(\boldsymbol{I}-\boldsymbol{\Pi}_{\boldsymbol{A}_1}\right)\boldsymbol{A}_2\right)^{-1}\boldsymbol{A}_2^{\mathrm{T}} - \boldsymbol{A}_2\left(\boldsymbol{A}_2^{\mathrm{T}}\left(\boldsymbol{I}-\boldsymbol{\Pi}_{\boldsymbol{A}_1}\right)\boldsymbol{A}_2\right)^{-1}\boldsymbol{A}_2^{\mathrm{T}}\boldsymbol{A}_1^{+\mathrm{T}}\boldsymbol{A}_1^{\mathrm{T}} \\
&= \boldsymbol{A}_2\left(\boldsymbol{A}_2^{\mathrm{T}}\left(\boldsymbol{I}-\boldsymbol{\Pi}_{\boldsymbol{A}_1}\right)\boldsymbol{A}_2\right)^{-1}\boldsymbol{A}_2^{\mathrm{T}}\left(\boldsymbol{I}-\boldsymbol{\Pi}_{\boldsymbol{A}_1}\right) \\
&= \boldsymbol{A}_2\left[\boldsymbol{\Pi}_{\boldsymbol{A}_1}^{\perp}\boldsymbol{A}_2\right]^{+}
\end{aligned}$$

同理可证

$$\boldsymbol{\Pi}_{\boldsymbol{A}_2,\boldsymbol{A}_1} = \boldsymbol{A}_1\left(\boldsymbol{\Pi}_{\boldsymbol{A}_2}^{\perp}\boldsymbol{A}_1\right)^{+}$$

■

2.7.3 投影递归公式

3.3 节和 3.4 节将会发现: 参数估计和状态估计的实质就是投影, 所以若能给出投影的递归公式, 那么参数估计和状态估计的递推公式就容易给出. 假定 $\boldsymbol{X}$ 是旧信息, $\boldsymbol{x}$ 是新信息, 那么总信息为 $\overline{\boldsymbol{X}} = (\boldsymbol{X},\boldsymbol{x})$, 为了后续推导的方便, 引入下列记号.

投影:

$$\boldsymbol{\Pi} = \boldsymbol{X}\boldsymbol{X}^{+} \tag{2.88}$$

补投影:

$$\boldsymbol{\Pi}^{\perp} = \boldsymbol{I} - \boldsymbol{\Pi} \tag{2.89}$$

剩余投影:

$$\Delta\boldsymbol{\Pi} = \left(\boldsymbol{\Pi}^{\perp}\boldsymbol{x}\right)\left(\boldsymbol{\Pi}^{\perp}\boldsymbol{x}\right)^{+} \tag{2.90}$$

中间参数:

$$\boldsymbol{a} = \boldsymbol{X}^{+}\boldsymbol{x} \tag{2.91}$$

$$\boldsymbol{b}^{\mathrm{T}}=\begin{cases}\left(\boldsymbol{\Pi}^{\perp}\boldsymbol{x}\right)^{+}, & \left(\boldsymbol{\Pi}^{\perp}\boldsymbol{x}\right)^{+}\neq\boldsymbol{0}\\ \left(1+\boldsymbol{a}^{\mathrm{T}}\boldsymbol{a}\right)^{-1}\boldsymbol{a}^{\mathrm{T}}\boldsymbol{X}^{+}, & \left(\boldsymbol{\Pi}^{\perp}\boldsymbol{x}\right)^{+}=\boldsymbol{0}\end{cases} \tag{2.92}$$

广义逆:

$$\boldsymbol{Y}=\begin{pmatrix}\boldsymbol{X}^{+}-\boldsymbol{a}\boldsymbol{b}^{\mathrm{T}}\\ \boldsymbol{b}^{\mathrm{T}}\end{pmatrix} \tag{2.93}$$

利用广义逆的等价公式 (2.54)、投影的幂等性公式 (2.77)、投影的正交性公式 (2.79) 和投影的不变性公式 (2.78) 可知:

(a)

$$\Delta\boldsymbol{\Pi}\boldsymbol{X}=\boldsymbol{0} \tag{2.94}$$

(b)

$$\boldsymbol{X}^{+}\Delta\boldsymbol{\Pi}=\boldsymbol{0} \tag{2.95}$$

(c)

$$\Delta\boldsymbol{\Pi}\boldsymbol{x}=\boldsymbol{\Pi}^{\perp}\boldsymbol{x} \tag{2.96}$$

(d)

$$\boldsymbol{a}^{\mathrm{T}}\boldsymbol{X}^{+}\boldsymbol{X}=\boldsymbol{a}^{\mathrm{T}} \tag{2.97}$$

(e)

$$\boldsymbol{b}^{\mathrm{T}}\boldsymbol{X}=\begin{cases}\boldsymbol{0}, & \boldsymbol{\Pi}^{\perp}\boldsymbol{x}\neq\boldsymbol{0}\\ \left(1+\boldsymbol{a}^{\mathrm{T}}\boldsymbol{a}\right)^{-1}\boldsymbol{a}^{\mathrm{T}}, & \boldsymbol{\Pi}^{\perp}\boldsymbol{x}=\boldsymbol{0}\end{cases} \tag{2.98}$$

(f)

$$\boldsymbol{b}^{\mathrm{T}}\boldsymbol{x}=\begin{cases}1, & \boldsymbol{\Pi}^{\perp}\boldsymbol{x}\neq\boldsymbol{0}\\ \left(1+\boldsymbol{a}^{\mathrm{T}}\boldsymbol{a}\right)^{-1}\boldsymbol{a}^{\mathrm{T}}\boldsymbol{a}, & \boldsymbol{\Pi}^{\perp}\boldsymbol{x}=\boldsymbol{0}\end{cases} \tag{2.99}$$

(g)

$$\overline{\boldsymbol{X}}\boldsymbol{Y}=\boldsymbol{\Pi}+\Delta\boldsymbol{\Pi} \tag{2.100}$$

(h)

$$\boldsymbol{X}\boldsymbol{Y}\boldsymbol{x}=\boldsymbol{x} \tag{2.101}$$

(i)

$$\boldsymbol{b}^{\mathrm{T}}\boldsymbol{X}\boldsymbol{Y}=\boldsymbol{b}^{\mathrm{T}} \tag{2.102}$$

实际上

(a)

$$\Delta\boldsymbol{\Pi}\boldsymbol{X}=\left[\boldsymbol{\Pi}^{\perp}\boldsymbol{x}\left(\left(\boldsymbol{\Pi}^{\perp}\boldsymbol{x}\right)^{\mathrm{T}}\boldsymbol{\Pi}^{\perp}\boldsymbol{x}\right)^{+}\left(\boldsymbol{\Pi}^{\perp}\boldsymbol{x}\right)^{\mathrm{T}}\right]\boldsymbol{X}=\boldsymbol{0}$$

(b)

$$\boldsymbol{X}^{+}\Delta\boldsymbol{\varPi}=\left[\left(\boldsymbol{X}^{\mathrm{T}}\boldsymbol{X}\right)^{+}\boldsymbol{X}^{\mathrm{T}}\right]\left[\boldsymbol{\varPi}^{\perp}\boldsymbol{x}\left(\boldsymbol{\varPi}^{\perp}\boldsymbol{x}\right)^{+}\right]=\mathbf{0}$$

(c)

$$\begin{aligned}\Delta\boldsymbol{\varPi}\boldsymbol{x}&=\left[\boldsymbol{\varPi}^{\perp}\boldsymbol{x}\left(\left(\boldsymbol{\varPi}^{\perp}\boldsymbol{x}\right)^{\mathrm{T}}\boldsymbol{\varPi}^{\perp}\boldsymbol{x}\right)^{+}\left(\boldsymbol{\varPi}^{\perp}\boldsymbol{x}\right)^{\mathrm{T}}\right]\left(\boldsymbol{\varPi}+\boldsymbol{\varPi}^{\perp}\right)\boldsymbol{x}\\&=\left[\boldsymbol{\varPi}^{\perp}\boldsymbol{x}\left(\left(\boldsymbol{\varPi}^{\perp}\boldsymbol{x}\right)^{\mathrm{T}}\boldsymbol{\varPi}^{\perp}\boldsymbol{x}\right)^{+}\boldsymbol{x}^{\mathrm{T}}\right]\left(\mathbf{0}+\boldsymbol{\varPi}^{\perp}\right)\boldsymbol{x}\\&=\left[\boldsymbol{\varPi}^{\perp}\boldsymbol{x}\left(\left(\boldsymbol{\varPi}^{\perp}\boldsymbol{x}\right)^{\mathrm{T}}\boldsymbol{\varPi}^{\perp}\boldsymbol{x}\right)^{+}\left(\boldsymbol{\varPi}^{\perp}\boldsymbol{x}\right)^{\mathrm{T}}\right]\boldsymbol{x}=\boldsymbol{\varPi}^{\perp}\boldsymbol{x}\end{aligned}$$

(d)

$$\begin{aligned}&\boldsymbol{a}^{\mathrm{T}}\boldsymbol{X}^{+}\boldsymbol{X}=\boldsymbol{x}^{\mathrm{T}}\boldsymbol{X}^{+\mathrm{T}}\boldsymbol{X}^{+}\boldsymbol{X}\\&=\boldsymbol{x}^{\mathrm{T}}\left(\boldsymbol{X}\boldsymbol{X}^{\mathrm{T}}\right)^{+}\boldsymbol{X}\left(\boldsymbol{X}^{\mathrm{T}}\boldsymbol{X}\right)^{+}\boldsymbol{X}^{\mathrm{T}}\boldsymbol{X}\\&=\boldsymbol{x}^{\mathrm{T}}\left(\boldsymbol{X}\boldsymbol{X}^{\mathrm{T}}\right)^{+}\boldsymbol{\varPi}\boldsymbol{X}\\&=\boldsymbol{x}^{\mathrm{T}}\left(\boldsymbol{X}\boldsymbol{X}^{\mathrm{T}}\right)^{+}\boldsymbol{X}=\boldsymbol{a}^{\mathrm{T}}\end{aligned}$$

(e) 若 $\boldsymbol{\varPi}^{\perp}\boldsymbol{x}\neq\mathbf{0}$, 则

$$\begin{aligned}\boldsymbol{b}^{\mathrm{T}}\boldsymbol{X}&=\left(\left(\boldsymbol{\varPi}^{\perp}\boldsymbol{x}\right)^{\mathrm{T}}\boldsymbol{\varPi}^{\perp}\boldsymbol{x}\right)^{+}\left(\boldsymbol{\varPi}^{\perp}\boldsymbol{x}\right)^{\mathrm{T}}\boldsymbol{X}\\&=\left(\left(\boldsymbol{\varPi}^{\perp}\boldsymbol{x}\right)^{\mathrm{T}}\boldsymbol{\varPi}^{\perp}\boldsymbol{x}\right)^{+}\boldsymbol{x}^{\mathrm{T}}\left(\boldsymbol{\varPi}^{\perp}\boldsymbol{X}\right)\\&=\left(\left(\boldsymbol{\varPi}^{\perp}\boldsymbol{x}\right)^{\mathrm{T}}\boldsymbol{\varPi}^{\perp}\boldsymbol{x}\right)^{+}\boldsymbol{x}^{\mathrm{T}}\mathbf{0}=\mathbf{0}\end{aligned}$$

若 $\boldsymbol{\varPi}^{\perp}\boldsymbol{x}=\mathbf{0}$, 则

$$\begin{aligned}\boldsymbol{b}^{\mathrm{T}}\boldsymbol{X}&=\left(1+\boldsymbol{a}^{\mathrm{T}}\boldsymbol{a}\right)^{-1}\boldsymbol{a}^{\mathrm{T}}\boldsymbol{X}^{+}\boldsymbol{X}\\&=\left(1+\boldsymbol{a}^{\mathrm{T}}\boldsymbol{a}\right)^{-1}\boldsymbol{x}^{\mathrm{T}}\boldsymbol{X}^{\mathrm{T}+}\boldsymbol{X}^{+}\boldsymbol{X}\\&=\left(1+\boldsymbol{a}^{\mathrm{T}}\boldsymbol{a}\right)^{-1}\boldsymbol{x}^{\mathrm{T}}\left(\boldsymbol{X}\boldsymbol{X}^{\mathrm{T}}\right)^{+}\boldsymbol{X}\left(\boldsymbol{X}^{\mathrm{T}}\boldsymbol{X}\right)^{+}\boldsymbol{X}^{\mathrm{T}}\boldsymbol{X}\\&=\left(1+\boldsymbol{a}^{\mathrm{T}}\boldsymbol{a}\right)^{-1}\boldsymbol{x}^{\mathrm{T}}\left(\boldsymbol{X}\boldsymbol{X}^{\mathrm{T}}\right)^{+}\boldsymbol{\varPi}\boldsymbol{X}\\&=\left(1+\boldsymbol{a}^{\mathrm{T}}\boldsymbol{a}\right)^{-1}\boldsymbol{x}^{\mathrm{T}}\left(\boldsymbol{X}\boldsymbol{X}^{\mathrm{T}}\right)^{+}\boldsymbol{X}\\&=\left(1+\boldsymbol{a}^{\mathrm{T}}\boldsymbol{a}\right)^{-1}\boldsymbol{x}^{\mathrm{T}}\boldsymbol{X}^{+\mathrm{T}}=\left(1+\boldsymbol{a}^{\mathrm{T}}\boldsymbol{a}\right)^{-1}\boldsymbol{a}^{\mathrm{T}}\end{aligned}$$

(f) 若 $\boldsymbol{\Pi}^{\perp}\boldsymbol{x} \neq \mathbf{0}$, 则

$$\begin{aligned}
\boldsymbol{b}^{\mathrm{T}}\boldsymbol{x} &= \left(\left(\boldsymbol{\Pi}^{\perp}\boldsymbol{x}\right)^{\mathrm{T}}\boldsymbol{\Pi}^{\perp}\boldsymbol{x}\right)^{+}\left(\boldsymbol{\Pi}^{\perp}\boldsymbol{x}\right)^{\mathrm{T}}\boldsymbol{x} \\
&= \left(\left(\boldsymbol{\Pi}^{\perp}\boldsymbol{x}\right)^{\mathrm{T}}\boldsymbol{\Pi}^{\perp}\boldsymbol{x}\right)^{+}\left(\boldsymbol{\Pi}^{\perp}\boldsymbol{x}\right)^{\mathrm{T}}\left(\left(\boldsymbol{\Pi}+\Pi^{\perp}\right)\boldsymbol{x}\right) \\
&= \left(\left(\boldsymbol{\Pi}^{\perp}\boldsymbol{x}\right)^{\mathrm{T}}\boldsymbol{\Pi}^{\perp}\boldsymbol{x}\right)^{+}\left(\boldsymbol{\Pi}^{\perp}\boldsymbol{x}\right)^{\mathrm{T}}\left(\boldsymbol{\Pi}^{\perp}\boldsymbol{x}\right) = \mathbf{1}
\end{aligned}$$

若 $\boldsymbol{\Pi}^{\perp}\boldsymbol{x} = \mathbf{0}$, 则

$$\boldsymbol{b}^{\mathrm{T}}\boldsymbol{x} = \left(1+\boldsymbol{a}^{\mathrm{T}}\boldsymbol{a}\right)^{-1}\boldsymbol{a}^{\mathrm{T}}\boldsymbol{X}^{+}\boldsymbol{x} = \left(1+\boldsymbol{a}^{\mathrm{T}}\boldsymbol{a}\right)^{-1}\boldsymbol{a}^{\mathrm{T}}\boldsymbol{a}$$

(g)

$$\begin{aligned}
\overline{\boldsymbol{X}}\boldsymbol{Y} &= (\boldsymbol{X},\boldsymbol{x})\,\boldsymbol{Y} \\
&\overset{(2.93)}{=\!=\!=} (\boldsymbol{X},\boldsymbol{x})\begin{pmatrix} \boldsymbol{X}^{+}-\boldsymbol{a}\boldsymbol{b}^{\mathrm{T}} \\ \boldsymbol{b}^{\mathrm{T}} \end{pmatrix} \\
&= \boldsymbol{X}\boldsymbol{X}^{+}-\boldsymbol{X}\boldsymbol{a}\boldsymbol{b}^{\mathrm{T}}+\boldsymbol{x}\boldsymbol{b}^{\mathrm{T}} \\
&\overset{(2.91)}{=\!=\!=} \boldsymbol{\Pi}-\boldsymbol{X}\boldsymbol{X}^{+}\boldsymbol{x}\boldsymbol{b}^{\mathrm{T}}+\boldsymbol{x}\boldsymbol{b}^{\mathrm{T}} \\
&= \boldsymbol{\Pi}+\boldsymbol{\Pi}^{\perp}\boldsymbol{x}\boldsymbol{b}^{\mathrm{T}} \\
&\overset{(2.92)}{=\!=\!=} \begin{cases} \boldsymbol{\Pi}+\boldsymbol{\Pi}^{\perp}\boldsymbol{x}\left(\boldsymbol{\Pi}^{\perp}\boldsymbol{x}\right)^{+}, & \boldsymbol{\Pi}^{\perp}\boldsymbol{x}\neq\mathbf{0} \\ \boldsymbol{\Pi}+\mathbf{0}\mathbf{0}^{+}, & \boldsymbol{\Pi}^{\perp}\boldsymbol{x}=\mathbf{0} \end{cases} \\
&\overset{(2.90)}{=\!=\!=} \boldsymbol{\Pi}+\Delta\boldsymbol{\Pi}
\end{aligned}$$

(h)

$$\begin{aligned}
\boldsymbol{X}\boldsymbol{Y}\boldsymbol{x} &\overset{(2.100)}{=\!=\!=} \boldsymbol{\Pi}\boldsymbol{x}+\Delta\boldsymbol{\Pi}\boldsymbol{x} \\
&\overset{(2.96)}{=\!=\!=} \boldsymbol{\Pi}\boldsymbol{x}+\boldsymbol{\Pi}^{\perp}\boldsymbol{x} \\
&= \left(\boldsymbol{\Pi}+\boldsymbol{\Pi}^{\perp}\right)\boldsymbol{x} \\
&= \boldsymbol{x}
\end{aligned}$$

(i) 若 $\boldsymbol{\Pi}^{\perp}\boldsymbol{x} \neq \mathbf{0}$, 则

$$\begin{aligned}
\boldsymbol{b}^{\mathrm{T}}\boldsymbol{X}\boldsymbol{Y} &\overset{(2.100)}{=\!=\!=} \left(\left(\boldsymbol{\Pi}^{\perp}\boldsymbol{x}\right)^{\mathrm{T}}\left(\boldsymbol{\Pi}^{\perp}\boldsymbol{x}\right)\right)^{+}\left(\boldsymbol{\Pi}^{\perp}\boldsymbol{x}\right)^{\mathrm{T}}\left(\boldsymbol{\Pi}+\Delta\boldsymbol{\Pi}\right) \\
&= \left(\left(\boldsymbol{\Pi}^{\perp}\boldsymbol{x}\right)^{\mathrm{T}}\left(\boldsymbol{\Pi}^{\perp}\boldsymbol{x}\right)\right)^{+}\left(\boldsymbol{\Pi}^{\perp}\boldsymbol{x}\right)^{\mathrm{T}}\Delta\boldsymbol{\Pi}
\end{aligned}$$

$$
\begin{aligned}
&\xlongequal{(2.96)}\left(\left(\boldsymbol{\Pi}^{\perp}\boldsymbol{x}\right)^{\mathrm{T}}\left(\boldsymbol{\Pi}^{\perp}\boldsymbol{x}\right)\right)^{+}(\Delta\boldsymbol{\Pi}\boldsymbol{x})^{\mathrm{T}}\Delta\boldsymbol{\Pi}\\
&=\left(\left(\boldsymbol{\Pi}^{\perp}\boldsymbol{x}\right)^{\mathrm{T}}\left(\boldsymbol{\Pi}^{\perp}\boldsymbol{x}\right)\right)^{+}(\Delta\boldsymbol{\Pi}\boldsymbol{x})^{\mathrm{T}}\\
&\xlongequal{(2.96)}\left(\left(\boldsymbol{\Pi}^{\perp}\boldsymbol{x}\right)^{\mathrm{T}}\left(\boldsymbol{\Pi}^{\perp}\boldsymbol{x}\right)\right)^{+}\left(\boldsymbol{\Pi}^{\perp}\boldsymbol{x}\right)^{\mathrm{T}}\\
&\xlongequal{(2.92)}\boldsymbol{b}^{\mathrm{T}}
\end{aligned}
$$

若 $\boldsymbol{\Pi}^{\perp}\boldsymbol{x}=\mathbf{0}$, 则

$$
\begin{aligned}
\boldsymbol{b}^{\mathrm{T}}\boldsymbol{X}\boldsymbol{Y}&\xlongequal{(2.92),(2.100)}\left(1+\boldsymbol{a}^{\mathrm{T}}\boldsymbol{a}\right)^{-1}\boldsymbol{a}^{\mathrm{T}}\boldsymbol{X}\left(\boldsymbol{\Pi}+\Delta\boldsymbol{\Pi}\right)\\
&\xlongequal{(2.94)}\left(1+\boldsymbol{a}^{\mathrm{T}}\boldsymbol{a}\right)^{-1}\boldsymbol{a}^{\mathrm{T}}\boldsymbol{X}\\
&\xlongequal{(2.92)}\boldsymbol{b}^{\mathrm{T}}
\end{aligned}
$$

定理 2.15 若 $\boldsymbol{a},\boldsymbol{b},\boldsymbol{Y}$ 定义式分别为 (2.91)~(2.93), 则公式 (2.93) 就是 $\overline{\boldsymbol{X}}=(\boldsymbol{X},\boldsymbol{x})$ 的广义逆.

证明 用归纳法证明. 当 $\overline{\boldsymbol{X}}=(\boldsymbol{X},\boldsymbol{x})$ 只有一列时, 结论显然成立.

假设当 $\overline{\boldsymbol{X}}=\boldsymbol{X}$ 时, 其广义逆 $\boldsymbol{X}^{+}$ 依据公式 (2.93) 计算, 且 $\boldsymbol{X}^{+}$ 满足如下四条性质

$$\boldsymbol{X}\boldsymbol{X}^{+}\boldsymbol{X}=\boldsymbol{X} \tag{2.103}$$

$$\boldsymbol{X}^{+}\boldsymbol{X}\boldsymbol{X}^{+}=\boldsymbol{X}^{+} \tag{2.104}$$

$$\left(\boldsymbol{X}\boldsymbol{X}^{+}\right)^{\mathrm{T}}=\left(\boldsymbol{X}\boldsymbol{X}^{+}\right) \tag{2.105}$$

$$\left(\boldsymbol{X}^{+}\boldsymbol{X}\right)^{\mathrm{T}}=\left(\boldsymbol{X}^{+}\boldsymbol{X}\right) \tag{2.106}$$

往证 $\boldsymbol{Y}$ 就是 $\overline{\boldsymbol{X}}=(\boldsymbol{X},\boldsymbol{x})$ 的广义逆, 即 $\boldsymbol{Y}$ 满足

$$\overline{\boldsymbol{X}}\boldsymbol{Y}\overline{\boldsymbol{X}}=\overline{\boldsymbol{X}} \tag{2.107}$$

$$\boldsymbol{Y}\overline{\boldsymbol{X}}\boldsymbol{Y}=\boldsymbol{Y} \tag{2.108}$$

$$\left(\overline{\boldsymbol{X}}\boldsymbol{Y}\right)^{\mathrm{T}}=\left(\overline{\boldsymbol{X}}\boldsymbol{Y}\right) \tag{2.109}$$

$$\left(\boldsymbol{Y}\overline{\boldsymbol{X}}\right)^{\mathrm{T}}=\left(\boldsymbol{Y}\overline{\boldsymbol{X}}\right) \tag{2.110}$$

下面验证以上四个公式成立.

第一条:

$$\begin{aligned}&\overline{\boldsymbol{X}}\boldsymbol{Y}(\boldsymbol{X},\boldsymbol{x})\\&=(\overline{\boldsymbol{X}}\boldsymbol{Y}\boldsymbol{X},\overline{\boldsymbol{X}}\boldsymbol{Y}\boldsymbol{x})\\&\overset{(2.100)}{=\!=\!=}(\boldsymbol{\Pi}\boldsymbol{X}+\Delta\boldsymbol{\Pi}\boldsymbol{X},\boldsymbol{X}\boldsymbol{Y}\boldsymbol{x})\\&\overset{(2.94)(2.101)}{=\!=\!=\!=\!=}(\boldsymbol{X},\boldsymbol{x})=\overline{\boldsymbol{X}}\end{aligned}$$

第二条:

$$\begin{aligned}\boldsymbol{Y}\overline{\boldsymbol{X}}\boldsymbol{Y}&\overset{(2.93)}{=\!=\!=}\begin{pmatrix}\boldsymbol{X}^{+}-\boldsymbol{a}\boldsymbol{b}^{\mathrm{T}}\\\boldsymbol{b}^{\mathrm{T}}\end{pmatrix}\overline{\boldsymbol{X}}\boldsymbol{Y}\\&=\begin{pmatrix}\boldsymbol{X}^{+}\overline{\boldsymbol{X}}\boldsymbol{Y}-\boldsymbol{a}\boldsymbol{b}^{\mathrm{T}}\overline{\boldsymbol{X}}\boldsymbol{Y}\\\boldsymbol{b}^{\mathrm{T}}\overline{\boldsymbol{X}}\boldsymbol{Y}\end{pmatrix}\\&\overset{(2.100)}{=\!=\!=}\begin{pmatrix}\boldsymbol{X}^{+}\boldsymbol{\Pi}+\boldsymbol{X}^{+}\Delta\boldsymbol{\Pi}-\boldsymbol{a}\boldsymbol{b}^{\mathrm{T}}\overline{\boldsymbol{X}}\boldsymbol{Y}\\\boldsymbol{b}^{\mathrm{T}}\overline{\boldsymbol{X}}\boldsymbol{Y}\end{pmatrix}\\&\overset{(2.95)(2.102)}{=\!=\!=\!=\!=}\begin{pmatrix}\boldsymbol{X}^{+}-\boldsymbol{a}\boldsymbol{b}^{\mathrm{T}}\\\boldsymbol{b}^{\mathrm{T}}\end{pmatrix}\overset{(2.93)}{=\!=\!=}\boldsymbol{Y}\end{aligned}$$

第三条: 由公式 (2.100) 和投影的对称性可知公式 (2.109) 成立.

第四条: 对称性分情况讨论.

若 $\boldsymbol{\Pi}^{\perp}\boldsymbol{x}\neq\boldsymbol{0}$, 则 $\boldsymbol{b}^{\mathrm{T}}\boldsymbol{X}\overset{(2.98)}{=\!=\!=}\boldsymbol{0},\boldsymbol{b}^{\mathrm{T}}\boldsymbol{x}\overset{(2.99)}{=\!=\!=}\boldsymbol{1}$, 于是

$$\begin{aligned}\boldsymbol{Y}\overline{\boldsymbol{X}}&\overset{(2.93)}{=\!=\!=}\begin{pmatrix}\boldsymbol{X}^{+}-\boldsymbol{a}\boldsymbol{b}^{\mathrm{T}}\\\boldsymbol{b}^{\mathrm{T}}\end{pmatrix}(\boldsymbol{X},\boldsymbol{x})\\&=\begin{pmatrix}\boldsymbol{X}^{+}\boldsymbol{X}-\boldsymbol{a}\boldsymbol{b}^{\mathrm{T}}\boldsymbol{X}&\boldsymbol{X}^{+}\boldsymbol{x}-\boldsymbol{a}\boldsymbol{b}^{\mathrm{T}}\boldsymbol{x}\\\boldsymbol{b}^{\mathrm{T}}\boldsymbol{X}&\boldsymbol{b}^{\mathrm{T}}\boldsymbol{x}\end{pmatrix}\\&\overset{(2.98),(2.99)}{=\!=\!=\!=\!=}\begin{pmatrix}\boldsymbol{X}^{+}\boldsymbol{X}&\boldsymbol{0}\\\boldsymbol{0}&\boldsymbol{1}\end{pmatrix}\end{aligned}$$

若 $\boldsymbol{\Pi}^{\perp}\boldsymbol{x}=\boldsymbol{0}$, 则 $\boldsymbol{b}^{\mathrm{T}}\boldsymbol{X}\overset{(2.98)}{=\!=\!=}(1+\boldsymbol{a}^{\mathrm{T}}\boldsymbol{a})^{-1}\boldsymbol{a}^{\mathrm{T}},\boldsymbol{b}^{\mathrm{T}}\boldsymbol{x}\overset{(2.99)}{=\!=\!=}(1+\boldsymbol{a}^{\mathrm{T}}\boldsymbol{a})^{-1}\boldsymbol{a}^{\mathrm{T}}\boldsymbol{a}$, 于是

$$\begin{aligned}\boldsymbol{Y}\overline{\boldsymbol{X}}&=\begin{pmatrix}\boldsymbol{X}^{+}-\boldsymbol{a}\boldsymbol{b}^{\mathrm{T}}\\\boldsymbol{b}^{\mathrm{T}}\end{pmatrix}(\boldsymbol{X},\boldsymbol{x})\\&=\begin{pmatrix}\boldsymbol{X}^{+}\boldsymbol{X}-\boldsymbol{a}\boldsymbol{b}^{\mathrm{T}}\boldsymbol{X}&\boldsymbol{X}^{+}\boldsymbol{x}-\boldsymbol{a}\boldsymbol{b}^{\mathrm{T}}\boldsymbol{x}\\\boldsymbol{b}^{\mathrm{T}}\boldsymbol{X}&\boldsymbol{b}^{\mathrm{T}}\boldsymbol{x}\end{pmatrix}\end{aligned}$$

$$= \begin{pmatrix} X^+X - \left(1+a^{\mathrm{T}}a\right)^{-1}aa^{\mathrm{T}} & \left(1+a^{\mathrm{T}}a\right)^{-1}a \\ \left(1+a^{\mathrm{T}}a\right)^{-1}a^{\mathrm{T}} & \left(1+a^{\mathrm{T}}a\right)^{-1}a^{\mathrm{T}}a \end{pmatrix}$$

$$= \begin{pmatrix} X^+X & 0 \\ 0 & 0 \end{pmatrix} + \frac{1}{(1+a^{\mathrm{T}}a)} \begin{pmatrix} -aa^{\mathrm{T}} & a \\ a^{\mathrm{T}} & a^{\mathrm{T}}a \end{pmatrix}$$ ■

2.8 矩阵的迹

2.8.1 迹的微分公式

引理 2.16 对任意矩阵 $A \in \mathbb{R}^{n\times n}, X \in \mathbb{R}^{n\times m}$, 下式成立

$$\frac{d}{dX}\mathrm{trace}\left(X^{\mathrm{T}}AX\right) = 2AX \tag{2.111}$$

证明 x_{ls} 表示 X 的第 l 行第 s 列上的元素, $\left(XAX^{\mathrm{T}}\right)_{ii}$ 表示 XAX^{T} 的第 i 个对角元素, $(XA)_{ij}$ 表示 XA 的第 i 行第 j 列上的元素, a_{kj} 表示 A 的第 k 行第 j 列上的元素, 那么

$$\frac{d}{dx_{ls}}\mathrm{trace}(X^{\mathrm{T}}AX) = \frac{d}{dx_{ls}}\sum_{i=1}^{n}\left(XAX^{\mathrm{T}}\right)_{ii}$$

$$= \frac{d}{dx_{ls}}\sum_{i=1}^{n}\sum_{j=1}^{n}(XA)_{ij}\,x_{ij} = \frac{d}{da_{ls}}\sum_{i=1}^{n}\sum_{j=1}^{n}\sum_{k=1}^{n}x_{ik}a_{kj}x_{ij}$$

$$= \frac{d}{dx_{ls}}\sum_{j=1}^{n}\sum_{k=1}^{n}x_{lk}a_{kj}x_{lj} = \frac{d}{da_{ls}}\sum_{j=1}^{n}\left(x_{ls}a_{sj}x_{lj} + \sum_{k\neq s}^{n}x_{lk}a_{kj}x_{lj}\right)$$

$$= \frac{d}{dx_{ls}}\sum_{j=1}^{n}\left(x_{ls}a_{sj}x_{lj}\right) + \frac{d}{da_{ls}}\sum_{k\neq s}^{n}\sum_{j=1}^{n}x_{lk}a_{kj}x_{lj}$$

$$= \frac{d}{dx_{ls}}\left(x_{ls}a_{ss}x_{ls} + \sum_{j\neq s}^{n}x_{ls}a_{sj}x_{lj}\right) + \left(\frac{d}{da_{ls}}\sum_{k\neq s}^{n}x_{lk}a_{ks}x_{ls}\right)$$

$$= \left(2x_{ls}a_{ss} + \sum_{j\neq s}^{n}a_{sj}x_{lj}\right) + \sum_{k\neq s}^{n}x_{lk}a_{ks}$$

$$= \sum_{j=1}^{n}a_{sj}x_{lj} + \sum_{k=1}^{n}x_{lk}a_{ks}$$

$$= 2\sum_{j=1}^{n}a_{lj}x_{js} = (2AX)_{ls}$$

由上式可知引理成立. ■

2.8.2　迹的不等式

以下引理是定理 2.5 的结论之一.

引理 2.17　若 $\boldsymbol{A}$ 和 $\boldsymbol{B}$ 都是 n 阶对称方阵, 且 $\boldsymbol{A}$ 是正定矩阵, 则存在可逆矩阵 $\boldsymbol{P}$ 使得

$$\begin{cases} \boldsymbol{PAP}^{\mathrm{T}} = \boldsymbol{I} & (2.112\mathrm{a}) \\ \boldsymbol{PBP}^{\mathrm{T}} = \boldsymbol{\Lambda} & (2.112\mathrm{b}) \end{cases}$$

其中 $\boldsymbol{I}$ 是单位矩阵, $\boldsymbol{\Lambda}$ 是对角矩阵.

定理 2.18　若 $\boldsymbol{A}$ 和 $\boldsymbol{B}$ 都是 n 阶对称方阵, 且 $\boldsymbol{A}$ 是正定矩阵, 则

$$\mathrm{tr}(\boldsymbol{A}+\boldsymbol{B})^{-1} < \mathrm{tr}\left(\boldsymbol{A}^{-1}\right)$$

证明　第一步: 同时合同对角化. 由引理 2.17 可知存在可逆矩阵 $\boldsymbol{P}$, 使得

$$\begin{cases} \boldsymbol{PAP}^{\mathrm{T}} = \boldsymbol{I} \\ \boldsymbol{PBP}^{\mathrm{T}} = \boldsymbol{\Lambda} \end{cases}$$

其中 $\boldsymbol{I}$ 是单位矩阵, $\boldsymbol{\Lambda}$ 是对角矩阵.

第二步: 由于 $(\boldsymbol{I}+\boldsymbol{\Lambda})^{-1} \leqslant \boldsymbol{I}$, 利用合同变换不改变正定性得

$$(\boldsymbol{A}+\boldsymbol{B})^{-1} = \boldsymbol{P}(\boldsymbol{I}+\boldsymbol{\Lambda})^{-1}\boldsymbol{P}^{\mathrm{T}} \leqslant \boldsymbol{PIP}^{\mathrm{T}} = \boldsymbol{A}^{-1}$$

第三步: 因为

$$(\boldsymbol{A}+\boldsymbol{B})^{-1} < \boldsymbol{A}^{-1}$$

所以

$$\mathrm{tr}(\boldsymbol{A}+\boldsymbol{B})^{-1} < \mathrm{tr}\left(\boldsymbol{A}^{-1}\right)$$

■

定理 2.19　若 $\boldsymbol{A}$ 和 $\boldsymbol{B}$ 都是 n 阶正定方阵,$\lambda > 0$, 那么

$$\mathrm{tr}\left(\boldsymbol{A}+\lambda^{-1}\boldsymbol{B}\right)^{-1} \leqslant \mathrm{tr}\left(\boldsymbol{A}+\lambda\boldsymbol{B}\right)\left(\boldsymbol{A}+\boldsymbol{B}\right)^{-2} \leqslant \max\left\{\mathrm{tr}\left(\boldsymbol{A}^{-1}\right), \lambda\mathrm{tr}\left(\boldsymbol{B}^{-1}\right)\right\}$$

证明　第一步: 同时合同对角化. 由引理 2.17 可知存在可逆矩阵 $\boldsymbol{P}$, 使得 $\boldsymbol{PAP}^{\mathrm{T}} = \boldsymbol{I}, \boldsymbol{PBP}^{\mathrm{T}} = \boldsymbol{\Lambda}$, 其中 $\boldsymbol{I}$ 是单位矩阵, $\boldsymbol{\Lambda}$ 是对角矩阵.

第二步: 记 $\mathrm{tr}(\rho) = \mathrm{tr}\left(\rho^2\boldsymbol{A}+\lambda(1-\rho)^2\boldsymbol{B}\right)\left(\rho\boldsymbol{A}+(1-\rho)\,\boldsymbol{B}\right)^{-2}$, 则可以验证:

$$\mathrm{tr}\,(\rho) = \mathrm{tr}\boldsymbol{P}^{\mathrm{T}}\left(\rho^2+\lambda(1-\rho)^2\boldsymbol{\Lambda}\right)\left(\rho\boldsymbol{I}+(1-\rho)\,\boldsymbol{\Lambda}\right)^{-2}\boldsymbol{P}$$

第三步: 假设

$$\left.\frac{d}{d\rho}\mathrm{tr}\,(\rho)\right|_{\rho=\rho_0} = 0$$

则

$$\rho_0 = \frac{\lambda}{1+\lambda}$$

是极值点, 而且是唯一的极值. 可以验证: 在 ρ_0 处, $\mathrm{tr}(\rho)$ 是下凸的, 所以迹函数 $\mathrm{tr}(\rho_0)$ 是极小值, 另外 $\max\{\mathrm{tr}\,(0)\,, \mathrm{tr}\,(1)\}$ 是极大值. 最后利用

$$\begin{cases} \mathrm{tr}\,(1/2) = \mathrm{tr}\,(\boldsymbol{A} + \lambda \boldsymbol{B})\,(\boldsymbol{A} + \boldsymbol{B})^{-2} \\ \mathrm{tr}\,(0) = \mathrm{tr}\,\left(\boldsymbol{A}^{-1}\right) \\ \mathrm{tr}\,(1) = \lambda \mathrm{tr}\,\left(\boldsymbol{B}^{-1}\right) \end{cases}$$

可知定理成立. ■

第3章 数理统计

统计量 (Statistics) 是观测数据的函数, 常用于分析系统的特征, 如样本均值和样本方差. 构造统计量, 如检测统计量和隔离统计量, 是故障诊断统计判别的关键步骤. 本章主要介绍数理统计中与故障诊断相关的定义、性质、引理、定理和推论. 这些内容是后续各种数据驱动故障诊断方法的理论、算法和判别规则的统计基础.

3.1 数值特征

随机向量 (Stochastic Vector) 的数值特征包括均值 (Expectation)、方差 (Variance)、协方差 (Covariance) 和相关矩阵 (Coefficient Matrix) 等; 对应地, 样本矩阵 (Sample Matrix) 的数值特征包括样本均值 (Sample Mean)、样本方差 (Sample Variance)、样本协方差 (Sample Covariance) 和样本相关矩阵 (Sample Coefficient Matrix) 等.

3.1.1 随机向量

定义 3.1 若变量 x 在实数集 $\mathbb{R}$ 上取值, 且存在某个非负函数 f, 它的定积分 F 满足

$$\begin{cases} F(x) = \int_{-\infty}^{x} f(t)dt > 0 \\ F(+\infty) = 1 \end{cases} \tag{3.1}$$

则称 x 是一个随机变量 (Stochastic Variable), 而 f 和 F 分别是 x 的概率密度函数 (Probability Density Function) 和 (累积) 分布函数 (Cumulative Distribution Function).

定义 3.2 若 f 是随机变量 x 的概率密度函数, 则称以下两个等式分别为 x 的均值和方差

$$\begin{cases} \mu_x = \int_{-\infty}^{+\infty} xf(x)dx \\ \sigma_x^2 = \int_{-\infty}^{+\infty} (x-\mu_x)^2 f(x)dx \end{cases} \tag{3.2}$$

其中均值也称为期望, 为了对比后面的样本均值和样本方差, 本书采用均值这个术语.

可以验证, 下式成立

$$\sigma_x^2 = \int_{-\infty}^{+\infty} x^2 f(x)dx - \left(\int_{-\infty}^{+\infty} xf(x)dx\right)^2 \tag{3.3}$$

把式 (3.3) 记为

$$\sigma_x^2 = \mu_{x^2} - \mu_x^2 \tag{3.4}$$

定义 3.3 若 $\boldsymbol{x} = (x_1, \cdots, x_n)^{\mathrm{T}}$ 在 $\mathbb{R}^n$ 上取值, 且存在某个 n 元非负函数 f, 其定积分 f 满足

$$\begin{cases} F(\boldsymbol{x}) = \displaystyle\int_{-\infty}^{x_n} \cdots \int_{-\infty}^{x_1} f(\boldsymbol{t})dt_1 \cdots dt_n > 0 \\ F(+\infty, \cdots, +\infty) = 1 \end{cases} \tag{3.5}$$

则称 $\boldsymbol{x}$ 是一个 n 维随机向量, 而 f 和 F 分别是 $\boldsymbol{x}$ 的概率密度函数和分布函数.

定义 3.4 若 f 是随机向量 $\boldsymbol{x}$ 的概率密度函数, 则称下式为随机向量 $\boldsymbol{x}$ 的均值

$$\boldsymbol{\mu}_{\boldsymbol{x}} = (\mu_1, \cdots, \mu_n)^{\mathrm{T}} \tag{3.6}$$

其中

$$\mu_i = \int_{-\infty}^{+\infty} \cdots \int_{-\infty}^{+\infty} t_i f(\boldsymbol{t})dt_1 \cdots dt_n, \quad i = 1, \cdots, n \tag{3.7}$$

方便起见, 把随机向量的分布函数 $F(\boldsymbol{x})$ 和均值 $\boldsymbol{\mu}_{\boldsymbol{x}}$ 分别记为

$$\begin{cases} F(\boldsymbol{x}) = \displaystyle\int_{-\infty}^{\boldsymbol{x}} f(\boldsymbol{t})\, d\boldsymbol{t} \\ \boldsymbol{\mu}_{\boldsymbol{x}} = \displaystyle\int_{-\infty}^{+\infty} \boldsymbol{t} f(\boldsymbol{t})\, d\boldsymbol{t} \end{cases} \tag{3.8}$$

定义 3.5 若 f 是随机向量 $\boldsymbol{x}$ 的概率密度函数, 则称下式为随机向量 $\boldsymbol{x}$ 的方差

$$\boldsymbol{\Sigma}_{\boldsymbol{x}} = \int_{-\infty}^{+\infty} (\boldsymbol{x} - \boldsymbol{\mu}_{\boldsymbol{x}})(\boldsymbol{x} - \boldsymbol{\mu}_{\boldsymbol{x}})^{\mathrm{T}} f(\boldsymbol{x})d\boldsymbol{x} \tag{3.9}$$

可以验证, 下式成立

$$\boldsymbol{\Sigma}_{\boldsymbol{x}} = \int_{-\infty}^{+\infty} \boldsymbol{x}\boldsymbol{x}^{\mathrm{T}} f(\boldsymbol{x})d\boldsymbol{x} - \left(\int_{-\infty}^{+\infty} \boldsymbol{x} f(\boldsymbol{x})d\boldsymbol{x}\right)\left(\int_{-\infty}^{+\infty} \boldsymbol{x} f(\boldsymbol{x})d\boldsymbol{x}\right)^{\mathrm{T}} \tag{3.10}$$

把上式记为

$$\boldsymbol{\Sigma}_{\boldsymbol{x}} = \boldsymbol{\mu}_{\boldsymbol{x}\boldsymbol{x}^{\mathrm{T}}} - \boldsymbol{\mu}_{\boldsymbol{x}}\boldsymbol{\mu}_{\boldsymbol{x}}^{\mathrm{T}} \tag{3.11}$$

若用 $\boldsymbol{x} \sim (\boldsymbol{\mu}_{\boldsymbol{x}}, \boldsymbol{\Sigma}_{\boldsymbol{x}})$ 表示随机向量 $\boldsymbol{x}$ 的均值和方差分别为 $\boldsymbol{\mu}_{\boldsymbol{x}}$ 和 $\boldsymbol{\Sigma}_{\boldsymbol{x}}$, 则利用样本均值和样本方差的定义可知以下定理成立.

定理 3.1 若 $\boldsymbol{x} \sim (\boldsymbol{\mu_x}, \boldsymbol{\Sigma_x})$, 则

$$\boldsymbol{A}\boldsymbol{x} \sim \left(\boldsymbol{A}\boldsymbol{\mu_x}, \boldsymbol{A}\boldsymbol{\Sigma_x}\boldsymbol{A}^{\mathrm{T}}\right) \tag{3.12}$$

注意: 随机向量是随机变量在 n 维欧氏空间上的推广; n 维随机向量的均值是一个 n 维向量, 方差是一个 n 阶方阵.

定义 3.6 若 n 维随机向量 $\boldsymbol{x}$ 和 m 维随机向量 $\boldsymbol{y}$ 的堆垒记为 $\boldsymbol{z} = \begin{pmatrix} \boldsymbol{x} \\ \boldsymbol{y} \end{pmatrix}$, 且随机变量 $\boldsymbol{z}$ 的概率密度函数为 $\boldsymbol{f_z}(\boldsymbol{x}, \boldsymbol{y})$, 则称 $\boldsymbol{f_z}(\boldsymbol{x}, \boldsymbol{y})$ 为 $\boldsymbol{x}$ 和 $\boldsymbol{y}$ 的联合概率密度函数 (Joint Probability Density Function).

定义 3.7 若 $\boldsymbol{f_z}(\boldsymbol{x}, \boldsymbol{y})$ 为 $\boldsymbol{x}$ 和 $\boldsymbol{y}$ 的联合概率密度, 称下式为 $\boldsymbol{x}$ 和 $\boldsymbol{y}$ 的协方差

$$\boldsymbol{\Sigma_{xy}} = \int_{-\infty}^{+\infty}\int_{-\infty}^{+\infty} (\boldsymbol{x} - \boldsymbol{\mu_x})\left(\boldsymbol{y} - \boldsymbol{\mu_y}\right)^{\mathrm{T}} f_{\boldsymbol{z}}(\boldsymbol{x}, \boldsymbol{y}) d\boldsymbol{x} d\boldsymbol{y} \tag{3.13}$$

若记

$$\begin{cases} \boldsymbol{f_x} = \displaystyle\int_{-\infty}^{-\infty} \boldsymbol{y} f_{\boldsymbol{z}}(\boldsymbol{x}, \boldsymbol{y})\, d\boldsymbol{y} \\ \boldsymbol{f_y} = \displaystyle\int_{-\infty}^{-\infty} \boldsymbol{x} f_{\boldsymbol{z}}(\boldsymbol{x}, \boldsymbol{y})\, d\boldsymbol{x} \end{cases} \tag{3.14}$$

则可以验证, 下式成立

$$\boldsymbol{\Sigma_{xy}} = \int_{-\infty}^{+\infty}\int_{-\infty}^{+\infty} \boldsymbol{x}\boldsymbol{y}^{\mathrm{T}} f_{\boldsymbol{z}}(\boldsymbol{x}, \boldsymbol{y}) d\boldsymbol{x} d\boldsymbol{y} - \left(\int_{-\infty}^{+\infty} \boldsymbol{x}\boldsymbol{f_x}(\boldsymbol{x}) d\boldsymbol{x}\right)\left(\int_{-\infty}^{+\infty} \boldsymbol{y}\boldsymbol{f_y}(\boldsymbol{y}) d\boldsymbol{y}\right)^{\mathrm{T}} \tag{3.15}$$

把上式记为

$$\boldsymbol{\Sigma_{xy}} = \boldsymbol{\mu_{xy^{\mathrm{T}}}} - \boldsymbol{\mu_x}\boldsymbol{\mu_y}^{\mathrm{T}} \tag{3.16}$$

方便起见, 若 $\boldsymbol{y} = \boldsymbol{x}$, 则记

$$\boldsymbol{\Sigma_{xx}} = \boldsymbol{\Sigma_x} \tag{3.17}$$

定义 3.8 称随机向量 $\boldsymbol{x}$ 和 $\boldsymbol{y}$ 相互独立 (Independent), 并记为 $\boldsymbol{x} \perp \boldsymbol{y}$, 若 $\boldsymbol{x}$ 和 $\boldsymbol{y}$ 的联合概率密度 $\boldsymbol{f_z}$ 满足

$$f_{\boldsymbol{z}}(\boldsymbol{x}, \boldsymbol{y}) = f_{\boldsymbol{x}}(\boldsymbol{x})\, f_{\boldsymbol{y}}(\boldsymbol{y}) \tag{3.18}$$

特别地, 若 $\boldsymbol{x}_1, \cdots, \boldsymbol{x}_N$ 是两两独立, 且它们的密度函数 f 相同, 则称它们是独立同分布的 (Independent and Identically Distributed), 记为 $\boldsymbol{x}_i \overset{\text{iid}}{\sim} f, i = 1, \cdots, N$.

定义 3.9 称下式为随机向量 $\boldsymbol{x}$ 和 $\boldsymbol{y}$ 的相关矩阵

$$\boldsymbol{R_{xy}} = \mathbf{std}_{\boldsymbol{x}}^{-1}\boldsymbol{\Sigma_{xy}}\mathbf{std}_{\boldsymbol{y}}^{-1} \tag{3.19}$$

其中 $\mathbf{std}_{\boldsymbol{x}}$ 和 $\mathbf{std}_{\boldsymbol{y}}$ 分别表示 $\boldsymbol{x}$ 和 $\boldsymbol{y}$ 的各维标准差组成的对角矩阵, 即

$$\mathbf{std}_{\boldsymbol{x}} = \begin{pmatrix} \sigma_{x_1} & & \\ & \ddots & \\ & & \sigma_{x_n} \end{pmatrix} \tag{3.20}$$

$$\mathbf{std}_{\boldsymbol{y}} = \begin{pmatrix} \sigma_{y_1} & & \\ & \ddots & \\ & & \sigma_{y_n} \end{pmatrix} \tag{3.21}$$

3.1.2 样本矩阵

在实践中, 随机向量 $\boldsymbol{x}$ 的概率密度函数可能是未知的, 若可以获得随机向量的大量样本 (观测值)$\boldsymbol{x}_1, \cdots, \boldsymbol{x}_N$, 则均值、方差和协方差可以分别用样本均值、样本方差、样本协方差估计出来.

定义 3.10 若 $\boldsymbol{x}_1, \cdots, \boldsymbol{x}_N$ 为 n 维随机向量 $\boldsymbol{x}$ 的样本, 则称如下矩阵 $\boldsymbol{X} \in \mathbb{R}^{n\times N}$ 为 $\boldsymbol{x}$ 的样本矩阵

$$\boldsymbol{X} = (\boldsymbol{x}_1, \cdots, \boldsymbol{x}_N) \tag{3.22}$$

定义 3.11 若 $\boldsymbol{X} \in \mathbb{R}^{n\times N}$ 为 $\boldsymbol{x}$ 的样本矩阵, 则称下式为 $\boldsymbol{x}$ 的样本均值

$$\overline{\boldsymbol{X}} = \frac{1}{N}\sum_{i=1}^{N} \boldsymbol{x}_i \tag{3.23}$$

显然 $\boldsymbol{y} = \boldsymbol{A}\boldsymbol{x}$ 的样本矩阵为

$$\boldsymbol{Y} = (\boldsymbol{A}\boldsymbol{x}_1, \cdots, \boldsymbol{A}\boldsymbol{x}_N) \tag{3.24}$$

$\boldsymbol{Y}$ 的样本均值为

$$\overline{\boldsymbol{Y}} = \boldsymbol{A}\overline{\boldsymbol{X}} \tag{3.25}$$

定义 3.12 若 $\boldsymbol{X} \in \mathbb{R}^{n\times N}$ 为 $\boldsymbol{x}$ 的样本矩阵, $\overline{\boldsymbol{X}} \in \mathbb{R}^{n\times 1}$ 为 $\boldsymbol{x}$ 的样本均值, 且 $\mathbf{1} \in \mathbb{R}^{N\times 1}$ 是 N 维全 1 向量, 则称下式为 $\boldsymbol{x}$ 的样本方差.

$$\boldsymbol{S}_{\boldsymbol{x}} = \frac{1}{N}\left(\boldsymbol{X} - \overline{\boldsymbol{X}}\mathbf{1}^{\mathrm{T}}\right)\left(\boldsymbol{X} - \overline{\boldsymbol{X}}\mathbf{1}^{\mathrm{T}}\right)^{\mathrm{T}} \tag{3.26}$$

可以验证, 下式成立

$$\boldsymbol{S}_{\boldsymbol{x}} = \frac{1}{N}\boldsymbol{X}\boldsymbol{X}^{\mathrm{T}} - \overline{\boldsymbol{X}}\,\overline{\boldsymbol{X}}^{\mathrm{T}} \tag{3.27}$$

二阶样本原点矩 $\frac{1}{N}\boldsymbol{X}\boldsymbol{X}^{\mathrm{T}}$ 满足

$$\frac{1}{N}\boldsymbol{X}\boldsymbol{X}^{\mathrm{T}} = \frac{1}{N}\sum_{i=1}^{N} \boldsymbol{x}_i\boldsymbol{x}_i^{\mathrm{T}} \tag{3.28}$$

所以可以把公式 (3.28) 记为

$$\boldsymbol{S}_x = \overline{\boldsymbol{X}\boldsymbol{X}^{\mathrm{T}}} - \overline{\boldsymbol{X}}\,\overline{\boldsymbol{X}}^{\mathrm{T}} \tag{3.29}$$

定义 3.13　若 $\boldsymbol{X} \in \mathbb{R}^{n\times N}$ 为 $\boldsymbol{x}$ 的样本矩阵, $\boldsymbol{Y} \in \mathbb{R}^{m\times N}$ 为 $\boldsymbol{y}$ 的样本矩阵, 且 $\mathbf{1} \in \mathbb{R}^{N\times 1}$ 是 N 维全 1 向量, 则称如下矩阵 $\boldsymbol{S}_{\boldsymbol{xy}} \in \mathbb{R}^{n\times m}$ 为 $\boldsymbol{x}$ 与 $\boldsymbol{y}$ 的样本协方差矩阵

$$\boldsymbol{S}_{\boldsymbol{xy}} = \frac{1}{N}\boldsymbol{X}\boldsymbol{Y}^{\mathrm{T}} - \overline{\boldsymbol{X}}\,\overline{\boldsymbol{Y}}^{\mathrm{T}} \tag{3.30}$$

记

$$\boldsymbol{S}_{\boldsymbol{xx}} = \boldsymbol{S}_{\boldsymbol{x}} \tag{3.31}$$

可以验证, 下式成立

$$\boldsymbol{S}_{\boldsymbol{xy}} = \frac{1}{N}\boldsymbol{X}^{\mathrm{T}}\boldsymbol{Y} - \overline{\boldsymbol{X}}\,\overline{\boldsymbol{Y}}^{\mathrm{T}} \tag{3.32}$$

因为

$$\frac{1}{N}\boldsymbol{X}\boldsymbol{Y}^{\mathrm{T}} = \frac{1}{N}\sum_{i=1}^{N}\boldsymbol{x}_i\boldsymbol{y}_i^{\mathrm{T}} \tag{3.33}$$

所以把公式 (3.32) 记为

$$\boldsymbol{S}_{\boldsymbol{xy}} = \overline{\boldsymbol{X}\boldsymbol{Y}^{\mathrm{T}}} - \overline{\boldsymbol{X}}\,\overline{\boldsymbol{Y}}^{\mathrm{T}} \tag{3.34}$$

应用中用得更多的是无偏样本方差, 如下所述.

定义 3.14　若 $\boldsymbol{S}_{\boldsymbol{x}}$ 为随机矩阵 $\boldsymbol{X}$ 的样本方差, 则称下式为 $\boldsymbol{X}$ 的无偏样本方差

$$\hat{\boldsymbol{S}}_x = \frac{N}{N-1}\boldsymbol{S}_x \tag{3.35}$$

定义 3.15　称下式为随机向量 $\boldsymbol{x}$ 与 $\boldsymbol{y}$ 样本相关矩阵

$$\boldsymbol{R}_{\boldsymbol{xy}} = \mathbf{std}_{\boldsymbol{x}}^{-1}\hat{\boldsymbol{S}}_{\boldsymbol{xy}}\mathbf{std}_{\boldsymbol{y}}^{-1} \tag{3.36}$$

其中 $\mathbf{std}_{\boldsymbol{x}}$ 和 $\mathbf{std}_{\boldsymbol{y}}$ 分别表示 $\boldsymbol{x}$ 与 $\boldsymbol{y}$ 的样本标准差组成的对角矩阵, 即

$$\mathbf{std}_{\boldsymbol{x}} = \begin{pmatrix} \sqrt{\hat{\boldsymbol{S}}_{x_1}} & & \\ & \ddots & \\ & & \sqrt{\hat{\boldsymbol{S}}_{x_n}} \end{pmatrix} \tag{3.37}$$

$$\mathbf{std}_{\boldsymbol{y}} = \begin{pmatrix} \sqrt{\boldsymbol{S}_{y_1}} & & \\ & \ddots & \\ & & \sqrt{\boldsymbol{S}_{y_m}} \end{pmatrix} \tag{3.38}$$

可以发现公式 (3.11)–(3.16)–(3.19) 的结构相似于公式 (3.29)–(3.34)–(3.36) 的结构.

注解 3.1 接下来, 无偏样本方差 $\hat{S}$ 比样本方差 S 使用频繁得多, 简洁起见, 约定如下: 若通过上下文能够区分无偏样本方差和样本方差, 则都称它们为样本方差, 而不强调"无偏"二字.

3.1.3 递归公式

随着样本的增加, 均值、方差和方差的逆要实时更新. 若采用递归公式更新这些数值特征, 将显著减小算法浮点数. 递归计算可以归结为如下问题: 已知 $\boldsymbol{X}_N$ 的均值 $\overline{\boldsymbol{X}}_N$、二阶原点矩 $\overline{\boldsymbol{X}\boldsymbol{X}^{\mathrm{T}}}_N$、方差 $\boldsymbol{S}_{\boldsymbol{x},N}$、二阶原点矩的逆 $\overline{\boldsymbol{X}\boldsymbol{X}^{\mathrm{T}}}_N^{-1}$ 和方差的逆 $\boldsymbol{S}_{\boldsymbol{x},N}^{-1}$, 求 $\boldsymbol{X}_{N+1}=(\boldsymbol{X}_N,\boldsymbol{x}_{N+1})$ 的均值 $\overline{\boldsymbol{X}}_{N+1}$、二阶原点矩 $\overline{\boldsymbol{X}\boldsymbol{X}^{\mathrm{T}}}_{N+1}$、方差 $\boldsymbol{S}_{\boldsymbol{x},N+1}$、二阶原点矩的逆 $\overline{\boldsymbol{X}\boldsymbol{X}^{\mathrm{T}}}_{N+1}^{-1}$ 和方差的逆 $\boldsymbol{S}_{\boldsymbol{x},N+1}^{-1}$.

由定义可知, $\overline{\boldsymbol{X}}_{N+1}$ 和 $\overline{\boldsymbol{X}\boldsymbol{X}^{\mathrm{T}}}_{N+1}$ 的递归更新公式为

$$\begin{cases}\overline{\boldsymbol{X}}_{N+1}=\dfrac{N}{N+1}\overline{\boldsymbol{X}}_N+\dfrac{1}{N+1}\boldsymbol{x}_{N+1}\\ \overline{\boldsymbol{X}\boldsymbol{X}^{\mathrm{T}}}_{N+1}=\dfrac{N}{N+1}\overline{\boldsymbol{X}\boldsymbol{X}^{\mathrm{T}}}_N+\dfrac{1}{N+1}\boldsymbol{x}_{N+1}\boldsymbol{x}_{N+1}^{\mathrm{T}}\end{cases}\tag{3.39}$$

利用上式就可以实现方差的递归更新公式

$$\boldsymbol{S}_{\boldsymbol{x},N+1}=\overline{\boldsymbol{X}\boldsymbol{X}^{\mathrm{T}}}_{N+1}-\overline{\boldsymbol{X}}_{N+1}\overline{\boldsymbol{X}}_{N+1}^{\mathrm{T}}\tag{3.40}$$

利用公式 (3.39) 和 (2.69) 得二阶原点矩的逆的递归更新公式

$$\overline{\boldsymbol{X}\boldsymbol{X}^{\mathrm{T}}}_{N+1}^{-1}=\frac{(N+1)}{N}\left(\overline{\boldsymbol{X}\boldsymbol{X}^{\mathrm{T}}}_N^{-1}-\frac{\overline{\boldsymbol{X}\boldsymbol{X}^{\mathrm{T}}}_N^{-1}\boldsymbol{x}_{N+1}\boldsymbol{x}_{N+1}^{\mathrm{T}}\overline{\boldsymbol{X}\boldsymbol{X}^{\mathrm{T}}}_N^{-1}}{N+\boldsymbol{x}_{N+1}^{\mathrm{T}}\overline{\boldsymbol{X}\boldsymbol{X}^{\mathrm{T}}}_N^{-1}\boldsymbol{x}_{N+1}}\right)\tag{3.41}$$

利用公式 (2.66) 和 (2.66) 得方差的逆的递归更新公式

$$\boldsymbol{S}_{\boldsymbol{x},N+1}^{-1}=\overline{\boldsymbol{X}\boldsymbol{X}^{\mathrm{T}}}_{N+1}^{-1}-\frac{\overline{\boldsymbol{X}\boldsymbol{X}^{\mathrm{T}}}_{N+1}^{-1}\overline{\boldsymbol{X}}_{N+1}\overline{\boldsymbol{X}}_{N+1}^{\mathrm{T}}\overline{\boldsymbol{X}\boldsymbol{X}^{\mathrm{T}}}_{N+1}^{-1}}{1+\overline{\boldsymbol{X}}_{N+1}^{\mathrm{T}}\overline{\boldsymbol{X}\boldsymbol{X}^{\mathrm{T}}}_{N+1}^{-1}\overline{\boldsymbol{X}}_{N+1}}\tag{3.42}$$

3.2 正态分布的导出分布

3.2.1 正态分布

定义 3.16 若 n 维随机向量 $\boldsymbol{x}$ 的概率密度函数满足

$$f(\boldsymbol{x})=(2\pi)^{-\frac{n}{2}}|\boldsymbol{\Sigma}_{\boldsymbol{x}}|^{-\frac{1}{2}}\exp\left(-\frac{1}{2}(\boldsymbol{x}-\boldsymbol{\mu}_{\boldsymbol{x}})^{\mathrm{T}}\boldsymbol{\Sigma}_{\boldsymbol{x}}^{-1}(\boldsymbol{x}-\boldsymbol{\mu}_{\boldsymbol{x}})\right)\tag{3.43}$$

则称 $\boldsymbol{x}$ 是服从正态分布 (Normal Distribution) 的随机向量. 因为 $\boldsymbol{\mu}_{\boldsymbol{x}}$ 和 $\boldsymbol{\Sigma}_{\boldsymbol{x}}$ 分别是随机变量 $\boldsymbol{x}$ 的均值和方差. 所以正态分布随机向量记为 $\boldsymbol{x}\sim N_n(\boldsymbol{\mu}_{\boldsymbol{x}},\boldsymbol{\Sigma}_{\boldsymbol{x}})$.

注解 3.2　简洁起见, 若 $x\sim N_1(0,1)$, 则记为 $x\sim N(0,1)$. 另外, 注意区别两个记号: $\boldsymbol{x}\sim(\boldsymbol{\mu}_{\boldsymbol{x}},\boldsymbol{\Sigma}_{\boldsymbol{x}})$ 和 $\boldsymbol{x}\sim N_n(\boldsymbol{\mu}_{\boldsymbol{x}},\boldsymbol{\Sigma}_{\boldsymbol{x}})$, 前者表示任意随机向量, 后者表示正态分布随机变量, 所以后者是前者的特例.

定理 3.2　若 $\begin{pmatrix}\boldsymbol{x}\\ \boldsymbol{y}\end{pmatrix}\sim N_{n_x+n_y}\left(\begin{pmatrix}\boldsymbol{\mu}_{\boldsymbol{x}}\\ \boldsymbol{\mu}_{\boldsymbol{z}}\end{pmatrix},\begin{pmatrix}\boldsymbol{\Sigma}_{\boldsymbol{xx}} & \boldsymbol{\Sigma}_{\boldsymbol{xy}}\\ \boldsymbol{\Sigma}_{\boldsymbol{yx}} & \boldsymbol{\Sigma}_{\boldsymbol{yy}}\end{pmatrix}\right)$, 则两个条件分布 (Conditional Distribution) $\boldsymbol{y}|\boldsymbol{x}$ 和 $\boldsymbol{x}|\boldsymbol{y}$ 满足

$$\begin{cases}\boldsymbol{y}|\boldsymbol{x}\sim N_{n\boldsymbol{y}}\left(\boldsymbol{\mu}_{\boldsymbol{y}}+\boldsymbol{\Sigma}_{\boldsymbol{yx}}\boldsymbol{\Sigma}_{\boldsymbol{xx}}^{-1}(\boldsymbol{x}-\boldsymbol{\mu}_{\boldsymbol{x}}),\boldsymbol{\Sigma}_{\boldsymbol{yy},\boldsymbol{x}}\right) & (3.44\text{a})\\ \boldsymbol{x}|\boldsymbol{y}\sim N_{n\boldsymbol{x}}\left(\boldsymbol{\mu}_{\boldsymbol{x}}+\boldsymbol{\Sigma}_{\boldsymbol{xy}}\boldsymbol{\Sigma}_{\boldsymbol{yy}}^{-1}(\boldsymbol{y}-\boldsymbol{\mu}_{\boldsymbol{y}}),\boldsymbol{\Sigma}_{\boldsymbol{xx},\boldsymbol{y}}\right) & (3.44\text{b})\end{cases}$$

其中 $\boldsymbol{\Sigma}_{\boldsymbol{yy},\boldsymbol{x}}=\boldsymbol{\Sigma}_{\boldsymbol{yy}}-\boldsymbol{\Sigma}_{\boldsymbol{yx}}\boldsymbol{\Sigma}_{\boldsymbol{xx}}^{-1}\boldsymbol{\Sigma}_{\boldsymbol{xy}}$, $\boldsymbol{\Sigma}_{\boldsymbol{xx},\boldsymbol{y}}=\boldsymbol{\Sigma}_{\boldsymbol{xx}}-\boldsymbol{\Sigma}_{\boldsymbol{xy}}\boldsymbol{\Sigma}_{\boldsymbol{yy}}^{-1}\boldsymbol{\Sigma}_{\boldsymbol{yx}}$.

证明　记 $\boldsymbol{z}=\begin{pmatrix}\boldsymbol{x}\\ \boldsymbol{y}\end{pmatrix}$, 则 $\boldsymbol{\mu}_{\boldsymbol{z}}=\begin{pmatrix}\boldsymbol{\mu}_{\boldsymbol{x}}\\ \boldsymbol{\mu}_{\boldsymbol{y}}\end{pmatrix}$, $\boldsymbol{\Sigma}_{\boldsymbol{z}}=\begin{pmatrix}\boldsymbol{\Sigma}_{\boldsymbol{xx}} & \boldsymbol{\Sigma}_{\boldsymbol{xy}}\\ \boldsymbol{\Sigma}_{\boldsymbol{yx}} & \boldsymbol{\Sigma}_{\boldsymbol{yy}}\end{pmatrix}$, 由分块行列式公式 (2.74) 和分块逆矩阵公式 (2.66) 得

$$f_z(\boldsymbol{z})=(2\pi)^{-\frac{n_x+n_y}{2}}|\boldsymbol{\Sigma}_{\boldsymbol{z}}|^{-\frac{1}{2}}\exp\left(-\frac{1}{2}(\boldsymbol{z}-\boldsymbol{\mu}_{\boldsymbol{z}})^{\mathrm{T}}\boldsymbol{\Sigma}_{\boldsymbol{z}}^{-1}(\boldsymbol{z}-\boldsymbol{\mu}_{\boldsymbol{z}})\right)$$

$$=(2\pi)^{-\frac{n_x+n_y}{2}}\left(|\boldsymbol{\Sigma}_{\boldsymbol{xx}}|\cdot\left|\boldsymbol{\Sigma}_{\boldsymbol{yy}}-\boldsymbol{\Sigma}_{\boldsymbol{yx}}\boldsymbol{\Sigma}_{\boldsymbol{xx}}^{-1}\boldsymbol{\Sigma}_{\boldsymbol{xy}}\right|\right)^{-\frac{1}{2}}$$

$$\cdot\exp\left[-\frac{1}{2}\begin{pmatrix}\boldsymbol{x}-\boldsymbol{\mu}_{\boldsymbol{x}}\\ \boldsymbol{y}-\boldsymbol{\mu}_{\boldsymbol{y}}\end{pmatrix}^{\mathrm{T}}\begin{pmatrix}\boldsymbol{\Sigma}_{\boldsymbol{xx}}^{-1}+\boldsymbol{\Sigma}_{\boldsymbol{xx}}^{-1}\boldsymbol{\Sigma}_{\boldsymbol{xy}}\boldsymbol{\Sigma}_{\boldsymbol{yy},\boldsymbol{x}}^{-1}\boldsymbol{\Sigma}_{\boldsymbol{yx}}\boldsymbol{\Sigma}_{\boldsymbol{xx}}^{-1} & -\boldsymbol{\Sigma}_{\boldsymbol{xx}}^{-1}\boldsymbol{\Sigma}_{\boldsymbol{xy}}\boldsymbol{\Sigma}_{\boldsymbol{yy},\boldsymbol{x}}^{-1}\\ -\boldsymbol{\Sigma}_{\boldsymbol{yy},\boldsymbol{x}}^{-1}\boldsymbol{\Sigma}_{\boldsymbol{yx}}\boldsymbol{\Sigma}_{\boldsymbol{xx}}^{-1} & \boldsymbol{\Sigma}_{\boldsymbol{yy},\boldsymbol{x}}^{-1}\end{pmatrix}\right.$$

$$\left.\cdot\begin{pmatrix}\boldsymbol{x}-\boldsymbol{\mu}_{\boldsymbol{x}}\\ \boldsymbol{y}-\boldsymbol{\mu}_{\boldsymbol{y}}\end{pmatrix}\right]$$

$$=(2\pi)^{-\frac{n_x+n_y}{2}}\left(|\boldsymbol{\Sigma}_{\boldsymbol{xx}}|\cdot\left|\boldsymbol{\Sigma}_{\boldsymbol{y}}-\boldsymbol{\Sigma}_{\boldsymbol{yx}}\boldsymbol{\Sigma}_{\boldsymbol{xx}}^{-1}\boldsymbol{\Sigma}_{\boldsymbol{xy}}\right|\right)^{-\frac{1}{2}}$$

$$\cdot\exp\left[-\frac{1}{2}\begin{pmatrix}(\boldsymbol{x}-\boldsymbol{\mu}_{\boldsymbol{x}})^{\mathrm{T}}\boldsymbol{\Sigma}_{\boldsymbol{x}}^{-1}(\boldsymbol{x}-\boldsymbol{\mu}_{\boldsymbol{x}})+(\boldsymbol{x}-\boldsymbol{\mu}_{\boldsymbol{x}})^{\mathrm{T}}\boldsymbol{\Sigma}_{\boldsymbol{xx}}^{-1}\boldsymbol{\Sigma}_{\boldsymbol{xy}}\boldsymbol{\Sigma}_{\boldsymbol{yy},\boldsymbol{x}}^{-1}\boldsymbol{\Sigma}_{\boldsymbol{yx}}\boldsymbol{\Sigma}_{\boldsymbol{x}}^{-1}(\boldsymbol{x}-\boldsymbol{\mu}_{\boldsymbol{x}})\\ -2(\boldsymbol{x}-\boldsymbol{\mu}_{\boldsymbol{x}})^{\mathrm{T}}\boldsymbol{\Sigma}_{\boldsymbol{x}}^{-1}\boldsymbol{\Sigma}_{\boldsymbol{xy}}\boldsymbol{\Sigma}_{\boldsymbol{yy},\boldsymbol{x}}^{-1}(\boldsymbol{y}-\boldsymbol{\mu}_{\boldsymbol{y}})+(\boldsymbol{y}-\boldsymbol{\mu}_{\boldsymbol{y}})^{\mathrm{T}}\boldsymbol{\Sigma}_{\boldsymbol{yy},\boldsymbol{x}}^{-1}(\boldsymbol{y}-\boldsymbol{\mu}_{\boldsymbol{y}})\end{pmatrix}\right]$$

而 $\boldsymbol{x}$ 的概率密度函数为

$$f_{\boldsymbol{x}}(\boldsymbol{x})=(2\pi)^{-\frac{n_{\boldsymbol{x}}}{2}}|\boldsymbol{\Sigma}_{\boldsymbol{x}}|^{-\frac{1}{2}}\exp\left(-\frac{1}{2}(\boldsymbol{x}-\boldsymbol{\mu}_{\boldsymbol{x}})^{\mathrm{T}}\boldsymbol{\Sigma}_{\boldsymbol{x}}^{-1}(\boldsymbol{x}-\boldsymbol{\mu}_{\boldsymbol{x}})\right)$$

另外 $\boldsymbol{\Sigma}_{\boldsymbol{x}}=\boldsymbol{\Sigma}_{\boldsymbol{xx}}$, $\boldsymbol{\Sigma}_{\boldsymbol{y}}=\boldsymbol{\Sigma}_{\boldsymbol{yy}}$ 所以

$$\frac{f_{\boldsymbol{z}}(\boldsymbol{z})}{f_{\boldsymbol{x}}(\boldsymbol{x})}=(2\pi)^{-\frac{n\boldsymbol{y}}{2}}|\boldsymbol{\Sigma}_{\boldsymbol{yy},\boldsymbol{x}}|^{-\frac{1}{2}}\exp\left[-\frac{1}{2}\left(\boldsymbol{y}-\boldsymbol{\mu}_{\boldsymbol{y}}-\boldsymbol{\Sigma}_{\boldsymbol{xx}}^{-1}\boldsymbol{\Sigma}_{\boldsymbol{xy}}(\boldsymbol{x}-\boldsymbol{\mu}_{\boldsymbol{x}})\right)^{\mathrm{T}}\right.$$

$$\left.\cdot\boldsymbol{\Sigma}_{\boldsymbol{yy},\boldsymbol{x}}^{-1}\left(\boldsymbol{y}-\boldsymbol{\mu}_{\boldsymbol{y}}-\boldsymbol{\Sigma}_{\boldsymbol{xx}}^{-1}\boldsymbol{\Sigma}_{\boldsymbol{xy}}(\boldsymbol{x}-\boldsymbol{\mu}_{\boldsymbol{x}})\right)\right]$$

于是公式 (3.44a) 得证.

同理可证公式 (3.44b).　■

定义 3.17 若随机向量 $\boldsymbol{x}$ 的概率密度函数为 $f(\boldsymbol{x})$, 则称下式为 $f(\boldsymbol{x})$ 的特征函数

$$g(\boldsymbol{t})=\int_{-\infty}^{+\infty}\exp\left(i\boldsymbol{t}^{\mathrm{T}}\boldsymbol{x}\right)f(\boldsymbol{x})d\boldsymbol{x} \tag{3.45}$$

引理 3.3 随机向量的概率密度函数为 f 和特征函数 (Characteristic Function) g 是一一对应的.

定理 3.4 若 $\boldsymbol{x}\sim N_n(\boldsymbol{\mu}_{\boldsymbol{x}},\boldsymbol{\Sigma}_{\boldsymbol{x}})$, 则 $\boldsymbol{x}$ 的特征函数为

$$g(\boldsymbol{t})=\exp\left(i\boldsymbol{\mu}_{\boldsymbol{x}}^{\mathrm{T}}\boldsymbol{t}-\frac{1}{2}\boldsymbol{t}^{\mathrm{T}}\boldsymbol{\Sigma}_{\boldsymbol{x}}\boldsymbol{t}\right) \tag{3.46}$$

由上述引理可得正态分布最重要的一个性质: 正态分布的线性变性还是正态分布, 如下.

定理 3.5 若 $\boldsymbol{x}\sim N_n(\boldsymbol{\mu}_{\boldsymbol{x}},\boldsymbol{\Sigma}_{\boldsymbol{x}})$, $\boldsymbol{A}\in\mathbb{R}^{m\times n},\boldsymbol{b}\in\mathbb{R}^{m\times 1}$ 则

$$\boldsymbol{A}\boldsymbol{x}+\boldsymbol{b}\sim N_m\left(\boldsymbol{A}\boldsymbol{\mu}_{\boldsymbol{x}}+\boldsymbol{b},\boldsymbol{A}\boldsymbol{\Sigma}_{\boldsymbol{x}}\boldsymbol{A}^{\mathrm{T}}\right) \tag{3.47}$$

该定理将频繁应用于参数估计和状态估计的性能评估中, 见 3.3 节和 3.4 节.

3.2.2 随机矩阵

定义 3.18 若 $\boldsymbol{A}=(a_{ij})_{m\times n}$, 且分块形式为 $\boldsymbol{A}=(\boldsymbol{a}_1,\cdots,\boldsymbol{a}_n)$, 则称下式为 $\boldsymbol{A}$ 的拉直

$$\mathrm{vec}(\boldsymbol{A})=\begin{pmatrix}\boldsymbol{a}_1\\ \vdots\\ \boldsymbol{a}_n\end{pmatrix} \tag{3.48}$$

定义 3.19 若 $\boldsymbol{A}=(a_{ij})_{m\times n}, \boldsymbol{B}=(b_{ij})_{p\times q}$, 则称下式为 $\boldsymbol{A}$ 和 $\boldsymbol{B}$ 的 Kronecker 张量积, 简称张量积

$$\boldsymbol{A}\otimes\boldsymbol{B}=\begin{pmatrix}a_{11}\boldsymbol{B} & \cdots & a_{1n}\boldsymbol{B}\\ \vdots & & \vdots\\ a_{m1}\boldsymbol{B} & \cdots & a_{mn}\boldsymbol{B}\end{pmatrix} \tag{3.49}$$

定义 3.20 若矩阵 $\boldsymbol{X}=(\boldsymbol{x}_1,\cdots,\boldsymbol{x}_N)\in\mathbb{R}^{n\times N}$ 的每个元素都是随机变量, 则称 $\boldsymbol{X}$ 为随机矩阵 (Stochastic Matrix).

$\boldsymbol{X}\sim(\boldsymbol{\mu}_{\boldsymbol{X}},\boldsymbol{\Sigma}_{\boldsymbol{X}})$ 表示随机矩阵 $\boldsymbol{X}=(\boldsymbol{x}_1,\cdots,\boldsymbol{x}_N)$ 的均值和方差分别为 $\boldsymbol{\mu}_{\boldsymbol{X}}\in\mathbb{R}^{n\times N}$, $\boldsymbol{\Sigma}_{\boldsymbol{X}}\in\mathbb{R}^{nN\times nN}$. 均值和方差计算方法如下

$$\begin{cases}\boldsymbol{\mu}_{\boldsymbol{X}}=\left(\boldsymbol{\mu}_{x_1},\cdots,\boldsymbol{\mu}_{x_N}\right)\\ \boldsymbol{\Sigma}_{\boldsymbol{X}}=\boldsymbol{\Sigma}_{\mathrm{vec}(\boldsymbol{X})}\end{cases} \tag{3.50}$$

其中 $\boldsymbol{\mu}_{\boldsymbol{x}_i}, i=1,\cdots,N$ 是 $\boldsymbol{X}$ 的第 i 列随机向量 $\boldsymbol{x}_i$ 的均值, $\operatorname{vec}(\boldsymbol{X})$ 是 $\boldsymbol{X}$ 的拉直, 而 $\boldsymbol{\Sigma}_{\operatorname{vec}(\boldsymbol{X})}$ 是拉直向量 $\operatorname{vec}(\boldsymbol{X})$ 的方差.

若 $\{\boldsymbol{x}_i\}_{i=1}^N$ 是 N 个独立的同正态分布的 n 维随机向量序列, 记为 $\boldsymbol{x}_i \overset{\text{iid}}{\sim} N_n(\boldsymbol{\mu}_{\boldsymbol{x}}, \boldsymbol{\Sigma}_{\boldsymbol{x}}), i=1,\cdots,N$, 记 $\boldsymbol{X}=(\boldsymbol{x}_1,\cdots,\boldsymbol{x}_N)$, 则容易验证

$$\begin{cases} \boldsymbol{\mu}_{\boldsymbol{X}}=\boldsymbol{\mu}_{\boldsymbol{x}}\mathbf{1}^{\mathrm{T}} \\ \boldsymbol{\Sigma}_{\boldsymbol{X}}=\boldsymbol{I}_N\otimes\boldsymbol{\Sigma}_{\boldsymbol{x}} \end{cases} \tag{3.51}$$

此时记这样的随机矩阵为

$$\boldsymbol{X}=N\left(\boldsymbol{\mu}_{\boldsymbol{X}},\boldsymbol{\Sigma}_{\boldsymbol{X}}\right) \tag{3.52}$$

引理 3.6　若 $\boldsymbol{A}\in\mathbb{R}^{m\times n}, \boldsymbol{X}\in\mathbb{R}^{n\times s}, \boldsymbol{B}\in\mathbb{R}^{s\times t}$, 则

$$\operatorname{vec}\left(\boldsymbol{AXB}\right)=\left(\boldsymbol{B}^{\mathrm{T}}\otimes\boldsymbol{A}\right)\operatorname{vec}\left(\boldsymbol{X}\right) \tag{3.53}$$

证明　可以用分块矩阵来证明.

$$\begin{aligned}
\operatorname{vec}\left(\boldsymbol{AXB}\right) &= \operatorname{vec}\left(\boldsymbol{A}\left(\boldsymbol{X}_1,\cdots,\boldsymbol{X}_s\right)\begin{pmatrix} b_{11} & \cdots & b_{1t} \\ \vdots & & \vdots \\ b_{s1} & \cdots & b_{st}\end{pmatrix}\right) \\
&= \operatorname{vec}\left(\left(\boldsymbol{AX}_1,\cdots,\boldsymbol{AX}_s\right)\begin{pmatrix} b_{11} & \cdots & b_{1t} \\ \vdots & & \vdots \\ b_{s1} & \cdots & b_{st}\end{pmatrix}\right) \\
&= \operatorname{vec}\left(\sum_{i=1}^s b_{i1}\boldsymbol{AX}_i,\cdots,\sum_{i=1}^s b_{it}\boldsymbol{AX}_i\right) \\
&= \begin{pmatrix} \sum\limits_{i=1}^s b_{i1}\boldsymbol{AX}_i \\ \vdots \\ \sum\limits_{i=1}^s b_{it}\boldsymbol{AX}_i \end{pmatrix} = \begin{pmatrix} b_{11}\boldsymbol{A} & \cdots & b_{s1}\boldsymbol{A} \\ \vdots & & \vdots \\ b_{1t}\boldsymbol{A} & \cdots & b_{st}\boldsymbol{A}\end{pmatrix}\begin{pmatrix}\boldsymbol{X}_1 \\ \vdots \\ \boldsymbol{X}_s\end{pmatrix} \\
&= \left(\boldsymbol{B}^{\mathrm{T}}\otimes\boldsymbol{A}\right)\operatorname{vec}\left(\boldsymbol{X}\right)
\end{aligned}$$

■

利用上述引理可以验证如下定理.

定理 3.7　若 $\boldsymbol{X}\sim N\left(\boldsymbol{\mu}_{\boldsymbol{X}},\boldsymbol{\Sigma}_{\boldsymbol{X}}\right)$, 则

$$\boldsymbol{AXB}\sim\left(\boldsymbol{A\mu}_{\boldsymbol{X}}\boldsymbol{B},\left(\boldsymbol{B}^{\mathrm{T}}\otimes\boldsymbol{A}\right)\boldsymbol{\Sigma}_{\boldsymbol{X}}\left(\boldsymbol{B}\otimes\boldsymbol{A}^{\mathrm{T}}\right)\right) \tag{3.54}$$

3.2.3 四种常用的导出分布

在故障检测中, 常用到四种分布, 即 χ^2 分布、t 分布、F 分布和 W 分布, 这四种分布都是由正态分布导出的分布.

1. χ^2 分布

定义 3.21 若 $\boldsymbol{x} \sim N_n(\boldsymbol{0}, \boldsymbol{I})$, 则称随机变量

$$\boldsymbol{y} = \boldsymbol{x}^{\mathrm{T}}\boldsymbol{x} \tag{3.55}$$

服从自由度为 n 的 χ^2 分布, 记为 $y \sim \chi^2(n)$.

定义 3.22 若 $\boldsymbol{x}_i \overset{\text{iid}}{\sim} N_n(\boldsymbol{\mu}_{\boldsymbol{x}}, \boldsymbol{\Sigma}_{\boldsymbol{x}}), i = 1, \cdots, N$, 且 $\boldsymbol{x}$ 与 $\{\boldsymbol{x}_i\}_{i=1}^N$ 也是独立同分布的, 则称下式为 Hotelling-T^2 统计量, 简称 T^2 统计量

$$T^2(\boldsymbol{x}) = (\boldsymbol{x} - \boldsymbol{\mu}_{\boldsymbol{x}})^{\mathrm{T}}\boldsymbol{\Sigma}_{\boldsymbol{x}}^{-1}(\boldsymbol{x} - \boldsymbol{\mu}_{\boldsymbol{x}}) \tag{3.56}$$

其中 $\{\boldsymbol{x}_i\}_{i=1}^N$ 称为训练数据, $\boldsymbol{x}$ 称为测试数据.

定理 3.8 若 $\boldsymbol{x}$ 是 n 维随机向量, $\boldsymbol{x} \sim N_n(\boldsymbol{\mu}_{\boldsymbol{x}}, \boldsymbol{\Sigma}_{\boldsymbol{x}})$, 且 $\boldsymbol{\mu}_{\boldsymbol{x}}, \boldsymbol{\Sigma}_{\boldsymbol{x}}$ 都是已知的, 则

$$T^2(\boldsymbol{x}) \sim \chi^2(n) \tag{3.57}$$

2. t 分布

定义 3.23 若 $x \sim N(0,1), y \sim \chi^2(n)$, 且 x 与 y 相互独立, 则称随机变量

$$T = \frac{x}{\sqrt{\dfrac{y}{n}}} \tag{3.58}$$

服从自由度为 n 的 t 分布, 记为 $T \sim t(n)$.

3. F 分布

定义 3.24 若 $x \sim \chi^2(m), y \sim \chi^2(n)$, 且 x 与 y 相互独立, 则称随机变量

$$F = \frac{nx}{my} \tag{3.59}$$

服从自由度为 (m,n) 的 F 分布, 记为 $F \sim F(m,n)$.

4. W 分布

定义 3.25 $\boldsymbol{X} = (\boldsymbol{x}_1, \cdots, \boldsymbol{x}_N), \boldsymbol{x}_i \overset{\text{iid}}{\sim} N_n(\boldsymbol{0}, \boldsymbol{\Sigma}_{\boldsymbol{x}}), i = 1, \cdots, n$, 则称随机矩阵

$$\boldsymbol{W} = \boldsymbol{X}\boldsymbol{X}^{\mathrm{T}} \tag{3.60}$$

服从自由度为 N 的威沙特分布 (Wishart Distribution) 或者 W 分布, 记为 $\boldsymbol{W} \sim W(N, \boldsymbol{\Sigma})$.

特别地, 若 $\boldsymbol{X} \sim N(\boldsymbol{0}, \boldsymbol{I}_N \otimes \boldsymbol{I}_n)$, 则称随机矩阵 $\boldsymbol{W} = \boldsymbol{X}\boldsymbol{X}^{\mathrm{T}}$ 服从自由度为 N 的标准威沙特分布, 记为 $\boldsymbol{W} \sim W(N)$.

定理 3.9　若 $\boldsymbol{X} = (\boldsymbol{x}_1, \cdots, \boldsymbol{x}_N), \boldsymbol{x}_i \overset{\text{iid}}{\sim} N_n(\boldsymbol{\mu}_{\boldsymbol{x}}, \boldsymbol{\Sigma}_{\boldsymbol{x}}), i = 1, \cdots, N$, 则样本均值 $\overline{\boldsymbol{X}}$ 与样本方差 $\hat{\boldsymbol{S}}_x$ 相互独立.

证明　因为 $\boldsymbol{x}_i \overset{\text{iid}}{\sim} N_n(\boldsymbol{\mu}_{\boldsymbol{x}}, \boldsymbol{\Sigma}_{\boldsymbol{x}}), i = 1, \cdots, N$, 所以

$$\boldsymbol{z}_i = \boldsymbol{\Sigma}_{\boldsymbol{x}}^{-1/2}(\boldsymbol{x}_i - \boldsymbol{\mu}_{\boldsymbol{x}}) \overset{\text{iid}}{\sim} N_n(\boldsymbol{0}, \boldsymbol{I}), \quad i = 1, \cdots, N \tag{3.61}$$

$$\boldsymbol{Z} = (\boldsymbol{z}_1, \cdots, \boldsymbol{z}_N) \sim N(\boldsymbol{0}, \boldsymbol{I}_N \otimes \boldsymbol{I}_n) \tag{3.62}$$

若 $\boldsymbol{1} \in \mathbb{R}^{N\times 1}$, 将 $\dfrac{\boldsymbol{1}}{\sqrt{N}}$ 扩展为如下正交矩阵

$$\boldsymbol{T} = \left(\frac{\boldsymbol{1}}{\sqrt{N}}, *\right) \tag{3.63}$$

$*$表示其中的矩阵块不影响后续推理, 由定理 3.7 可知, 正交变换后

$$\boldsymbol{Y} = \boldsymbol{Z}\boldsymbol{T} \sim N(\boldsymbol{0}, \boldsymbol{I}_N \otimes \boldsymbol{I}_n) \tag{3.64}$$

上式说明 $\boldsymbol{Y}$ 的不同列是独立同分布的, $\boldsymbol{Y}$ 的纵向分块为

$$\boldsymbol{Y} = \begin{pmatrix} \boldsymbol{Y}_1 & \cdots & \boldsymbol{Y}_N \end{pmatrix} \tag{3.65}$$

利用 $\boldsymbol{T}$ 的定义和正交性可以验证

$$\begin{cases} \overline{\boldsymbol{Z}} = \boldsymbol{Y}_1 \\ (N-1)\hat{\boldsymbol{S}}_z = \displaystyle\sum_{i=2}^{N} \boldsymbol{Y}_i \boldsymbol{Y}_i^{\mathrm{T}} \end{cases} \tag{3.66}$$

再利用

$$\begin{cases} \overline{\boldsymbol{X}} = \boldsymbol{\Sigma}_{\boldsymbol{x}}^{1/2}\overline{\boldsymbol{Z}} + \boldsymbol{\mu}_{\boldsymbol{x}} \\ \hat{\boldsymbol{S}}_{\boldsymbol{x}} = \boldsymbol{\Sigma}_{\boldsymbol{x}}^{1/2}\hat{\boldsymbol{S}}_{\boldsymbol{z}}\boldsymbol{\Sigma}_{\boldsymbol{x}}^{1/2} \end{cases} \tag{3.67}$$

可知样本均值 $\overline{\boldsymbol{X}}$ 与样本方差 $\hat{\boldsymbol{S}}_{\boldsymbol{x}}$ 是相互独立. ■

定理 3.10　若 $\boldsymbol{Z} = (\boldsymbol{z}_1, \cdots, \boldsymbol{z}_N), \boldsymbol{z}_i \overset{\text{iid}}{\sim} N_n(\boldsymbol{0}, \boldsymbol{I}), i = 1, \cdots, N$, 则样本方差的 $(N-1)$ 倍是服从自由度为 $(N-1)$ 的标准威沙特分布, 即

$$(N-1)\hat{\boldsymbol{S}}_{\boldsymbol{z}} \sim W(N-1) \tag{3.68}$$

证明　若 $\boldsymbol{1} \in \mathbb{R}^{N\times 1}$, 记

$$\begin{cases} \boldsymbol{P} = \dfrac{\boldsymbol{1}\boldsymbol{1}^{\mathrm{T}}}{N} \\ \boldsymbol{Q} = \boldsymbol{I} - \boldsymbol{P} \end{cases} \tag{3.69}$$

因为

$$(N-1)\,\boldsymbol{S}_{\boldsymbol{z}} = \boldsymbol{Z}\boldsymbol{Q}\boldsymbol{Z}^{\mathrm{T}} \tag{3.70}$$

其中 $\boldsymbol{Q}$ 的秩为 $N-1$, 令 $\boldsymbol{Q}$ 的奇异值分解为

$$\boldsymbol{Q} = \boldsymbol{U}\boldsymbol{U}^{\mathrm{T}}, \quad \boldsymbol{U} \in \mathbb{R}^{N\times(N-1)}$$

且记

$$\boldsymbol{Y} = \boldsymbol{Z}\boldsymbol{U} \in \mathbb{R}^{n\times(N-1)}$$

则有

$$(N-1)\,\boldsymbol{S}_{\boldsymbol{z}} = \sum_{i=1}^{N-1} \boldsymbol{y}_i\boldsymbol{y}_i^{\mathrm{T}} \sim W\,(N-1)$$

定理 3.11 若 $\boldsymbol{X} \sim N\,(\boldsymbol{0}, \boldsymbol{I}_N \otimes \boldsymbol{\Sigma}_{\boldsymbol{xx}})\,, \boldsymbol{Y} \sim N\,(\boldsymbol{0}, \boldsymbol{I}_N \otimes \boldsymbol{\Sigma}_{\boldsymbol{yy}})\,, \boldsymbol{\Sigma}_{\boldsymbol{xx},\boldsymbol{y}} = \boldsymbol{\Sigma}_{\boldsymbol{xx}} - \boldsymbol{\Sigma}_{\boldsymbol{xy}}\boldsymbol{\Sigma}_{\boldsymbol{yy}}^{-1}\boldsymbol{\Sigma}_{\boldsymbol{yx}}$, $\boldsymbol{\Pi}_{\boldsymbol{Y}} = \boldsymbol{Y}\boldsymbol{Y}^{+}$, 则

$$\boldsymbol{X}\,(\boldsymbol{I} - \boldsymbol{\Pi}_{\boldsymbol{Y}})\,\boldsymbol{X}^{\mathrm{T}} \sim W\,(N - n_{\boldsymbol{y}}, \boldsymbol{\Sigma}_{\boldsymbol{xx},\boldsymbol{y}}) \tag{3.71}$$

证明 $\boldsymbol{X}, \boldsymbol{Y}$ 是零均值的, 由正态分布的条件分布定理, 即定理 3.2, 可知

$$\boldsymbol{X}|\boldsymbol{Y} \sim N\left(\boldsymbol{\Sigma}_{\boldsymbol{xy}}\boldsymbol{\Sigma}_{\boldsymbol{yy}}^{-2}\boldsymbol{Y}, \boldsymbol{I}_N \otimes \boldsymbol{\Sigma}_{\boldsymbol{xx},\boldsymbol{y}}\right)$$

$(\boldsymbol{I} - \boldsymbol{\Pi}_{\boldsymbol{Y}})$ 的简约奇异值分解为

$$\boldsymbol{I} - \boldsymbol{\Pi}_{\boldsymbol{Y}} = \boldsymbol{U}\boldsymbol{U}^{\mathrm{T}}, \quad \boldsymbol{U} \in \mathbb{R}^{N\times(N-n_{\boldsymbol{y}})}$$

令

$$\boldsymbol{T} = \boldsymbol{X}\boldsymbol{U} \in \mathbb{R}^{n_{\boldsymbol{x}}\times\left(N-n_{\boldsymbol{y}}\right)} \tag{3.72}$$

则对任何取定的 $\boldsymbol{Y}$, 有

$$\boldsymbol{X}\,(\boldsymbol{I} - \boldsymbol{\Pi}_{\boldsymbol{Y}})\,\boldsymbol{X}^{\mathrm{T}}|\boldsymbol{Y} = \boldsymbol{T}\boldsymbol{T}^{\mathrm{T}} \sim W\,(N - n_{\boldsymbol{y}}, \boldsymbol{\Sigma}_{\boldsymbol{xx},\boldsymbol{y}})$$

$\boldsymbol{Y}$ 是任意的, 说明 $\boldsymbol{X}\,(\boldsymbol{I} - \boldsymbol{\Pi}_{\boldsymbol{Y}})\,\boldsymbol{X}^{\mathrm{T}}$ 与 $\boldsymbol{Y}$ 相互独立, 于是

$$\boldsymbol{X}\,(\boldsymbol{I} - \boldsymbol{\Pi}_{\boldsymbol{Y}})\,\boldsymbol{X}^{\mathrm{T}} \sim W\,(N - n_{\boldsymbol{y}}, \boldsymbol{\Sigma}_{\boldsymbol{xx},\boldsymbol{y}})$$ ■

定理 3.12 若 $\boldsymbol{z} \sim N_{n_{\boldsymbol{z}}}(\boldsymbol{0}, \boldsymbol{I})\,, \boldsymbol{W} \sim W\,(N)$, 且 $\boldsymbol{z}$ 与 $\boldsymbol{W}$ 独立, 则

$$\frac{N - n_{\boldsymbol{z}} + 1}{n_{\boldsymbol{z}}}\boldsymbol{z}^{\mathrm{T}}W^{-1}\boldsymbol{z} \sim F\,(n_{\boldsymbol{z}}, N - n_{\boldsymbol{z}} + 1) \tag{3.73}$$

证明　$|z|^{-1}z$ 可以扩张为如下正交矩阵

$$\boldsymbol{H}=\left(|\boldsymbol{z}|^{-1}\boldsymbol{z},*\right)^{\mathrm{T}}$$

上下文中的$*$表示对应矩阵块不影响后续推理, 再依据定理 3.7 得

$$\begin{cases}\boldsymbol{Hz}=|\boldsymbol{z}|\,\boldsymbol{e}_1, \quad \boldsymbol{e}_1=(1,0,\cdots,0)^{\mathrm{T}}\\ \boldsymbol{V}=\boldsymbol{HWH}^{\mathrm{T}}\sim W(N)\\ \boldsymbol{z}^{\mathrm{T}}\boldsymbol{W}^{-1}\boldsymbol{z}=|\boldsymbol{z}|^2\boldsymbol{e}_1^{\mathrm{T}}\boldsymbol{V}^{-1}\boldsymbol{e}_1\end{cases}$$

不妨设 $\boldsymbol{V}=\begin{pmatrix}\boldsymbol{X}\\ \boldsymbol{Y}\end{pmatrix}\begin{pmatrix}\boldsymbol{X}\\ \boldsymbol{Y}\end{pmatrix}^{\mathrm{T}}$, 且 $\boldsymbol{Z}=\begin{pmatrix}\boldsymbol{X}\\ \boldsymbol{Y}\end{pmatrix}\sim N(\boldsymbol{0},\boldsymbol{I}_N\otimes\boldsymbol{I}_{n_{\boldsymbol{z}}})$, $\boldsymbol{Y}$ 有 $(n_{\boldsymbol{z}}-1)$ 行, 而 $\boldsymbol{X}$ 只有 1 行, $\boldsymbol{\Sigma}_{\boldsymbol{xx},\boldsymbol{y}}=1$, 那么由分块求逆公式 (2.70) 得

$$\boldsymbol{V}^{-1}=\begin{pmatrix}\left(\boldsymbol{X}(\boldsymbol{I}-\boldsymbol{\Pi}_{\boldsymbol{Y}})\boldsymbol{X}^{\mathrm{T}}\right)^{-1} & *\\ * & *\end{pmatrix}$$

$$\boldsymbol{z}^{\mathrm{T}}\boldsymbol{W}^{-1}\boldsymbol{z}=|\boldsymbol{z}|^2\boldsymbol{e}_1^{\mathrm{T}}\boldsymbol{V}^{-1}\boldsymbol{e}_1=|\boldsymbol{z}|^2(\boldsymbol{X}(\boldsymbol{I}-\boldsymbol{\Pi}_{\boldsymbol{Y}})\boldsymbol{X}^{\mathrm{T}})^{-1}$$

显然

$$|\boldsymbol{z}|^2\sim\chi^2(n_{\boldsymbol{z}}) \tag{3.74}$$

由定理 3.11 可知

$$\boldsymbol{X}(\boldsymbol{I}-\boldsymbol{\Pi}_{\boldsymbol{Y}})\boldsymbol{X}^{\mathrm{T}}\sim W(N-n_{\boldsymbol{z}}+1,1)=\chi^2(N-n_{\boldsymbol{z}}+1) \tag{3.75}$$

$\boldsymbol{V}$ 的分布不受 $\boldsymbol{z}$ 的影响, 所以 $\boldsymbol{V}$ 与 $\boldsymbol{z}$ 独立, 进而

$$\boldsymbol{X}(\boldsymbol{I}-\boldsymbol{\Pi}_{\boldsymbol{Y}})\boldsymbol{X}^{\mathrm{T}}\perp\boldsymbol{z} \tag{3.76}$$

综合公式 (3.74)~(3.76), 命题成立. ■

若 T^2 统计量中的均值向量 $\boldsymbol{\mu}_{\boldsymbol{x}}$ 和方差矩阵 $\boldsymbol{\Sigma}_{\boldsymbol{x}}$ 是未知的, 则用训练数据的样本均值和样本方差代替, 此时 T^2 的分布将发生变化.

定理 3.13　若 $\boldsymbol{X}=(\boldsymbol{x}_1,\cdots,\boldsymbol{x}_N), \boldsymbol{x}_i\overset{\text{iid}}{\sim}N_n(\boldsymbol{\mu}_{\boldsymbol{x}},\boldsymbol{\Sigma}_{\boldsymbol{x}}), i=1,\cdots,N$, $\overline{\boldsymbol{X}}$ 和 $\hat{\boldsymbol{S}}_{\boldsymbol{x}}$ 分别表示样本均值和样本方差, 且

$$\begin{cases}T^2(\boldsymbol{x})=(\boldsymbol{x}-\overline{\boldsymbol{X}})^{\mathrm{T}}\boldsymbol{S}_{\boldsymbol{x}}^{-1}(\boldsymbol{x}-\overline{\boldsymbol{X}})^{\mathrm{T}}\\ F(\boldsymbol{x})=\dfrac{N(N-n)}{n(N^2-1)}T^2(\boldsymbol{x})\end{cases} \tag{3.77}$$

则有

$$F(\boldsymbol{x}) \sim F(n, N-n) \tag{3.78}$$

证明 令

$$\begin{cases} \boldsymbol{z} = \sqrt{\dfrac{N}{(N+1)}}\left(\boldsymbol{x} - \overline{\boldsymbol{X}}\right)^{\mathrm{T}} \boldsymbol{\Sigma}_{\boldsymbol{x}}^{1/2} \\ \boldsymbol{W} = \left((N-1)\,\boldsymbol{\Sigma}_{\boldsymbol{x}}^{-1/2} \hat{\boldsymbol{S}}_{\boldsymbol{x}}^{-1} \boldsymbol{\Sigma}_{\boldsymbol{x}}^{-1/2}\right) \end{cases}$$

结合定理 3.12 和定理 3.10 得

$$\begin{aligned} F(\boldsymbol{x}) &= \frac{N(N-n)}{n(N^2-1)}\left(\boldsymbol{x} - \overline{\boldsymbol{X}}\right)^{\mathrm{T}} \hat{\boldsymbol{S}}_{\boldsymbol{x}}^{-1}\left(\boldsymbol{x} - \overline{\boldsymbol{X}}\right) \\ &= \frac{N(N-n)}{n(N^2-1)}\left(\boldsymbol{x} - \overline{\boldsymbol{X}}\right)^{\mathrm{T}} \boldsymbol{\Sigma}_{\boldsymbol{x}}^{1/2}\left(\boldsymbol{\Sigma}_{\boldsymbol{x}}^{-1/2} \hat{\boldsymbol{S}}_{\boldsymbol{x}}^{-1} \boldsymbol{\Sigma}_{\boldsymbol{x}}^{-1/2}\right) \boldsymbol{\Sigma}_{\boldsymbol{x}}^{1/2}\left(\boldsymbol{x} - \overline{\boldsymbol{X}}\right) \\ &= \frac{(N-n)}{n} \boldsymbol{z}^{\mathrm{T}} W^{-1} \boldsymbol{z} \sim F(n, N-n) \end{aligned}$$

■

注解 3.3 定理 3.8 和定理 3.13 称为故障检测定理, 前者是均值和方差已知条件下的检测定理, 后者是均值和方差未知条件下的检测定理.

3.2.4 假设检验

后面的章节可以发现: 故障检测实质是假设检验 (Hypothesis Test) 的过程, 其中涉及显著性水平 (Significance Level)、置信水平 (Confidence Level)、置信上限 (UCL, Upper Confidence Limit)、置信下限 (LCL, Lower Confidence Limits) 和置信区间 (Confidence Interval) 等概念.

定义 3.26 若 x 是任意一个随机变量, 其概率密度函数为 f, 且

$$\begin{cases} \dfrac{\alpha}{2} = \displaystyle\int_{-\infty}^{x_{\alpha/2}} f(x)dx \\ 1 - \dfrac{\alpha}{2} = \displaystyle\int_{-\infty}^{x_{1-\alpha/2}} f(x)\,dx \end{cases} \tag{3.79}$$

则称 α 为显著性水平, $1-\alpha$ 为置信水平, $x_{\alpha/2}$ 为置信下限 LCL, $x_{1-\alpha/2}$ 为置信上限 UCL, $\left[x_{\alpha/2}, x_{1-\alpha/2}\right]$ 称为置信区间. 称 $x_{1/2}$ 为中心线, 记为 (CL, Central Line).

置信水平和置信区间的的意义是: 随机变量落在置信区间的概率为置信水平.

例 3.1 若 $x \sim N(0,1)$, 其概率密度函数为

$$f(x) = \frac{1}{\sqrt{2\pi}} \exp\left\{-\frac{1}{2}x^2\right\} \tag{3.80}$$

置信下限 $N_{\alpha/2}$ 和置信上限 $N_{1-\alpha/2}$ 相差一个正负符号, 对于不同的显著性水平 α, 置信下限 $N_{\alpha/2}$ 也不同, 见表 3.1.

表 3.1　显著性水平和置信下限

$\alpha/\%$	2.0	3.0	4.0	5.0	6.0	7.0	8.0	9.0	10.0
$N_{\alpha/2}$	−2.32	−2.17	−2.05	−1.96	−1.88	−1.81	−1.75	−1.69	−1.64

图 3.1 刻画了标准正态分布的概率密度函数, 显著性水平 $\alpha = 0.05$ 就是左右阴影的面积之和; 置信水平为无阴影的面积, 置信下限为左侧虚线, 置信上限为右侧虚线, 中部虚线为中心线.

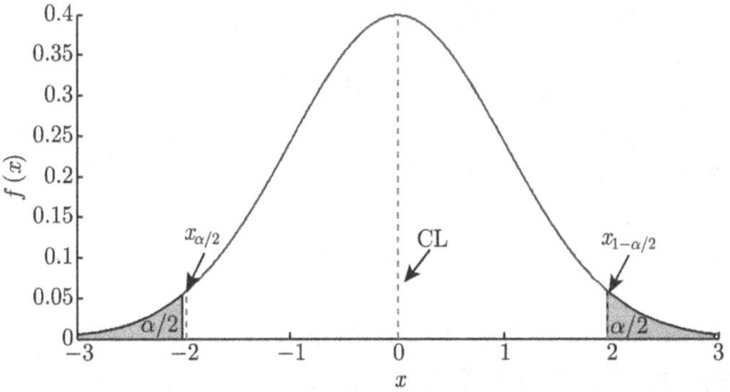

图 3.1　正态分布的置信区间

若某个随机变量始终取正值, 如 χ^2 分布和 F 分布, 则置信下限通常取 0, 此时只需要计算置信上限.

定义 3.27　若 x 是 $[0,+\infty]$ 的一个随机变量, 其概率密度函数为 f, 且

$$\alpha = \int_{-\infty}^{x_{1-\alpha}} f(x)\,dx \tag{3.81}$$

则称 α 为显著性水平, $1-\alpha$ 为置信水平, $x_{1-\alpha}$ 为置信上限, $[0, x_{1-\alpha}]$ 为置信区间.

假设检验就是用实测数据去验证某个假设命题是否成立的过程. 该过程用到三个关键要素: 假设命题 (Hypothesis Proposition)、检验统计量 (Test Statistics) 和检验规则 (Test Rule).

假设命题包括原假设 (Null Hypothesis) 和备选假设 (Alternative Hypothesis), 分别记为 H_0 和 H_1.

检验统计量由实测数据 (Data) 构成的, 记为 $T(\boldsymbol{x}, \boldsymbol{X})$, 其中 $\boldsymbol{X} = (\boldsymbol{x}_1, \cdots, \boldsymbol{x}_N)$ 为训练数据, $\boldsymbol{x}$ 为测试数据 (Test Data). 利用实测数据可以构建检验统计量, 结合假设命题 (尤其是原假设命题) 和给定的显著性水平 α, 就可以计算检验统计量的置信区间 [LCL, UCL].

检验规则是: 如果 $T(\boldsymbol{x}, \boldsymbol{X}) \in [\text{LCL}, \text{UCL}]$, 则肯定原假设, 否则否定原假设. 在该规则下, 可能会产生两种错误: 第一类错误, 即原假设 H_0 本来成立, 但是否定了原假设, 也就是 “弃真”, 第一类错误的概率就是显著性水平 α; 第二类错误, 即原假

设 H_0 本来不成立, 但是肯定了原假设, 也就是 “取伪”, 第二类错误的概率通常不容易计算.

综上, 假设检验包括如下三个步骤:

第一步: 依据决策需求, 确定假设命题: 原假设 H_0 和备选假设 H_1.

第二步: 利用实测数据构造检验统计量 $T(\boldsymbol{x}, \boldsymbol{X})$.

第三步: 利用假设命题和选定的显著性水平 α, 计算的置信区间 [LCL, UCL], 如果 $T(\boldsymbol{x}, \boldsymbol{X}) \in$ [LCL, UCL], 则肯定原假设 H_0, 否则否定原假设.

注解 3.4 *在故障检测中, 由于备选假设 H_1 的命题范围很宽泛, 所以往往只用到原假设命题包含的信息.*

3.3 参数估计性能评估

若系统的模型是未知的, 那么数据驱动故障诊断过程往往可以转化为参数估计问题, 不同参数估计方法的估计性能是有差异的.

3.3.1 G-M 定理

在 2.4.3 节用条件数分析了确定型方程 $\boldsymbol{A}\boldsymbol{x} = \boldsymbol{b}$ 之解的稳定性. 本节用概率统计工具分析如下随机型方程之参数估计的性能.

$$\boldsymbol{y} = \boldsymbol{X}\boldsymbol{\beta} + \boldsymbol{e} \tag{3.82}$$

其中称列向量 $\boldsymbol{\beta} \in \mathbb{R}^{n\times 1}$ 为待估参数, $\boldsymbol{X} \in \mathbb{R}^{m\times n}$ 为设计矩阵, $\boldsymbol{y} \in \mathbb{R}^{m\times 1}$ 为观测向量, $\boldsymbol{e} \in \mathbb{R}^{m\times 1}$ 为噪声向量, 假设设计矩阵是列满秩的.

参数估计就是利用 $\boldsymbol{y}$ 待估 $\boldsymbol{\beta}$ 的过程, 即用统计量 $\hat{\boldsymbol{\beta}} = f(\boldsymbol{y})$ 表示待估参数的估计量. 应用中 $\hat{\boldsymbol{\beta}}$ 往往是 $\boldsymbol{y}$ 的线性函数, 即

$$\hat{\boldsymbol{\beta}} = \boldsymbol{A}\boldsymbol{y} \tag{3.83}$$

定义 3.28 *若 $e_i \overset{\text{iid}}{\sim} N(0, \sigma^2), i = 1, \cdots, m$, 即噪声序列 $\boldsymbol{e} = (e_1, \cdots, e_m)^{\mathrm{T}}$ 是独立同正态分布的随机序列, 则称 $\boldsymbol{e}$ 满足 Gauss-Markov 条件, 简称 G-M 条件.*

估计量 $\hat{\boldsymbol{\beta}}$ 是随机向量, 需要用某些数值特征来分析它的性能. 常用的数值特征包括: 偏差 (Bias)、方差、均方误差 (Mean Square Error) 等, 其中偏差从均值的角度衡量估计量的 “正确度”(Correctness), 方差从可变性角度衡量估计量的 “精密度”(Precision), 而均方误差从均值和方差两个角度综合衡量估计量的 “准确度”(Accuracy), 而数据处理中的 “精度” 就是指 “准确度”[77].

定义 3.29 参数 $\boldsymbol{\beta}$ 的估计量 $\hat{\boldsymbol{\beta}}$ 的偏差、方差、均方误差分别用如下三个等式定义

$$\begin{cases} \text{Bia} = \left(E\left(\hat{\boldsymbol{\beta}}\right) - \boldsymbol{\beta}\right)^{\mathrm{T}}\left(E\left(\hat{\boldsymbol{\beta}}\right) - \boldsymbol{\beta}\right) & (3.84\text{a}) \\ \text{Var} = E\left(\hat{\boldsymbol{\beta}} - E\left(\hat{\boldsymbol{\beta}}\right)\right)^{\mathrm{T}}\left(\hat{\boldsymbol{\beta}} - E\left(\hat{\boldsymbol{\beta}}\right)\right) & (3.84\text{b}) \\ \text{MSE} = E\left(\hat{\boldsymbol{\beta}} - \boldsymbol{\beta}\right)^{\mathrm{T}}\left(\hat{\boldsymbol{\beta}} - \boldsymbol{\beta}\right) & (3.84\text{c}) \end{cases}$$

可以验证: 均方误差等于方差和偏差之和, 即

$$\text{MSE} = \text{Var} + \text{Bia} \tag{3.85}$$

上述公式的结构类似于公式 (3.15) 和 (3.32), 都可以用定义直接验证.

定义 3.30 若 Bia = 0, 则称 $\hat{\boldsymbol{\beta}}$ 是 $\boldsymbol{\beta}$ 的无偏估计 (Unbiased Estimation).

定义 3.31 若在所有估计量中, $\hat{\boldsymbol{\beta}}$ 对应的均方误差最小, 则称 $\hat{\boldsymbol{\beta}}$ 为最小均方误差估计 (Minimum Mean Square Error Estimation).

显然, 对于无偏估计

$$\text{MSE} = \text{Var} \tag{3.86}$$

在各种参数估计中, 最小二乘估计是最简单和最常用的估计, 如下

$$\hat{\boldsymbol{\beta}}_{\text{LS}} = \boldsymbol{X}^{+}\boldsymbol{y} \tag{3.87}$$

由公式 (3.82), (3.87) 和 (3.5) 可验证

$$\hat{\boldsymbol{\beta}}_{\text{LS}} \sim N_n\left(\boldsymbol{\beta}, \sigma^2\left(\boldsymbol{X}^{\mathrm{T}}\boldsymbol{X}\right)^{-1}\right) \tag{3.88}$$

下述结论表明: 在 G-M 条件下, 最小二乘估计是方差最小的一致线性无偏估计.

定理 3.14 (G-M定理) 若 $\boldsymbol{e} \sim \left(\boldsymbol{0}, \sigma^2\boldsymbol{I}_m\right)$, 则对任意一个一致无偏估计 $\hat{\boldsymbol{\beta}} = \boldsymbol{A}\boldsymbol{y}$, 有

$$\text{Var}\left(\hat{\boldsymbol{\beta}}_{\text{LS}}\right) \leqslant \text{Var}\left(\hat{\boldsymbol{\beta}}\right) \tag{3.89}$$

证明 若 $\hat{\boldsymbol{\beta}} = \boldsymbol{A}\boldsymbol{y}$ 是 $\boldsymbol{\beta}$ 的任意一个一致线性无偏估计, 即

$$E\left(\boldsymbol{A}\boldsymbol{y}\right) = \boldsymbol{\beta}, \quad \forall \boldsymbol{\beta} \in \mathbb{R}^n$$

由于 $\boldsymbol{e}$ 是零均值的, 利用公式 (3.82) 可知

$$E\left(\boldsymbol{A}\boldsymbol{y}\right) = \boldsymbol{A}\boldsymbol{X}\boldsymbol{\beta} = \boldsymbol{\beta}, \quad \forall \boldsymbol{\beta} \in \mathbb{R}^n$$

于是

$$\boldsymbol{AX}=\boldsymbol{I}$$

由于 $\boldsymbol{X}$ 是列满秩的，其奇异值分解为

$$\boldsymbol{X}=(\boldsymbol{U}_1,\boldsymbol{U}_2)\begin{pmatrix}\boldsymbol{\Lambda}_1\\ \boldsymbol{0}\end{pmatrix}\boldsymbol{V}^{\mathrm{T}} \tag{3.90}$$

其中 $\boldsymbol{\Lambda}_1=\operatorname{diag}(\lambda_1,\cdots,\lambda_n),\lambda_1\geqslant\cdots\geqslant\lambda_n>0$.

那么 $\boldsymbol{X}$ 的广义逆是 $\boldsymbol{X}^+=\boldsymbol{V}\boldsymbol{\Lambda}_1^{-1}\boldsymbol{U}_1^{\mathrm{T}}$, 由表 2.1 可知, 存在 $\boldsymbol{B}\in\mathbb{R}^{n\times(m-n)}$ 使得

$$\boldsymbol{A}=\boldsymbol{X}^++\boldsymbol{B}\boldsymbol{U}_2^{\mathrm{T}}$$

所以

$$\begin{aligned}
&\operatorname{Var}(\boldsymbol{Ay})\\
=&\operatorname{tr}(E(\boldsymbol{Ay})(\boldsymbol{Ay})^{\mathrm{T}})\\
=&\sigma^2\operatorname{tr}\left(\boldsymbol{AA}^{\mathrm{T}}\right)\\
=&\sigma^2\operatorname{tr}\left(\left(\boldsymbol{X}^++\boldsymbol{BU}_2^{\mathrm{T}}\right)\left(\boldsymbol{X}^++\boldsymbol{BU}_2^{\mathrm{T}}\right)^{\mathrm{T}}\right)\\
=&\sigma^2\operatorname{tr}\left(\boldsymbol{X}^+\boldsymbol{X}^{+\mathrm{T}}\right)+\sigma^2\operatorname{tr}\left(\boldsymbol{BB}^{\mathrm{T}}\right)\\
\geqslant&\sigma^2\operatorname{tr}\left(\boldsymbol{X}^+\boldsymbol{X}^{+\mathrm{T}}\right)=\operatorname{Var}\left(\hat{\boldsymbol{\beta}}_{\mathrm{LS}}\right)
\end{aligned}$$

■

3.3.2 原模型和潜模型

G-M 定理表明: 在线性无偏估计中, $\hat{\boldsymbol{\beta}}_{\mathrm{LS}}$ 的方差最小, 因而是最优估计. 但是, 在均方误差意义下, 它未必是最好的, 因为尽管 $\hat{\boldsymbol{\beta}}_{\mathrm{LS}}$ 的偏差等于 0, 但是它的方差可能很大.

实际上, 由公式 (3.90) 和 (3.84) 可得

$$\operatorname{Var}\left(\hat{\boldsymbol{\beta}}_{\mathrm{LS}}\right)=\sigma^2\left(\boldsymbol{X}^{\mathrm{T}}\boldsymbol{X}\right)^{-1}=\sigma^2\sum_{i=1}^{n}\lambda_i^{-2} \tag{3.91}$$

上式表明: 若 $\boldsymbol{X}$ 的某个奇异值特别小, 则 $\operatorname{Var}\left(\hat{\boldsymbol{\beta}}_{\mathrm{LS}}\right)$ 可能特别大. 这意味着最小二乘估计未必是好的估计.

一个自然的问题是: 能否协调偏差和方差, 使得两者之和 (均方误差) 变小? 答案是肯定的. 其实, 有偏估计的均方误差可能更小, 因而可能是更好的估计方法, 比如, 主元估计、改进主元估计、岭估计和广义岭估计, 还有第 8 章的偏最小二乘回归、典型相关回归和降秩回归等, 其中有偏估计要用到潜模型的概念.

定义 3.32　若 $\boldsymbol{X}=\boldsymbol{U}\boldsymbol{\Lambda}\boldsymbol{V}^{\mathrm{T}}$ 是列满秩矩阵 $\boldsymbol{X}$ 的简约奇异值分解，且

$$\begin{cases}\boldsymbol{L}=\boldsymbol{X}\boldsymbol{V}\\ \boldsymbol{\theta}=\boldsymbol{V}^{\mathrm{T}}\boldsymbol{\beta}\end{cases}\tag{3.92}$$

则称 $\boldsymbol{L}$ 为潜设计矩阵 (Latent Design Matrix), $\boldsymbol{\theta}$ 为潜参数 (Latent Parameter).

把公式 (3.92) 代入 (3.82) 得

$$\boldsymbol{y}=\boldsymbol{L}\boldsymbol{\theta}+\boldsymbol{e}\tag{3.93}$$

定义 3.33　称公式 (3.82) 为公式 (3.93) 的原模型 (Original Model), 公式 (3.93) 为公式 (3.82) 的潜模型 (Latent Model).

容易验证:

$$\boldsymbol{L}^{\mathrm{T}}\boldsymbol{L}=\boldsymbol{\Lambda}^2\tag{3.94}$$

上式说明潜设计矩阵 $\boldsymbol{L}$ 的不同列是正交的, 而且 λ_i^2 与 $\boldsymbol{L}$ 的第 i 列的样本方差成比例, 因而潜设计矩阵的结构非常简单, 这正是引入潜模型的一个重要原因. 潜参数 $\boldsymbol{\theta}$ 的最小二乘估计为

$$\hat{\boldsymbol{\theta}}_{\mathrm{LS}}=\boldsymbol{L}^{+}\boldsymbol{y}\tag{3.95}$$

容易验证下述定理成立.

定理 3.15　$\hat{\boldsymbol{\theta}}_{\mathrm{LS}}$ 的均值和方差分别为 $\boldsymbol{\theta}$ 和 $\sigma^2\sum\limits_{i=1}^{n}\lambda_k^{-2}$, 即

$$\hat{\boldsymbol{\theta}}_{\mathrm{LS}}\sim\left(\boldsymbol{\theta},\sigma^2\sum_{i=1}^{n}\lambda_i^{-2}\right)\tag{3.96}$$

上述定理和公式 (3.91) 说明: 尽管原模型和潜模型存在差异, 但是参数估计的方差和均方误差却完全相同. 这意味着在分析参数估计性能时完全可以用潜模型代替原模型, 在 3.3.3 节的性能评估中, 不再考虑原模型.

3.3.3　有偏估计的性能评估

定义 3.34　若 $\hat{\boldsymbol{\theta}}_{\mathrm{LS}}$ 是潜参数 $\boldsymbol{\theta}$ 的最小二乘估计, $\mathrm{diag}(\boldsymbol{k})$ 是以 $\boldsymbol{k}=(k_1,\cdots,k_n)$ 为对角元的对角矩阵, 则称下式为潜参数 $\boldsymbol{\theta}$ 的线性有偏估计 (Linear Biased Estimation)

$$\hat{\boldsymbol{\theta}}_k=\mathrm{diag}\left(\boldsymbol{k}\right)\hat{\boldsymbol{\theta}}_{\mathrm{LS}}\tag{3.97}$$

显然, 若 $\boldsymbol{k}=\mathbf{1}\in\mathbb{R}^{n\times1}$, 则有偏估计退化为最小二乘估计 $\hat{\boldsymbol{\theta}}_{\mathrm{LS}}$.

由公式 (3.5), (3.96) 和 (3.97) 得

$$\mathrm{diag}\left(\boldsymbol{k}\right)\hat{\boldsymbol{\theta}}_{\mathrm{LS}}\sim\left(\mathrm{diag}\left(\boldsymbol{k}\right)\boldsymbol{\theta},\sigma^2\sum_{i=1}^{n}k_i^2\lambda_i^{-2}\right)\tag{3.98}$$

若 Bia ($\boldsymbol{k}$) 和 MSE ($\boldsymbol{k}$) 分别表示 $\hat{\boldsymbol{\theta}}_k$ 的偏差和方差, 则有

$$\begin{cases} \text{Bia}(\boldsymbol{k}) = \sum_{i=1}^{n} (1-k_i)^2 {\theta_i}^2 & (3.99\text{a}) \\ \text{MSE}(\boldsymbol{k}) = \sum_{i=1}^{n} (1-k_i)^2 {\theta_i}^2 + \sigma^2 \sum_{i=1}^{n} k_i^2 \lambda_i^{-2} & (3.99\text{b}) \end{cases}$$

下面给出四种常用的有偏估计的定义, 即主元估计、改进主元估计、岭估计和广义岭估计.

定义 3.35 在线性有偏估计公式 (3.97) 中,

若

$$k_i = \begin{cases} 1, & i \leqslant p \\ 0, & i > p \end{cases} \tag{3.100}$$

其中 p 是给定的整数, 称为主元数, 则称这种有偏估计为主元 (Principal Component) 估计, 记为 $\hat{\boldsymbol{\theta}}_{\text{PC}}$;

若

$$k_i = \begin{cases} 1, & \lambda_i^2 \theta_i^2 > \sigma^2 \\ 0, & \lambda_i^2 \theta_i^2 \leqslant \sigma^2 \end{cases} \tag{3.101}$$

则称这种有偏估计为改进主元 (Improved Principal Component) 估计, 记为 $\hat{\boldsymbol{\theta}}_{\text{IPC}}$;

若

$$k_i = \frac{\lambda_i^2}{\lambda_i^2 + k} \tag{3.102}$$

其中 k 是给定的非负数, 称为岭参数, 则称这种有偏估计为岭 (Range) 估计, 记为 $\hat{\boldsymbol{\theta}}_{\text{R}}$;

若

$$k_i = \frac{\lambda_i^2 \theta_i^2}{\lambda_i^2 \theta_i^2 + \sigma^2} \tag{3.103}$$

则称这种有偏估计为广义岭 (Generalized Range) 估计, 记为 $\hat{\boldsymbol{\theta}}_{\text{GR}}$.

定理 3.16 若 $\hat{\boldsymbol{\theta}}_{\text{LS}}, \hat{\boldsymbol{\theta}}_{\text{PC}}, \hat{\boldsymbol{\theta}}_{\text{IPC}}, \hat{\boldsymbol{\theta}}_{\text{R}}, \hat{\boldsymbol{\theta}}_{\text{GR}}$ 对应的均方误差分别记为 MSE_{LS}, $\text{MSE}_{\text{PC}}, \text{MSE}_{\text{IPC}}, \text{MSE}_{\text{R}}, \text{MSE}_{\text{GR}}$, 则

$$\text{MSE}_{\text{LS}} = \sigma^2 \sum_{i=1}^{n} \lambda_i^{-2} \tag{3.104}$$

$$\text{MSE}_{\text{PC}} = \sum_{i=p+1}^{n} \theta_i^2 + \sigma^2 \sum_{i=1}^{p} \lambda_i^{-2} \tag{3.105}$$

$$\mathrm{MSE_{IPC}}=\sum_{\lambda_i^2\theta_i^2\leqslant\sigma^2}\theta_i^2+\sigma^2\sum_{\lambda_i^2\theta_i^2>\sigma^2}\lambda_i^{-2} \tag{3.106}$$

$$\mathrm{MSE_R}=\sum_{i=1}^{n}\left(\frac{k}{\lambda_i^2+k}\right)^2\theta_i^2+\sum_{i=1}^{n}\sigma_y^2\left(\frac{\lambda_i^2}{\lambda_i^2+k}\right)^2\lambda_i^{-2} \tag{3.107}$$

$$\mathrm{MSE_{GR}}=\sum_{i=1}^{n}\left(\frac{\sigma^2}{\lambda_i^2\theta_i^2+\sigma^2}\right)^2\theta_i^2+\sigma^2\left(\frac{\lambda_i^2\theta_i^2}{\lambda_i^2\theta_i^2+\sigma^2}\right)\lambda_i^{-2} \tag{3.108}$$

定理 3.17　对于$\mathrm{MSE_{LS}},\mathrm{MSE_{PC}},\mathrm{MSE_{IPC}},\mathrm{MSE_R}$, $\mathrm{MSE_{GR}}$，下列5个命题成立:

(1) 存在正整数 p, 使得 $\mathrm{MSE_{PC}}\leqslant\mathrm{MSE_{LS}}$.

(2) 对任意正整数 p, 有 $\mathrm{MSE_{IPC}}\leqslant\mathrm{MSE_{PC}}$.

(3) 存在正实数 k, 使得 $\mathrm{MSE_R}\leqslant\mathrm{MSE_{LS}}$.

(4) 对任意正实数 k, 有 $\mathrm{MSE_{GR}}\leqslant\mathrm{MSE_R}$.

(5) 广义岭估计优于改进主元估计, 即 $\mathrm{MSE_{GR}}\leqslant\mathrm{MSE_{IPC}}$.

证明　(1) 当 $p=n$ 时, 主元估计退化为最小二乘估计, 也就是说最小二乘估计是主元估计的特例, 所以命题 (1) 成立.

(2) 因为 $\mathrm{MSE_{PC}},\mathrm{MSE_{IPC}}$ 之差满足

$$\begin{aligned}\mathrm{MSE_{PC}}-\mathrm{MSE_{IPC}}&=\sum_{i=p+1}^{n}\theta_i^2+\sum_{i=1}^{p}\sigma^2\lambda_i^{-2}-\sum_{\lambda_i^2\theta_i^2\leqslant\sigma^2}\theta_i^2-\sum_{\lambda_i^2\theta_i^2>\sigma^2}\sigma^2\lambda_i^{-2}\\&=\left(\sum_{\lambda_i^2\theta_i^2>\sigma^2,n\geqslant i\geqslant p+1}\theta_i^2-\sum_{\lambda_i^2\theta_i^2>\sigma^2,n\geqslant i\geqslant p+1}\sigma^2\lambda_i^{-2}\right)\\&\quad+\left(\sum_{\lambda_i^2\theta_i^2\leqslant\sigma^2,1\leqslant i\leqslant p}\sigma^2\lambda_i^{-2}-\sum_{\lambda_i^2\theta_i^2\leqslant\sigma^2,1\leqslant i\leqslant p}\theta_i^2\right)\\&\geqslant\left(\sum_{\lambda_i^2\theta_i^2>\sigma^2,n\geqslant i\geqslant p+1}\theta_i^2-\sum_{\lambda_i^2\theta_i^2>\sigma^2,n\geqslant i\geqslant p+1}\theta_i^2\right)\\&\quad+\left(\sum_{\lambda_i^2\theta_i^2\leqslant\sigma^2,1\leqslant i\leqslant p}\theta_i^2-\sum_{\lambda_i^2\theta_i^2\leqslant\sigma^2,1\leqslant i\leqslant p}\theta_i^2\right)=0\end{aligned}$$

所以命题 (2) 成立.

(3) 当 $k=0$ 时, 岭估计退化为最小二乘估计, 也就是说岭估计是主元估计的特例, 所以命题 (3) 成立.

(4) 可以验证广义岭估计中的 $\boldsymbol{k}$ 就是下式的解

$$\frac{d}{d\boldsymbol{k}}\mathrm{MSE}\left(\boldsymbol{K}\hat{\boldsymbol{\theta}}_{\mathrm{LS}}\right)=\mathbf{0} \tag{3.109}$$

因此, 广义岭估计是全局最优的, 所以命题 (4) 成立.

(5) 广义岭估计是全局最优的, 所以命题 (5) 成立. ■

注解 3.5 还有两点需要说明:

(1) 在统一结构公式 (3.97) 下, 广义岭估计是全局最优有偏估计, 记 p_0 为使得均方误差最小的主元数, 对应均方误差为 $\mathrm{MSE}_{\mathrm{PC}}^{p_0}$; 记 k_0 为使得均方误差最小的岭参数, 对应均方误差为 $\mathrm{MSE}_{\mathrm{R}}^{k_0}$, 则有

$$\begin{cases} \mathrm{MSE}_{\mathrm{GR}} \leqslant \mathrm{MSE}_{\mathrm{R}}^{k_0} \leqslant \mathrm{MSE}_{\mathrm{LS}} \\ \mathrm{MSE}_{\mathrm{GR}} \leqslant \mathrm{MSE}_{\mathrm{IPC}} \leqslant \mathrm{MSE}_{\mathrm{PC}}^{p_0} \leqslant \mathrm{MSE}_{\mathrm{LS}} \end{cases} \tag{3.110}$$

(2) 岭估计的均方误差 $\mathrm{MSE}_{\mathrm{R}}^{k_0}$ 和改进的主元估计均方误差 $\mathrm{MSE}_{\mathrm{IPC}}$ 没有确定的大小关系.

3.3.4 融合估计的性能评估

假设参数估计的信息来源于两台设备的测量数据, 即 $(\boldsymbol{X}_1, \boldsymbol{y}_1)$ 和 $(\boldsymbol{X}_2, \boldsymbol{y}_2)$, 且数据满足如下方程

$$\begin{cases} \boldsymbol{y}_1 = \boldsymbol{X}_1\boldsymbol{\beta} + \boldsymbol{e}_1, & \boldsymbol{e}_1 \sim (\boldsymbol{0}_N, \sigma_1^2 \boldsymbol{I}_N) \\ \boldsymbol{y}_2 = \boldsymbol{X}_2\boldsymbol{\beta} + \boldsymbol{e}_2, & \boldsymbol{e}_2 \sim (\boldsymbol{0}_N, \sigma_2^2 \boldsymbol{I}_N) \end{cases} \tag{3.111}$$

若 $\boldsymbol{X}_1 \neq \boldsymbol{X}_2$, 称两种测量是异结构的, 若 $\sigma_1^2 \neq \sigma_2^2$, 称两种测量是异精度的. 方便起见, 记

$$\begin{cases} \lambda = \sigma_2^2/\sigma_1^2 \\ \boldsymbol{A} = \boldsymbol{X}_1^{\mathrm{T}}\boldsymbol{X}_1 \\ \boldsymbol{B} = \boldsymbol{X}_2^{\mathrm{T}}\boldsymbol{X}_2 \end{cases} \tag{3.112}$$

其中 λ 称为两种设备的精度比, 不妨假定 $\sigma_1^2 = 1$.

定义 3.36 若按照下述优化准则估计参数 $\boldsymbol{\beta}$, 则称该估计为融合估计 (Fusion Estimate), 记为 $\boldsymbol{\beta}_\rho$

$$\boldsymbol{\beta}_\rho = \arg\min_{\boldsymbol{\beta}} \left\{ \rho \left\| \boldsymbol{y}_1 - \boldsymbol{X}_1\boldsymbol{\beta} \right\|_2^2 + (1-\rho) \left\| \boldsymbol{y}_2 - \boldsymbol{X}_2\boldsymbol{\beta} \right\|_2^2 \right\} \tag{3.113}$$

注解 3.6 融合估计有几种特例:

(1) 若 ρ=0 或者 ρ=1, 则公式 (3.113) 分别转化为

$$\boldsymbol{\beta}_0 = \arg\min_{\boldsymbol{\beta}} \left\| \boldsymbol{y}_2 - \boldsymbol{X}_2\boldsymbol{\beta} \right\|_2^2 \tag{3.114}$$

$$\boldsymbol{\beta}_1 = \arg\min_{\boldsymbol{\beta}} \left\| \boldsymbol{y}_1 - \boldsymbol{X}_1\boldsymbol{\beta} \right\|_2^2 \tag{3.115}$$

此时称融合估计为单设备估计 (Single Estimation), 相当于只利用一台设备的测量信息来参数估计.

(2) 若 $\rho=\frac{1}{2}$, 则公式 (3.113) 转化为

$$\boldsymbol{\beta}_{\frac{1}{2}}=\arg\min_{\boldsymbol{\beta}}\left\{\|\boldsymbol{y}_1-\boldsymbol{X}_1\beta\|_2^2+\|\boldsymbol{y}_2-\boldsymbol{X}_2\beta\|_2^2\right\} \tag{3.116}$$

此时称融合估计为等权联合估计, 简称联合估计 (Joint Estimation), 在参数估计中两台设备测量信息的重要性是相当的.

(3) 若 $\rho=\rho_0=\frac{\lambda}{\lambda+1}$, 则公式 (3.113) 转化为

$$\boldsymbol{\beta}_{\frac{\lambda}{\lambda+1}}=\arg\min_{\boldsymbol{\beta}}\left\{\lambda\|\boldsymbol{y}_1-\boldsymbol{X}_1\boldsymbol{\beta}\|_2^2+\|\boldsymbol{y}_2-\boldsymbol{X}_2\boldsymbol{\beta}\|_2^2\right\} \tag{3.117}$$

此时称融合估计为最优融合估计, 简称最优估计 (Best Estimation), 后面将会论证该估计的参数方差最小.

融合估计问题 (3.113) 可以转化为如下方程的最小二乘估计问题

$$\begin{pmatrix}\sqrt{\rho}\boldsymbol{y}_1\\ \sqrt{(1-\rho)}\boldsymbol{y}_2\end{pmatrix}=\begin{pmatrix}\sqrt{\rho}\boldsymbol{X}_1\\ \sqrt{(1-\rho)}\boldsymbol{X}_2\end{pmatrix}\boldsymbol{\beta}+\begin{pmatrix}\sqrt{\rho}\boldsymbol{e}_1\\ \sqrt{(1-\rho)}\boldsymbol{e}_2\end{pmatrix} \tag{3.118}$$

由公式 (3.118) 和 (3.84c) 可知, 融合估计的均方误差为

$$\mathrm{MSE}\,(\rho)=\mathrm{tr}\left(\rho^2\boldsymbol{A}+(1-\rho)^2\lambda\boldsymbol{B}\right)\left(\rho\boldsymbol{A}+(1-\rho)\,\boldsymbol{B}\right)^{-2} \tag{3.119}$$

由融合估计的定义公式 (3.114)~(3.117) 可以验证, 四种估计方法的均方误差分别为

$$\begin{cases}\mathrm{MSE}\,(0)=\mathrm{tr}\left(\lambda\boldsymbol{B}^{-1}\right)\\ \mathrm{MSE}\,(1)=\mathrm{tr}\left(\boldsymbol{A}^{-1}\right)\\ \mathrm{MSE}\left(\frac{1}{2}\right)=\mathrm{tr}\,(\boldsymbol{A}+\lambda\boldsymbol{B})\,(\boldsymbol{A}+\boldsymbol{B})^{-2}\\ \mathrm{MSE}\,(\rho_0)=\mathrm{tr}\big(\boldsymbol{A}+\lambda^{-1}\boldsymbol{B}\big)^{-1}\end{cases} \tag{3.120}$$

联合第 1 章、定理 2.18 和定理 2.19, 可以验证如下三个不等式.

$$\begin{cases}\mathrm{MSE}\,(\rho)\leqslant\max\{\mathrm{MSE}\,(0)\,,\mathrm{MSE}\,(1)\}\,,\quad\forall\rho\in[0,1] & (3.121\mathrm{a})\\ \mathrm{MSE}\,(\rho_0)\leqslant\min\{\mathrm{MSE}\,(0)\,,\mathrm{MSE}\,(1)\} & (3.121\mathrm{b})\\ \mathrm{MSE}\,(\rho_0)\leqslant\mathrm{MSE}\left(\frac{1}{2}\right) & (3.121\mathrm{c})\end{cases}$$

公式 (3.121a) 表明: 融合估计的精度高于单台低精度设备估计的精度.

公式 (3.121b) 表明: 多台设备最优估计的精度高于单台高精度设备的精度.

公式 (3.121c) 表明: 多台设备最优估计的精度高于多台设备联合估计的精度.

但是, 上述定理并没有给出联合估计和单设备估计的精度关系, 其实由引理 2.17 可知: 存在可逆矩阵 $\boldsymbol{P}$ 使得

$$\begin{cases} \boldsymbol{P}\boldsymbol{A}^{-1}\boldsymbol{P}^{\mathrm{T}}=\boldsymbol{I} \\ \boldsymbol{P}\boldsymbol{B}^{-1}\boldsymbol{P}^{\mathrm{T}}=\operatorname{diag}(\gamma_1,\cdots,\gamma_n) \end{cases} \tag{3.122}$$

利用上述变换, 可以确定联合估计优于单设备估计的条件, 见如下定理.

定理 3.18 *若两种设备测量精度比 λ 满足*

$$\lambda \in [\gamma_1/(1+2\gamma_1), \gamma_n+2] \tag{3.123}$$

则

$$\mathrm{MSE}\left(\frac{1}{2}\right) \leqslant \min\{\mathrm{MSE}(0), \mathrm{MSE}(1)\} \tag{3.124}$$

特别地, 若两台设备的的测量结构相同, 则下述推论成立.

推论 3.19 *若 $\boldsymbol{A}=\boldsymbol{B}$, 且 $\lambda \in [1/3, 3]$, 则有*

$$\mathrm{MSE}\left(\frac{1}{2}\right) \leqslant \min\{\mathrm{MSE}(0), \mathrm{MSE}(1)\}$$

定理 3.18 表明: 异结构测量的设备的精度相差太大, 则联合估计不如用单台高精度设备.

推论 3.19 表明: 等结构测量的设备精度相差 3 倍以上, 则联合联合估计不如用单台高精度设备.

3.4 状态估计性能评估

最优估计理论可以分为两部分: 一部分是参数估计 (Parameter Estimation), 另一部分是状态估计 (State Estimation). 前者假设待估计量是确定型的, 而后者假设待估计量是随机型的. 当然, 确定型可以看成是方差等于零的随机型, 所以参数估计是状态估计的特例. 3.3 节介绍了参数估计的性能评估, 本节介绍更一般的状态估计及其性能评估.

3.4.1 单信息最优估计

定义 3.37 *若 $\boldsymbol{x}$ 是待估计的状态, 且在 $\boldsymbol{x}$ 的所有估计量中, $\hat{\boldsymbol{x}}$ 使得 $E\left(\|\hat{\boldsymbol{x}}-\boldsymbol{x}\|^2\right)$ 最小, 则称 $\hat{\boldsymbol{x}}$ 为最小方差 (Minimal Variance) 估计或者最优估计.*

估计必然需要一定的信息源, 假定 $\boldsymbol{y}$ 是信息源, $\hat{\boldsymbol{x}}$ 是利用信息 $\boldsymbol{y}$ 对状态 $\boldsymbol{x}$ 进行估计, $\hat{\boldsymbol{x}}$ 一般是关于 $\boldsymbol{y}$ 的函数, 比如线性函数.

若 $f(\boldsymbol{x},\boldsymbol{y})$ 是 $\boldsymbol{z}=(\boldsymbol{x},\boldsymbol{y})$ 联合概率密度, 且条件概率密度是

$$f(\boldsymbol{x}|\boldsymbol{y})=\frac{f_{\boldsymbol{z}}(\boldsymbol{x},\boldsymbol{y})}{f_{\boldsymbol{y}}(\boldsymbol{y})} \tag{3.125}$$

则有

$$\begin{aligned}E\left(\|\hat{\boldsymbol{x}}-\boldsymbol{x}\|^2\right)&=\int_{-\infty}^{+\infty}\int_{-\infty}^{+\infty}(\hat{\boldsymbol{x}}-\boldsymbol{x})^{\mathrm{T}}(\hat{\boldsymbol{x}}-\boldsymbol{x})f_{\boldsymbol{z}}(\boldsymbol{x},\boldsymbol{y})\,d\boldsymbol{x}d\boldsymbol{y}\\&=\int_{-\infty}^{+\infty}f_y(\boldsymbol{y})\int_{-\infty}^{+\infty}(\hat{\boldsymbol{x}}-\boldsymbol{x})^{\mathrm{T}}(\hat{\boldsymbol{x}}-\boldsymbol{x})f(\boldsymbol{x}|\boldsymbol{y})\,d\boldsymbol{x}d\boldsymbol{y}\end{aligned}$$

若某个估计量 $\hat{\boldsymbol{x}}$ 能保证积分项 $\int(\hat{\boldsymbol{x}}-\boldsymbol{x})^{\mathrm{T}}(\hat{\boldsymbol{x}}-\boldsymbol{x})f(\boldsymbol{x}|\boldsymbol{y})\,d\boldsymbol{x}$ 最小, 则必有 $E\left(\|\hat{\boldsymbol{x}}-\boldsymbol{x}\|^2\right)$ 最小. 记条件期望为

$$E(\boldsymbol{x}|\boldsymbol{y})=\int_{-\infty}^{+\infty}\boldsymbol{x}f(\boldsymbol{x}|\boldsymbol{y})\,d\boldsymbol{x} \tag{3.126}$$

显然, $E(\boldsymbol{x}|\boldsymbol{y})$ 是关于 $\boldsymbol{y}$ 的函数, 且下述引理成立.

定理 3.20　$E(\boldsymbol{x}|\boldsymbol{y})$ 的期望为 $\boldsymbol{\mu}_{\boldsymbol{x}}$, 且 $\boldsymbol{y}$ 信息源下, $\hat{\boldsymbol{x}}_{\boldsymbol{y}}$ 是 $\boldsymbol{x}$ 的最优估计.

证明　(1) 注意到 $E(\boldsymbol{x}|\boldsymbol{y})$ 是关于 $\boldsymbol{y}$ 的函数, 有

$$\begin{aligned}E(E(\boldsymbol{x}|\boldsymbol{y}))&=\int_{-\infty}^{+\infty}f_{\boldsymbol{y}}(\boldsymbol{y})\int_{-\infty}^{+\infty}\boldsymbol{x}f(\boldsymbol{x}|\boldsymbol{y})d\boldsymbol{x}d\boldsymbol{y}\\&=\int_{-\infty}^{+\infty}\boldsymbol{x}d\boldsymbol{x}\int_{-\infty}^{+\infty}f_{\boldsymbol{z}}(\boldsymbol{x},\boldsymbol{y})d\boldsymbol{x}d\boldsymbol{y}\\&=\int_{-\infty}^{+\infty}\boldsymbol{x}f_{\boldsymbol{x}}(\boldsymbol{x})\,d\boldsymbol{x}\\&=\boldsymbol{\mu}_x\end{aligned}$$

(2) 对于任意估计 $\hat{\boldsymbol{x}}$, 注意到 $\hat{\boldsymbol{x}}$ 和 $E(\boldsymbol{x}|\boldsymbol{y})$ 都是关于 $\boldsymbol{y}$ 的函数, 有

$$\begin{aligned}&\int_{-\infty}^{+\infty}(\hat{\boldsymbol{x}}-\boldsymbol{x})^{\mathrm{T}}(\hat{\boldsymbol{x}}-\boldsymbol{x})f(\boldsymbol{x}|\boldsymbol{y})\,d\boldsymbol{x}\\=&\int_{-\infty}^{+\infty}(\hat{\boldsymbol{x}}-E(\boldsymbol{x}|\boldsymbol{y})+E(\boldsymbol{x}|\boldsymbol{y})-\boldsymbol{x})^{\mathrm{T}}(\hat{\boldsymbol{x}}-E(\boldsymbol{x}|\boldsymbol{y})+E(\boldsymbol{x}|\boldsymbol{y})-\boldsymbol{x})f(\boldsymbol{x}|\boldsymbol{y})\,d\boldsymbol{x}\\=&\int_{-\infty}^{+\infty}(\hat{\boldsymbol{x}}-E(\boldsymbol{x}|\boldsymbol{y}))^{\mathrm{T}}(\hat{\boldsymbol{x}}-E(\boldsymbol{x}|\boldsymbol{y}))f(\boldsymbol{x}|\boldsymbol{y})\,d\boldsymbol{x}\end{aligned}$$

$$
\begin{aligned}
&+\int_{-\infty}^{+\infty}(E(\boldsymbol{x}|\boldsymbol{y})-\boldsymbol{x})^{\mathrm{T}}(\hat{\boldsymbol{x}}-E(\boldsymbol{x}|\boldsymbol{y}))f(\boldsymbol{x}|\boldsymbol{y})\,d\boldsymbol{x}\\
&+\int_{-\infty}^{+\infty}(\hat{\boldsymbol{x}}-E(\boldsymbol{x}|\boldsymbol{y}))^{\mathrm{T}}(E(\boldsymbol{x}|\boldsymbol{y})-\boldsymbol{x})f(\boldsymbol{x}|\boldsymbol{y})\,d\boldsymbol{x}\\
&+\int_{-\infty}^{+\infty}(E(\boldsymbol{x}|\boldsymbol{y})-\boldsymbol{x})^{\mathrm{T}}(E(\boldsymbol{x}|\boldsymbol{y})-\boldsymbol{x})f(\boldsymbol{x}|\boldsymbol{y})\,d\boldsymbol{x}\\
=&\int_{-\infty}^{+\infty}(\hat{\boldsymbol{x}}-E(\boldsymbol{x}|\boldsymbol{y}))^{\mathrm{T}}(\hat{\boldsymbol{x}}-E(\boldsymbol{x}|\boldsymbol{y}))f(\boldsymbol{x}|\boldsymbol{y})\,d\boldsymbol{x}\\
&+\int_{-\infty}^{+\infty}(E(\boldsymbol{x}|\boldsymbol{y})-\boldsymbol{x})^{\mathrm{T}}(E(\boldsymbol{x}|\boldsymbol{y})-\boldsymbol{x})f(\boldsymbol{x}|\boldsymbol{y})\,d\boldsymbol{x}\\
\geqslant&\int_{-\infty}^{+\infty}(E(\boldsymbol{x}|\boldsymbol{y})-\boldsymbol{x})^{\mathrm{T}}(E(\boldsymbol{x}|\boldsymbol{y})-\boldsymbol{x})f(\boldsymbol{x}|\boldsymbol{y})\,d\boldsymbol{x}
\end{aligned}
$$ ■

然而最优估计 $E(\boldsymbol{x}|\boldsymbol{y})$ 的条件期望不容易计算, 所以估计公式很难推广到多信息条件, 在应用中常用线性最优估计代替.

定义 3.38 *称 $\hat{\boldsymbol{x}}_{\boldsymbol{y}}$ 是 $\boldsymbol{x}$ 的线性最优估计* (Linear Minimal Variance Estimation), *若*

$$\hat{\boldsymbol{x}}_{\boldsymbol{y}}=\boldsymbol{A}\boldsymbol{y}+\boldsymbol{b} \tag{3.127}$$

且 $\hat{\boldsymbol{x}}_{\boldsymbol{y}}$ 在所有线性估计中的方差最小.

被估计量与估计量的差称为残差, 如下

$$\tilde{\boldsymbol{x}}=\boldsymbol{x}-\hat{\boldsymbol{x}}_{\boldsymbol{y}} \tag{3.128}$$

定理 3.21 *$\hat{\boldsymbol{x}}_{\boldsymbol{y}}$ 的表达式及其估计方差分别为*

$$\begin{cases}\hat{\boldsymbol{x}}_{\boldsymbol{y}}=\boldsymbol{\mu}_{\boldsymbol{x}}+\boldsymbol{\Sigma}_{\boldsymbol{xy}}\boldsymbol{\Sigma}_{\boldsymbol{y}}^{-1}(\boldsymbol{y}-\boldsymbol{\mu}_{\boldsymbol{y}})\\ \boldsymbol{\Sigma}_{\tilde{\boldsymbol{x}}}=\boldsymbol{\Sigma}_{\boldsymbol{x}}-\boldsymbol{\Sigma}_{\boldsymbol{xy}}\boldsymbol{\Sigma}_{\boldsymbol{y}}^{-1}\boldsymbol{\Sigma}_{\boldsymbol{yx}}\end{cases} \tag{3.129}$$

证明 记 $\boldsymbol{J}(\boldsymbol{A},\boldsymbol{b})=E\left(\|\boldsymbol{A}\boldsymbol{y}+\boldsymbol{b}-\boldsymbol{x}\|^2\right)$, 因为 $\hat{\boldsymbol{x}}_{\boldsymbol{y}}$ 是 $\boldsymbol{x}$ 的最优估计, 所以

$$\begin{cases}\dfrac{\partial}{\partial\boldsymbol{b}}\boldsymbol{J}(\boldsymbol{A},\boldsymbol{b})=\boldsymbol{0}\\ \dfrac{\partial}{\partial\boldsymbol{A}}\boldsymbol{J}(\boldsymbol{A},\boldsymbol{b})=\boldsymbol{0}\end{cases} \tag{3.130}$$

由公式 (2.111) 得

$$\begin{cases}2E(\boldsymbol{A}\boldsymbol{y}+\boldsymbol{b}-\boldsymbol{x})=\boldsymbol{0} & (3.131\text{a})\\ 2E(\boldsymbol{A}\boldsymbol{y}+\boldsymbol{b}-\boldsymbol{x})\boldsymbol{y}^{\mathrm{T}}=\boldsymbol{0} & (3.131\text{b})\end{cases}$$

由 (3.131a) 得

$$\begin{cases} \boldsymbol{b}=\boldsymbol{\mu}_{\boldsymbol{x}}-\boldsymbol{A}\boldsymbol{\mu}_{\boldsymbol{y}} & (3.132\text{a}) \\ E\left(\boldsymbol{A}\boldsymbol{y}+\boldsymbol{b}-\boldsymbol{x}\right)\boldsymbol{\mu}_{\boldsymbol{y}}^{\mathrm{T}}=\boldsymbol{0} & (3.132\text{b}) \end{cases}$$

结合公式 (3.132b) 和 (3.131b) 得

$$E\left[\left(\boldsymbol{A}\boldsymbol{y}+\boldsymbol{b}-\boldsymbol{x}\right)\left(\boldsymbol{y}-\boldsymbol{\mu}_{\boldsymbol{y}}\right)\right]^{\mathrm{T}}=\boldsymbol{0} \tag{3.133}$$

把公式 (3.132a) 代入公式 (3.133), 得

$$E\left[\boldsymbol{A}\left(\boldsymbol{y}-\boldsymbol{\mu}_{\boldsymbol{y}}\right)\left(\boldsymbol{y}-\boldsymbol{\mu}_{\boldsymbol{y}}\right)^{\mathrm{T}}-\left(\boldsymbol{x}-\boldsymbol{\mu}_{\boldsymbol{x}}\right)\left(\boldsymbol{y}-\boldsymbol{\mu}_{\boldsymbol{y}}\right)^{\mathrm{T}}\right]=\boldsymbol{0}$$

于是

$$\begin{cases} \boldsymbol{A}=\boldsymbol{\Sigma}_{\boldsymbol{xy}}\boldsymbol{\Sigma}_{\boldsymbol{y}}^{-1} \\ \boldsymbol{b}=\boldsymbol{\mu}_{\boldsymbol{x}}-\boldsymbol{\Sigma}_{\boldsymbol{xy}}\boldsymbol{\Sigma}_{\boldsymbol{y}}^{-2}\boldsymbol{\mu}_{\boldsymbol{y}} \end{cases}$$

综上

$$\hat{\boldsymbol{x}}_{\boldsymbol{y}}=\boldsymbol{\mu}_{\boldsymbol{x}}+\boldsymbol{\Sigma}_{\boldsymbol{xy}}\boldsymbol{\Sigma}_{\boldsymbol{yy}}^{-1}\left(\boldsymbol{y}-\boldsymbol{\mu}_{\boldsymbol{y}}\right)$$

利用 $\hat{\boldsymbol{x}}_{\boldsymbol{y}}$ 的表达式和估计方差的定义可得

$$\boldsymbol{\Sigma}_{\tilde{\boldsymbol{x}}}=\boldsymbol{\Sigma}_{\boldsymbol{x}}-\boldsymbol{\Sigma}_{\boldsymbol{xy}}\boldsymbol{\Sigma}_{\boldsymbol{y}}^{-1}\boldsymbol{\Sigma}_{\boldsymbol{yx}}$$

■

利用定理 3.20 和定理 3.2 可知下述定理成立.

定理 3.22　如果 $(\boldsymbol{x},\boldsymbol{y})$ 的联合分布是正态的, 那么线性最优估计就是最优估计.

3.4.2 多信息最优估计

上一节分析了单信息 $\boldsymbol{y}$ 条件下, 状态 $\boldsymbol{x}$ 的线性最优估计公式 $\hat{\boldsymbol{x}}_{\boldsymbol{y}}$ 和它的方差 $\boldsymbol{\Sigma}_{\tilde{\boldsymbol{x}}}$, 本节分析多信息 $\boldsymbol{t}=\left(\boldsymbol{y}^{\mathrm{T}},\boldsymbol{z}^{\mathrm{T}}\right)^{\mathrm{T}}$ 条件下, 状态 $\boldsymbol{x}$ 的线性最优估计公式 $\hat{\boldsymbol{x}}_t$ 和它的方差.

定理 3.23　若 $\hat{\boldsymbol{x}}_{\boldsymbol{y}}$ 和 $\hat{\boldsymbol{z}}_{\boldsymbol{y}}$ 分别是在单信息源 $\boldsymbol{y}$ 下 $\boldsymbol{x}$ 和 $\boldsymbol{z}$ 的线性最优估计, 记 $\tilde{\boldsymbol{x}}_y=\boldsymbol{x}-\hat{\boldsymbol{x}}\boldsymbol{y}, \tilde{\boldsymbol{z}}_y=\boldsymbol{z}-\hat{\boldsymbol{z}}\boldsymbol{y}$, 且 $\boldsymbol{\Sigma}_{\tilde{\boldsymbol{x}}\tilde{\boldsymbol{x}},\boldsymbol{y}}$ 是 $\tilde{\boldsymbol{x}}_{\boldsymbol{y}}$ 的方差, $\boldsymbol{\Sigma}_{\tilde{\boldsymbol{z}}\tilde{\boldsymbol{z}},\boldsymbol{y}}$ 是 $\tilde{\boldsymbol{z}}_{\boldsymbol{y}}$ 的方差, $\boldsymbol{\Sigma}_{\tilde{\boldsymbol{x}}\tilde{\boldsymbol{z}},\boldsymbol{y}}$ 是 $\tilde{\boldsymbol{x}}_{\boldsymbol{y}}$ 与 $\tilde{\boldsymbol{z}}_{\boldsymbol{y}}$ 之间的协方差; $\hat{\boldsymbol{x}}_{\boldsymbol{t}}$ 是多信息源 $\boldsymbol{t}$ 下 $\boldsymbol{x}$ 的线性最优估计, 另外记 $\tilde{\boldsymbol{x}}_{\boldsymbol{t}}=\boldsymbol{x}-\hat{\boldsymbol{x}}_{\boldsymbol{t}}$, 那么 $\hat{\boldsymbol{x}}_{\boldsymbol{t}}$ 的表达式和估计方差分别为

$$\begin{cases} \hat{\boldsymbol{x}}_{\boldsymbol{t}}=\hat{\boldsymbol{x}}_{\boldsymbol{y}}+\boldsymbol{\Sigma}_{\tilde{\boldsymbol{x}}\tilde{\boldsymbol{z}},\boldsymbol{y}}\boldsymbol{\Sigma}_{\tilde{\boldsymbol{z}}\tilde{\boldsymbol{z}},\boldsymbol{y}}^{-1}\left(\boldsymbol{z}-\hat{\boldsymbol{z}}_{\boldsymbol{y}}\right) \\ \boldsymbol{\Sigma}_{\tilde{\boldsymbol{x}}\tilde{\boldsymbol{x}},\boldsymbol{t}}=\boldsymbol{\Sigma}_{\tilde{\boldsymbol{x}}\tilde{\boldsymbol{x}},\boldsymbol{y}}-\boldsymbol{\Sigma}_{\tilde{\boldsymbol{x}}\tilde{\boldsymbol{z}},\boldsymbol{y}}\boldsymbol{\Sigma}_{\tilde{\boldsymbol{z}}\tilde{\boldsymbol{z}},\boldsymbol{y}}^{-1}\boldsymbol{\Sigma}_{\tilde{\boldsymbol{z}}\tilde{\boldsymbol{x}},\boldsymbol{y}} \end{cases} \tag{3.134}$$

证明 由定理 3.20 可知在 $\boldsymbol{t}=\left(\boldsymbol{y}^{\mathrm{T}},\boldsymbol{z}^{\mathrm{T}}\right)^{\mathrm{T}}$ 信息源下, $\boldsymbol{x}$ 的线性最优估计为

$$\hat{\boldsymbol{x}}_{\boldsymbol{t}}=\boldsymbol{\mu}_{\boldsymbol{x}}+\boldsymbol{\Sigma}_{\boldsymbol{x}\boldsymbol{t}}\boldsymbol{\Sigma}_{\boldsymbol{t}}^{-1}\left[\begin{pmatrix}\boldsymbol{y}\\\boldsymbol{z}\end{pmatrix}-\begin{pmatrix}\boldsymbol{\mu}_{\boldsymbol{y}}\\\boldsymbol{\mu}_{\boldsymbol{z}}\end{pmatrix}\right]$$

且

$$\boldsymbol{\Sigma}_{\boldsymbol{x}\boldsymbol{t}}=(\boldsymbol{\Sigma}_{\boldsymbol{x}\boldsymbol{y}},\boldsymbol{\Sigma}_{\boldsymbol{x}\boldsymbol{z}})$$

$$\boldsymbol{\Sigma}_{\boldsymbol{t}}=\begin{pmatrix}\boldsymbol{\Sigma}_{\boldsymbol{y}\boldsymbol{y}} & \boldsymbol{\Sigma}_{\boldsymbol{y}\boldsymbol{z}}\\\boldsymbol{\Sigma}_{\boldsymbol{z}\boldsymbol{y}} & \boldsymbol{\Sigma}_{\boldsymbol{z}\boldsymbol{z}}\end{pmatrix}$$

由定理 3.20 可知

$$\boldsymbol{\Sigma}_{\tilde{\boldsymbol{z}}\tilde{\boldsymbol{z}},\boldsymbol{y}}=\boldsymbol{\Sigma}_{\boldsymbol{z}\boldsymbol{z}}-\boldsymbol{\Sigma}_{\boldsymbol{z}\boldsymbol{y}}\boldsymbol{\Sigma}_{\boldsymbol{y}\boldsymbol{y}}^{-1}\boldsymbol{\Sigma}_{\boldsymbol{y}\boldsymbol{z}}\tag{3.135}$$

由公式 (3.135) 和分块矩阵求逆定理, 即 (2.70) 可知

$$\boldsymbol{\Sigma}_{\boldsymbol{t}}^{-1}=\begin{pmatrix}\boldsymbol{\Sigma}_{\boldsymbol{y}\boldsymbol{y}}^{-1}+\boldsymbol{\Sigma}_{\boldsymbol{y}\boldsymbol{y}}^{-1}\boldsymbol{\Sigma}_{\boldsymbol{y}\boldsymbol{z}}\boldsymbol{\Sigma}_{\tilde{\boldsymbol{z}}\tilde{\boldsymbol{z}},\boldsymbol{y}}^{-1}\boldsymbol{\Sigma}_{\boldsymbol{z}\boldsymbol{y}}\boldsymbol{\Sigma}_{\boldsymbol{y}\boldsymbol{y}}^{-1} & -\boldsymbol{\Sigma}_{\boldsymbol{y}\boldsymbol{y}}^{-1}\boldsymbol{\Sigma}_{\boldsymbol{y}\boldsymbol{z}}\boldsymbol{\Sigma}_{\tilde{\boldsymbol{z}}\tilde{\boldsymbol{z}},\boldsymbol{y}}^{-1}\\-\boldsymbol{\Sigma}_{\tilde{\boldsymbol{z}}\tilde{\boldsymbol{z}},\boldsymbol{y}}^{-1}\boldsymbol{\Sigma}_{\boldsymbol{z}\boldsymbol{y}}\boldsymbol{\Sigma}_{\boldsymbol{y}\boldsymbol{y}}^{-1} & \boldsymbol{\Sigma}_{\tilde{\boldsymbol{z}}\tilde{\boldsymbol{z}},\boldsymbol{y}}^{-1}\end{pmatrix}\tag{3.136}$$

于是

$$\begin{aligned}\hat{\boldsymbol{x}}_{\boldsymbol{t}}=&\boldsymbol{\mu}_{\boldsymbol{x}}+\boldsymbol{\Sigma}_{\boldsymbol{x}\boldsymbol{t}}\boldsymbol{\Sigma}_{\boldsymbol{t}}^{-1}\left[\begin{pmatrix}\boldsymbol{y}\\\boldsymbol{z}\end{pmatrix}-\begin{pmatrix}\boldsymbol{\mu}_{\boldsymbol{y}}\\\boldsymbol{\mu}_{\boldsymbol{z}}\end{pmatrix}\right]\\=&\left[\boldsymbol{\mu}_{\boldsymbol{x}}+\boldsymbol{\Sigma}_{\boldsymbol{x}\boldsymbol{y}}\boldsymbol{\Sigma}_{\boldsymbol{y}}^{-1}\left(\boldsymbol{y}-\boldsymbol{\mu}_{\boldsymbol{y}}\right)\right]-\boldsymbol{\Sigma}_{\tilde{\boldsymbol{x}}\tilde{\boldsymbol{z}},\boldsymbol{y}}\boldsymbol{\Sigma}_{\tilde{\boldsymbol{z}}\tilde{\boldsymbol{z}},\boldsymbol{y}}^{-1}\boldsymbol{\Sigma}_{\boldsymbol{z}\boldsymbol{y}}\boldsymbol{\Sigma}_{\boldsymbol{y}\boldsymbol{y}}^{-1}\left(\boldsymbol{y}-\boldsymbol{\mu}_{\boldsymbol{y}}\right)\\&+\boldsymbol{\Sigma}_{\tilde{\boldsymbol{x}}\tilde{\boldsymbol{z}},\boldsymbol{y}}\boldsymbol{\Sigma}_{\tilde{\boldsymbol{z}}\tilde{\boldsymbol{z}},\boldsymbol{y}}^{-1}\left(\boldsymbol{z}-\boldsymbol{\mu}_{\boldsymbol{z}}\right)\\=&\hat{\boldsymbol{x}}_{\boldsymbol{y}}+\boldsymbol{\Sigma}_{\tilde{\boldsymbol{x}}\tilde{\boldsymbol{z}},\boldsymbol{y}}\boldsymbol{\Sigma}_{\tilde{\boldsymbol{z}}\tilde{\boldsymbol{z}},\boldsymbol{y}}^{-1}\left[\left(\boldsymbol{z}-\boldsymbol{\mu}_{\boldsymbol{z}}\right)-\boldsymbol{\Sigma}_{\boldsymbol{z}\boldsymbol{y}}\boldsymbol{\Sigma}_{\boldsymbol{y}\boldsymbol{y}}^{-1}\left(\boldsymbol{y}-\boldsymbol{\mu}_{\boldsymbol{y}}\right)\right]\\=&\hat{\boldsymbol{x}}_{\boldsymbol{y}}+\boldsymbol{\Sigma}_{\tilde{\boldsymbol{x}}\tilde{\boldsymbol{z}},\boldsymbol{y}}\boldsymbol{\Sigma}_{\tilde{\boldsymbol{z}}\tilde{\boldsymbol{z}},\boldsymbol{y}}^{-1}\left(\boldsymbol{z}-\hat{\boldsymbol{z}}_{\boldsymbol{y}}\right)\end{aligned}$$

利用 $\hat{\boldsymbol{x}}_{\boldsymbol{t}}$ 的表达式和估计方差的定义可得

$$\boldsymbol{\Sigma}_{\tilde{\boldsymbol{x}}\tilde{\boldsymbol{x}},\boldsymbol{t}}=\boldsymbol{\Sigma}_{\tilde{\boldsymbol{x}}\tilde{\boldsymbol{x}},\boldsymbol{y}}-\boldsymbol{\Sigma}_{\tilde{\boldsymbol{x}}\tilde{\boldsymbol{z}},\boldsymbol{y}}\boldsymbol{\Sigma}_{\tilde{\boldsymbol{z}}\tilde{\boldsymbol{z}},\boldsymbol{y}}^{-1}\boldsymbol{\Sigma}_{\tilde{\boldsymbol{z}}\tilde{\boldsymbol{x}},\boldsymbol{y}}$$ ■

推论 3.24 若 $\tilde{\boldsymbol{z}}=\boldsymbol{z}-\hat{\boldsymbol{z}}_{\boldsymbol{y}},\tilde{\boldsymbol{x}}=\boldsymbol{x}-\hat{\boldsymbol{x}}_{\boldsymbol{y}}$, 而 $\hat{\tilde{\boldsymbol{x}}}$ 表示在信息 $\tilde{\boldsymbol{x}}=\boldsymbol{x}-\hat{\boldsymbol{x}}_{\boldsymbol{y}}$, 则在多信息源 $\boldsymbol{t}=\left(\boldsymbol{y}^{\mathrm{T}},\boldsymbol{z}^{\mathrm{T}}\right)^{\mathrm{T}}$ 下, 最优估计可以表示为

$$\hat{\boldsymbol{x}}_{\boldsymbol{t}}=\hat{\boldsymbol{x}}_{\boldsymbol{y}}+\hat{\tilde{\boldsymbol{x}}}_{\tilde{\boldsymbol{z}}}\tag{3.137}$$

证明 利用

$$\boldsymbol{\mu}_{\tilde{\boldsymbol{x}}}=\mathbf{0},\quad\boldsymbol{\mu}_{\tilde{\boldsymbol{z}}}=\mathbf{0}$$

得

$$
\begin{aligned}
\hat{\boldsymbol{x}}_t &= \hat{\boldsymbol{x}}_{\boldsymbol{y}} + \boldsymbol{\Sigma}_{\tilde{\boldsymbol{x}}\tilde{\boldsymbol{z}},\boldsymbol{y}} \boldsymbol{\Sigma}_{\tilde{\boldsymbol{z}}\tilde{\boldsymbol{z}},\boldsymbol{y}}^{-1} (\boldsymbol{z} - \hat{\boldsymbol{z}}_{\boldsymbol{y}}) \\
&= \hat{\boldsymbol{x}}_{\boldsymbol{y}} + \boldsymbol{\mu}_{\tilde{\boldsymbol{x}}} + \boldsymbol{\Sigma}_{\tilde{\boldsymbol{x}}\tilde{\boldsymbol{z}},\boldsymbol{y}} \boldsymbol{\Sigma}_{\tilde{\boldsymbol{z}}\tilde{\boldsymbol{z}},\boldsymbol{y}}^{-1} (\boldsymbol{z} - \hat{\boldsymbol{z}}_{\boldsymbol{y}}) \\
&= \hat{\boldsymbol{x}}_{\boldsymbol{y}} + \hat{\tilde{x}}_{\tilde{\boldsymbol{z}}}
\end{aligned}
$$

■

3.4.3 Kalman 滤波公式

由线性最优估计的定义可知, 下述引理成立.

引理 3.25 *若 $\boldsymbol{x}$ 的线性最优估计和估计方差分别为 $\hat{\boldsymbol{x}}$ 和 $\boldsymbol{P}$, 则 $\boldsymbol{A}\boldsymbol{x}$ 的线性最优估计和方差分别为 $\boldsymbol{A}\hat{\boldsymbol{x}}$ 和 $\boldsymbol{A}\boldsymbol{P}\boldsymbol{A}^{\mathrm{T}}$.*

Kalman 滤波公式考虑如下模型的线性最优估计.

$$
\begin{cases}
\boldsymbol{x}_k = \boldsymbol{A}\boldsymbol{x}_{k-1} + \boldsymbol{w}_{k-1} \\
\boldsymbol{y}_k = \boldsymbol{C}\boldsymbol{x}_k + \boldsymbol{v}_k
\end{cases}
\tag{3.138}
$$

其中

$$
E\left[\begin{pmatrix} \boldsymbol{w}_k \\ \boldsymbol{v}_k \end{pmatrix} \begin{pmatrix} \boldsymbol{w}_k & \boldsymbol{v}_k \end{pmatrix}\right] = \begin{pmatrix} \boldsymbol{\Sigma}_w^2 & \boldsymbol{0} \\ \boldsymbol{0} & \boldsymbol{\Sigma}_v^2 \end{pmatrix} \triangleq \boldsymbol{\Sigma}^2 \tag{3.139}
$$

状态估计的目标是: 已知信息 $\boldsymbol{Y}(k) = (\boldsymbol{y}_1, \boldsymbol{y}_2, \cdots, \boldsymbol{y}_k)$ 条件下, $\boldsymbol{x}_k$ 的线性最优估计为 $\hat{\boldsymbol{x}}_k$, 方差为 $\boldsymbol{P}_k$, 求在信息 $\boldsymbol{Y}(k+1) = \left(\boldsymbol{Y}(k), \boldsymbol{y}_{k+1}\right)$ 条件下, $\boldsymbol{x}_{k+1}$ 的线性最优估计 $\hat{\boldsymbol{x}}_{k+1}$ 和方差 $\boldsymbol{P}_{k+1}$.

第一步: 在信息 $\boldsymbol{Y}(k) = (\boldsymbol{y}_1, \boldsymbol{y}_2, \cdots, \boldsymbol{y}_k)$ 条件下, $\boldsymbol{x}_k$ 的线性最优估计为 $\hat{\boldsymbol{x}}_k$, 方差为 $\boldsymbol{P}_k$, 因为 $\boldsymbol{x}_{k+1} = \boldsymbol{A}\boldsymbol{x}_k + \boldsymbol{w}_k$, 由引理 3.25 得 $\boldsymbol{x}_{k+1}$ 的线性最优估计为

$$
\hat{\boldsymbol{x}}_{(k+1)|k} = \boldsymbol{A}\hat{\boldsymbol{x}}_k \tag{3.140}
$$

上式称为状态一步预测, 预测残差记为

$$
\tilde{\boldsymbol{x}}_{(k+1)|k} = \boldsymbol{x}_{k+1} - \hat{\boldsymbol{x}}_{k+1|k} \tag{3.141}
$$

由引理 3.25 得预测方差为

$$
\boldsymbol{P}_{(k+1)|k} = \boldsymbol{A}\boldsymbol{P}_{k+1}\boldsymbol{A}^{\mathrm{T}} + \boldsymbol{Q} \tag{3.142}
$$

上式称为状态一步预测的方差.

第二步: 在信息 $\boldsymbol{Y}(k) = (\boldsymbol{y}_1, \boldsymbol{y}_2, \cdots, \boldsymbol{y}_k)$ 条件下, $\boldsymbol{x}_k$ 的线性最优估计为 $\hat{\boldsymbol{x}}_k$, 方差为 $\boldsymbol{P}_k$, 因为 $\boldsymbol{y}_{k+1} = \boldsymbol{C}\boldsymbol{x}_{k+1} + \boldsymbol{v}_{k+1}$, 由引理引理 3.25 得 $\boldsymbol{y}_{k+1}$ 的线性最优估计为

$$
\hat{\boldsymbol{y}}_{(k+1)|k} = \boldsymbol{C}\hat{\boldsymbol{x}}_{(k+1)|k} \tag{3.143}
$$

上式称为输出一步预测, 预测残差记为

$$\tilde{\boldsymbol{y}}_{(k+1)|k}=\boldsymbol{y}_{k+1}-\hat{\boldsymbol{y}}_{(k+1)|k} \tag{3.144}$$

预测残差也称为新息, 由引理 3.25 得预测方差为

$$\boldsymbol{S}_{k+1}=\boldsymbol{C}\boldsymbol{P}_{(k+1)|k}\boldsymbol{C}^{\mathrm{T}}+\boldsymbol{R} \tag{3.145}$$

由噪声的独立性可得 $\tilde{\boldsymbol{x}}_{(k+1)|k}$ 与 $\tilde{\boldsymbol{y}}_{(k+1)|k}$ 的协方差

$$\boldsymbol{T}_{k+1}=\boldsymbol{P}_{(k+1)|k}\boldsymbol{C}^{\mathrm{T}} \tag{3.146}$$

其实

$$\begin{aligned}\boldsymbol{T}_{k+1}=&E\left(\tilde{\boldsymbol{x}}_{(k+1)|k}\tilde{\boldsymbol{y}}_{(k+1)|k}^{\mathrm{T}}\right)\\=&E\left(\tilde{\boldsymbol{x}}_{(k+1)|k}\left(\boldsymbol{C}\boldsymbol{x}_{(k+1)|k}-\boldsymbol{C}\boldsymbol{x}_{k+1}-\boldsymbol{v}_{k+1}\right)^{\mathrm{T}}\right)\\=&E\left(\tilde{\boldsymbol{x}}_{(k+1)|k}\tilde{\boldsymbol{x}}_{(k+1)|k}^{\mathrm{T}}\right)\boldsymbol{C}^{\mathrm{T}}=\boldsymbol{P}_{(k+1)|k}\boldsymbol{C}^{\mathrm{T}}\end{aligned}$$

第三步: 多信息 $\boldsymbol{Y}(k+1)=\left(\boldsymbol{Y}(k),\boldsymbol{y}_{k+1}\right)$ 条件下, 由定理 3.23 得 $\boldsymbol{x}_{k+1}$ 的线性最优估计为

$$\hat{\boldsymbol{x}}_{k+1}=\hat{\boldsymbol{x}}_{(k+1)|k}+\boldsymbol{T}_{k+1}\boldsymbol{S}_{k+1}^{-1}\left(\boldsymbol{y}_{k+1}-\hat{\boldsymbol{y}}_{(k+1)|k}\right) \tag{3.147}$$

记

$$\boldsymbol{K}_{k+1}=\boldsymbol{T}_{k+1}\boldsymbol{S}_{k+1}^{-1} \tag{3.148}$$

称为新息增益, 于是

$$\hat{\boldsymbol{x}}_{k+1}=\hat{\boldsymbol{x}}_{(k+1)|k}+\boldsymbol{K}_{k+1}\left(\boldsymbol{y}_{k+1}-\hat{\boldsymbol{y}}_{(k+1)|k}\right) \tag{3.149}$$

由定理 3.23 得 $\boldsymbol{x}_{k+1}$ 的线性最优估计方差为

$$\begin{aligned}\boldsymbol{P}_{k+1}=&\boldsymbol{P}_k-\boldsymbol{T}_{k+1}\boldsymbol{S}_{(k+1)|k}^{-1}\boldsymbol{T}_{k+1}^{\mathrm{T}}\\=&\boldsymbol{P}_k-\boldsymbol{K}_{k+1}\boldsymbol{T}_{k+1}^{\mathrm{T}}\end{aligned} \tag{3.150}$$

上述过程可以用图 3.2 来表示.

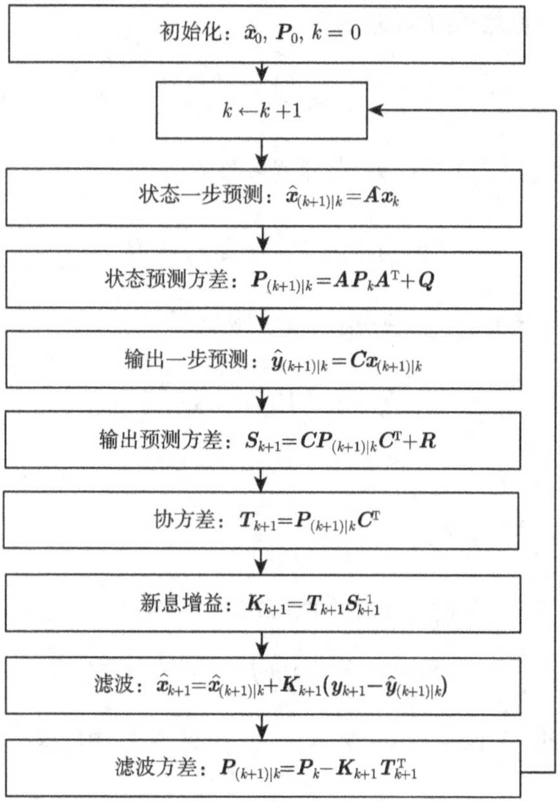

图 3.2　Kalman 滤波流程图

第 4 章 故障诊断基本方法

过程监控 (Process Monitoring) 是监控主体依据测量信息和控制的需求, 对监控客体的状态进行调控的闭环过程, 如图 4.1 所示.

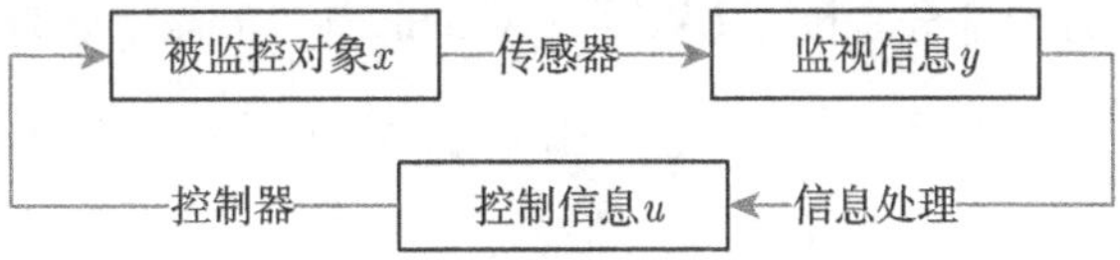

图 4.1 过程监控的过程

顾名思义, 状态监控包括两部分: “监” 和 “控”. “监” 是指监视 (Monitoring), 目的是利用传感器获得被监控对象的测量信息; “控” 是指控制 (Control), 目的是依据监视信息, 判断并调节被监控对象的状态, 其中状态判断是故障诊断所关注的任务, 而状态调控是容错控制关注的任务.

定义 4.1 *若 $\boldsymbol{z}$ 表示监控信息, 两个不同时刻 t_1 和 t_2 对应的监控信息为 $\boldsymbol{z}_1$ 和 $\boldsymbol{z}_2$, 且*

$$\boldsymbol{z}_2 - \boldsymbol{z}_1 \neq \boldsymbol{0} \tag{4.1}$$

则称 $\boldsymbol{z}$ 发生了变化 (Change), 并用残差 (Residual) 来刻画, 如下

$$\boldsymbol{r} = \boldsymbol{z}_2 - \boldsymbol{z}_1 \tag{4.2}$$

系统信息往往包括控制信息 (输入)、测量信息 (输出) 和状态等, 这些信息以一定的规律联系在一起.

例如, 静态过程监控中, $\boldsymbol{y}$ 和 $\boldsymbol{u}$ 满足

$$\boldsymbol{y} = \boldsymbol{\beta u} + \boldsymbol{e} \tag{4.3}$$

又如, 动态过程监控中的 $\boldsymbol{x}$, $\boldsymbol{y}$ 和 $\boldsymbol{u}$ 满足

$$\begin{cases} \boldsymbol{x}_k = \boldsymbol{A}\boldsymbol{x}_{k-1} + \boldsymbol{B}\boldsymbol{u}_{k-1} + \boldsymbol{E}\boldsymbol{w}_{k-1} \\ \boldsymbol{y}_k = \boldsymbol{C}\boldsymbol{x}_k + \boldsymbol{D}\boldsymbol{u}_k + \boldsymbol{v}_k \end{cases} \tag{4.4}$$

测量信息和控制信息统称为监控信息, 用 $\boldsymbol{z}$ 或者 $\boldsymbol{z} = f(\boldsymbol{u}, \boldsymbol{y})$ 表示. 后面 $\boldsymbol{z}$ 可能是 $\boldsymbol{y}$ 和 $\boldsymbol{u}$ 的任意组合方式. 比如, $\boldsymbol{z} = \boldsymbol{u}, \boldsymbol{z} = \boldsymbol{y}$ 或者 $\boldsymbol{z} = \left(\boldsymbol{y}^{\mathrm{T}}, \boldsymbol{z}^{\mathrm{T}}\right)^{\mathrm{T}}$.

4.1　变化及其类型

当被监控对象处于正常状态时, 监控信息在某种意义下往往是保持不变的, 而状态监控更关注那些变化的信息, 下面对常见的变化进行分类.

4.1.1　确定型变化和随机型变化

监控信息 $\boldsymbol{z}$ 一般可以分解为两部分组成, 一部分是确定型信号 (Deterministic Signal), 记为 $\boldsymbol{z}^s$; 另一部分是随机型噪声 (Stochastic Noise), 记为 $\boldsymbol{z}^n$, 于是

$$\boldsymbol{z} = \boldsymbol{z}^s + \boldsymbol{z}^n \tag{4.5}$$

对应地, 残差分解为

$$\boldsymbol{r} = \boldsymbol{r}^s + \boldsymbol{r}^n \tag{4.6}$$

其中

$$\begin{cases} \boldsymbol{r}^s = \boldsymbol{z}_2^s - \boldsymbol{z}_1^s \\ \boldsymbol{r}^n = \boldsymbol{z}_2^n - \boldsymbol{z}_1^n \end{cases} \tag{4.7}$$

定义 4.2　若 $\boldsymbol{r}^s \neq \boldsymbol{0}$, 称系统发生了确定型变化 (Deterministic Change); 如果 $\boldsymbol{r}^n \neq \boldsymbol{0}$, 称系统发生了随机型变化 (Stochastic Change).

注解 4.1　关于确定型变化和随机型变化, 需要注意:

(1) 若 $\boldsymbol{z}$ 发生了确定型变化, 则意味着 $\boldsymbol{z}$ 的均值发生了变化, 因而确定型变化也称为均值变化 (Mean Change).

(2) 发生了随机型变化, 一般指 $\boldsymbol{z}$ 的方差发生了变化, 因而随机型变化也称为方差变化 (Variance Change).

(3) 后面将会发现: 在监控图中, 确定型变化比随机型变化更容易检测.

(4) 当然, $\boldsymbol{z}^s$ 和 $\boldsymbol{z}^n$ 可能同时发生显著变化, 由于这种变化很复杂, 而且发生的概率较小, 因此本书并不考虑这种情形.

4.1.2　微小变化和巨大变化

若 $\boldsymbol{z}$ 发生了确定型变化, 按照残差 $\boldsymbol{r}^s$ 的幅值大小可以将变化分为微小变化和巨大变化.

定义 4.3　若残差 $\boldsymbol{r}^s$ 的幅值较小, 则称为微小变化 (Incipient Change); 否则, 称该变化为巨大变化 (Great Change).

注解 4.2　关于微小变化和巨大变化, 需要注意:

(1) 微小变化有时也称渐变 (Gradual Change); 巨大变化有时也称突变 (Abrupt Change);

(2) "较大" 和 "较小" 都不是精确的定量描述语言, 下面的定义则更精确地描述了微小变化和巨大变化.

如果 z 的第 i 个变量发生了确定型变化, $\|\boldsymbol{r}^s\|$ 表示均值变化的幅值, σ 表示 $\boldsymbol{r}^n$ 第 i 个变量的方差, 称下式为第 i 个变量的变化–噪声比 (CNR, Change-Noise Ratio)

$$\mathrm{CNR} = \frac{\|\boldsymbol{r}^s\|}{\sigma} \tag{4.8}$$

定义 4.4 如果 $p \geqslant 0$ 是一个给定的正数, 若变化–噪声比小于该常数, 即

$$\mathrm{CNR} < p \tag{4.9}$$

则称 z 的第 i 个变量发生了微小变化, 否则称 z 发生了巨大变化.

在 4.3 节将会发现 p 的选择与显著性水平 α 相关. 若 α 越大, 则 p 越小.

4.1.3 单变量变化和多变量变化

定义 4.5 若监控信息 z 是多维变量, 且只有单个变量发生了变化, 则称该变化为单变量变化 (Univariate Change); 否则称该变化为多变量变化 (Multivariate Change).

4.1.4 输入变化和输出变化

定义 4.6 若控制信息 $\boldsymbol{u}$ 发生了变化, 则称该变化为输入变化 (Input Change); 若测量信息 $\boldsymbol{y}$ 发生了变化, 则称该变化为输出变化 (Output Change).

因为输入变量与执行器有关, 故输入变化也称为执行器变化 (Actuator Change); 类似地, 输出变量与传感器有关, 所以输出变化也称为传感器变化 (Sensor Change).

4.1.5 加性变化和乘性变化

定义 4.7 若模型 (4.3) 或者 (4.4) 中变量的 $\boldsymbol{y}$ 或 $\boldsymbol{u}$ 发生了变化, 则称发生了加性变化 (Additive Change); 若参数 β 或者 $(\boldsymbol{A}, \boldsymbol{B}, \boldsymbol{C}, \boldsymbol{D})$ 发生了变化, 则称发生了乘性变化 (Multiplicative Change).

4.2 故障和故障诊断

4.2.1 故障和故障类型

一般来说, 被监控对象时刻经历着变化, 并不是所有的变化都是故障. 某些变化超过了给定的范围才称为故障.

定义 4.8 若某个变化的幅值超过了允许的范围, 则称系统发生了故障 (Fault), 该变化对应的时间称为故障时间 (Fault Time).

注解 4.3　并不是所有的变化都是故障, 比如:

(1) 由随机噪声引起的变化一般不认为是故障. 由于测量总是存在噪声, 而且在任意两个时刻噪声的取值几乎都是不同的, 因此监控信息也是时刻变化的, 这种变化当然不能认为是故障. 但是方差变化, 一般认为是故障. 例如, 传感器卡死故障 (Stuck Fault), 就是方差变为零的故障.

(2) 工作点变化 (Working Point Change) 不是故障. 某些确定型变化/加性变化并不是故障, 比如, 为了完成生产任务, 生产车间可能加快生产率, 进料和产品都发生了显著变化, 但是车间是正常的, 这种变化不能认为是故障. 类似地, 运动场上运动员的步伐、心率、血压都上升了, 并不能因此就判断人患有疾病.

(3) 与变化类型对应的可以有下列故障类型: 确定型故障 (Deterministic Fault) 和随机型故障 (Stochastic Fault); 微小故障 (Incipient Fault) 和巨大故障 (Great Fault); 单变量故障 (Univariate Fault) 和多变量故障 (Multivariate Fault); 输入故障 (Input Fault) 和输出故障 (Output Fault); 加性故障 (Additive Fault) 和乘性故障 (Multiplicative Fault).

4.2.2　故障诊断

如图 4.2 所示, 故障诊断 (Fault Diagnosis) 是利用监控信息进行故障检测 (Fault Detection)、故障隔离 (Fault Isolation)、故障辨识 (Fault Identification) 的过程.

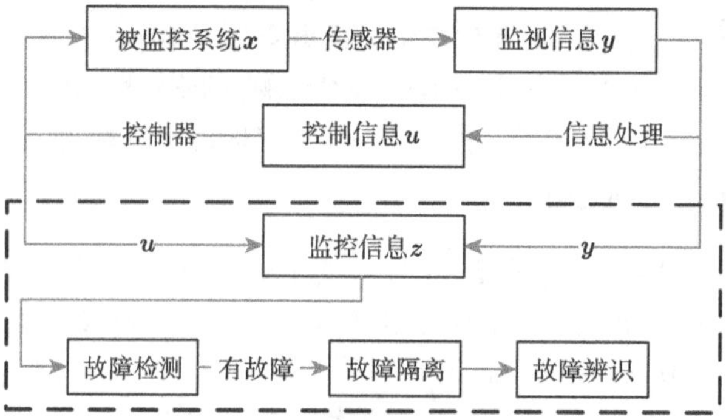

图 4.2　故障诊断的过程

依据国际自动控制联合会的约定: 故障检测就是判断系统是否发生了故障; 故障隔离就是判断故障的类型和硬件位置; 故障辨识就是进一步判断故障的幅值、时变特性等.

故障诊断包括了故障检测、故障隔离和故障辨识三个循序渐进的任务, 由于故障辨识一般都比较困难, 且经常不是必须的任务, 因而大量文献把故障诊断等价地称为故障检测与故障隔离 (FDI, Fault Detection and Isolation).

4.2.3 故障诊断性能评估

为了对比不同故障诊断方法的差异, 下面介绍常用的故障检测、故障隔离和故障辨识的性能指标.

误报率和漏报率是用于评价故障检测方法的性能指标. 若 $\boldsymbol{Z}=\begin{pmatrix}\boldsymbol{Z}_n\\ \boldsymbol{Z}_f\end{pmatrix}$ 表示待检测数据序列 (也称为测试数据), 其中 $\boldsymbol{Z}_n$ 表示正常数据, 样本容量为 N_n; $\boldsymbol{Z}_f$ 表示故障数据, 样本容量为 N_f.

定义 4.9 对于某种故障检测方法, N_{fa} 表示正常数据被误判为故障数据的样本数; N_{fn} 表示故障数据被误判为正常数据的样本数, 则该方法对该故障的误报率 (FAR, False Alarm Rate) 和漏报率 (FNR, False Nagetive Rate) 分别为

$$\begin{cases}\mathrm{FAR}=\dfrac{N_{fa}}{N_n} & (4.10\mathrm{a})\\ \mathrm{FNR}=\dfrac{N_{fn}}{N_f} & (4.10\mathrm{b})\end{cases}$$

还有一个评价检测方法的指标: 检测率 (FDR, Fault Detection Rate), 定义如下

$$\mathrm{FDR}=\frac{N_{fn}}{N_f} \tag{4.11}$$

漏报率和检测率之和等于 1, 即

$$\mathrm{FNR}+\mathrm{FDR}=1 \tag{4.12}$$

隔离率 (FIsR, Fault Isolation Rate) 是用于评价故障隔离方法的指标.

定义 4.10 $\boldsymbol{Z}_f$ 表示故障数据, 样本容量为 N_f. 对于某种故障隔离方法, N_{fi} 表示把 $\boldsymbol{Z}_f$ 中被误判为其他故障类型的样本数, 那么该方法对该故障的隔离率 FIsR 为

$$\mathrm{FIsR}=1-\frac{N_{fi}}{N_f} \tag{4.13}$$

辨识率 (FIdR, Fault Identification Rate) 是用于评价故障辨识方法的指标.

定义 4.11 $\|\boldsymbol{f}\|$ 表示实际的故障范数, $\left\|\hat{\boldsymbol{f}}\right\|$ 表示用某个故障辨识方法估计的故障范数, 那么该方法对该故障的辨识率 FIdR 为

$$\mathrm{FIdR}=\frac{\left\|\hat{\boldsymbol{f}}\right\|}{\|\boldsymbol{f}\|} \tag{4.14}$$

4.3　单变量故障检测的基本方法

单变量统计法 (Univariate Statistics) 是最简单的故障检测方法, 其应用也是最广泛的. 该方法的特点是, 故障检测和隔离是同步的, 因此故障诊断的效率很高. 最经典的单变量检测法是休哈特 (Shewhart) 检测法, 其基本思想是: 在正态分布假设下, 为监控变量的每个分量确定一个合理的变化范围, 若某个分量超出该范围, 则认为该分量发生了故障. 对于微小故障, 休哈特检测法的检测率较低, 此时, 累积和 (CUSUM, Cumulative Sum) 检测法和指数加权滑动平均 (EWMA, Exponential Moving Weighted Average) 检测法可以增强对故障敏感度.

从数理统计的观点来看, 故障检测的实质是假设检验. 根据假设检验的步骤, 先给出原假设和备选假设. 原假设为: 待测试数据 z 为处于正常状态; 备选假设为: 待测试数据 z 处于故障状态. 对于 z 来说, 若出现误报, 即正常数据被误认为是故障数据, 在统计学中称为 "弃真", 也称为第 I 类错误; 若出现漏报, 即故障数据被误认为是正常数据, 在统计学中称为 "存伪", 也称为第 II 类错误. 图 4.3 给出了误报率和漏报率的解释图: 其中灰色区域 (右) 表示误报率; 黑色区域 (左) 表示漏报率.

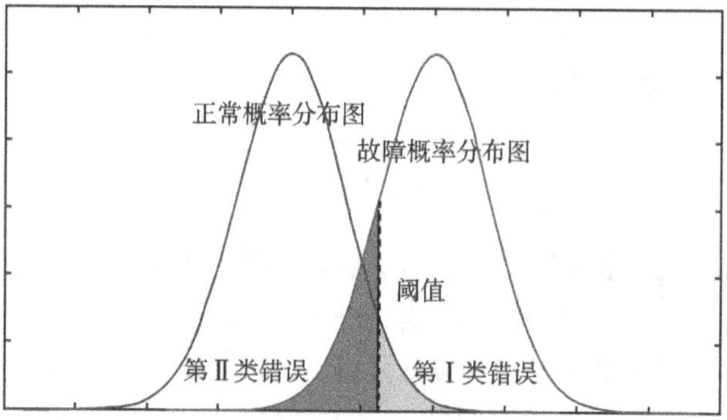

图 4.3　误报率 (灰) 和漏报率 (黑)

4.3.1　休哈特检测法

休哈特检测法也称为限幅检测, 误报率和漏报率是故障检测的关键指标, 一般采取最小化漏报率的保守策略, 即在误报率受控的条件下降低漏报率. 如图 4.4 所示, 黑点表示被监控样本, 休哈特图中包括三条直线: 中心线 (CL)(中间虚线)、置信上限 (UCL)(上端实线) 和置信下限 (LCL)(下端实线), 其中置信下限与置信上限构成了置信区间.

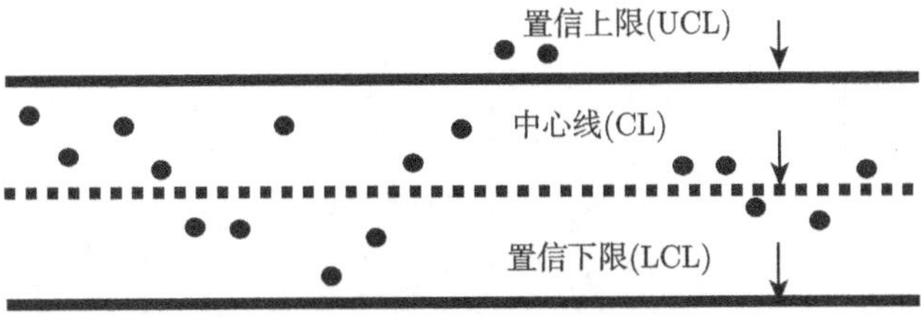

图 4.4 休哈特图

休哈特检测法的原假设为:z 处于正常状态, 备选假设为:z 处于故障状态. 本节只考虑均值变化故障, 于是原假设为 $H_0: \mu = \mu_0$, 备选假设为 $H_1: \mu \neq \mu_0$. 第 I 类错误的概率称为误报率, 即显著水平为 α. 通常情况下, 对于一些成熟的, 故障率比较低的被监控对象, 要让误报率尽量小. 例如, 尽管客机在起飞、巡航和降落的过程中, 要经历穿出云层、晴空湍流和穿入云层, 因此不可避免地导致超重、颠簸和失重, 但是客机自身是成熟产品, 故障率非常低, 若误报率太高, 将导致频繁报警, 从而导致飞行员的疲劳和乘客的紧张.

若原假设成立, 且数据 z 服从正态分布, 其中 μ 为均值, σ^2 为方差, 则 z 的概率密度函数为

$$p(z) = \frac{1}{\sigma\sqrt{2\pi}} e^{-\frac{(z-\mu)^2}{2\sigma^2}} \tag{4.15}$$

若显著性水平为 α, 而 $N_{1-\alpha/2} > 0$ 是标准正态分布对应于 $\left(1 - \frac{\alpha}{2}\right)$ 的分位数, 即

$$P\left\{\frac{z-\mu}{\sigma} < N_{1-\alpha/2}\right\} = 1 - \frac{\alpha}{2} \tag{4.16}$$

那么休哈特检测法的阈值 (Threshold), 即置信下限和置信上限分别为

$$\begin{cases} \mathrm{LCL} = \mu - \sigma N_{1-\alpha/2} \\ \mathrm{UCL} = \mu + \sigma N_{1-\alpha/2} \end{cases} \tag{4.17}$$

例 4.1 若 $\mu = 0, \sigma^2 = 1, \alpha = 0.05$, 则图 4.5 中的左右阴影的面积都等于 $\alpha/2$, 置信下限为图中左阴影的边界, 置信上限为右阴影的边界.

定理 4.1 若用 z 和 μ 分别代替公式 (4.2) 中 z_2 和 z_1, 那么在原假设下有

$$r = z - \mu \sim N\left(0, \sigma^2\right) \tag{4.18a}$$

$$N(z) = \sigma^{-1} r \sim N(0, 1) \tag{4.18b}$$

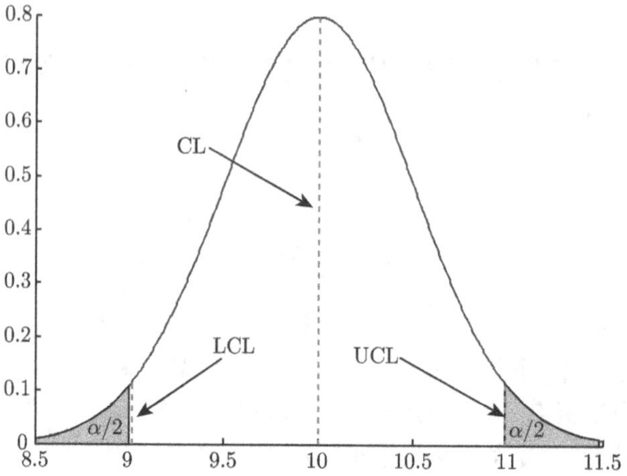

图 4.5　正态分布下的置信上限/下限

称 r 为检测残差; $N(z)$ 为检测统计量 $N(z)$, 对应的置信下限和置信上限分别为

$$\begin{cases} \mathrm{LCL} = -N_{1-\alpha/2} \\ \mathrm{UCL} = N_{1-\alpha/2} \end{cases} \tag{4.19}$$

综上, 给出休哈特检测法的检测算法:

第一步: 中心化, 依据公式 (4.18a) 构造检测残差 r.

第二步: 单位化, 依据公式 (4.18b) 构造检测统计量 $N(z)$.

第三步: 阈值, 依据公式 (4.19) 计算置信下限和上限.

第四步: 判别, 如果 $N(z) \in [\mathrm{LCL}, \mathrm{UCL}]$, 则 z 是正常数据, 否则 z 为故障数据.

例 4.2　假设正常数据均值为 $\mu = 10$, 标准差 $\sigma = 0.5$; 共进行 4 次仿真, 每次仿真中, 故障发生在第 500 个样本点. 4 次仿真的故障均值分别为 $\mu_1 = 10.5; \mu_2 = 11; \mu_3 = 11.5; \mu_4 = 12$, 方差为 $\sigma_i = 0.5, i = 1, 2, 3, 4$. 取显著度水平为 $\alpha = 0.05$, 则置信下限为 $\mathrm{UCL} = 1.96$, 置信上限为 $\mathrm{LCL} = -1.96$. 休哈特检测法的结果见图 4.6, 其中横线细虚线表示置信下限, 横线粗虚线表示置信上限, 纵向细虚线表示故障和正常之间的样本边界.

从仿真结果可以发现:

(1) 每次仿真的误报率 FAR 约等于显著性水平, 0.05.

(2) 若故障引起的均值变化的幅值越大, 则检测率 FDR 越高. 若变化幅值与标准差相当, 则检测率 FDR 很低, 见图 4.6(a), 针对这个问题, 累积和检测法和指数加权滑动平均检测法可以用累积放大技术提高故障的检测率, 见 4.3.2 节和 4.3.3 节.

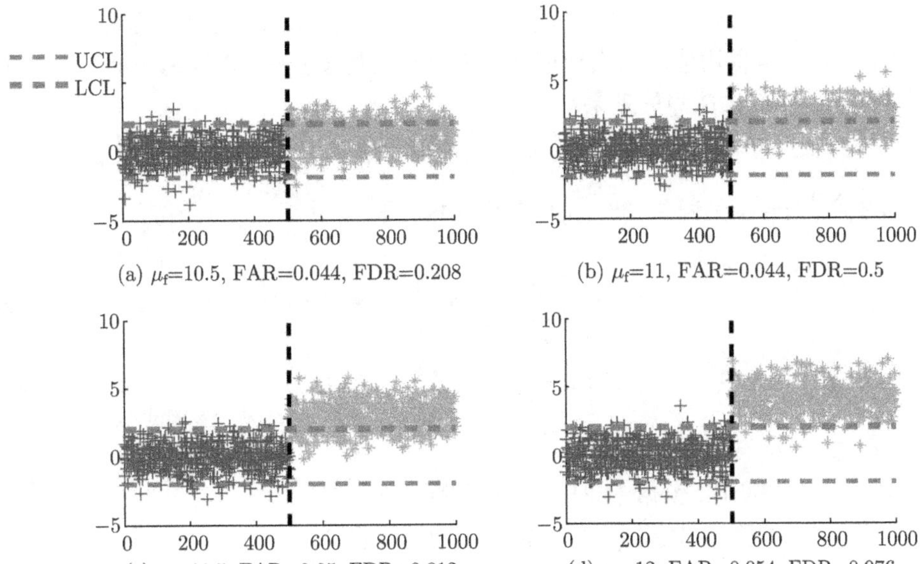

(a) μ_{f}=10.5, FAR=0.044, FDR=0.208

(b) μ_{f}=11, FAR=0.044, FDR=0.5

(c) μ_{f}=11.5, FAR=0.05, FDR=0.812

(d) μ_{f}=12, FAR=0.054, FDR=0.976

图 4.6 休哈特检测法在不同故障下的检测结果

(3) 休哈特检测算法假定正常数据的 μ 和标准差 σ 是已知的, 但是在应用中这个条件可能不成立, 针对这个问题, 4.3.4 节分别提出用 t 分布和 F 分布进行故障检测的方法.

(4) 休哈特检测法对方差变大的随机故障不敏感, 针对这个问题, 4.3.5 节将讨论这种故障的检测方案.

(5) 只要数据的均值发生了明显的变化, 那么休哈特检测法会认为系统发生了故障. 因此该方法不能用于监控多工作点问题. 比如, 为了完成生产任务, 生产车间可能加快生产率, 进料和产品都将发生显著变化, 但是车间生产线是正常的, 这种变化不能认为是故障, 针对这个问题, SPE 检测统计量可以防止把工作点变化误判为故障, 见 4.4.3 节的第 2 种检测统计量 $Q(z)$.

4.3.2 累积和检测法

累积和检测法通过累加的方式, 使得微小变化达到放大的效果, 进而达到提高故障检测率的目的. 累积和检测法的原假设为 $H_0:\mu=\mu_0$; 备选假设为 $H_1:\mu=\mu_0+\Delta\mu$, 其中 $\Delta\mu$ 非常小.

$z_1,\cdots,z_{i-1},z_i=z$ 表示 z 前端的 i 个数据, 如果备选假设成立, 那么

$$r=\left(\sum_{j=1}^{i}\boldsymbol{z}_j-i\mu\right)\sim N\left(i\Delta\mu,\left(\sqrt{i}\sigma\right)^2\right) \tag{4.20}$$

上式表明, 如果系统发生了故障, 那么残差的均值与 i 成正比, 而标准差与 $\sqrt{i}$ 成正比, 也就是说均值的放大速度比标准差放大速度要快, 正因为如此, 累积和检测法可以达到放大故障的效果.

定理 4.2　若 $z_1, \cdots, z_{i-1}, z_i = z$ 表示 z 前端的 i 个数据, 且用 $\sum_{j=1}^{i} z_j$ 和 $i\mu$ 分别代替公式 (4.2) 中的 z_2 和 z_1, 则在原假设下有

$$\begin{cases} r = \left(\sum_{j=1}^{i} z_j - i\mu\right) \sim N\left(0, i\sigma^2\right) & \text{(4.21a)} \\ N(z) = \left(i\sigma^2\right)^{-1/2} r \sim N(0,1) & \text{(4.21b)} \end{cases}$$

综上, 给出累积和检测算法:

第一步: 中心化, 依据 (4.21a) 构造检测残差 r.

第二步: 单位化, 依据 (4.21b) 构造检测统计量 $N(z)$.

第三步: 阈值, 依据 (4.19) 计算置信下限和上限.

第四步: 判别, 如果 $N(z) \in [\text{LCL}, \text{UCL}]$, 则 z 是正常数据, 否则 z 为故障数据.

例 4.3　假设正常数据均值为 $\mu = 10$, 标准差 $\sigma = 0.5$; 仿真中在第 $N_n = 500$ 个样本点时发生故障, 但是故障引起的均值变化幅值很小, 故障均值为 $\mu_1 = 10.5$, 即 $\Delta\mu = \sigma$. 此时故障噪声比为

$$\text{FNR} = \frac{\mu_1 - \mu}{\sigma} = 1$$

由于 FNR 很小, 导致这种故障容易被正常的随机波动所淹没; 在累积和检测算法中

$$r = \left(\sum_{j=1}^{i} z_j - i\mu\right) \sim \begin{cases} N\left(0, i\sigma^2\right), & i \leqslant 500 \\ N\left((i-500)\sigma, i\sigma^2\right), & i > 500 \end{cases} \tag{4.22}$$

所以

$$N(z) = \left(i\sigma^2\right)^{-1/2} r \sim \begin{cases} N(0,1), & i \leqslant 500 \\ N\left((i-500)/\sqrt{i}, 1\right), & i > 500 \end{cases} \tag{4.23}$$

若 $i > 500 + 45$, 则 $(i-500)/\sqrt{i} > \text{UCL} = 1.96$, 也就是说: 累积和检测法检测到的故障时间比故障发生的实际时间平均延迟了 45 个采样点, 而且故障发生前的正常数量 N_n 越大, 延迟越严重. 仿真对比了休哈特检测法和累积和检测法的故障检测效果, 如图 4.7 所示, 尽管延迟量为 52 个采样点, 但是检测统计量单调上升. 因此与休哈特检测法相比, 累积和检测法的误报率和漏报率都明显降低了.

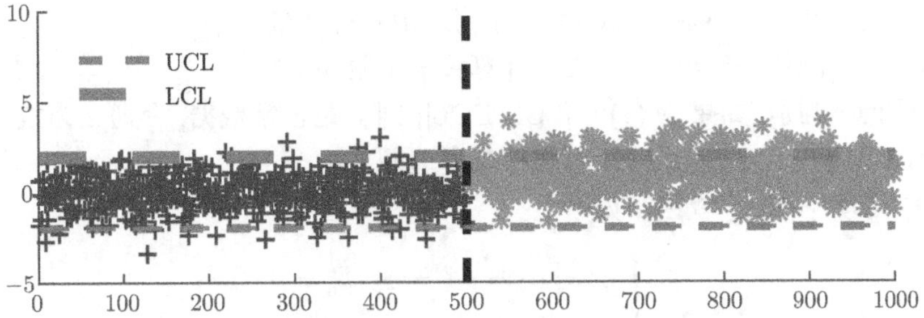

(a) 休哈特图，μ_f=10.5, FAR=0.038, FDR=0.17

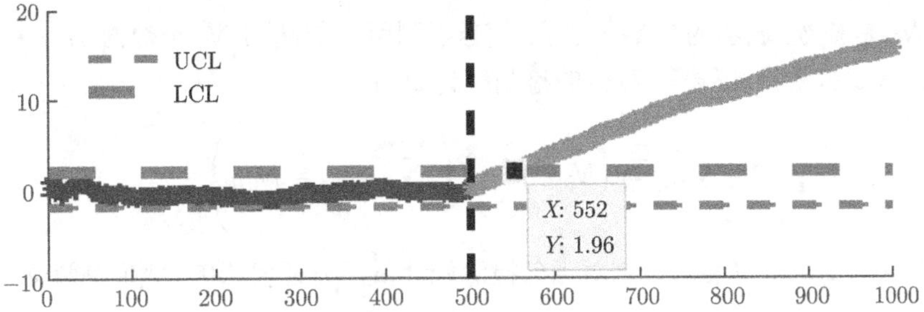

(b) 累积和图，μ_f=10.5, FAR=0, FDR=0.894

图 4.7 休哈特检测法和累积和检测法对比

4.3.3 指数加权平均检测法

累积和检测法在构建检测残差时, 利用了故障发生以前所有的正常数据. 如果正常数据较多, 那么故障检测延迟就较长, 即检测到的故障时间远远滞后于故障实际发生时间, 为了解决这个问题, 需要引入加权因子, 弱化前端正常数据对故障检测的影响.

定理 4.3 若 $z_1, \cdots, z_{i-1}, z_i = z$ 表示 z 前端的所有数据, 用 $\sum\limits_{j=1}^{i} \alpha_j z_j$ 和 $\mu \sum\limits_{j=1}^{i} \alpha_j$ 分别代替公式 (4.2) 中 z_2 和 z_1, 那么在原假设下有

$$\begin{cases} r = \left(\sum\limits_{j=1}^{i} \alpha_j z_j - \mu \sum\limits_{j=1}^{i} \alpha_j\right) \sim N\left(0, \sum\limits_{j=1}^{i} \alpha_j^2 \sigma^2\right) & \text{(4.24a)} \\ N(z) = \left(\sum\limits_{j=1}^{i} \alpha_j^2 \sigma^2\right)^{-1/2} r \sim N(0,1) & \text{(4.24b)} \end{cases}$$

综上, 给出指数加权平均检测算法:

第〇步: 选择加权因子, 加权因子 $\alpha_1, \cdots, \alpha_{i-1}, \alpha_i$ 单调递增.

第一步: 中心化, 依据公式 (4.24a) 构造检测残差 r.

第二步: 单位化, 依据公式 (4.24b) 构造检测统计量 $N(z)$.

第三步: 阈值, 依据公式 (4.19) 计算置信下限和上限.

第四步: 判别, 如果 $N(z) \in [\mathrm{LCL}, \mathrm{UCL}]$, 则 z 是正常数据, 否则 z 为故障数据.

加权因子 $\alpha_1, \cdots, \alpha_{i-1}, \alpha_i$ 有两种典型选择方法.

(1) 滑动平均法: 权因子如下

$$\begin{cases} \alpha_1 = \alpha_2 = \cdots = \alpha_{i-N_0} = 0 \\ \alpha_{i-N_0+1} = \cdots = \alpha_i = 1 \end{cases} \tag{4.25}$$

其中 N_0 是整数, 表示的是窗宽因子, 相当于利用 z 前端的 N_0 个数据 $z_{i-N_0+1}, \cdots, z_{i-1}, z_i = z$ 构造检测残差, 对应的检测统计量为

$$N(z) = \left(N_0 \sigma^2\right)^{-1/2} \left(\sum_{j=0}^{N_0-1} z_{i-j} - N_0 \mu\right) \tag{4.26}$$

可以发现 z_{i-N_0+1} 以前的数据对当前检测统计量没有任何影响, 我们称滑动平均法具有 N_0 步截尾特性.

(2) 指数加权法: 权因子如下

$$\alpha_j = a^j, \quad j = 1, \cdots, i \tag{4.27}$$

其中 $a < 1$ 是指数因子, 相当于利用 z 前端的所有数据 $z_1, \cdots, z_{i-1}, z_i = z$ 构造检测残差, 对应的检测统计量为

$$N(z) = \left(\sum_{j=1}^{i} a^{2j} \sigma^2\right)^{-1/2} \left(\sum_{j=1}^{i} a^j (z_j - \mu)\right) \tag{4.28}$$

可以发现 z 前端数据对当前检测统计量都有影响, 但是时差越长, 则影响越小, 因此指数因子 α 也称为遗忘因子或者记忆因子.

例 4.4　数据生成与例 4.3 相同.

若窗宽因子为 $N_0 = 16$, 则

$$N(z) = (4\sigma)^{-1} \left(\sum_{j=0}^{15} z_{i-j} - 16\mu\right) \sim \begin{cases} N(0,1), & i \leqslant 500 \\ N((i-500)/4, 1), & 501 \leqslant i \leqslant 516 \\ N(4,1), & i > 516 \end{cases} \tag{4.29}$$

仿真结果如图 4.8 所示, 可以发现累积和检测法检测法有 8 个采样点的延迟, 检测统计量不再单调上升. 与累积和检测法相比, 滑动窗加权法的误报率和检测率略有提高, 但是延迟量大大降低.

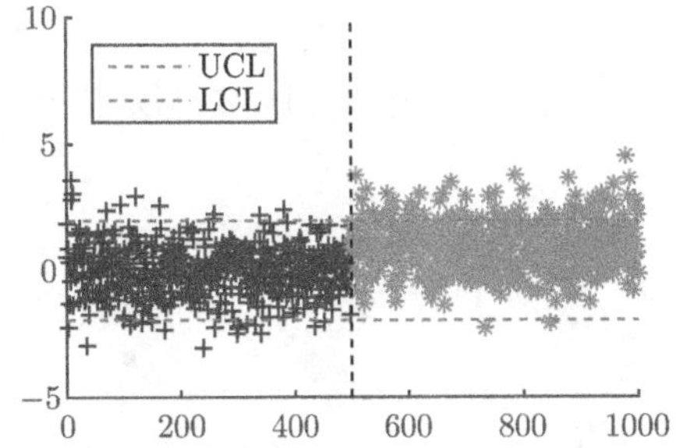

(a) 休哈特图, μ_f=10.5, FAR=0.056, FDR=0.15

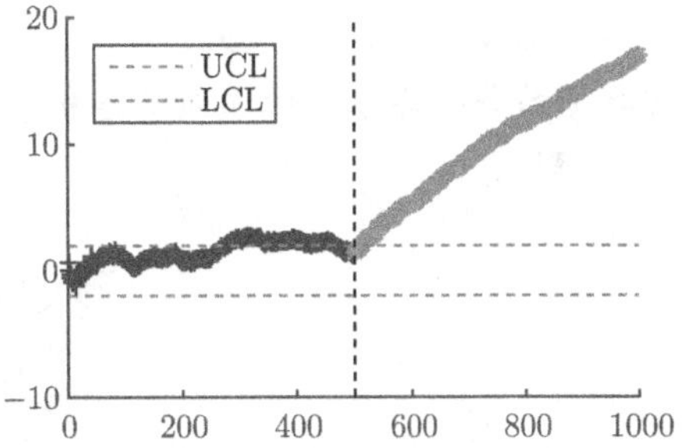

(b) 累积和图, μ_f=10.5, FAR=0.386, FDR=0.974

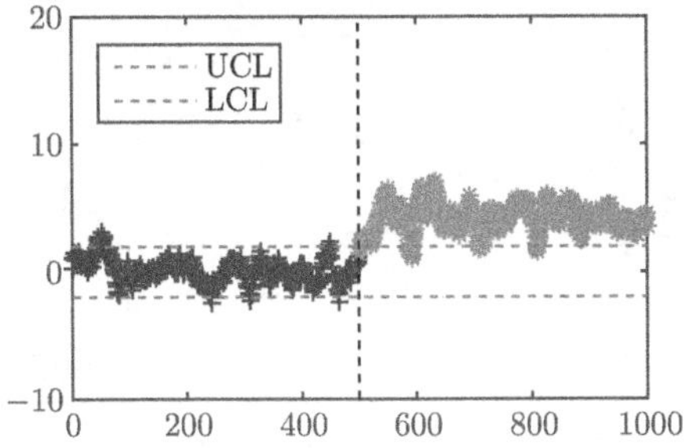

(c) 滑动平均图, μ_f=10.5, FAR=0.038, FDR=0.96

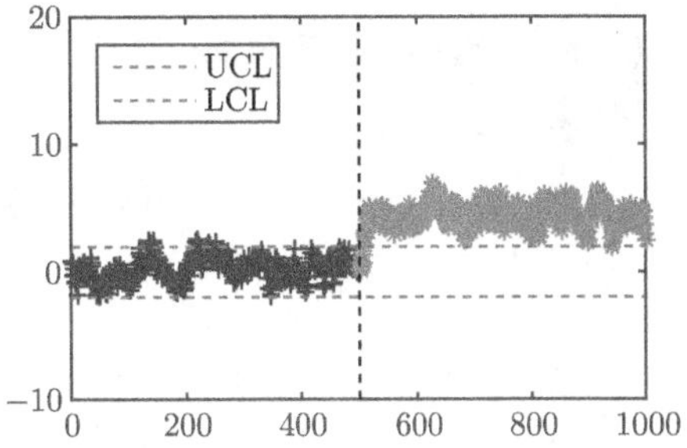

(d) 指数加权图, μ_f=10.5, FAR=0.036, FDR=0.982

图 4.8 不同检测方法对比图

若指数因子为 $\alpha = 0.9$, 则检测延迟量为 4 个采样点, 检测统计量不再单调上升. 与累积和检测法相比, 指数加权法误报率和检测率略有提高, 延迟量也大大降低.

4.3.4 未知参数下的检测方法

可以发现: 休哈特检测法、累积和检测法和指数加权滑动平均检测法的基本假设都认为均值和方差是已知的, 实际应用中, 这个条件可能并不成立. 然而系统正常状态下有对应的监控数据, 称为训练数据, 记为

$$\boldsymbol{Z} = (z_1, \cdots, z_N) \in \mathbb{R}^{n_{\boldsymbol{z}} \times N} \tag{4.30}$$

此时, 可以用训练数据的样本均值和样本方差分别代替均值和方差, 即

$$\begin{cases} \overline{Z} = \dfrac{1}{N}\displaystyle\sum_{i=1}^{N} z_i \\ \hat{S}_{\boldsymbol{z}} = \dfrac{1}{N-1}\left(\boldsymbol{Z} - \overline{Z}\mathbf{1}^{\mathrm{T}}\right)\left(\boldsymbol{Z} - \overline{Z}\mathbf{1}^{\mathrm{T}}\right)^{\mathrm{T}} \end{cases} \tag{4.31}$$

由下述定理可知样本方差是方差的无偏估计.

定理 4.4 若训练数据 $Z=(z_1,\cdots,z_N)$ 满足 $z_i \overset{\text{iid}}{\sim} N\left(\mu,\sigma^2\right), i=1,\cdots,N$, 即训练数据的每个样本是独立同正态分布的, 测试数据 z 与训练数据 $\boldsymbol{Z}$ 也是独立同分布的, 那么

(1)

$$r=z-\overline{Z}\sim N\left(0,\frac{N+1}{N}\sigma^2\right) \tag{4.32}$$

(2)

$$(N-1)\,\hat{S}_z/\sigma^2\sim\chi^2\,(N-1) \tag{4.33}$$

(3) r 与 $\hat{S}_z/\sigma^2$ 相互独立;

(4) 若

$$t(z)=\sqrt{\frac{N}{N+1}}\frac{r}{\sqrt{\hat{S}_z}} \tag{4.34}$$

则

$$t(z)\sim t\,(N-1) \tag{4.35}$$

(5) 若

$$F\,(z)=\frac{N}{N+1}r^{\mathrm{T}}\hat{S}_z^{-1}r \tag{4.36}$$

则

$$F\,(z)\sim F\,(1,N-1) \tag{4.37}$$

证明 构造如下正交矩阵:

$$\boldsymbol{T}=\begin{pmatrix} \frac{1}{\sqrt{N}} & \frac{1}{\sqrt{N}} & \frac{1}{\sqrt{N}} & \cdots & \frac{1}{\sqrt{N}} \\ \frac{1}{\sqrt{1\cdot 2}} & \frac{-1}{\sqrt{1\cdot 2}} & 0 & \cdots & 0 \\ \frac{1}{\sqrt{2\cdot 3}} & \frac{1}{\sqrt{2\cdot 3}} & \frac{-2}{\sqrt{2\cdot 3}} & \cdots & 0 \\ \vdots & \vdots & \vdots & & \vdots \\ \frac{1}{\sqrt{(N-1)N}} & \frac{1}{\sqrt{(N-1)N}} & \frac{1}{\sqrt{(N-1)N}} & \cdots & \frac{-(N-1)}{\sqrt{(N-1)N}} \end{pmatrix} \tag{4.38}$$

该矩阵记为

$$\boldsymbol{T}=\begin{pmatrix} \frac{1}{\sqrt{N}}\mathbf{1} \\ * \end{pmatrix} \tag{4.39}$$

其中 $\mathbf{1}\in\mathbb{R}^{1\times N}$, $*$表示矩阵的具体值不影响后续证明过程. 再对训练数据进行正交变换, 如下

$$\boldsymbol{Y}=\boldsymbol{Z}\boldsymbol{T}^{\mathrm{T}} \tag{4.40}$$

注意 $\boldsymbol{T}$ 是正交矩阵, 所以

$$\sum_{i=1}^{N} {y_i}^2 = \sum_{i=1}^{N} {z_i}^2 \tag{4.41}$$

因为 $z_i \overset{\text{iid}}{\sim} N\left(\mu, \sigma^2\right), i = 1, \cdots, N$, 依据公式 (3.47) 可知

$$\boldsymbol{Y} \sim N\left(\mu \mathbf{1}^{\mathrm{T}} \boldsymbol{T}^{\mathrm{T}}, \sigma^2 \boldsymbol{I}_N\right) \tag{4.42}$$

上式表明

$$\overline{Z} = y_1/\sqrt{N} \sim N\left(\mu, \frac{\sigma^2}{N}\right) \tag{4.43}$$

且从 $\boldsymbol{Y}$ 的方差阵可以看出 $y_1, \cdots, y_N$ 是相互独立的, 从而

$$r = z - \overline{Z} \sim N\left(0, \frac{N+1}{N}\sigma^2\right)$$

所以命题 (1) 得证. 又因为

$$\begin{aligned}(N-1)\, S_z/\sigma^2 &= \frac{1}{\sigma^2}\sum_{i=1}^{N}\left(z_i - \overline{Z}\right)^2 = \frac{1}{\sigma^2}\left(\sum_{i=1}^{N} z_i^2 - N\overline{\boldsymbol{Z}}^2\right) \\ &= \frac{1}{\sigma^2}\left(\sum_{i=1}^{N} y_i^2 - y_1^2\right) = \frac{1}{\sigma^2}\sum_{i=2}^{N} y_i^2 = \sum_{i=2}^{N}\left(\frac{y_i}{\sigma}\right)^2 \sim \chi^2\left(N-1\right)\end{aligned}$$

所以命题 (2) 得证. 又因为 $y_1, \cdots, y_N$ 相互独立, 测试数据 z 与训练数据 Z 是独立同分布, 所以命题 (3) 得证.

利用 t 分布的定义可知

$$\sqrt{\frac{N}{N+1}}\frac{r}{\sqrt{S_z}} = \frac{\sqrt{\frac{N}{N+1}}r/\sigma}{\sqrt{(N-1)\, S_z/\left[(N-1)\,\sigma^2\right]}} \sim t\left(N-1\right)$$

所以命题 (4) 得证. 训练数据与测试数据相互独立, 利用 F 分布的定义可知

$$\frac{N}{N+1} r^{\mathrm{T}} S_z^{-1} r \sim F\left(1, N-1\right)$$

所以命题 (5) 得证. ■

利用上述定理, 可以分别用 t 分布和 F 分布构建检测统计量.

1. t 分布检测法

若显著性水平为 α, $t_{1-\alpha/2}\left(N-1\right) > 0$ 是自由度为 $(N-1)$ 的 t 分布对应于 $\left(1-\dfrac{\alpha}{2}\right)$ 的分位数, 即

$$P\left\{t < t_{1-\alpha/2}\left(N-1\right)\right\} = 1 - \frac{\alpha}{2} \tag{4.44}$$

那么 t 检测统计量的置信下限和置信上限分别为

$$\begin{cases} \mathrm{LCL} = -t_{1-\alpha/2}(N-1) \\ \mathrm{UCL} = t_{1-\alpha/2}(N-1) \end{cases} \tag{4.45}$$

综上, 给出 t 分布检测算法:

第〇步: 计算样本均值和样本方差, 依据公式 (4.31) 计算 $\overline{Z}$ 和 $\hat{S}_z$.

第一步: 中心化, 依据公式 (4.32) 构造检测残差 r.

第二步: 构造检测统计量, 依据公式 (4.34) 构造检测统计量 t.

第三步: 阈值, 依据公式 (4.45) 计算置信下限和上限.

第四步: 判别, 如果 $t(z) \in [\mathrm{LCL}, \mathrm{UCL}]$, 则 z 是正常数据, 否则 z 为故障数据.

2. F 分布检测法

$F(z)$ 的定义见公式 (4.36), 显著性水平为 α, $F_{1-\alpha}(1, N-1) > 0$ 是自由度为 $(1, N-1)$ 的 F 分布对应于 $(1-\alpha)$ 的分位数, 即

$$P\{F(z) < F_{1-\alpha}(1, N-1)\} = 1-\alpha \tag{4.46}$$

由于 $F(z) > 0$, 所以 F 检测统计量只有置信上限

$$\mathrm{UCL} = F_{1-\alpha}(1, N-1) \tag{4.47}$$

综上, 给出 F 分布检测算法:

第〇步: 计算样本均值和样本方差, 依据公式 (4.31) 计算 $\overline{Z}$ 和 $\hat{S}_z$.

第一步: 中心化, 依据公式 (4.32) 构造检测残差 r.

第二步: 构造检测统计量, 依据公式 (4.36) 构造检测统计量 t.

第三步: 阈值, 依据公式 (4.47) 计算置信上限.

第四步: 判别, 如果 $F(z) \in [0, \mathrm{UCL}]$, 则 z 是正常数据, 否则 z 为故障数据.

4.3.5 随机故障检测方法

可以发现 4.3.1~4.3.4 节只能检测引起均值变化故障, 无法检测方差变化故障. 方差变化故障包括方差变小故障, 如传感器卡死时方差为 0; 还包括方差变大故障, 如传感器的电磁环境恶化或者测量平台震动引起的方差变大.

1. 均值和方差已知

由于单个测试数据并不能体现样本方差, 因此需要当前测试数据前端的 N_0 个数据 $(z_{i-N_0+1}, \cdots, z_{i-1}, z_i = z)$ 构建检测统计量. 测试数据的样本方差为

$$\hat{S}_{\mathrm{test}} = \frac{1}{N_0 - 1} \sum_{j=0}^{N_0-1} (z_{i-j} - \mu)^2 \tag{4.48}$$

故障检测的原假设为 $H_0 : \hat{S}_{\text{test}} = \sigma^2$; 备选假设为 $H_1 : \hat{S}_{\text{test}} \neq \sigma^2$.

记

$$\chi^2(z) = (N_0 - 1)\hat{S}_{\text{test}}/\sigma^2 \tag{4.49}$$

若原假设成立, 则

$$\chi^2(z) \sim \chi^2(N_0) \tag{4.50}$$

显著性水平为 α, $\chi^2_{1-\alpha}(N_0)$ 是自由度为 N_0 的 χ^2 分布对应于 $(1-\alpha)$ 的分位数, 即

$$P\left\{\chi^2(z) < \chi^2_{1-\alpha}(N_0)\right\} = 1 - \alpha \tag{4.51}$$

由于 $\chi^2(z)$ 始终为正值, 所以检测统计量 $\chi^2(z)$ 只有置信上限

$$\text{UCL} = \chi^2_{1-\alpha}(N_0) \tag{4.52}$$

综上, 给出参数已知条件下随机故障检测算法:

第一步: 依据公式 (4.48) 计算测试数据的样本方差 $\hat{S}_{\text{test}}$.

第二步: 依据公式 (4.49) 构造检测统计量 $\chi^2(z)$.

第三步: 依据公式 (4.52) 计算置信上限 UCL.

第四步: 如果 $\chi^2(z) \in [0, \text{UCL}]$, 则 z 是正常数据, 否则 z 为故障数据.

2. 均值和方差未知

测试数据前端的 N_0 个数据的样本方差为

$$\hat{S}_{\text{test}} = \frac{1}{N_0 - 1}\sum_{j=0}^{N_0-1}\left(z_{i-j} - \overline{Z}_{\text{test}}\right)^2 \tag{4.53}$$

若训练数据 $Z = (z_1, \cdots, z_N)$ 的样本方差为

$$\hat{S}_{\text{train}} = \frac{1}{N-1}\left(Z - \bar{Z}\mathbf{1}^{\text{T}}\right)\left(Z - \bar{Z}\mathbf{1}^{\text{T}}\right)^{\text{T}} \tag{4.54}$$

则故障检测的原假设为 $H_0 : \hat{S}_{\text{test}} = \hat{S}_{\text{train}}$; 备选假设 $H_1 : \hat{S}_{\text{test}} \neq \hat{S}_{\text{train}}$.

记

$$F(z) = \frac{\hat{S}_{\text{test}}}{\hat{S}_{\text{train}}} \tag{4.55}$$

若原假设成立, 则

$$F(z) \sim F(N_0 - 1, N - 1) \tag{4.56}$$

显著性水平为 α , $F_{1-\alpha}(N_0 - 1, N - 1)$ 是自由度为 $(N_0 - 1, N - 1)$ 的 F 分布对应于 $(1-\alpha)$ 的分位数, 即

$$P\left\{F(z) < F_{1-\alpha}(N_0 - 1, N - 1)\right\} = 1 - \alpha \tag{4.57}$$

由于 $F(z)$ 始终为正值, 所以检测统计量 $F(z)$ 只有置信上限

$$\mathrm{UCL} = F_{1-\alpha}(N_0 - 1, N - 1) \tag{4.58}$$

综上, 给出参数未知条件下的随机故障检测算法:

第一步: 依据公式 (4.54) 和公式 (4.53) 分别计算 $\hat{S}_{\text{test}}$ 和 $\hat{S}_{\text{train}}$.

第二步: 依据公式 (4.56) 构造检测统计量 $F(z)$.

第三步: 依据公式 (4.58) 计算置信上限 UCL.

第四步: 如果 $F(z) \in [0, \mathrm{UCL}]$, 则 z 是正常数据, 否则 z 为故障数据.

4.4　多变量故障检测的基本方法

当监控变量很多时, 单变量检测法有一定的局限性, 因为单变量图占用大量可视化空间, 加之单变量检测法忽略了变量之间的相关性, 可能导致错误的诊断结果.

多变量检测法与单变量检测法类似, 需要引入残差、检测统计量、显著性水平等概念. 多变量检测方法中一般没有置信下限, 只有置信上限, 并称之为检测阈值. 把监控数据划分为训练数据 $\boldsymbol{Z} = (\boldsymbol{z}_1, \cdots, \boldsymbol{z}_N) \in \mathbb{R}^{n_{\boldsymbol{z}} \times N}$ 和测试数据 $\boldsymbol{z} \in \mathbb{R}^{n_{\boldsymbol{z}}}$. 一般来说, 训练数据记录的是系统处于正常工作状态条件下的历史监控信息, 因此也称训练数据为离线数据 (Off-line Data) 或者过去信息 (Past Information); 测试数据记录的是当前监控信息, 因此测试数据也称为在线数据 (On-line Data) 或者未来信息 (Future Information).

4.4.1　数值特征已知

假设训练数据满足多元正态分布, 即 $\boldsymbol{z}_i \sim N_{n_{\boldsymbol{z}}}(\boldsymbol{\mu}_{\boldsymbol{z}}, \boldsymbol{\Sigma}_{\boldsymbol{z}}), i = 1, \cdots, N$, 且测试数据在无故障状态下服从相同的分布函数, 即 $\boldsymbol{z} \sim N_{n_{\boldsymbol{z}}}(\boldsymbol{\mu}_{\boldsymbol{z}}, \boldsymbol{\Sigma}_{\boldsymbol{z}})$. 若 $(\boldsymbol{\mu}_z, \boldsymbol{\Sigma}_z)$ 是已知的, 则将均值和方差看成是历史先验信息, 此时, 故障检测就是通过对比测试数据和历史先验信息的方式获得检测结果.

故障检测的原假设为 H_0 : 测试数据的分布与训练数据相同; 备选假设为 H_1 : 测试数据的分布与训练数据不同.

分别用 $\boldsymbol{z}$ 和 $\boldsymbol{\mu}_{\boldsymbol{z}}$ 分别代替公式 (4.2) 中 $\boldsymbol{z}_2$ 和 $\boldsymbol{z}_1$, 即

$$\boldsymbol{r} = \boldsymbol{z} - \boldsymbol{\mu}_{\boldsymbol{z}} \tag{4.59}$$

记

$$\chi^2(\boldsymbol{z}) = \boldsymbol{r}^{\mathrm{T}} \boldsymbol{\Sigma}_{\boldsymbol{z}}^{-1} \boldsymbol{r} \tag{4.60}$$

由公式 (3.47) 可知: 在原假设下, 有

$$\chi^2(\boldsymbol{z}) \sim \chi^2(n_{\boldsymbol{z}}) \tag{4.61}$$

显著性水平为 α, $\chi^2_{1-\alpha}(n_{\boldsymbol{z}})$ 是自由度为 $n_{\boldsymbol{z}}$ 的 χ^2 分布对应于 $(1-\alpha)$ 的分位数, 即

$$P\left\{\chi^2(n_{\boldsymbol{z}}) < \chi^2_{1-\alpha}(n_{\boldsymbol{z}})\right\} = 1-\alpha \tag{4.62}$$

由于 $\chi^2(\boldsymbol{z})$ 始终为正值, 所以检测统计量 $\chi^2(\boldsymbol{z})$ 对应的置信上限为

$$\mathrm{UCL} = \chi^2_{1-\alpha}(n_{\boldsymbol{z}}) \tag{4.63}$$

综上, 给出数值特征已知的多变量检测算法:

第一步: 中心化, 依据公式 (4.59) 构造检测残差 $\boldsymbol{r}$.

第二步: 单位化, 依据公式 (4.60) 构造检测统计量 $\chi^2(\boldsymbol{z})$.

第三步: 阈值, 依据公式 (4.63) 计算置信上限 $\chi^2_{1-\alpha}(n_{\boldsymbol{z}})$.

第四步: 判别, 如果 $\chi^2(\boldsymbol{z}) \in [0, \mathrm{UCL}]$, 则 $\boldsymbol{z}$ 是正常数据, 否则 z 是故障数据.

4.4.2 数值特征未知

若 $(\boldsymbol{\mu}_{\boldsymbol{z}}, \boldsymbol{\Sigma}_{\boldsymbol{z}})$ 是未知的, 则用训练数据的样本均值和样本方差分别代替均值和方差, 即

$$\begin{cases} \overline{\boldsymbol{Z}} = \dfrac{1}{N}\displaystyle\sum_{i=1}^{N} \boldsymbol{z}_i \\ \hat{\boldsymbol{S}}_{\boldsymbol{z}} = \dfrac{1}{N-1}\left(\boldsymbol{Z} - \overline{\boldsymbol{Z}}\boldsymbol{1}^{\mathrm{T}}\right)\left(\boldsymbol{Z} - \overline{\boldsymbol{Z}}\boldsymbol{1}^{\mathrm{T}}\right)^{\mathrm{T}} \end{cases} \tag{4.64}$$

用 $\boldsymbol{z}$ 和 $\overline{\boldsymbol{Z}}$ 分别代替公式 (4.2) 中 $\boldsymbol{z}_2$ 和 $\boldsymbol{z}_1$, 即

$$\boldsymbol{r} = \boldsymbol{z} - \overline{\boldsymbol{Z}} \tag{4.65}$$

令

$$\begin{cases} T^2(\boldsymbol{z}) = \boldsymbol{r}^{\mathrm{T}}\boldsymbol{S}_{\boldsymbol{z}}^{-1}\boldsymbol{r} & \text{(4.66a)} \\ F(\boldsymbol{z}) = \dfrac{N(N-n_{\boldsymbol{z}})}{n_{\boldsymbol{z}}(N^2-1)}T^2(\boldsymbol{z}) & \text{(4.66b)} \end{cases}$$

在原假设下, 由定理 3.13 可知

$$F(\boldsymbol{z}) \sim F(n_{\boldsymbol{z}}, N-n_{\boldsymbol{z}}) \tag{4.67}$$

显著性水平为 α, $F_{1-\alpha}(n_{\boldsymbol{z}}, N-n_{\boldsymbol{z}})$ 是自由度为 $(n_{\boldsymbol{z}}, N-n_{\boldsymbol{z}})$ 的 F 分布对应于 $(1-\alpha)$ 的分位数, 即

$$P\left\{F(\boldsymbol{z}) < F_{1-\alpha}(n_{\boldsymbol{z}}, N-n_{\boldsymbol{z}})\right\} = 1-\alpha \tag{4.68}$$

由于 $F(\boldsymbol{z})$ 始终为正值, 所以检测统计量 $F(\boldsymbol{z})$ 只有置信上限

$$\mathrm{UCL} = F_{1-\alpha}(n_{\boldsymbol{z}}, N-n_{\boldsymbol{z}}) \tag{4.69}$$

对应地, $T^2(\boldsymbol{z})$ 的置信上限为

$$T_\alpha^2=\frac{n_{\boldsymbol{z}}\left(N^2-1\right)}{N(N-n_{\boldsymbol{z}})}F_{1-\alpha}\left(n_{\boldsymbol{z}},N-n_{\boldsymbol{z}}\right) \tag{4.70}$$

综上, 给出数值特征未知的多变量检测算法:

第〇步: 计算样本均值和样本方差, 依据公式 (4.64) 计算 $\overline{\boldsymbol{Z}}$ 和 $\hat{S}_{\boldsymbol{z}}$.

第一步: 中心化, 依据公式 (4.65) 构造检测残差 $\boldsymbol{r}$.

第二步: 构造检测统计量, 依据公式 (4.66) 构造检测统计量 $F(\boldsymbol{z})$.

第三步: 阈值, 依据公式 (4.69) 计算置信上限.

第四步: 判别, 如果 $F(\boldsymbol{z})\in[0,\mathrm{UCL}]$, 则 $\boldsymbol{z}$ 是正常数据, 否则 $\boldsymbol{z}$ 是故障数据.

注解 4.4　对于上述统计量, 有如下两点说明.

(1) 构造 T^2(或者说 F) 检测统计量的核心思想是: 用历史数据的均值 $\overline{\boldsymbol{Z}}$ 预测未来测试数据, 然后用预测残差 $\boldsymbol{z}-\overline{\boldsymbol{Z}}$ 构建检测统计量. 而训练残差 $(\boldsymbol{Z}-\overline{\boldsymbol{Z}}\boldsymbol{1}^{\mathrm{T}})$ 在检测统计量中充当"除数"作用.

(2) 上述检测方法有效的前提条件是: 在无故障状态下, 训练数据与测试数据服从相同的正态分布, 对于非平稳系统, 上述方法将不适用. 对于非平稳系统, 由于预测残差的幅值非常大, 上述检测统计量的检测性能将会降低. 若系统是线性的, 第 8 章和第 9 章将分别针对静态系统和动态系统给出构造平稳残差的方法; 若系统是非线性的, 第 6 章和第 7 章分别采用平滑预处理和时序建模预测的方法构建检测统计量.

4.4.3　多变量空间分解检测方法

如果监控数据是线性相关的, 如它们满足确定型静态线性模型 (4.3), 则数据的方差/样本方差是不可逆的. 此时在检测统计量中, 逆矩阵的计算式是不稳定的, T^2 检测统计量的检测性能就可能很差. 针对这个问题, 介绍两种常用的基于空间分解的故障检测统计量.

对 $\hat{\boldsymbol{S}}_{\boldsymbol{z}}$ 进行如下奇异值分解, 即

$$\hat{\boldsymbol{S}}_{\boldsymbol{z}}=(\boldsymbol{\Gamma}_1,\boldsymbol{\Gamma}_2)\begin{pmatrix}\boldsymbol{\Lambda}_1 & \\ & \boldsymbol{\Lambda}_2\end{pmatrix}(\boldsymbol{V}_1,\boldsymbol{V}_2)^{\mathrm{T}} \tag{4.71}$$

其中 $\boldsymbol{\Lambda}_1=\operatorname{diag}(\lambda_1,\cdots,\lambda_{n_t}),\lambda_1\geqslant\cdots\geqslant\lambda_{n_t},\boldsymbol{\Lambda}_2=\operatorname{diag}(\lambda_{n_t+1},\cdots,\lambda_{n_{\boldsymbol{z}}})$, 而且 $\boldsymbol{\Lambda}_2\approx\boldsymbol{0}$.

1. 主成分检测统计量

利用定理 3.7 可以验证如下定理.

定理 4.5　若 $\boldsymbol{\Gamma}_1$ 源于公式 (4.71)，且

$$\begin{cases} T^2(\boldsymbol{z}) = \left(\boldsymbol{\Gamma}_1^{\mathrm{T}}\boldsymbol{r}\right)^{\mathrm{T}}\boldsymbol{\Lambda}_1^{-1}\left(\boldsymbol{\Gamma}_1^{\mathrm{T}}\boldsymbol{r}\right) & (4.72\mathrm{a}) \\ F(\boldsymbol{z}) = \dfrac{N(N-n_{\boldsymbol{t}})}{n_{\boldsymbol{t}}(N^2-1)}T^2(\boldsymbol{z}) & (4.72\mathrm{b}) \end{cases}$$

则

$$F(\boldsymbol{z}) \sim F(n_{\boldsymbol{t}}, N-n_{\boldsymbol{t}}) \tag{4.73}$$

若显著性水平为 α, 那么检测统计量 $F(\boldsymbol{z})$ 对应的检测阈值为

$$\mathrm{UCL} = F_{1-\alpha}(n_{\boldsymbol{t}}, N-n_{\boldsymbol{t}}) \tag{4.74}$$

其中 $F_{1-\alpha}(n_{\boldsymbol{z}}, N-n_{\boldsymbol{z}})$ 是 $F(n_{\boldsymbol{z}}, N-n_{\boldsymbol{z}})$ 分布对应于 $(1-\alpha)$ 的分位数.

对应地, $T^2(\boldsymbol{z})$ 的置信上限为

$$T_\alpha^2 = \frac{n_t\left(N^2-1\right)}{N(N-n_{\boldsymbol{t}})}F_{1-\alpha}(n_{\boldsymbol{t}}, N-n_{\boldsymbol{t}}) \tag{4.75}$$

由于 $\boldsymbol{\Lambda}_1$ 对应 $\boldsymbol{Z}$ 中方差比较大的成分, 因此称 $T^2(\boldsymbol{z})$ 或者 $F(\boldsymbol{z})$ 的检测统计量为主成分统计量.

综上, 给出主成分检测算法:

第〇步: 计算样本均值和样本方差, 依据公式 (4.64) 计算 $\overline{\boldsymbol{Z}}$ 和 $\hat{\boldsymbol{S}}_{\boldsymbol{z}}$, 依据公式 (4.71) 进行奇异值分解.

第一步: 中心化, 依据公式 (4.65) 构造检测残差 $\boldsymbol{r}$.

第二步: 构造检测统计量, 依据公式 (4.72) 构造检测统计量 $T^2(\boldsymbol{z})$ 或者 $F(\boldsymbol{z})$.

第三步: 阈值, 依据公式 (4.75) 或者公式 (4.73) 计算置信上限.

第四步: 判别, 如果 $T^2(\boldsymbol{z})$ 或者 $F(\boldsymbol{z}) \in [0, \mathrm{UCL}]$, 则 $\boldsymbol{z}$ 是正常数据, 否则 $\boldsymbol{z}$ 是故障数据.

2. 预测残差统计量

定理 4.6　若 $\boldsymbol{\Gamma}_2$ 源于公式 (4.71), $g = \mathrm{tr}\left(\boldsymbol{\Lambda}_2^2\right)/\mathrm{tr}(\boldsymbol{\Lambda}_2)$, $h = (\mathrm{tr}(\boldsymbol{\Lambda}_2))^2/\mathrm{tr}\left(\boldsymbol{\Lambda}_2^2\right)$ 且

$$\begin{cases} Q(\boldsymbol{z}) = \left\|\boldsymbol{\Gamma}_2^{\mathrm{T}}\boldsymbol{r}\right\|^2 & (4.76\mathrm{a}) \\ \chi^2(\boldsymbol{z}) = g^{-1}Q(\boldsymbol{z}) & (4.76\mathrm{b}) \end{cases}$$

则

$$\chi^2(\boldsymbol{z}) \sim \chi^2(h) \tag{4.77}$$

若显著性水平为 α, 则统计量阈值为

$$\chi_{\alpha}^{2}=\chi_{1-\alpha}^{2}(h) \tag{4.78}$$

其中 $\chi_{1-\alpha}^{2}(h)$ 是 $\chi^{2}(h)$ 分布对应于 $(1-\alpha)$ 的分位数. 由于 $\boldsymbol{\Gamma}_2$ 对应 $\boldsymbol{Z}$ 中方差比较小的成分, 因此称公式 (4.76) 定义的检测统计量为预测残差平方和统计量.

应用中常用到 Q 统计量, 即公式 (4.76) 第一个等式, 对应的经验阈值[1, 2]如下

$$Q_{\alpha}=\theta_1\left[\frac{h_0 N_{\alpha}\sqrt{2\theta_2}}{\theta_1}+1+\frac{\theta_2 h_0\left(h_0-1\right)}{\theta_1^2}\right]^{1/h_0} \tag{4.79}$$

其中 $\theta_i=\operatorname{tr}\left(\boldsymbol{\Lambda}_2^i\right), i=1,2,3, h_0=1-\dfrac{2\theta_1\theta_3}{3\theta_2^2}$, $N_{1-\alpha}$ 是标准正态分布对应于 $(1-\alpha)$ 的分位数.

综上, 给出预测残差检测算法:

第〇步: 计算样本均值和样本方差, 依据公式 (4.64) 计算 $\overline{\boldsymbol{Z}}$ 和 $\hat{S}_{\boldsymbol{z}}$, 依据公式 (4.71) 进行奇异值分解.

第一步: 中心化, 依据公式 (4.65) 构造检测残差 $\boldsymbol{r}$.

第二步: 构造检测统计量, 依据公式 (4.76a) 或者公式 (4.76b) 构造检测统计量.

第三步: 阈值, 依据 (4.79) 或者 (4.78) 计算置信上限.

第四步: 判别, 如果 $Q(\boldsymbol{z})$ 或者 $\chi^2(\boldsymbol{z})\in[0,\mathrm{UCL}]$, 则 $\boldsymbol{z}$ 是正常数据, 否则 $\boldsymbol{z}$ 是故障数据.

注解 4.5 Q 统计量有两个优势:

(1) 与 T^2 相比, Q 统计量对加性故障更敏感.

(2) 对于多工作点问题, Q 统计量可以在一定程度上降低误报率.

4.5 故障隔离的基本方法

故障隔离就是判断系统发生了哪类故障的过程, 因而故障隔离的实质是模式识别 (Pattern Recognition), 或者说是一个最小化搜索问题. 假定有 m 类故障模式, 故障隔离先要定义测试数据 $\boldsymbol{z}$ 与每类故障模式 f_i 的偏离度 $d(\boldsymbol{z},f_i)$, 然后从故障模式库 $F=\{f_i\}_{i=1}^{m}$ 中搜索与当前测试数据偏离度最小的故障模式 f_{i_0}. 故障隔离的规则为: 若

$$d\left(\boldsymbol{z},f_{i_0}\right)=\min_i\left\{d\left(\boldsymbol{z},f_i\right)|f_i\in F\right\} \tag{4.80}$$

则当前故障为第 i_0 类故障模式 f_{i_0}.

故障隔离的核心任务是构造偏离度函数 $d(\boldsymbol{z}, f_i)$, 常用的偏离度函数有基于距离的偏离度和基于夹角的偏离度度. 常用的距离有三种: 欧氏距离 (Euclidean Distance)、马氏距离 (Mahalanobis Distance) 和贝叶斯距离 (Bayes Distance).

4.5.1 基于距离的隔离方法

假定 $\boldsymbol{Z}_i$ 是故障模式 f_i 的训练数据, $\overline{\boldsymbol{Z}}_i$ 是 $\boldsymbol{Z}_i$ 的样本均值, $\boldsymbol{z}$ 是测试数据.

1. 欧氏距离

测试数据 $\boldsymbol{z}$ 与每类故障模式 f_i 的偏离度定义为 $\boldsymbol{z}$ 与 $\overline{\boldsymbol{Z}}_i$ 的欧氏距离的平方, 即

$$d_E(\boldsymbol{z}, f_i) = \left\|\boldsymbol{z} - \overline{\boldsymbol{Z}}_i\right\|^2 \tag{4.81}$$

若 $d_E(\boldsymbol{z}, f_{i_0}) = \min\limits_i \{d_E(\boldsymbol{z}, f_i) \,|\, f_i \in F\}$, 则有道理认为测试故障数据 $\boldsymbol{z}$ 的故障模式就是 f_{i_0}.

2. 马氏距离

欧氏距离判别法没有考虑数据方差对隔离统计量的影响, 因而该方法偏向于把当前故障判断为方差较小的故障模式. 如图 4.9 所示, 故障模式 f_i 的训练数据的样本均值为 $\bar{\boldsymbol{Z}}_i, i = 1, 2$, 模式 1 的方差比模式 2 的方差要小, 即模式 1 的扰动范围 (小圆) 小于模式 2 的扰动范围 (大圆). 尽管测试数据 $\boldsymbol{z}$ 落入模式 2 的扰动范围, 且直觉上 $\boldsymbol{z}$ 的故障模式就是 f_2 更接近. 但是由于

$$d_E(\boldsymbol{z}, f_1) = \left\|\boldsymbol{z} - \overline{\boldsymbol{Z}}_1\right\|^2 < \left\|\boldsymbol{z} - \overline{\boldsymbol{Z}}_2\right\|^2 = d_E(\boldsymbol{z}, f_2)$$

所以基于欧氏距离的隔离方法偏向于把当前故障判断为方差较小的故障模式, 即 f_1.

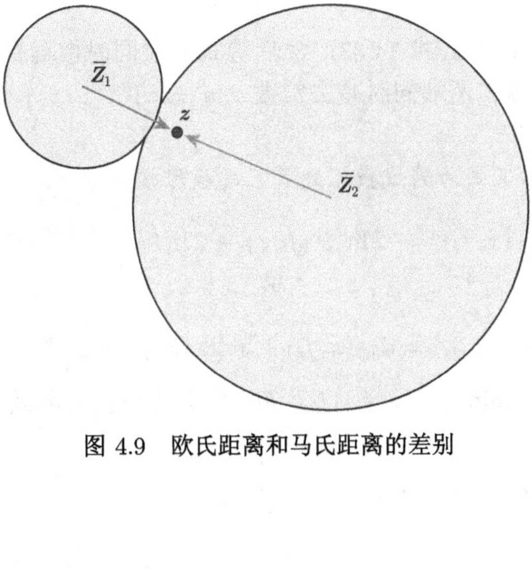

图 4.9 欧氏距离和马氏距离的差别

为了防止类似的误判，需要用方差对欧氏距离进行调节，此时的距离称为马氏距离. 假定 $\left(\overline{\boldsymbol{Z}}_i,\hat{\boldsymbol{S}}_i\right)$ 是故障模式 f_i 的训练数据的均值和方差，测试数据 $\boldsymbol{z}$ 与故障模式 f_i 的偏离度定义为它们之间的马氏距离的平方，即

$$d_M(\boldsymbol{z},f_i)=\left(\boldsymbol{z}-\overline{\boldsymbol{Z}}_i\right)^{\mathrm{T}}\hat{\boldsymbol{S}}_i^{-1}\left(\boldsymbol{z}-\overline{\boldsymbol{Z}}_i\right) \tag{4.82}$$

若 $d_M(\boldsymbol{z},f_{i_0})=\min\limits_i\{d_M(\boldsymbol{z},f_i)\,|f_i\in F\}$，则有道理认为测试故障数据 $\boldsymbol{z}$ 的故障模式就是 f_{i_0}.

3. 贝叶斯距离

尽管马氏距离考虑了方差信息对判别的影响，但是该判别法有待改进，因为该方法没有考虑不同故障类型的 “先验概率信息”. 比如某些故障模式发生的概率较大，相反，某些故障模式的概率则较小，此时有必要把这些先验信息用于调整故障隔离决策规则.

若 $P(f_i)$ 表示不同故障的发生先验概率，故障模式 f_i 条件下测试数据概率密度为 $p(\boldsymbol{z}|f_i)$，测试数据 $\boldsymbol{z}$ 的概率密度为 $p(\boldsymbol{z})$，测试数据 $\boldsymbol{z}$ 属于故障模式 f_i 的概率为 $P(f_i|\boldsymbol{z})$，由贝叶斯公式得

$$P(f_i|\boldsymbol{z})=\frac{p(\boldsymbol{z}|f_i)\,P(f_i)}{p(\boldsymbol{z})} \tag{4.83}$$

若 $P(f_{i_0}|\boldsymbol{z})=\max\limits_i\{P(f_i|\boldsymbol{z})\,|f_i\in F\}$，则有道理认为测试故障数据 $\boldsymbol{z}$ 的故障模式就是 f_{i_0}.

在正态分布假设下，若均值和方差分别用样本均值和样本方差代替，则故障模式 f_i 条件下测试数据概率密度 $p(\boldsymbol{z}|f_i)$ 为

$$p(\boldsymbol{z}|f_i)=(2\pi)^{-m/2}|\boldsymbol{S}_i|^{-\frac{1}{2}}\exp\left\{-\frac{1}{2}\left(\boldsymbol{z}-\overline{\boldsymbol{Z}}_i\right)^{\mathrm{T}}\boldsymbol{S}_i^{-1}\left(\boldsymbol{z}-\overline{\boldsymbol{Z}}_i\right)\right\} \tag{4.84}$$

把公式 (4.84) 代入公式 (4.83)，然后等式两端同时取对数，继而等式两端同时乘以 (-2)，最后等式两端同时减去常数 $2\ln\left((2\pi)^{m/2}p(\boldsymbol{z})\right)$，就得到如下贝叶斯距离.

定义 4.12　称下式为测试数据到第 i 类故障模式 f_i 的贝叶斯距离

$$d_B(\boldsymbol{z},f_i)=-2\ln[P(f_i|\boldsymbol{z})]-2\ln\left((2\pi)^{m/2}p(\boldsymbol{z})\right) \tag{4.85}$$

可以验证

$$d_B(\boldsymbol{z},f_i)=d_M(\boldsymbol{z},f_i)+\ln(\det\boldsymbol{S}_i)-2\ln P(f_i) \tag{4.86}$$

若 $d_B(\boldsymbol{z},f_{i_0})=\min\limits_i\{d_B(\boldsymbol{z},f_i)\,|f_i\in F\}$，则有道理认为测试数据 $\boldsymbol{z}$ 的故障模式就是 f_{i_0}.

注解 4.6 可以发现基于距离的故障隔离方法满足下述规律.

(1) 基于贝叶斯距离的隔离准则实质就是极大后验概率准则.

(2) 欧氏距离、马氏距离和贝叶斯距离依赖的先验信息逐渐增加, 因而判别法的结果可信度也逐渐增加.

(3) 若不同故障模式的方差相同, 那么欧氏距离和马氏距离判别法的结果完全相同.

(4) 若不同故障模式的方差和先验概率相同, 那么欧氏距离、马氏距离和贝叶斯距离判别法的结果完全相同.

4.5.2 基于夹角的隔离方法

如果同一种故障模式有多个幅值, 那么基于距离的隔离规则会把相同故障模式判断为不同故障模式. 导致故障隔离效果很差, 此时必须用基于夹角的方法. 如图 4.10 所示, 本来 $\boldsymbol{z}$ 的故障模式与 f_1 相同, 但是由于故障幅值, 使得 $\boldsymbol{z}$ 与 f_2 的距离反而更小, 因此基于距离的隔离方法会出现错误的隔离结果.

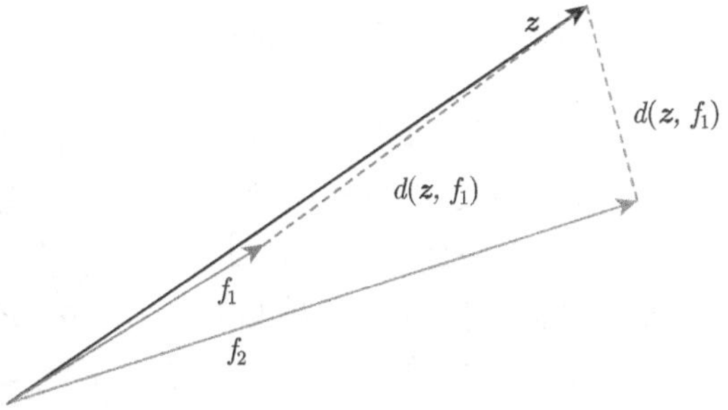

图 4.10 基于距离和基于夹角的差别

假定 $\left(\overline{\boldsymbol{Z}}_i,\hat{\boldsymbol{S}}_i\right)$ 是故障模式 f_i 的训练数据的样本均值和样本方差, 测试数据 $\boldsymbol{z}$ 与故障模式 f_i 的偏离度定义为它们之间的夹角的余弦值, 即

$$d_A\left(\boldsymbol{z},f_i\right)=\frac{\left|\boldsymbol{z}^{\mathrm{T}}\overline{\boldsymbol{Z}}_i\right|}{\left\|\boldsymbol{z}\right\|\left\|\overline{\boldsymbol{Z}}_i\right\|} \tag{4.87}$$

若 $d_A\left(\boldsymbol{z},f_{i_0}\right)=\min\limits_{i}\left\{d_A\left(\boldsymbol{z},f_i\right)|f_i\in F\right\}$, 则有道理认为测试故障数据 $\boldsymbol{z}$ 的故障模式就是 f_{i_0}.

其实基于距离和基于夹角其实可以相互转化. 如图 4.11 所示, 故障模式 f_i 完全由样本均值 $\overline{\boldsymbol{Z}}_i$ 决定, 将图 4.10 的 $\boldsymbol{z}$, $\overline{\boldsymbol{Z}}_1$ 和 $\overline{\boldsymbol{Z}}_2$ 都进行进行单位化处理, 此时终点都在单位圆上. 利用三角形的 "由大角对大边原理" 可知: 若 $\boldsymbol{z}$ 与 $\overline{\boldsymbol{Z}}_1$ 夹角最小, 则单位超球上它们的欧氏距离最近, 即 $\|\boldsymbol{z}\|^{-1}\boldsymbol{z}$ 与 $\left\|\overline{\boldsymbol{Z}}_1\right\|^{-1}\overline{\boldsymbol{Z}}_1$ 的欧氏距离最小.

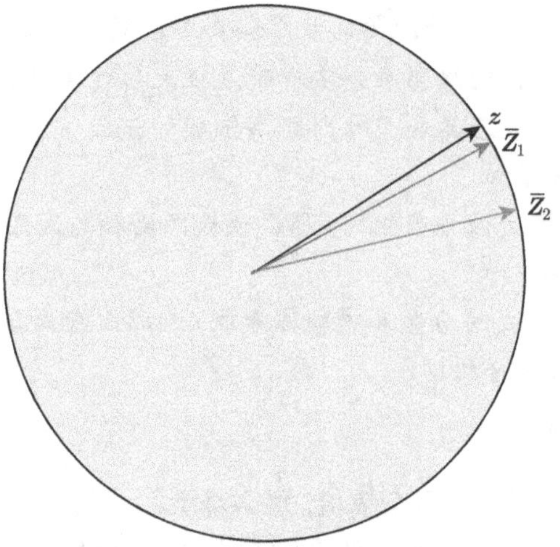

图 4.11　基于距离和基于夹角的差别

4.6　基于贡献的故障隔离方法

故障隔离的基本任务是对故障数据进行在线学习和分析, 关键在于建立监控数据到故障变量的映射关系. 本节通过贡献指标找到故障变量, 完成故障隔离功能.

以数值特征未知条件下的多变量检测算法 (4.4.2 节) 为例, 之所以当前测试数据 $\boldsymbol{z}$ 被判断为故障数据, 是检测统计量大于检测阈值, 即 $T^2(\boldsymbol{z}) > \mathrm{UCL}$. 因此 "对统计量 $F(\boldsymbol{z})$ 贡献最大的变量就是故障变量" 是一种合理的故障隔离思路. 此时, 故障隔离的关键是量化每个变量 z_i 对统计量 $F(\boldsymbol{z})$ 的 "贡献". 这里介绍四种传统的贡献指标: 部分分解贡献 (PDC, Partial Decomposition Contribution)、完整分解贡献 (CDC, Complete Decomposition Contribution)、重构贡献 (RBC, Reconstruction Based Contribution) 和夹角贡献 (ABC, Angle Based Contribution)[56].

1. 部分分解贡献

假定 $\left(\overline{\boldsymbol{Z}},\hat{\boldsymbol{S}}\right)$ 是正常训练数据的样本均值和样本方差, $\hat{\boldsymbol{S}}$ 的奇异值分解为

$$\hat{\boldsymbol{S}}=\boldsymbol{\Gamma}\boldsymbol{\Lambda}\boldsymbol{\Gamma}^{\mathrm{T}} \tag{4.88}$$

其中

$$\boldsymbol{\Lambda}=\begin{pmatrix} \lambda_1 & & \\ & \ddots & \\ & & \lambda_{n_z} \end{pmatrix} \tag{4.89}$$

而 λ_i 是 $\hat{\boldsymbol{S}}$ 的第 i 个奇异值. 记

$$\begin{cases} \boldsymbol{r} = \boldsymbol{z} - \overline{\boldsymbol{Z}} \\ \boldsymbol{t} = \boldsymbol{\Gamma}^{\mathrm{T}} \boldsymbol{r} \end{cases} \tag{4.90}$$

则有

$$T^2(\boldsymbol{z}) = \sum_{i=1}^{n_z} \sum_{j=1}^{n_z} t_j r_i \Gamma_{ij} / \lambda_j \tag{4.91}$$

定义 4.13 称下式为第 i 个变量对检测统计量 $T^2(\boldsymbol{z})$ 的部分分解贡献

$$\mathrm{CNT}_{\mathrm{PDC}}(i) = \sum_{j=1}^{n_z} t_j r_i \Gamma_{ij} / \lambda_j \tag{4.92}$$

显然

$$T^2(\boldsymbol{z}) = \sum_{i=1}^{n_z} \mathrm{CNT}_{\mathrm{PDC}}(i) \tag{4.93}$$

基于部分分解贡献的故障隔离规则为: 如果 i_0 满足

$$i_0 = \arg\max_i \{\mathrm{CNT}_{\mathrm{PDC}}(i), i = 1, \cdots, n_{\boldsymbol{z}}\} \tag{4.94}$$

那么 z_{i_0} 就是故障变量, 而且与 z_{i_0} 相关的硬件最有可能是硬件故障.

注解 4.7 基于上述规则进行故障隔离具有如下两个方面局限性:

(1) 贡献指标公式可能为负值, 难以找到对应的物理解释.

(2) 其实第 i 个变量的贡献指标 $\mathrm{CNT}(i)$ 中隐藏了其他变量的贡献, 因为由公式 (4.90) 定义的向量是所有变量的组合. 基于部分分解的故障隔离方法存在 "故障掩饰" 问题, 即非故障变量的贡献指标可能比故障变量的贡献指标更大. 而故障掩饰的本质是 "变量耦合", 实际上

$$\mathrm{CNT}_{\mathrm{PDC}}(i) = \left(\sum_{k=1}^{n_z} \Gamma_{ik}^2 \lambda_k^{-1/2} \right) r_i^2 + r_i \sum_{j \neq i}^{n_z} \beta_j r_j \tag{4.95}$$

其中 $\beta_j = \sum\limits_{k=1}^{n_z} \Gamma_{jk} \Gamma_{ik} \lambda_k^{-1/2}$, 因此, 只要 $\beta_j \neq 0$, 那么 $\mathrm{CNT}_{\mathrm{PDC}}(i)$ 与其他变量耦合在一起, 那么部分分解就可能遇到故障掩饰问题. 正因为贡献指标公式存在上述两个问题, 下面引入几种不同的贡献指标, 另外第 3 章已经提出一种构造贡献指标的新方法.

2. 完整分解贡献

完整分解贡献的定义为

$$\mathrm{CNT}_{\mathrm{CDC}}(i)=\left(\boldsymbol{r}^{\mathrm{T}}\hat{\boldsymbol{S}}^{-1/2}\boldsymbol{I}_i\right)^2 \tag{4.96}$$

其中 $\boldsymbol{I}_i$ 表示向量的第 i 个元素等于 1, 其他元素全为 0. 尽管完整分解贡献指标总是正值, 但是与部分分解贡献指标类似, 完整分解贡献指标也无法避免故障掩饰问题.

3. 重构贡献

重构贡献的定义为

$$\mathrm{CNT}_{\mathrm{RBC}}(i)=\left(\boldsymbol{r}^{\mathrm{T}}\hat{\boldsymbol{S}}^{-1/2}\boldsymbol{I}_i\right)^2/\left(\boldsymbol{I}_i^{\mathrm{T}}\hat{\boldsymbol{S}}^{-1}\boldsymbol{I}_i\right) \tag{4.97}$$

文献 [62] 指出, 尽管重构贡献仍然有变量耦合, 但是只要故障幅值足够大, 则能够回避故障掩饰问题.

4. 夹角贡献

夹角贡献的定义为

$$\mathrm{CNT}_{\mathrm{ABC}}(i)=\left(\boldsymbol{r}^{\mathrm{T}}\hat{\boldsymbol{S}}^{-1/2}\boldsymbol{I}_i\right)^2\Big/\left[\left(\boldsymbol{I}_i^{\mathrm{T}}\hat{\boldsymbol{S}}^{-1}\boldsymbol{I}_i\right)\left(\boldsymbol{r}^{\mathrm{T}}\hat{\boldsymbol{S}}^{-1}\boldsymbol{r}\right)\right] \tag{4.98}$$

显然

$$\mathrm{CNT}_{\mathrm{ABC}}(i)=\mathrm{CNT}_{\mathrm{RBC}}(i)/\left(\boldsymbol{r}^{\mathrm{T}}\hat{\boldsymbol{S}}^{-1}\boldsymbol{r}\right) \tag{4.99}$$

所以夹角贡献指标的故障隔离结果与重构贡献指标的故障隔离结果相同.

表 4.1 总结了四种贡献指标的性质.

表 4.1　四种贡献指标的性质

贡献指标	PDC	CDC	RBC	ABC
定义	公式 (4.95)	公式 (4.96)	公式 (4.97)	公式 (4.98)
正定性	否	是	是	是
贡献和等于 $T^2(\boldsymbol{z})$	是	是	否	否
变量耦合	否	否	否	否

第 5 章　非预期故障诊断的通用过程模型

5.1　非预期故障诊断的数学描述

故障模式和故障模式库　可以用集合语言描述故障模式和故障模式库的相关概念.

用 f_0 表示正常模式 (Normal Pattern);

用集合 $F=\{f_i, i=1,\cdots,n_f\}$ 表示具有 n_f 类预期故障模式的预期故障模式库 (Anticipated Fault Pattern Base), 其中 f_i 表示第 i 类预期故障模式 (Anticipated Fault Pattern);

用 $F'=\{f_0\}\cup F$ 表示预期模式库 (Anticipated Pattern Base), 显然 $f_0\notin F$ 且 $f_0\in F'$, 即正常模式 f_0 不是故障模式, 却是一类预期模式;

用 f_{n_f+1} 表示非预期故障模式 (Unanticipated Fault Pattern), 显然 $f_{n_f+1}\notin F$ 且 $f_{n_f+1}\notin F'$, 即非预期故障模式既不在预期故障模式库中, 也不在预期模式库中.

非预期故障诊断的功能　传统故障诊断包括了故障检测和故障隔离, 把传统的故障诊断称为预期故障诊断. 非预期故障诊断是预期故障诊断的升级, 本章把非预期故障诊断的功能分解成四个部分: 预期故障检测 (Anticipated Fault Detection)、预期故障隔离 (Anticipated Fault Isolation)、非预期故障检测 (Unanticipated Fault Detection) 和非预期故障隔离 (Unanticipated Fault Isolation).

定义 5.1　*预期故障检测就是判断系统是否发生故障的过程.*

若用 f 表示当前测试数据 $\boldsymbol{y}$ 的模式, 那么预期故障检测等价于判断 $f\in\{f_0\}$ 是否成立的过程, 因此, 预期故障检测问题可以转化为假设检验问题, 如下:

预期故障检测的原假设为 $H_0{:}f\in\{f_0\}$, 即 $\boldsymbol{y}$ 是正常数据.

预期故障检测的备选假设为 $H_1{:}f\notin\{f_0\}$, 即 $\boldsymbol{y}$ 是故障数据.

预期故障检测的统计量为:$T^2(\boldsymbol{y})$.

预期故障检测的误判率 (又称显著性水平) 为:α.

预期故障检测的阈值 (又称为分位数或者临界值) 为:T_α^2.

预期故障检测的规则如下.

规则 5.1　*如果 $T^2(\boldsymbol{y})<T_\alpha^2$, 那么接受 H_0; 否则, 拒绝原假设.*

在该规则下, 若当前数据为正常数据, 则误报率等于 α.

定义 5.2　*预期故障隔离就是判断系统发生了哪类预期故障的过程.*

预期故障隔离是一个最小化搜索问题, 先要定义测试数据 $\boldsymbol{y}$ 与每类预期故障模式 f_i 之间的偏离度 $d(\boldsymbol{y}, f_i)$, 然后从预期故障模式库 F 中搜索与当前测试数据偏离度最小的故障模式 f_{i_0}. 预期故障隔离的规则如下.

规则 5.2 如果 $d(\boldsymbol{y}, f_{i_0}) = \min\limits_{i}\{d(\boldsymbol{y}, f_i)\,|f_i \in F\}$, 那么当前故障**暂时**判断为第 i_0 类预期故障模式.

定义 5.3 非预期故障检测就是判断系统是否发生非预期故障的过程.

预期故障隔离暂时把当前故障判断为第 i_0 类预期故障模式, 而非预期故障检测就是进一步判断 $\boldsymbol{y}$ 是否真的是第 i_0 类预期故障模式, 即判断 $f \in \{f_{i_0}\}$ 是否成立. 如果不成立, 则说明发生了非预期故障. 与预期故障检测类似, 非预期故障检测也可以转化为假设检验问题, 如下:

非预期故障检测的原假设为 H_0: $f \in \{f_{i_0}\}$, 即 $\boldsymbol{y}$ 是第 i_0 类预期故障模式数据.

非预期故障检测的备选假设为 H_1: $f \notin \{f_{i_0}\}$, 即 $\boldsymbol{y}$ 不是第 i_0 类故障模式数据.

非预期故障检测的统计量为: $\mathrm{UFDS}(\boldsymbol{y})$.

非预期故障检测的误报率为: α.

非预期故障检测的阈值为: UFDS_α.

非预期故障检测的规则如下.

规则 5.3 如果 $\mathrm{UFDS}(\boldsymbol{y}) < \mathrm{UFDS}_\alpha$, 那么接受 H_0; 否则, 拒绝原假设.

非预期故障隔离需要判断发生了什么样的非预期故障, 需要分析故障的幅值、方向、时变特征和对应的故障硬件, 其中找到故障硬件是关键. 由于故障变量和故障硬件紧密联系, 因此对于本书所研究的数据驱动方法来说, 只要找到故障变量, 隔离任务就基本完成了.

定义 5.4 非预期故障隔离就是判断系统哪个变量是故障变量的过程.

与预期故障隔离类似, 非预期故障隔离是一个最大化搜索问题, 先要定义第 i 个变量对故障的贡献指标 $\mathrm{CNT}(i)$, 然后从贡献指标集 $\{\mathrm{CNT}\,(i)\}_{i=1}^{n_{\boldsymbol{y}}}$ 中搜索最大的贡献指标, 其中 $n_{\boldsymbol{y}}$ 是变量的维数. 非预期故障隔离的规则如下.

规则 5.4 如果 $\mathrm{CNT}\,(i_0) = \max\{\mathrm{CNT}\,(i)\}_{i=1}^{n_{\boldsymbol{y}}}$, 那么第 i_0 个变量就是故障变量.

5.2 四层结构通用过程模型

依据 5.1 节中定义的四个非预期故障诊断功能, 我们构建了非预期故障诊断的通用过程模型. 如图 5.1 所示, 该通用过程模型的结构分为四层, 即预期故障检测层、预期故障诊断层、非预期故障检测层和非预期故障诊断层. 诊断层次的功能逐渐增多. 当系统发生非预期故障的时候, 可以沿着“预期故障检测层 $\Longrightarrow$ 预期故障诊断层 $\Longrightarrow$ 非预期故障检测层 $\Longrightarrow$ 非预期故障诊断层”的思路对非预期故障进行诊断. 非预期故障诊断的四个层次与四个功能的对应关系也可以用表 5.1 来表示, 其中"√"表示某"层次"具备某"功能"; "×"的意义则相反.

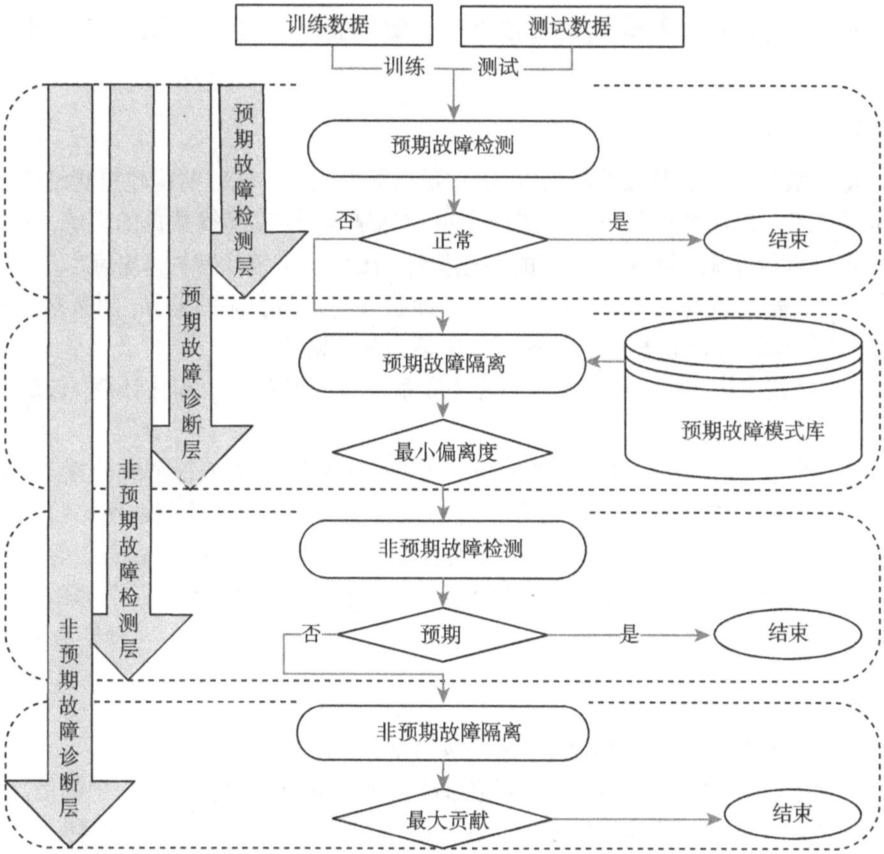

图 5.1 非预期故障诊断的通用过程模型

表 5.1 非预期故障诊断的层次/功能对应关系

功能 / 层次	预期故障检测	预期故障隔离	非预期故障检测	非预期故障隔离
预期故障检测层	√	×	×	×
预期故障诊断层	√	√	×	×
非预期故障检测层	√	√	√	×
非预期故障诊断层	√	√	√	√

注解 5.1

(1) 可以发现, 四个诊断层次所包含的功能逐渐增多, 即"预期故障检测层 ⊂

预期故障诊断层 ⊂ 非预期故障检测层 ⊂ 非预期故障诊断层”.

(2) 非预期故障诊断通用过程模型规范了非预期故障诊断的过程. 从第 5 章至第 10 章, 所有的方法都是在该框架的指导下展开的.

针对上述通用过程模型, 对非预期故障诊断的四个功能的基本原理做如下四点说明.

1. 预期故障检测

如果故障诊断的对象是随机型系统, 那么数据驱动方法需要构建检测统计量进行故障检测. 检测统计量可以看成一个单类判别器, 通过离线数据的训练, 这个判别器可以获得系统在正常模式下的某些特性, 比如一阶统计特性 (均值) 和二阶统计特性 (方差). 该判别器通过比较系统当前状态与正常状态的差异, 判断系统是否发生故障. 预期故障检测基本原理可以概括为如下两部分:

(a) 残差生成, 通过某种技术手段获取系统状态的观测值和估计值, 依此生成残差.

(b) 残差评估, 依据残差所满足的分布特性构建预期故障检测统计量, 一般为 T^2 统计量或它的某种变体, 然后在给定的显著性水平下计算阈值继而比较统计量和阈值获得检测结果. 理想条件下, 显著性水平 (SL, Significance Level) 等于误报率. 如果检测统计量小于给定的阈值, 则认为系统是正常的; 否则, 认为系统发生了故障, 于是记录故障相关信息, 并将这些信息提呈至下一个环节——预期故障隔离.

2. 预期故障隔离

预期故障隔离基本原理可以概括为如下两部分:

(a) 偏离度生成, 结合预期故障检测的故障信息和预期故障模式库中的信息, 构建当前故障与预期故障的偏离度 (Discrepancy). 本书用到的偏离度有两种: 一种是位置偏离度, 另一种是方向偏离度. **位置偏离度**利用当前故障数据与预期故障模式的“位置偏差”作为偏离度, 如 5.3 节把当前故障数据与预期故障模式训练数据的均值向量之间的距离定义为偏离度. **方向偏离度**利用当前故障数据与预期故障模式的“方向偏差”作为偏离度, 如第 6 章和第 9 章把当前故障的样本方向与预期故障模式的特征方向的夹角定义为偏离度.

(b) 隔离判别, 依据偏离度最小准则搜索最小的偏离度, 且暂时认为当前故障模式就是与之偏离度最小的故障模式, 并将故障信息提呈至下一个环节——非预期故障检测.

3. 非预期故障检测

实现非预期故障检测功能需要构建非预期故障检测统计量, 有如下两种统计量:

(a) 利用位置信息构建非预期故障检测统计量. 此时, 基本原理与预期故障检测完全类似. 只需要把正常训练数据置换成对应的预期故障训练数据, 其他步骤相同, 见 5.3 节.

(b) 利用方向信息构建非预期故障检测统计量. 此时, 没有残差生成的过程, 见第 6 章和第 9 章.

无论用什么信息, 只要检测统计量小于给定的阈值, 就认为当前故障是预期故障; 否则, 认为是非预期故障, 并将故障信息提呈至下一个环节——非预期故障隔离.

4. 非预期故障隔离

非预期故障隔离是非预期故障诊断的难点, 目前缺乏系统的研究, 甚少有通用方法, 这也是本书要研究的重点之一. 我们先给出非预期故障隔离的三个可行思路.

(a) 贡献图. 5.3 节介绍了传统的贡献图, 6.3.4 节将构造一种新的单变量贡献图. 基于贡献图故障隔离的基本思路如下: 首先, 结合测试数据的残差信息和训练数据的方差信息, 为每个变量构建贡献指标; 其次, 搜索最大贡献指标. 最大贡献指标所对应的故障变量最有可能是故障变量, 对应的硬件最有可能是故障硬件.

(b) 故障可视化. 9.4 节针对动态系统提出了一个故障可视化算法. 复杂系统的测量空间往往是高维的, 视觉无法看见三维以上的空间, 思维也很难想象四维以上的空间. 因此, 一种可行的办法是把高维故障信息投影到三维空间或者二维平面上. 降维后, 工程师可以直接观察故障信息, 结合经验有望实现非预期故障的隔离. 然而, 降维必然导致信息的损失, 所以必须寻找一定的准则, 使得与故障隔离相关的信息得到最大化保留. 9.4 节将会深入研究最优可视化问题.

(c) 在线学习. 对于非预期故障, 历史信息非常缺乏, 我们只能得到非预期故障的极少测量信息, 因此非预期故障隔离非常困难. 有些文献甚至认为非预期故障"无法隔离"[36]. 非预期故障隔离的核心是建立数据到故障变量 (故障硬件) 的映射关系. 对于非预期故障, 由于缺乏先验信息, 建立这种映射关系比较困难. 所以, 为了实现非预期故障隔离, 需要经历数据积累、聚类分析、仿真研究、专家会诊等一系列在线学习过程. 对于该方法, 作者还缺乏相关的研究成果.

5.3 基于单类多元统计分析的非预期故障诊断流程

基于单类多元统计分析的诊断方法利用观测数据的位置信息进行故障诊断. 该方法适用于**平稳数据**(Stationary Data), 即要求正常模式训练数据和预期故障模式训练数据的均值向量和方差矩阵都是时不变的[77]. 例如 5.4 节的田纳西–伊斯曼工业数据, 可以发现在整个仿真过程中, 物料 E 的监控记录都非常平稳. 结合非预期故障诊断的通用模型, 本节描述了基于单类多元统计分析法的非预期故障诊断过程.

1. 预期故障检测

若 $\boldsymbol{Y}=(\boldsymbol{y}_1,\cdots,\boldsymbol{y}_N)\in\mathbb{R}^{n_{\boldsymbol{y}}\times N}$ 表示 N 个 $n_{\boldsymbol{y}}$ 维正常训练样本 (离线数据), 则 $\boldsymbol{Y}$ 的均值向量 $\overline{\boldsymbol{Y}}\in\mathbb{R}^{n_{\boldsymbol{y}}\times 1}$ 和样本标准差对角矩阵 $\mathbf{std}\in\mathbb{R}^{n_{\boldsymbol{y}}\times n_{\boldsymbol{y}}}$ 分别见公式 (5.1) 和 (5.2):

$$\overline{\boldsymbol{Y}}=\begin{pmatrix}\overline{Y}_1\\ \vdots\\ \overline{Y}_{n_y}\end{pmatrix},\quad \overline{Y}_i=\frac{1}{N}\sum_{j=1}^{N}Y_{ij} \tag{5.1}$$

$$\mathbf{std}=\begin{pmatrix}\mathrm{std}_1 & & \\ & \ddots & \\ & & \mathrm{std}_{n_{\boldsymbol{y}}}\end{pmatrix},\quad \mathrm{std}_i=\sqrt{\frac{1}{N-1}\sum_{j=1}^{N}\left(Y_{ij}-\overline{Y}_i\right)^2} \tag{5.2}$$

若 $\boldsymbol{y}\in\mathbb{R}^{n_{\boldsymbol{y}}\times 1}$ 表示单个测试数据, 则单类多元统计分析法依据下述三个步骤构建 T^2 检测统计量 [7], 该统计量的构造流程也可以参考图 5.2.

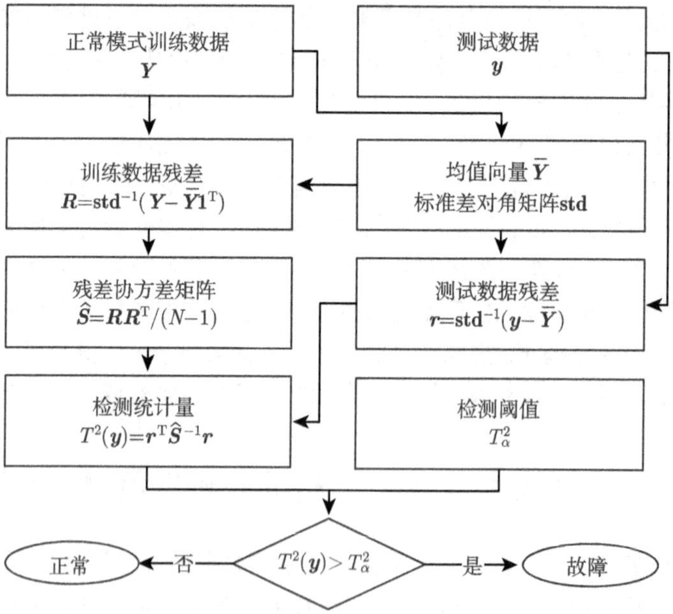

图 5.2　T^2 检测统计量的构造流程图

(1) 对 $\boldsymbol{Y}$ 和 $\boldsymbol{y}$ 进行正规化处理, 即中心化和单位化处理, 生成训练残差和测试残差

$$\begin{cases} \boldsymbol{R} = \mathbf{std}^{-1}\left(\boldsymbol{Y} - \overline{\boldsymbol{Y}}\mathbf{1}^{\mathrm{T}}\right) & (5.3\mathrm{a}) \\ \boldsymbol{r} = \mathbf{std}^{-1}\left(\boldsymbol{y} - \overline{\boldsymbol{Y}}\right) & (5.3\mathrm{b}) \end{cases}$$

其中 $\mathbf{1} = (1, \cdots, 1)^{\mathrm{T}} \in \mathbb{R}^{N \times 1}$.

(2) 计算训练数据的样本方差矩阵 $\hat{\boldsymbol{S}} \in \mathbb{R}^{n_{\boldsymbol{y}} \times n_{\boldsymbol{y}}}$

$$\hat{\boldsymbol{S}} = \frac{1}{N-1}\boldsymbol{R}\boldsymbol{R}^{\mathrm{T}} \tag{5.4}$$

(3) 由 $\hat{\boldsymbol{S}}$ 和 $\boldsymbol{r}$ 构造 T^2 检测统计量

$$T^2(\boldsymbol{y}) = \boldsymbol{r}^{\mathrm{T}}\hat{\boldsymbol{S}}^{-1}\boldsymbol{r} \tag{5.5}$$

依据公式 (5.3)~(5.5), 得

$$T^2(\boldsymbol{y}) = \left(\boldsymbol{y} - \overline{\boldsymbol{Y}}\right)^{\mathrm{T}}\left[\frac{1}{N-1}\left(\boldsymbol{Y} - \overline{\boldsymbol{Y}}\mathbf{1}^{\mathrm{T}}\right)\left(\boldsymbol{Y} - \overline{\boldsymbol{Y}}\mathbf{1}^{\mathrm{T}}\right)^{\mathrm{T}}\right]^{-1}\left(\boldsymbol{y} - \overline{\boldsymbol{Y}}\right) \tag{5.6}$$

注解 5.2 (1) 训练数据又称为离线数据, 是历史的监控记录; 测试数据又称为在线数据, 是当前的监控记录.

(2) 可以发现, 如果用公式 (5.7) 代替公式 (5.3), T^2 检测统计量公式 (5.6) 不变, 也就是说公式 (5.3) 中的矩阵 $\mathbf{std}^{-1}$ 是多余的.

$$\begin{cases} \boldsymbol{R} = \left(\boldsymbol{Y} - \overline{\boldsymbol{Y}}\mathbf{1}^{\mathrm{T}}\right) & (5.7\mathrm{a}) \\ \boldsymbol{r} = \left(\boldsymbol{y} - \overline{\boldsymbol{Y}}\right) & (5.7\mathrm{b}) \end{cases}$$

(3) 构造 T^2 检测统计量的核心思想是: 用历史数据的均值 $\overline{\boldsymbol{Y}}$ 预测未来测试数据 $\boldsymbol{y}$, 然后用预测残差 $\left(\boldsymbol{y} - \overline{\boldsymbol{Y}}\right)$ 构建检测统计量 $T^2(\boldsymbol{y})$. 而训练残差 $\left(\boldsymbol{Y} - \overline{\boldsymbol{Y}}\mathbf{1}^{\mathrm{T}}\right)$ 在 $T^2(\boldsymbol{y})$ 中充当"除数"作用. 这样构造出来的检测统计量只适用于平稳数据. 如果数据是非平稳的, 预测残差的幅值将非常大, 该检测统计量的检测性能将会降低. 对于非平稳数据, 第 6 章和第 7 章分别采用平滑预处理和时序建模预测的方法构建检测统计量.

记

$$F(\boldsymbol{y}) = \frac{N(N-n_{\boldsymbol{y}})}{n_{\boldsymbol{y}}(N^2-1)}T^2(\boldsymbol{y}) \tag{5.8}$$

如果训练数据的每个样本服从多元正态分布, 那么 $F(\boldsymbol{y})$ 服从自由度为 $(n_{\boldsymbol{y}}, N-n_{\boldsymbol{y}})$ 的 F 分布. 所以, 当误报率设置为 α 时, 公式 (5.5) 对应的检测阈值为

$$T_\alpha^2 = \frac{n_{\boldsymbol{y}}(N^2-1)}{N(N-n_{\boldsymbol{y}})}F_{1-\alpha}(n_{\boldsymbol{y}}, N-n_{\boldsymbol{y}}) \tag{5.9}$$

其中 $F_{1-\alpha}(n_{\boldsymbol{y}}, N-n_{\boldsymbol{y}})$ 是 F 分布对应于 $(1-\alpha)$ 的分位数. 基于上述分析, 构建如下预期故障检测的规则.

规则 5.5 如果 $T^2(\boldsymbol{y}) > T_\alpha^2$, 那么 $\boldsymbol{y}$ 是故障数据; 否则, $\boldsymbol{y}$ 是正常数据.

2. 预期故障隔离

预期故障模式库中有 n_f 类预期故障模式, 并且预期故障模式库储存了每类预期故障模式对应的训练数据. 若将正常训练数据 $\boldsymbol{Y}$ 换成第 i 类预期故障模式对应的训练数据 $\boldsymbol{Y}_i$, 并且将公式 (5.3) 中的均值向量 $\overline{\boldsymbol{Y}}$ 和标准差对角矩阵 $\mathbf{std}$ 分别换成第 i 类预期故障的均值向量 $\overline{\boldsymbol{Y}}_i$ 和标准差对角矩阵 $\mathbf{std}_i$, 那么把当前故障数据 $\boldsymbol{y}$ 与第 i 类预期故障模式的偏离度记为 $d(\boldsymbol{y}, f_i)$, 定义如下

$$d(\boldsymbol{y}, f_i) = \left\|\mathbf{std}_i^{-1}\left(\boldsymbol{y}-\overline{\boldsymbol{Y}}_i\right)\right\| \tag{5.10}$$

其中 $\mathbf{std}_i^{-1}$ 的作用是去除每个变量的量纲. 显然, 如果 $d(\boldsymbol{y}, f_i)$ 越小, 那么 $\boldsymbol{y}$ 与 $\overline{\boldsymbol{Y}}_i$ 的距离就越近, 故障数据 $\boldsymbol{y}$ 越可能是第 i 类预期故障模式. 如果 $d(\boldsymbol{y}, f_{i_0})$ 最小, 那么有理由认为当前故障模式就是第 i_0 类故障模式, 正因为如此, 构建如下预期故障隔离规则.

规则 5.6 如果 i_0 满足

$$i_0 = \arg\min_i \left\{d(\boldsymbol{y}, f_i), i=1,\cdots,n_f\right\} \tag{5.11}$$

那么当前故障模式就是第 i_0 类预期故障模式.

3. 非预期故障检测

非预期故障检测就是进一步确认当前故障是否真的是第 i_0 类预期故障模式. 类似于公式 (5.6), 构建第 i_0 类预期故障模式对应的统计量, 如下

$$\mathrm{UFDS}(\boldsymbol{y}) = \left(\boldsymbol{y}-\overline{\boldsymbol{Y}}_{i_0}\right)^{\mathrm{T}}\left[\frac{1}{N_{i_0}-1}\left(\boldsymbol{Y}_{i_0}-\overline{\boldsymbol{Y}}_{i_0}\mathbf{1}^{\mathrm{T}}\right)\left(\boldsymbol{Y}_{i_0}-\overline{\boldsymbol{Y}}_{i_0}\mathbf{1}^{\mathrm{T}}\right)^{\mathrm{T}}\right]^{-1}\left(\boldsymbol{y}-\overline{\boldsymbol{Y}}_{i_0}\right) \tag{5.12}$$

可以发现, 公式 (5.12) 与公式 (5.6) 结构相同, 只是正常训练数据 $\boldsymbol{Y}$ 和它的均值向量 $\boldsymbol{Y}$ 分别被替换成第 i_0 类预期故障模式的训练数据 $\boldsymbol{Y}_{i_0}$ 和均值向量 $\overline{\boldsymbol{Y}}_{i_0}$.

如果当前故障模式与第 i_0 类预期故障模式相同, 那么 $\mathrm{UFDS}(\boldsymbol{y})$ 在显著度水平 α 下不会超过由公式 (5.9) 定义的阈值 T_α^2, 正因为如此, 记 $\mathrm{UFDS}_\alpha = T_\alpha^2$, 并建立如下非预期故障检测规则.

规则 5.7 如果 $\mathrm{UFDS}(\boldsymbol{y}) > \mathrm{UFDS}_\alpha$, 那么 $\boldsymbol{y}$ 是非预期故障数据; 否则, $\boldsymbol{y}$ 是第 i_0 类预期故障数据.

注解 5.3 规则 5.7 利用了故障的位置信息进行非预期故障检测, 该方法可能把幅值不同的预期故障判断为非预期故障. 例如, 单变量常值偏置故障只有一种故障类型. 训练预期故障数据的故障幅值等于 1, 噪声标准差等于 0.1, 测试故障数据的幅值等于 2. 那么在显著性水平等于 0.05 的条件下极有可能会把测试故障数据判断为非预期故障数据. 尽管测试数据和训练数据的故障类型相同, 但是幅值不同导致非预期故障检测的失败. 正因为基于位置信息的规则存在这个问题, 第 6 章将提出一种基于方向信息的非预期故障检测统计量.

4. 非预期故障隔离

非预期故障隔离的基本任务是对非预期故障数据进行在线学习和分析, 关键在于建立监控数据到故障变量的映射关系. 本节通过贡献指标找到故障变量, 完成非预期故障隔离功能.

在预期故障检测中, 当前测试数据 $\boldsymbol{y}$ 之所以会被判断为故障数据, 是检测统计量大于检测阈值, 即 $T^2(\boldsymbol{y}) > T_\alpha^2$. 因此"对统计量 $T^2(\boldsymbol{y})$ 贡献最大的变量就是故障变量"是一种合理的故障隔离思路, 故障隔离的关键是量化每个变量 y_i 对统计量 $T^2(\boldsymbol{y})$ 的"贡献". 这里采用文献 [7], [56], [62], [78] 提到的基于主元分析和部分分解的贡献指标.

公式 (5.4) 定义了正常训练数据的样本方差矩阵 $\hat{\boldsymbol{S}}$, 该矩阵的奇异值分解为

$$\hat{\boldsymbol{S}} = \boldsymbol{\Gamma}\boldsymbol{\Lambda}\boldsymbol{\Gamma}^{\mathrm{T}} \tag{5.13}$$

$$\boldsymbol{\Lambda} = \begin{pmatrix} \lambda_1 & & \\ & \ddots & \\ & & \lambda_{n_y} \end{pmatrix} \tag{5.14}$$

其中 λ_i 是 $\hat{\boldsymbol{S}}$ 的第 i 个奇异值. 若将 $\boldsymbol{y} - \overline{\boldsymbol{Y}}$ 简记为 $\boldsymbol{r}$, 另外记

$$\boldsymbol{t} = \boldsymbol{\Gamma}^{\mathrm{T}}\boldsymbol{r} \tag{5.15}$$

则有

$$T^2(\boldsymbol{y}) = \sum_{i=1}^{n_y}\sum_{j=1}^{n_y} t_j r_i \Gamma_{ij}/\lambda_j \tag{5.16}$$

把第 i 个变量对 T^2 统计量的贡献记为 $\mathrm{CNT}(i)$, 定义如下

$$\mathrm{CNT}(i) = \sum_{j=1}^{ny} t_j r_i \Gamma_{ij}/\lambda_j \tag{5.17}$$

显然

$$T^2(\boldsymbol{y}) = \sum_{i=1}^{n_y} \mathrm{CNT}(i) \tag{5.18}$$

把第 i 个变量对 T^2 统计量的贡献率记为 $\mathrm{cnt}(i)$, 定义如下

$$\mathrm{cnt}(i) = \frac{\mathrm{CNT}(i)}{T^2(\boldsymbol{y})} \tag{5.19}$$

显然

$$\begin{cases} T^2(\boldsymbol{y}) = \displaystyle\sum_{i=1}^{n_y} \mathrm{CNT}(i) \\ 1 = \displaystyle\sum_{i=1}^{n_y} \mathrm{cnt}(i) \end{cases} \tag{5.20}$$

综上所述, 构建如下非预期故障隔离规则.

规则 5.8 *如果 i_0 满足*

$$i_0 = \arg\max_i \{\mathrm{CNT}(i), i = 1, \cdots, n_f\} \tag{5.21}$$

那么 y_{i_0} 就是故障变量, 而且与 y_{i_0} 相关的硬件最有可能是硬件故障.

如 4.6 节所述, 贡献指标公式 (5.17) 存在"负值无物理意义"和"故障掩饰"问题, 第 6 章将会提出一种新的构造贡献指标的方法, 称为对角贡献, 该指标与单变量分析类似, 贡献为正值, 而且可以避免故障掩饰问题.

5.4 仿真验证及结果分析

5.4.1 诊断对象及数据说明

田纳西–伊斯曼过程是基于实际工业过程的仿真模型. 1993 年, 美国田纳西–伊斯曼化学公司过程控制部门的 Downs 和 Vogel 首次公开了该模型 [79], 后来又经过了大量的改进 [80, 81]. TEP 常用于验证故障诊断的相关理论 [7,12,82–84]. 其仿真环境是 MATLAB/Simulink, 下载地址为

http://depts. washington. edu/control/LARRY/TE/download. html

如图 5.3 所示, 田纳西–伊斯曼过程由五个环节组成: 反应器 (Reactor)、冷凝器 (Condenser)、压缩机 (Compressor)、汽/液分离器 (Vapour/Liquid Separator) 和汽提塔 (Stripper); 共有 4 种反应物 (A, D, E 和 C)、2 种主产品 (G 和 H) 和 2 种副产品 (B 和 F), 更详细的说明见文献 [7].

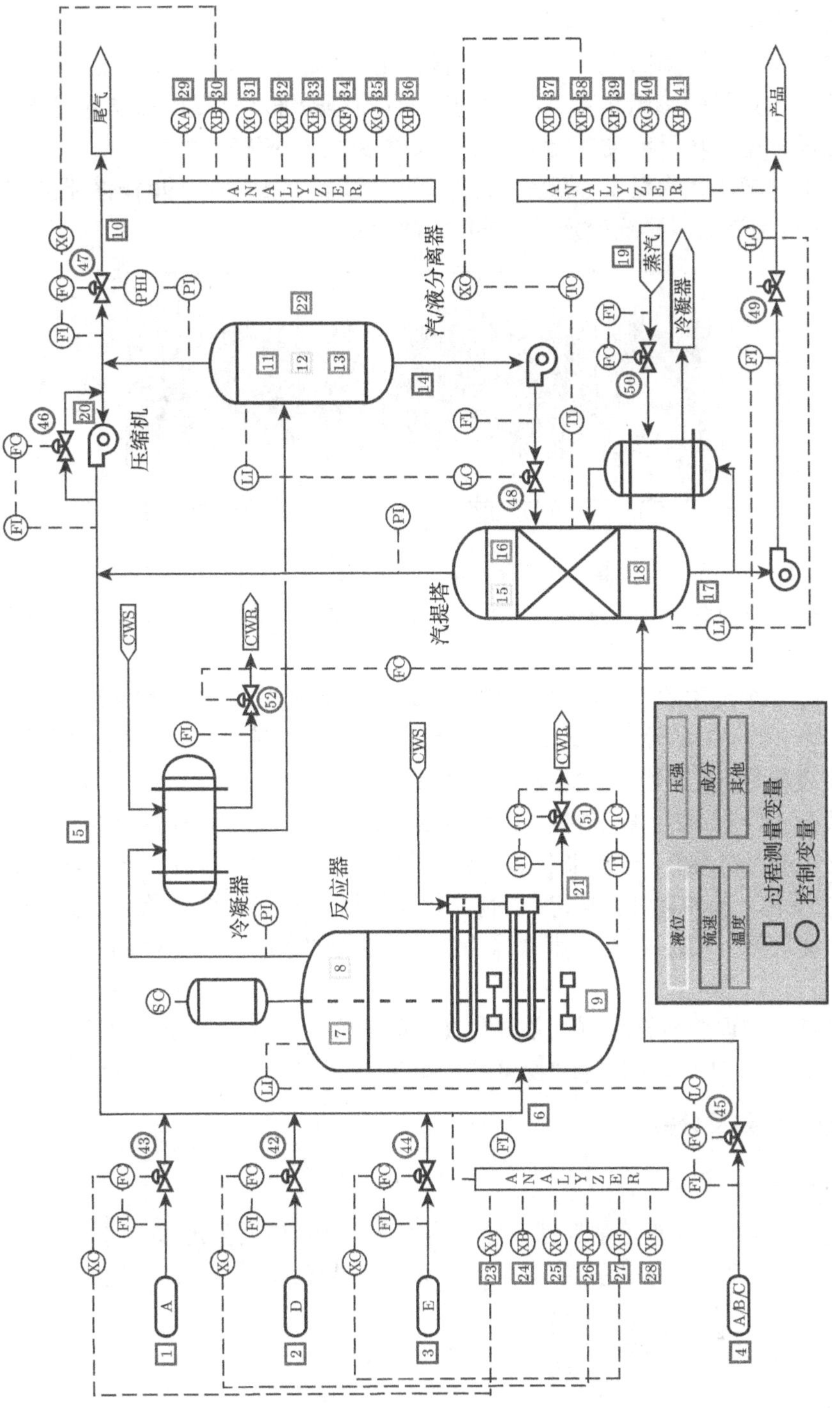

图5.3 TEP-系统结构图

该过程具有 41 个输出变量 (图中用“□”表示) 和 12 个控制变量 (图中用“○”表示). 在这 53 个变量中, 有 3 个控制变量恒定不变, 所以剔除它们, 剩余的 50 个变量用于非预期故障诊断仿真. 本次仿真的目的是验证本书提出的非预期故障诊断通用过程模型和基于单类多元统计分析故障诊断方法的有效性.

图 5.4 刻画的是物料 E 的监控数据, 可以发现, TEP 系统的输出数据非常平稳, 因此可以用单类多元统计分析法进行故障诊断.

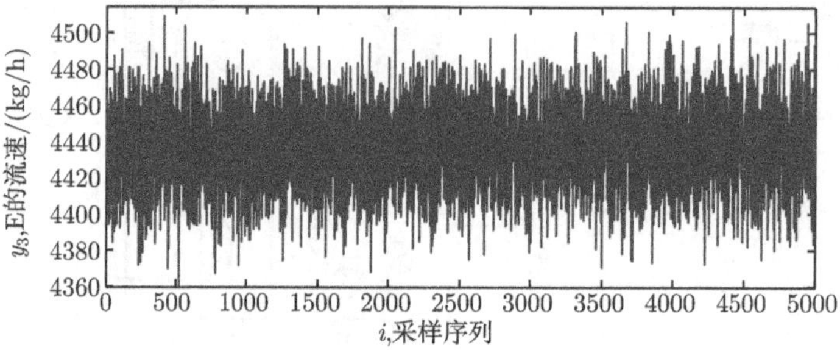

图 5.4　TEP-原料 E 的监控图

该系统既可以仿真正常模式, 还可以仿真 16 种预期故障模式和 5 种非预期故障模式.

一共有 3 个批次的训练数据, 它们分别来自正常模式 f_0 和 2 类预期故障模式 $\{f_1, f_2\}$, 第一类预期故障是“反应物 A 和反应物 B 的比例发生阶跃突变故障”, 第二类预期故障为“反应物 B 发生阶跃突变故障”.

一共有 5 个批次的测试数据, 记为 (af0, af1, af2, uf1, uf2), 其中前 3 个批次的测试数据 (af0, af1, af2) 分别来自 3 类预期模式 f_0, f_1 和 f_2, 后 2 个批测试数据 (uf1, uf2) 没有对应的训练数据, 所以是非预期故障数据. 第一类非预期故障为“反应动态漂移故障”, 第二类非预期故障为“反应器冷却水 (Reactor Coolant) 阀门卡死故障”.

所有批次的训练数据和测试数据仿真时间均为 50 小时, 采样周期为 0.01 小时, 共有 5001 列 (样本数)50 行 (变量数), 即 $\boldsymbol{Y} \in \mathbb{R}^{50\times5001}$.

5.4.2　诊断结果及分析

1. 预期故障检测

依据公式 (5.1) 计算正常训练数据的均值 $\overline{\boldsymbol{Y}}$, 然后依据公式 (5.6) 构造检测统计量, $T^2(\boldsymbol{y})$. 显著性水平设置为 $\alpha = 0.05$, 依据公式 (5.9) 计算检测阈值 T^2_α, 得

$$\begin{aligned}T^2_\alpha &= \frac{n_{\boldsymbol{y}}\left(N^2-1\right)}{N(N-n_{\boldsymbol{y}})}F_{1-\alpha}\left(n_{\boldsymbol{y}}, N-n_{\boldsymbol{y}}\right)\\ &= \frac{50\left(5001^2-1\right)}{5001(5001-50)}F_{0.95}\left(50, 5001-50\right) = 68.3207\end{aligned}$$

依据规则 5.5, 分别对 5 个批次的测试数据进行预期故障检测, 检测结果如图 5.5 所示, 其中实线表示检测统计量 $T^2(\boldsymbol{y})$, 虚线表示检测阈值 T_α^2. 图 a 的右侧是放大后的检测图. 经统计, 正常数据 af0 的误报率为 6.25%, 与显著性水平 $\alpha=0.05$ 相当, 因而正常数据 af0 诊断完毕. 4 个批次的故障数据 (af1, af2, uf1, uf2) 的检测率几乎都是 100%, 进入下一个环节——预期故障隔离.

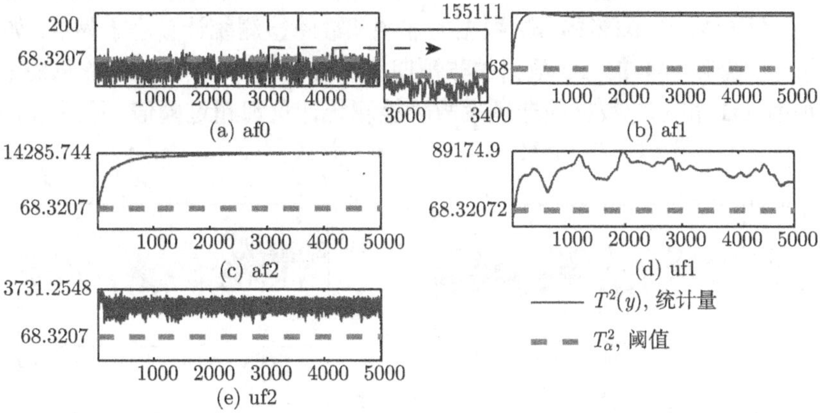

图 5.5 TEP-预期故障检测图

2. 预期故障隔离

针对 4 个批次的故障数据, 依据公式 (5.11) 找到与之距离最近的预期故障模式, f_1 或者 f_2, 隔离结果如图 5.6 所示. 可以发现, 预期故障模式数据 (af1, af2) 的判别结果非常稳定, 如图 (a) 和 (b) 所示; 相反, 非预期故障模式数据 (uf1, uf2) 的判别结果不稳定, 见图 (c) 和 (d). 可以发现 86%的 uf1 数据被判断为模式 f_1, 另外, 图 (d) 右侧是放大后的隔离图, 经统计, 71%的 uf2 数据被判断为模式 f_2.

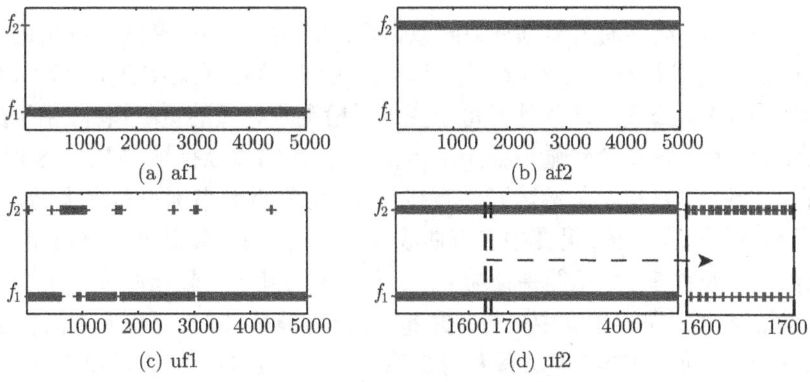

图 5.6 TEP-预期故障隔离图

依据规则 5.6, 暂时认为 af1 和 uf1 的故障模式为 f_1, 而 af2 和 uf2 的故障模式为 f_2, 进入下一个环节——非预期故障检测.

3. 非预期故障检测

这里要验证 af1 和 uf1 的故障模式是否真的为 f_1, 以及 af2 和 uf2 的故障模式是否真的为 f_2. 验证结果如图 5.7 所示, 实线表示非预期故障检测统计量, 虚线表示阈值. 可以发现, 92%的 af1 数据的非预期故障检测统计量小于阈值, 如图 (a) af1 所示; 类似地, 95%的 af2 数据的非预期故障检测统计量小于阈值, 见图 (b) af2; 另外, 所有 uf1 和 uf2 数据的非预期故障检测统计量都超过阈值, 见图 (c) uf1 和 (d) uf2.

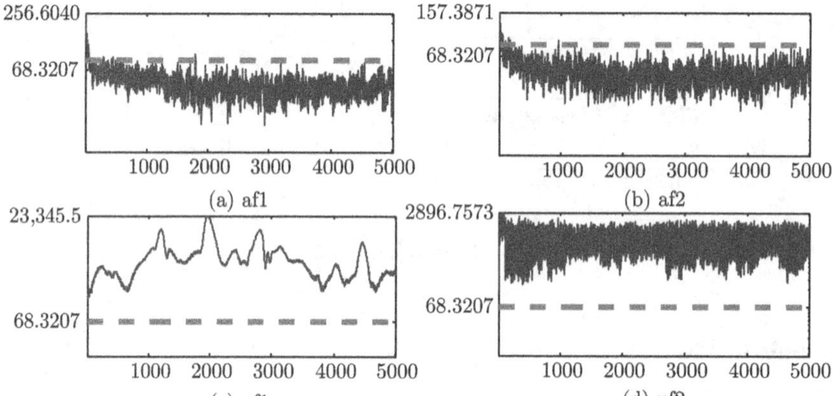

(a) af1　(b) af2　(c) uf1　(d) uf2

图 5.7　TEP-非预期故障检测图

依据规则 5.7, 认为 (af1, af2) 确实是预期故障, 诊断完毕, 而剩余的两个批次故障数据 (uf1, uf2) 是非预期故障, 进入下一个环节——非预期故障隔离.

4. 非预期故障隔离

当 (uf1, uf2) 被判断为非预期故障数据后, 非预期故障隔离的任务是进一步判断它们的故障变量和对应的故障硬件. 以 uf2 为例, 该数据是反应器冷却水阀门卡死故障数据. 依据公式 (5.17) 计算每个变量对检测统计量的贡献指标, 由于变量众多, 因此只显示最后 5 个变量 $(y_{46}, y_{47}, y_{48}, y_{49}, y_{50})$ 的贡献指标, 如图 5.8 所示.

可以发现, 尽管 y_{49} 与故障硬件直接相关, 但是贡献指标不是最大, 反而是最小, 而且贡献指标是负值, 见图中底端曲线. 相反, y_{47} 与故障硬件不直接相关, 但是它的贡献指标反而最大, 见图中顶端曲线. 本例说明基于贡献指标公式 (5.17) 的非预期故障隔离规则在本仿真中失效. 究其原因, 可能是 TEP 系统是非线性的闭环控制系统, 控制回路使得变量之间相互关联, 造成非故障变量对检测统计量的贡献指标反而更大, 这也意味着原始的贡献指标需要改进.

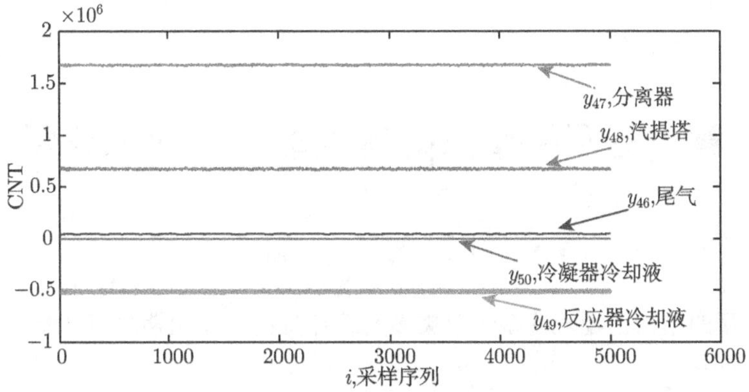

图 5.8　TEP-非预期故障隔离图–贡献图

5.5　结　论

针对非预期故障诊断的四项基本功能, 本章提出了非预期故障诊断的通用过程模型. 该模型由逐渐递进的四个层次构成, 每个层次重点实现不同的功能. 在该过程模型的指导下, 本章提出了基于单类多元统计分析的非预期故障诊断方法. 该方法包括了四个与非预期故障诊断相关的规则、基于 T^2 检测统计量的预期故障检测规则、基于位置偏离度的预期故障隔离规则、基于 T^2 检测统计量的非预期故障检测规则和基于贡献指标的非预期故障隔离规则.

上述模型, 方法和规则在田纳西–伊斯曼过程的非预期故障诊断中得到了验证, 基本结论如下:

(1) 非预期故障诊断通用模型能够规范非预期故障诊断的功能和过程.

(2) 基于单类多元统计分析的非预期故障诊断方法适合平稳系统的故障诊断.

(3) 尽管如此, 该方法仍有一定的局限性, 表现在下面三个方面:

(a) 如果数据是非平稳的, 那么基于单类多元统计分析的方法就不适用了, 因为此时的故障信息可能被正常的非平稳的宽幅趋势所掩盖, 导致检测率显著降低.

(b) 如果某个预期故障的故障幅值与训练数据的故障幅值有显著差异, 那么基于位置偏离度的预期故障隔离规则可能会误判.

(c) 如果变量间的相关性很强, 那么基于部分分解的贡献指标存在“负贡献”和“故障掩饰”问题.

第 6 章将重点解决上述三个局限性.

第 6 章　基于平滑预处理的非预期故障诊断方法

6.1　引　　言

第 5 章的结论已经表明基于单类多元统计分析的非预期故障诊断方法存在三个方面的局限性.

首先, 该方法只适用于平稳数据的故障诊断. **平稳数据**是指均值和方差都是时不变的数据, 如图 5.3 所示的 TEP 监控数据. 但是现实工业系统的数据经常呈现出非平稳趋势 [77,85–90], 例如, 卫星姿态控制系统数据, 如图 6.3 所示. 面对非平稳数据, 故障诊断的首要任务是提取数据的非平稳趋势, 依此获得可以用于故障诊断的平稳残差信息. 数据趋势提取的方法有很多, 比如函数拟合、小波分析、中值平滑和经验模态分解 [91] 等. 其中函数拟合和小波分析依赖于预先设计的基函数 (又称为设计函数), 而中值平滑和经验模态分解不需要基函数. 值得注意的是经验模态分解不适用于强单调数据, 因为它很难提取强单调数据的包络. 本章的第一个问题是: **如何提取训练数据的非平稳趋势? 趋势剔除对故障诊断性能又有什么影响**? 6.1 节将研究这个问题.

其次, 基于位置信息的非预期故障检测方法可能会把幅值不同的预期故障判断为非预期故障, 但是基于方向信息可以避免这个问题, 因此本章第二个问题是: **如何利用数据的方向信息, 构建预期故障隔离规则和非预期故障检测规则**? 6.3.2 节和 6.3.3 节将研究这个问题.

最后, 基于部分分解的贡献指标存在“故障掩饰”问题, 即非故障变量的贡献指标可能比故障变量的贡献指标更大; 另外, 该指标还存在“负贡献”问题, 即该贡献指标可能是负数, 难以找到对应的物理解释, 因此本章的第三个问题是: **如何构建新的贡献指标, 克服传统贡献指标的两个弊端**? 6.3.4 节将研究这个问题.

6.2　非平稳数据的平滑预处理

6.2.1　趋势和残差

针对具有 N 个样本的 $n_{\boldsymbol{y}}$ 维非平稳训练数据 $\boldsymbol{Y}=(\boldsymbol{y}_1,\cdots,\boldsymbol{y}_N)\in\mathbb{R}^{n_{\boldsymbol{y}}\times N}$, 平滑预处理的目的是把它分解成两个部分: 光滑的非平稳趋势 (Trend) 和不光滑的平稳残差 (Residual), 分别记为 $\hat{\boldsymbol{Y}}$ 和 $\widetilde{\boldsymbol{Y}}$. $\hat{\boldsymbol{Y}}$ 和 $\widetilde{\boldsymbol{Y}}$ 的第 i 列分别记为 $\hat{\boldsymbol{y}}_i$ 和 $\widetilde{\boldsymbol{y}}_i$, 定义

如下

$$
\begin{cases}
\hat{\boldsymbol{y}}_i = \sum_{j=-n_p}^{n_f} a_j \boldsymbol{y}_{i+j} & \text{(6.1a)} \\
\widetilde{\boldsymbol{y}}_i = \boldsymbol{y}_i - \hat{\boldsymbol{y}}_i & \text{(6.1b)}
\end{cases}
$$

其中 $(n_p + n_f + 1)$ 是平滑的跨度 (Span), n_p 和 n_f 是平滑的阶 (Order), $\{a_j\}_{j=n_p}^{n_f}$ 是平滑的权系数 (Weight Parameter), 满足

$$
\sum_{j=-n_p}^{n_f} a_j = 1 \tag{6.2}
$$

注解 6.1 公式 (6.1a) 的构造依据是系统状态的惯性, 即在正常状态下系统均值很少发生突变, 因此过去及未来的信息可以反映当前的状态. n_p 和 n_f 分别代表了过去 (Past) 和未来 (Future) 对当前状态影响的时间跨度:

(1) 若 $n_p = 0$ 且 $n_f \neq 0$, 则表示计算的趋势由未来信号决定.

(2) 若 $n_p \neq 0$ 且 $n_f = 0$, 则表示计算的趋势由过去信号决定.

(3) 若 $n_p \neq 0$ 且 $n_f \neq 0$, 则表示计算的趋势由过去信号和未来信号共同决定.

下文总是假定 $n_p = n_f = k$, 即平滑的跨度等于 $2k+1$. 采用具有指数形式的权系数, 如下:

$$
a_j = \begin{cases}
\dfrac{(1-b)}{1+b-2b^{(k+1)}} b^{|j|}, & b \neq 1 \\
\dfrac{1}{2k+1}, & b = 1
\end{cases} \tag{6.3}
$$

其中 b 称为平滑因子 (Factor).

注解 6.2 两个参数 (k, b) 共同决定了趋势的平滑形态. 例如, 参数 k 越大, 趋势的平滑程度越高, 具体表现如下:

(1) 若 $k \to 0$, 则 $\hat{\boldsymbol{y}}_i \to \boldsymbol{y}_i$, 即趋势逼近训练数据本身, 此时残差逼近零.

(2) 若 $b = 1$ 且 $k \to \infty$, 则 $\hat{\boldsymbol{y}}_i \to \overline{\boldsymbol{Y}}$. 其中 $\bar{Y}$ 是 $\boldsymbol{Y}$ 的均值向量, 见公式 (5.1), 从这个意义上说公式 (5.7) 中 $\boldsymbol{r}$ 是公式 (6.1) 中 $\widetilde{\boldsymbol{y}}_i$ 的特例.

(3) 若 $b = \dfrac{1}{2}$, 则 $a_j = \dfrac{2^{-|j|}}{(3-2^{-k+1})}$, 表示中间权重大, 两端权重小.

(4) 若 $b = 1$, 则 $a_j = \dfrac{1}{(2k+1)}$, 表示权重都相等.

(5) 若 $b = 2$, 则 $a_j = \dfrac{2^{|j|}}{(2^{k+2}-3)}$, 表示中间权重小, 两端权重大.

(6) 若 $b \to 0$, 则 $\hat{\boldsymbol{y}}_i \to \boldsymbol{y}_i$.

(7) 若 $b \to \infty$, 则 $\boldsymbol{y}_i \to \dfrac{\boldsymbol{y}_{i-k} + \boldsymbol{y}_{i+k}}{2}$.

6.2.2　边界处理技术

训练数据的容量是有限的, 当 $i+j<1$ 或者 $i+j>N$ 时, $\boldsymbol{y}_{i+j}$ 是不存在的, 因此需要对边界信号进行特殊处理. 不同处理方法的原理和效果都不同. 这些方法大致分为对称方法和非对称方法. 一般来说, 对称方法的边界残差幅值较小, 非对称方法的边界残差幅值较大.

对称方法边界处理的原理是: 若 $i+j<1$ 或者 $i+j>N$, 则 $a_{+j}=0$ 且 $a_{-j}=0$.

非对称方法边界处理原理是: 若 $i+j<1$ 或者若 $i+j>N$, 则 $a_{+j}=0$.

可以用矩阵乘法表示非对称边界处理方法的趋势和残差, 如下

$$\begin{cases} \hat{\boldsymbol{Y}} = \boldsymbol{YT} \\ \widetilde{\boldsymbol{Y}} = \boldsymbol{Y} - \hat{\boldsymbol{Y}} \end{cases} \tag{6.4}$$

其中 $\boldsymbol{T} \in \mathbb{R}^{N\times N}$ 称为平滑矩阵, 它是 Toeplitz 准对角矩阵, 每条对角线上元素都是相等的权系数, 即

$$\boldsymbol{T} = \begin{pmatrix} a_0 & \cdots & a_{-k} & 0 & 0 & \cdots & 0 \\ \vdots & \ddots & \vdots & \ddots & \vdots & \ddots & \vdots \\ a_k & \cdots & a_0 & \cdots & a_{-k} & \cdots & 0 \\ 0 & \ddots & \vdots & \ddots & \vdots & \ddots & 0 \\ 0 & \cdots & a_k & \cdots & a_0 & \cdots & a_{-k} \\ \vdots & \ddots & \vdots & \ddots & \vdots & \ddots & \vdots \\ 0 & \cdots & 0 & 0 & a_k & \cdots & a_0 \end{pmatrix} \tag{6.5}$$

6.2.3　平滑预处理对故障诊断的影响

平滑预处理获得的残差是平稳的, 这将在两方面改进故障诊断的性能: 第一, 样本方差矩阵的条件数变小, 这使得逆矩阵的计算更加稳健 [92]; 第二, 变量间的相关性降低, 这为构建新的贡献率指标和非预期故障隔离规则提供了便利.

影响 1: 计算更加稳健

构建 T^2 检测统计量时, 需要计算样本方差矩阵的逆矩阵, 见公式 (5.5), 而计算逆矩阵的稳健性是由矩阵的条件数 (CN, Condition Number) 决定的. 条件数越小, 逆矩阵的计算就越稳健.

矩阵 $\hat{\boldsymbol{S}}$ 的条件数定义如下数:

$$\mathrm{CN}\left(\hat{\boldsymbol{S}}\right) = \lambda_{\max}/\lambda_{\min} \tag{6.6}$$

其中 $\lambda_{\max}$ 和 $\lambda_{\min}$ 分别是 $\hat{\boldsymbol{S}}$ 的最大奇异值和最小奇异值. 一般来说, $\lambda_{\max}$ 代表系统非平稳趋势的幅值范围, $\lambda_{\max}$ 越大, 说明系统的非平稳趋势幅值范围越大. 类似地, $\lambda_{\min}$ 代表系统残差的幅值范围. 因为平滑预处理技术剔除了非平稳趋势, 相当于剔除了矩阵中的最大的奇异值, 使得条件数显著减小, 即

$$\mathrm{CN}\left(\hat{\boldsymbol{S}}_2\right) \leqslant \mathrm{CN}\left(\hat{\boldsymbol{S}}_1\right) \tag{6.7}$$

其中 $\hat{\boldsymbol{S}}_1$ 表示预处理前的原始数据的样本方差矩阵, 而 $\hat{\boldsymbol{S}}_2$ 表示预处理后残差的样本方差矩阵.

影响 2: 变量相关性降低

数据矩阵的相关系数矩阵蕴涵了变量之间的相关性信息, 由公式 (3.36) 数据 $\boldsymbol{Y}$ 的相关系数矩阵定义如下

$$\boldsymbol{R} = \mathbf{std}^{-1}\hat{\boldsymbol{S}}\mathbf{std}^{-1} \tag{6.8}$$

其中 $\mathbf{std}$ 是 $\boldsymbol{Y}$ 的标准差对角矩阵, 定义见公式 (5.2), 而 $\hat{\boldsymbol{S}}$ 是数据 $\boldsymbol{Y}$ 的样本方差矩阵.

预处理前原始数据 $\boldsymbol{Y}$ 的相关系数矩阵记为 $\boldsymbol{R}_1$, 而预处理后残差 $\widetilde{\boldsymbol{Y}}$ 的相关系数矩阵记为 $\boldsymbol{R}_2$. 变量之间的相关性体现在相关系数矩阵的非对角元上, 非对角元的绝对值越大, 说明对应两个变量的相关性越强. 为了衡量所有变量的整体相关性, 引入一个新的概念——矩阵的相关性指标, 定义如下

$$\mathrm{CI} = \left(\sum_{i=1}^{n_{\boldsymbol{y}}} \sum_{j=1, j\neq i}^{n_{\boldsymbol{y}}} |R_{ij}|\right) \Bigg/ \left(\sum_{i=1}^{n_{\boldsymbol{y}}} R_{ii}\right) \tag{6.9}$$

其中 r_{ij} 表示矩阵 $\boldsymbol{R}$ 在 (i,j) 位置上的元素.

显然

$$\mathrm{CI} = \left(\sum_{i=1}^{n_{\boldsymbol{y}}} \sum_{j=1, j\neq i}^{n_{\boldsymbol{y}}} |R_{ij}|\right) \Bigg/ n_{\boldsymbol{y}} \tag{6.10}$$

相关矩阵的非对角元的比重越大, 说明变量的整体相关性越强, 因此用上述指标来衡量所有变量的整体相关性是合理的.

趋势剔除后, 剩余的残差代表了每个变量的噪声信息, 此时这些噪声往往是独立的或者近似独立的, 因此平滑预处理可以降低数据的相关性, 即

$$\mathrm{CI}\left(\boldsymbol{R}_2\right) \leqslant \mathrm{CI}\left(\boldsymbol{R}_1\right) \tag{6.11}$$

依据这个性质, 6.3.4 节将构造一种新的用于非预期故障隔离的贡献率指标.

6.3 基于平滑预处理的非预期故障诊断流程

结合 5.2 节的非预期故障诊断的通用模型, 以及 6.2 节的平滑预处理方法, 本节给出了基于平滑预处理的预期故障检测、预期故障隔离、非预期故障检测和非预期故障隔离四个新规则. 图 6.1 总结了基于平滑预处理的非预期故障诊断流程.

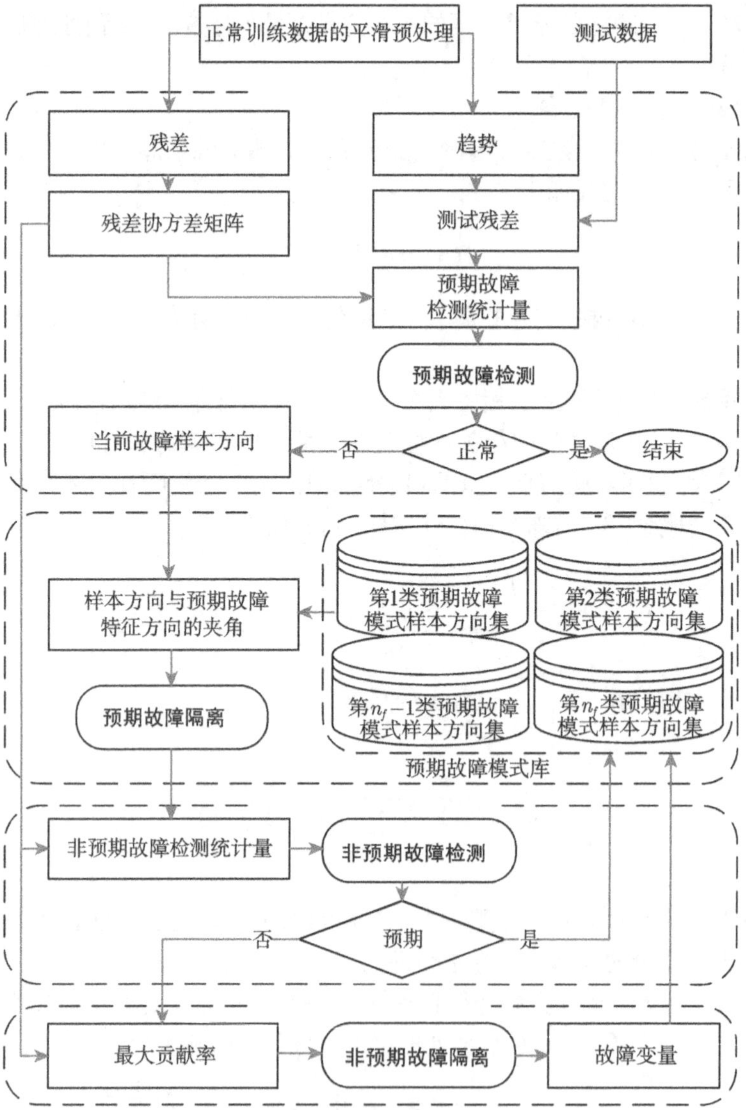

图 6.1 基于平滑预处理的非预期故障诊断流程图

6.3.1 预期故障检测

预处理把正常训练数据 $\boldsymbol{Y}$ 分解成趋势和残差, 即 $\hat{\boldsymbol{Y}}$ 和 $\widetilde{\boldsymbol{Y}}$, 测试数据 $\boldsymbol{y}$ 的检测统计量的构建过程如下:

(1) 计算残差的样本方差矩阵

$$\hat{\boldsymbol{S}} = \frac{1}{N-1}\widetilde{\boldsymbol{Y}}\widetilde{\boldsymbol{Y}}^{\mathrm{T}} \tag{6.12}$$

(2) 计算测试数据的检测残差, 若测试数据 $\boldsymbol{y}$ 的时间戳是 i, 则

$$\boldsymbol{r} = \boldsymbol{y} - \hat{\boldsymbol{y}}_i \tag{6.13}$$

(3) 构造 T^2 检测统计量

$$T^2(\boldsymbol{y}) = \boldsymbol{r}^{\mathrm{T}}\hat{\boldsymbol{S}}^{-1}\boldsymbol{r} \tag{6.14}$$

依据公式 (5.9) 计算检测的阈值 T_α^2, 依此建立如下预期故障检测规则.

规则 6.1 *如果 $T^2(\boldsymbol{y}) > T_\alpha^2$, 那么 $\boldsymbol{y}$ 是故障数据; 否则, $\boldsymbol{y}$ 是正常数据.*

注解 6.3 (1) 规则 6.1 与规则 5.5 类似, 主要的差异是: 前者经过了平滑预处理, 因而能够处理非平稳数据的检测问题.

(2) 规则 6.1 还要求训练数据和测试数据的时间戳可以对齐, 且在正常模式下不同批次的数据在统计意义下是可以复现的.

6.3.2 预期故障隔离

一般来说, 故障隔离所依赖的信息可以是测试残差的“位置信息”, 也可以是“方向信息”. 值得注意的是, 不同批次数据的故障幅值可能不同, 导致相同故障模式的残差在测量空间上的位置分布显著不同. 但是, 故障的方向分布则是相对稳定的, 我们称该稳定的方向为故障模式的“特征方向”, 而测试数据的残差称为“样本方向”或者“当前方向”. 稳定的特征方向代表了故障模式的关键信息. 理想状况下, 故障测试数据的样本方向与该故障模式下的特征方向的夹角应该等于零. 然而, 由于噪声干扰了系统, 使得样本方向在小范围内绕着特征方向震动. 下面用集合语言描述故障模式的特征方向和样本方向的关系.

$F=\{f_i, i=1,\cdots,n_f\}$ 表示预期故障模式库, f_i 是其中的某个预期故障模式, 该模式对应一个稳定的特征方向 $\boldsymbol{r}_i$ 和一个被噪声干扰的的样本方向集 $\{\boldsymbol{r}_{ij}, j=1,\cdots,n_i\}$, 其中 n_i 是该故障模式样本方向集的容量. 特征方向和样本方向集的关系如下

$$\boldsymbol{r}_i = \lim_{n_i\to\infty}\frac{1}{n_i}\sum_{j=1}^{n_i}\boldsymbol{r}_{ij}\bigg/\left\|\frac{1}{n_i}\sum_{j=1}^{n_i}\boldsymbol{r}_{ij}\right\| \tag{6.15}$$

实际应用中, 样本方向集的容量总是有限的, 因此上述关系可以近似为

$$\boldsymbol{r}_i = \frac{1}{n_i}\sum_{j=1}^{n_i}\boldsymbol{r}_{ij} \Big/ \left\| \frac{1}{n_i}\sum_{j=1}^{n_i}\boldsymbol{r}_{ij} \right\| \tag{6.16}$$

图 6.2 描绘了故障的特征方向、样本方向和噪声的关系.

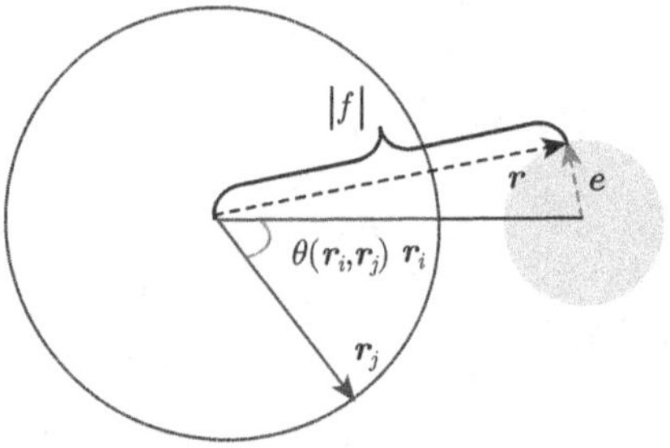

图 6.2　特征方向 $\boldsymbol{r}_i$、样本方向 $\boldsymbol{r}$ 和噪声 $\boldsymbol{e}$ 示意图

其中, 大圆上的两个实线箭头表示两个预期故障模式的特征方向, 即 $\boldsymbol{r}_i$ 和 $\boldsymbol{r}_j$, 它们都是单位长度的向量; 短虚线箭头表示噪声 $\boldsymbol{e}$; 长虚线箭头表示 $\boldsymbol{r}_i$ 的一个样本方向 $\boldsymbol{r}$, 样本方向的幅值用 $|f|$ 表示. 理想条件下, 样本方向 $\boldsymbol{r}$ 与特征方向 $\boldsymbol{r}_i$ 的夹角等于 0. 但是由于存在噪声, 使得样本方向绕着特征方向在小圆上震动, 图中弧线表示两个特征方向的夹角 $\theta(\boldsymbol{r}_i, \boldsymbol{r}_j)$, 即

$$\theta(\boldsymbol{r}_i, \boldsymbol{r}_j) = \arccos\left(\left|\boldsymbol{r}_i^{\mathrm{T}}\boldsymbol{r}_j\right| / (\|\boldsymbol{r}_i\|\,\|\boldsymbol{r}_j\|)\right) = \arccos\left(\left|\boldsymbol{r}_i^{\mathrm{T}}\boldsymbol{r}_j\right|\right) \tag{6.17}$$

其中 arccos 表示反余弦函数. 显然, $\theta(\boldsymbol{r}_i, \boldsymbol{r}_j)$ 越大, 意味着 $\boldsymbol{r}_i$ 和 $\boldsymbol{r}_j$ 越容易隔离.

用 $\theta(\boldsymbol{r}, \boldsymbol{r}_i)$ 表示样本方向 $\boldsymbol{r}$ 和特征方向 $\boldsymbol{r}_i$ 的夹角, 即

$$\theta(\boldsymbol{r}, \boldsymbol{r}_i) = \arccos\left(\left|\boldsymbol{r}^{\mathrm{T}}\boldsymbol{r}_i\right| / (\|\boldsymbol{r}\|\,\|\boldsymbol{r}_i\|)\right) = \arccos\left(\left|\boldsymbol{r}^{\mathrm{T}}\boldsymbol{r}_i\right| / \|\boldsymbol{r}\|\right) \tag{6.18}$$

如果样本方向 $\boldsymbol{r}$ 与第 i_0 个特征方向的夹角最小, 那么有理由认为当前故障模式就是第 i_0 类预期故障模式. 依此, 构建如下预期故障隔离规则.

规则 6.2　*如果 i_0 满足*

$$i_0 = \arg\min_i \{\theta(\boldsymbol{r}, \boldsymbol{r}_i), i = 1, \cdots, n_f\} \tag{6.19}$$

那么当前故障为第 i_0 类预期故障模式.

6.3.3　非预期故障检测

在非预期故障检测层, 要进一步确认当前故障是否真的是第 i_0 类预期故障模式. 这里提出一种基于方向分布信息的非预期故障检测统计量, 如下

$$\mathrm{UFDS}(\boldsymbol{r}, \boldsymbol{r}_{i_0}) = \|\boldsymbol{r}\|\left(1 - |\cos(\boldsymbol{r}, \boldsymbol{r}_{i_0})|\right) / \sqrt{\boldsymbol{r}_{i_0}^{\mathrm{T}}\hat{\boldsymbol{S}}\boldsymbol{r}_{i_0}} \tag{6.20}$$

其中 $|\cos(\boldsymbol{r},\boldsymbol{r}_{i_0})| = \left|\boldsymbol{r}^{\mathrm{T}}\boldsymbol{r}_{i_0}\right| / (\|\boldsymbol{r}\|\,\|\boldsymbol{r}_{i_0}\|) = \left|\boldsymbol{r}^{\mathrm{T}}\boldsymbol{r}_{i_0}\right| / \|\boldsymbol{r}\|$, 而 $\hat{\boldsymbol{S}}$ 是平滑残差的方差矩阵, 见公式 (6.12).

注解 6.4 其实特征方向不止一个方向, 而是一对相反的方向. 比如偏置故障有可能是正偏置, 也可能是负偏置, 导致同一种故障模式可能出现两种完全相反的特征方向, 正因如此, 公式 (6.17), (6.18) 和 (6.20) 中的内积运算都加上了绝对值符号.

引理 6.3 如果 $\boldsymbol{r} \sim N\left(\overline{\boldsymbol{Y}}_r, \boldsymbol{\Sigma}_r\right)$, 那么

$$\boldsymbol{A}\boldsymbol{r} \sim N\left(\boldsymbol{A}\overline{\boldsymbol{Y}}_r, \boldsymbol{A}\boldsymbol{\Sigma}_r\boldsymbol{A}^{\mathrm{T}}\right) \tag{6.21}$$

非预期故障检测统计量 $\mathrm{UFDS}(\boldsymbol{r},\boldsymbol{r}_{i_0})$ 的分布特性可以用定理 6.4 来描述, 如下所述.

定理 6.4 如果当前故障模式与第 i_0 类预期故障模式相同, 即

$$\boldsymbol{r} = \boldsymbol{e} \pm |f|\,\boldsymbol{r}_{i_0} \tag{6.22}$$

其中 $\boldsymbol{e}$ 是服从正态分布的零均值噪声, 满足

$$\boldsymbol{e} \sim N(\boldsymbol{0}, \boldsymbol{\Sigma}) \tag{6.23}$$

而 $|f|$ 是当前故障的幅值, 满足

$$\|\boldsymbol{r}\| \approx |f| \tag{6.24}$$

那么, $\mathrm{UFDS}(\boldsymbol{r},\boldsymbol{r}_{i_0})$ 近似服从标准正态分布.

证明 如果 $\boldsymbol{r}$ 与 $\boldsymbol{r}_{i_0}$ 故障模式相同, 而且方向相同, 则 $\cos(\boldsymbol{r},\boldsymbol{r}_i) > 0$, 那么利用公式 (6.22) 和 (6.23) 得

$$\boldsymbol{r} = \boldsymbol{e} + |f|\,\boldsymbol{r}_{i_0} \sim N(|f|\,\boldsymbol{r}_{i_0}, \boldsymbol{\Sigma}) \tag{6.25}$$

由公式 (6.21), (6.24) 和 (6.25) 可得

$$\begin{aligned}
\cos(\boldsymbol{r},\boldsymbol{r}_{i_0}) &= \left|\boldsymbol{r}^{\mathrm{T}}\boldsymbol{r}_{i_0}\right| / (\|\boldsymbol{r}\|\,\|\boldsymbol{r}_{i_0}\|) = \boldsymbol{r}_{i_0}^{\mathrm{T}}\boldsymbol{r} / \|\boldsymbol{r}\| \overset{(6.25)}{=\!=} \boldsymbol{r}_{i_0}^{\mathrm{T}}(\boldsymbol{e} + |f|\,\boldsymbol{r}_{i_0}) / \|\boldsymbol{r}\| \\
&= \boldsymbol{r}_{i_0}^{\mathrm{T}}\boldsymbol{e} / \|\boldsymbol{r}\| + |f|\,\boldsymbol{r}_{i_0}^{\mathrm{T}}\boldsymbol{r}_{i_0} / \|\boldsymbol{r}\| \overset{(6.24)}{\approx} \boldsymbol{r}_{i_0}^{\mathrm{T}}\boldsymbol{e} / \|\boldsymbol{r}\| + 1 \\
&\overset{(6.21)}{\sim} N\left(1, \|\boldsymbol{r}\|^{-2}\boldsymbol{r}_{i_0}^{\mathrm{T}}\boldsymbol{\Sigma}\boldsymbol{r}_{i_0}\right)
\end{aligned} \tag{6.26}$$

因此

$$\mathrm{UFDS}(\boldsymbol{r},\boldsymbol{r}_{i_0}) = \frac{\|\boldsymbol{r}\|\,(1 - \cos(\boldsymbol{r},\boldsymbol{r}_{i_0}))}{\sqrt{\boldsymbol{r}_{i_0}^{\mathrm{T}}\boldsymbol{\Sigma}\boldsymbol{r}_{i_0}}} \sim N(0,1) \tag{6.27}$$

类似地, 如果 $\boldsymbol{r}$ 与 $\boldsymbol{r}_{i_0}$ 故障模式相同, 而且方向相反, 则 $\cos(\boldsymbol{r},\boldsymbol{r}_i)<0$, 同样可证

$$\mathrm{UFDS}\left(\boldsymbol{r},\boldsymbol{r}_{i_0}\right)=\frac{\|\boldsymbol{r}\|\left(1+\cos\left(\boldsymbol{r},\boldsymbol{r}_{i_0}\right)\right)}{\sqrt{\boldsymbol{r}_{i_0}^{\mathrm{T}}\boldsymbol{\Sigma}\boldsymbol{r}_{i_0}}}\sim N\left(0,1\right) \tag{6.28}$$

综合公式 (6.27) 和 (6.28) 可知 $\mathrm{UFDS}(\boldsymbol{r},\boldsymbol{r}_{i_0})$ 服从正态分布, 即

$$\mathrm{UFDS}\left(\boldsymbol{r},\boldsymbol{r}_{i_0}\right)\sim N\left(0,1\right) \tag{6.29}$$

注解 6.5 显然 $\mathrm{UFDS}(\boldsymbol{r},\boldsymbol{r}_{i_0})$ 的取值总是大于零, 正因如此, 第 9 章将会构建另一种更合理的非预期故障检测统计量.

依据上述定理, 建立新的非预期故障检测规则, 如下.

规则 6.5 $N_{1-\alpha}$ 表示正态分布对应于 $(1-\alpha)$ 的分位数. 若 $\mathrm{UFDS}(\boldsymbol{r},\boldsymbol{r}_{i_0})>N_{\alpha}$, 则当前故障是非预期故障; 否则, 当前故障模式就是第 i_0 类预期故障模式.

如果当前故障模式确实是第 i_0 类预期故障模式, 那么将当前故障样本方向加入到第 i_0 类预期故障模式的样本方向集, 即 $\{\boldsymbol{r}_{i_0 j},j=1,\cdots,n_{i_0}\}$ 更新为 $\{\boldsymbol{r}_{i_0 j},j=1,\cdots,n_{i_0}+1\}$, 其中 $\boldsymbol{r}_{i_0(n_{i_0}+1)}=\boldsymbol{r}$. 如果当前故障模式是非预期故障模式, 那么预期故障模式库就增加一个新的故障模式, 其对应的故障样本方向集 $\{\boldsymbol{r}\}$ 只有一个样本方向 $\boldsymbol{r}$.

6.3.4 非预期故障隔离

第 5 章提到, 基于公式 (5.17) 的非预期故障隔离方法存在"负贡献"和"故障掩饰"[64] 的问题. 正因如此, 我们提出一种新的贡献和贡献率指标.

由 6.2.2 节中的分析可知, 平滑预处理得到的残差信号的相关性大大降低, 此时相关系数矩阵 $\boldsymbol{R}$ 的非对角元远远小于对角元, 即相关系数矩阵几乎是对角矩阵, 这为构建单变量贡献和贡献率提供了依据.

由公式 (6.14) 和 (6.8) 可得

$$\begin{aligned}T^2\left(\boldsymbol{y}\right)&=\boldsymbol{r}^{\mathrm{T}}\hat{\boldsymbol{S}}^{-1}\boldsymbol{r}=\left(\mathbf{std}^{-1}\boldsymbol{r}\right)^{\mathrm{T}}\left(\mathbf{std}^{-1}\hat{\boldsymbol{S}}\mathbf{std}^{-1}\right)^{-1}\left(\mathbf{std}^{-1}\boldsymbol{r}\right)\\&\overset{(6.8)}{=\!=}\left(\mathbf{std}^{-1}\boldsymbol{r}\right)^{\mathrm{T}}\boldsymbol{R}^{-1}\left(\mathbf{std}^{-1}\boldsymbol{r}\right)\end{aligned} \tag{6.30}$$

其中 $\mathbf{std}$ 是残差 $\widetilde{\boldsymbol{Y}}$ 的标准差对角矩阵. 若记

$$\boldsymbol{t}=\mathbf{std}^{-1}\boldsymbol{r} \tag{6.31}$$

则有

$$T^2\left(\boldsymbol{y}\right)=\boldsymbol{t}^{\mathrm{T}}\boldsymbol{R}^{-1}\boldsymbol{t} \tag{6.32}$$

平滑预处理后, 残差变量之间的相关性降低, 因而 $\boldsymbol{R}$ 近似为对角矩阵, 于是

$$T^2(\boldsymbol{y}) \approx \sum_{i=1}^{n_y} t_i^2 R_{ii}^{-1} = \sum_{i=1}^{n_y} r_i^2 \mathrm{std}_i^{-2} R_{ii}^{-1} = \sum_{i=1}^{n_y} r_i^2 \mathrm{std}_i^{-2} \tag{6.33}$$

把第 i 个变量对 $T^2(\boldsymbol{y})$ 的贡献记为 $\mathrm{CNT}(i)$, 定义如下

$$\mathrm{CNT}(i) = r_i^2 \mathrm{std}_i^{-2} \tag{6.34}$$

该指标有以下两个特点:

(1) $\mathrm{CNT}(i) \geqslant 0$, 防止了传统贡献指标的"负贡献"问题.

(2) $\mathrm{CNT}(i)$ 完全由检测残差第 i 个变量决定, 与其他变量无关, 防止了"故障掩饰"问题.

就以上两点来说, 公式 (6.34) 比公式 (5.17) 定义的贡献指标更合理.

把第 i 个变量对 $T^2(\boldsymbol{y})$ 的贡献率记为 $\mathrm{cnt}(i)$, 定义如下

$$\mathrm{cnt}(i) = \mathrm{CNT}(i) / T^2(\boldsymbol{y}) \tag{6.35}$$

显然, 贡献和贡献率满足

$$\begin{cases} T^2(\boldsymbol{y}) \approx \sum\limits_{i=1}^{n_y} \mathrm{CNT}(i) \\ 1 \approx \sum\limits_{i=1}^{n_y} \mathrm{cnt}(i) \end{cases} \tag{6.36}$$

类似于规则 5.8, 建立非预期故障隔离规则, 如下.

规则 6.6 如果 i_0 满足

$$i_0 = \arg\max_i \{\mathrm{cnt}(i), i = 1, \cdots, n_y\} \tag{6.37}$$

那么 y_{i_0} 就是故障变量, 而且与 y_{i_0} 相关的硬件是最有可能发生故障的硬件.

6.4 仿真验证及结果分析

本节结合非预期故障诊断的通用模型和基于平滑预处理的非预期故障诊断方法, 针对卫星姿态控制系统的数据, 进行仿真验证及结果分析.

6.4.1 诊断对象及数据说明

卫星姿态控制系统数据由北京控制工程研究所提供. 一共有 20 个批次的数据, 详细信息见表 6.1. 第 1 个批次数据是正常数据, 用于训练. 剩余的 19 个批次数据用于测试. 每个批次数据都有 7 行 501 列, 即 $\boldsymbol{Y} \in \mathbb{R}^{7\times 501}$, 对应 7 个传

感器和 501 个采样点. 7 维变量记为 $(y_1, y_2, y_3, y_4, y_5, y_6, y_7)^{\mathrm{T}}$, 对应 7 个传感器 $(E_\phi, E_\theta, S_\phi, S_\theta, g_\phi, g_\theta, g_\psi)^{\mathrm{T}}$, 见表 6.2.

表 6.1　SACS-数据库描述

数据批次	故障模式	故障时间	数据批次	故障模式	故障时间
1	正常模式	无	11	俯仰太阳敏感器故障	70
2	滚动地球敏感器故障	211	12	滚动太阳敏感器故障	395
3	滚动地球敏感器故障	364	13	滚动太阳敏感器故障	368
4	滚动地球敏感器故障	254	14	滚动太阳敏感器故障	78
5	滚动地球敏感器故障	254	15	滚动陀螺漂移故障	328
6	俯仰地球敏感器渐变故障	440	16	滚动陀螺漂移故障	95
7	俯仰地球敏感器故障	240	17	俯仰陀螺漂移故障	392
8	俯仰地球敏感器故障	170	18	俯仰陀螺漂移故障	125
9	俯仰地球敏感器故障	351	19	偏航陀螺漂移故障	386
10	俯仰太阳敏感器故障	352	20	偏航陀螺漂移故障	144

表 6.2　SACS-变量描述

变量	传感器	变量代号	变量	传感器	变量代号
y_1	滚动地球敏感器	E_ϕ	y_5	滚动陀螺仪	g_ϕ
y_2	俯仰地球敏感器	E_θ	y_6	俯仰陀螺仪	g_θ
y_3	滚动太阳敏感器	S_ϕ	y_7	偏航陀螺仪	g_ψ
y_4	俯仰太阳敏感器	S_θ			

6.4.2　平滑预处理

图 6.3 的图 (a) 刻画了正常训练数据. 可以发现, 数据是高度非平稳的, 不能直接应用基于单类多元统计的诊断方法进行故障诊断.

根据信号特点设置平滑的跨度为 $2k+1=21$, 设置平滑因子为 $b=1$, 依据公式 (6.3)~(6.5) 计算正常训练数据 $\boldsymbol{Y}$ 的趋势 $\hat{\boldsymbol{Y}}$ 和残差 $\widetilde{\boldsymbol{Y}}$. 趋势记录了原始数据的非平稳正常信息, 如图 6.3(b) 所示; 而残差记录了卫星控制系统输出数据的平稳噪声信息, 如图 6.3(c) 所示.

依据公式 (6.6) 计算原始数据的条件数 $\mathrm{CN}\left(\hat{\boldsymbol{S}}_1\right)$ 和平滑残差的条件数 $\mathrm{CN}(\hat{\boldsymbol{S}}_2)$, 得

$$\mathrm{CN}\left(\hat{\boldsymbol{S}}_1\right) = 536.4091/0.0048 = 1.1074\times 10^5$$

$$\mathrm{CN}\left(\hat{\boldsymbol{S}}_2\right) = 0.6435/0.0042 = 1.5374\times 10^2$$

两个条件数相差三个数量级, 即

$$\mathrm{CN}\left(\hat{\boldsymbol{S}}_2\right) \ll \mathrm{CN}\left(\hat{\boldsymbol{S}}_1\right)$$

上式验证了公式 (6.7) 的正确性, 该不等式的意义在于: 计算检测统计量时, 基于平滑预处理的方法要比基于单类多元统计分析的方法稳健得多.

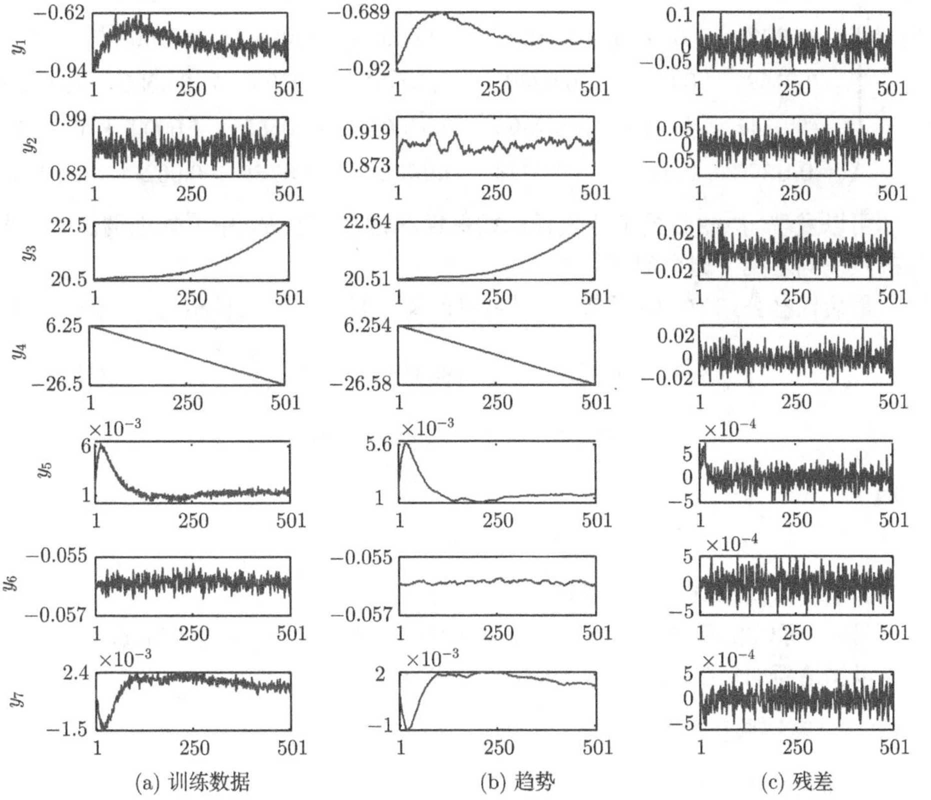

图 6.3 SACS-训练数据、趋势、和残差

依据公式 (6.8) 分别计算原始数据 $\boldsymbol{Y}$ 和平滑残差 $\widetilde{\boldsymbol{Y}}$ 的相关系数矩阵, 即 $\boldsymbol{R}_1$ 和 $\boldsymbol{R}_2$, 如下

$$\boldsymbol{R}_1=\begin{pmatrix} 1.0000 & -0.0282 & -0.4498 & 0.4249 & -0.2125 & -0.0069 & 0.3102 \\ -0.0282 & 1.0000 & 0.0487 & -0.0211 & 0.0533 & -0.1380 & -0.0351 \\ \mathbf{-0.4498} & 0.0487 & 1.0000 & -0.9191 & -0.2596 & -0.0199 & 0.0881 \\ \mathbf{0.4249} & -0.0211 & \mathbf{-0.9191} & 1.0000 & 0.5149 & -0.0430 & -0.3569 \\ -0.2125 & 0.0533 & -0.2596 & \mathbf{0.5149} & 1.0000 & -0.1105 & -0.9334 \\ -0.0069 & -0.1380 & -0.0199 & -0.0430 & -0.1105 & 1.0000 & 0.1189 \\ \mathbf{0.3102} & -0.0351 & 0.0881 & \mathbf{-0.3569} & \mathbf{-0.9334} & 0.1189 & 1.0000 \end{pmatrix}$$

$$
\boldsymbol{R}_2=\begin{pmatrix}
1.0000 & -0.0327 & -0.0477 & -0.0073 & 0.0158 & -0.0142 & -0.0362\\
-0.0327 & 1.0000 & -0.0389 & -0.0013 & 0.0555 & -0.1263 & 0.0300\\
\mathbf{-0.0477} & -0.0389 & 1.0000 & 0.1011 & 0.0239 & -0.0300 & -0.0248\\
\mathbf{-0.0073} & -0.0013 & \mathbf{0.1011} & 1.0000 & -0.0136 & 0.0500 & 0.0609\\
0.0158 & 0.0555 & 0.0239 & \mathbf{-0.0136} & 1.0000 & -0.0555 & -0.0759\\
-0.0142 & -0.1263 & -0.0300 & 0.0500 & -0.0555 & 1.0000 & 0.0627\\
\mathbf{-0.0362} & 0.0300 & -0.0248 & \mathbf{0.0609} & \mathbf{-0.0759} & 0.0627 & 1.0000
\end{pmatrix}
$$

可以发现, 原始数据某些变量的相关性非常强, 见 $\boldsymbol{R}_1$ 中黑体强调部分, 而平滑的残差则避免了这个问题.

最后依据公式 (6.10) 计算相关性指标, 即 $\mathrm{CI}\left(\hat{\boldsymbol{S}}_2\right)$ 和 $\mathrm{CI}\left(\hat{\boldsymbol{S}}_1\right)$, 分别为

$$\mathrm{CI}\left(\boldsymbol{R}_1\right)=10.1860/7=1.4551$$

$$\mathrm{CI}\left(\boldsymbol{R}_2\right)=1.8084/7=0.2583$$

显然

$$\mathrm{CI}\left(\boldsymbol{R}_2\right)<\mathrm{CI}\left(\boldsymbol{R}_1\right)$$

上式验证了公式 (6.11) 的正确性.

另外, 可以发现相关系数矩阵 $\boldsymbol{R}_2$ 非常接近对角矩阵, 该性质的意义在于: 依此可以构造新的贡献和贡献率指标, 即公式 (6.34) 和 (6.35).

6.4.3 诊断结果及分析

1. 预期故障检测

依据公式 (6.12) 计算残差的方差矩阵 $\hat{\boldsymbol{S}}$; 将测试数据 $\boldsymbol{y}$ 与正常数据趋势 $\boldsymbol{y}_i$ 的时间戳对齐, 依据公式 (6.13) 计算测试数据的检测残差 $\boldsymbol{r}$, 然后依据公式 (6.14) 计算检测统计量 $T^2(\boldsymbol{y})$; 显著性水平设置为 $\alpha=0.05$, 依据公式 (5.9) 计算检测阈值, 得

$$T_\alpha^2=\frac{n_{\boldsymbol{y}}\left(N^2-1\right)}{N(N-n_{\boldsymbol{y}})}F_{1-\alpha}\left(n_{\boldsymbol{y}},N-n_{\boldsymbol{y}}\right)=\frac{7\left(501^2-1\right)}{501(501-7)}F_{0.95}\left(7,501-7\right)=14.3979$$

所有测试数据的预期故障检测结果见表 6.3, 检测的结果包括了故障时间、误报率、检测率和故障样本方向.

注解 6.6　为了降低误报率, 本次仿真采用连续报警策略, 即如果连续 3 个数据都有 $T^2\left(\boldsymbol{y}\right)>T_\alpha^2$, 才认为发生了故障, 把第 2 次报警时间定义为故障发生时间, 把第 2 次报警时对应的残差定义为当前故障样本方向.

表 6.3 SACS-非预期故障诊断结果-1

预期故障检测											
批次代码	是否正常	虚警率/%	检测率/%	故障时间	当前故障样本方向, $\boldsymbol{r}$						
					r_1	r_2	r_3	r_4	r_5	r_6	y_7
1	是	4	—		0	0	0	0	0	0	0
2	否	4	99	212	11.61	0.19	−1.67	−0.91	0.13	2.00	−0.32
3	否	3	99	365	12.11	0.29	−0.28	1.02	0.60	−1.62	1.64
4	否	3	99	255	−143.51	−0.23	−1.61	−1.09	−0.78	0.37	0.34
5	否	5	99	255	−143.51	−0.23	−1.61	−1.09	−0.78	0.37	0.34
6	否	4	97	442	−1.81	−3.59	0.26	0.72	0.28	0.34	−1.71
7	否	4	97	241	0.95	320.35	0.31	0.47	−0.06	0.21	0.32
8	否	5	99	171	−1.92	10.79	−0.16	−0.52	−0.77	2.41	−1.05
9	否	2	99	352	0.53	11.34	−0.79	1.86	1.76	0.28	−0.54
10	否	4	99	353	−0.03	1.5	−0.65	1662.66	1.26	−0.31	0.44
11	否	6	100	71	−0.09	1.3	1.64	−159.14	0.99	0.62	−0.71
12	否	2	99	396	0.96	0.67	−2306.74	1.3	−1.01	0.57	−1.83
13	否	3	99	369	−0.66	−0.1	−2286.51	−0.91	0.57	0.34	−0.75
14	否	4	100	79	0.82	−0.72	−2194.92	1.93	−0.3	0.74	−0.35
15	否	2	99	329	1.73	−1.63	−2.71	−0.72	13.66	0.02	−0.87
16	否	1	99	96	−0.45	1.64	−0.78	−0.6	16.58	−0.94	−0.91
17	否	3	**92**	393	0.82	−1.28	0.38	−1.42	−0.54	13.03	0.07
18	否	5	97	126	−0.45	−0.1	−0.09	1.35	−1.03	13.81	0.12
19	否	4	**81**	387	−1.29	−1.00	0.09	−0.60	0.41	−0.81	16.96
20	否	3	**94**	145	0.32	0.39	0.17	1.24	−1.75	−0.53	14.78

值得注意的是, 除了第 6 个批次的数据外, 大多数批次数据所检测到的故障时间比实际故障时间延迟了 1 个采样周期. 另外, 正是由于第 6 批数据是缓变故障, 所以检测延迟的时间为 2 个采样周期. 可以发现大多数故障数据的检测率都比较高, 但是第 17, 19 和 20 批数据检测率偏低. 这是因为当陀螺仪发生漂移故障时, 卫星姿态容错控制系统通过控制, 调整了卫星的姿态, 导致检测统计量变小, 最后使得对应故障的检测率降低.

故障检测曲线图如图 6.4 所示, 图 (a) 是第 2 批数据的检测图, 实线表示检测统计量 $T^2(\boldsymbol{y})$, 虚线表示检测阈值 T_{α}^2. 故障发生在第 212 个采样点上, 当前故障样本方向为

$$\boldsymbol{r} = (11.61, 0.19, -1.67, -0.91, 0.13, 2.00, -0.32)^{\mathrm{T}}$$

前端正常数据的误报率为 4%, 后端故障数据的检测率为检测率 99%. 图 6.4(b) 是

第 6 批数据的检测图.

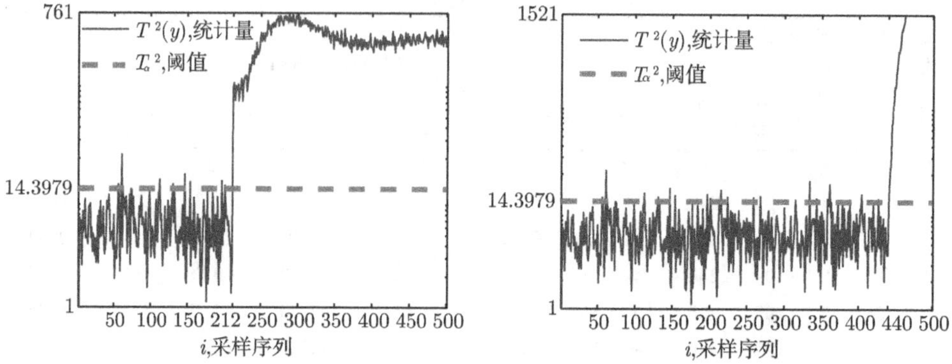

(a) 第 2 批数据　　(b) 第 6 批数据

图 6.4　SACS-预期故障检测图

2. 预期故障隔离

初始阶段, 假定预期故障模式库是空的, 因此, 第 2 批数据中的故障必然是非预期故障, 故障时间为 $t = 212$, 故障样本方向单位化后就是特征方向为

$$\boldsymbol{r} = (0.97, 0.01, -0.14, -0.07, 0.01, 0.16, -0.02)^{\mathrm{T}}$$

该故障数据直接进入非预期故障隔离阶段.

当注入第 3 批测试数据时, 故障时间为 $t = 365$, 故障样本方向为

$$\boldsymbol{r} = (12.11, 0.29, -0.28, 1.02, 0.60, -1.62, 1.64)^{\mathrm{T}}$$

此时预期故障模式库中只有一个模式, 依据预期故障隔离规则 6.2, 得 $i_0 = 1$, 暂时认为第 3 批数据的故障模式为第 1 类预期故障模式.

3. 非预期故障检测

针对第 3 批测试数据, 依据公式 (6.20) 计算非预期故障检测统计量, 得 $\mathrm{UFDS}(\boldsymbol{r}, \boldsymbol{r}_1) = 0.1397$, 正态分布对应的分位数为 $N_\alpha = N_{0.05} = 2.2326$. 由于 $\mathrm{UFDS}(\boldsymbol{r}, \boldsymbol{r}_1) < N_\alpha$, 依据规则 6.5 可知, 第 3 批测试数据与第一类预期故障模式相同, 即发生了预期故障. 用当前故障样本方向对预期故障模式特征方向和样本方向集进行更新, 更新结果见表 6.4. 同理, 第 4 批和第 5 批数据的非预期故障检测结果与第 3 批的检测结果相似.

对于第 6 批测试数据, 故障时间为 $t = 442$, 角度相似度统计量为 $\mathrm{UFDS}(\boldsymbol{r}, \boldsymbol{r}_1) = 3.3179$, 由于 $\mathrm{UFDS}(\boldsymbol{r}, \boldsymbol{r}_1) > N_\alpha$. 依据规则 6.5, 第 6 批数据的故障模式与第一类故

障模式不同，即发生了非预期故障. 于是，预期故障模式库增添一个新的模式，只不过这个故障模式的样本方向集只有一个样本方向，即第 6 批数据的故障样本方向. 此时，预期故障模式库中有两个预期故障模式.

其他所有批次的测试数据的预期故障隔离和非预期故障检测的结果见表 6.4 的左子表.

表 6.4 SACS-非预期故障诊断结果-2

批次代码	模式标签	是否预期	预期故障隔离与非预期故障检测：特征方向更新过程							非预期故障隔离：故障变量
			r_1	r_2	r_3	r_4	r_5	r_6	r_7	
1	0	—	0	0	0	0	0	0	0	无
2	1	否	0.97	0.01	−0.14	−0.07	0.01	0.16	−0.02	$y_1 = E_\phi$
3	1	是	0.99	0.03	−0.06	0.00	0.02	0.03	0.05	$y_1 = E_\phi$
4	1	是	1	0	0.02	0.01	0.01	0	0	$y_1 = E_\phi$
5	1	是	1	0	0	0	0	0	0	$y_1 = E_\phi$
6	2	否	−0.40	−0.80	0.05	0.16	0.06	0.07	−0.38	$y_2 = E_\theta$
7	2	是	0	1	0	0	0	0	0	$y_2 = E_\theta$
8	2	是	0	1	0	0	0	0	0	$y_2 = E_\theta$
9	2	是	0	1	0	0	0	0	0	$y_2 = E_\theta$
10	3	否	0	0	0	1	0	0	0	$y_4 = S_\theta$
11	3	是	0	0	0	1	0	0	0	$y_4 = S_\theta$
12	4	否	0	0	−1	0	0	0	0	$y_3 = S_\phi$
13	4	是	0	0	−1	0	0	0	0	$y_3 = S_\phi$
14	4	是	0	0	−1	0	0	0	0	$y_3 = S_\phi$
15	5	否	0.12	−0.11	−0.19	−0.05	0.96	0	−0.06	$y_5 = g_\phi$
16	5	是	0.04	0	−0.12	−0.04	0.99	−0.03	−0.06	$y_5 = g_\phi$
17	6	否	0.06	−0.1	0.03	−0.11	−0.04	0.99	0.01	$y_6 = g_\theta$
18	6	是	0.01	−0.05	0.01	0	−0.06	1	0.01	$y_6 = g_\theta$
19	7	否	−0.08	−0.06	0.00	−0.03	0.02	−0.05	0.99	$y_7 = g_\psi$
20	7	是	−0.04	−0.08	0.04	0.03	−0.12	−0.06	0.99	$y_7 = g_\psi$

4. 非预期故障隔离

分别依据公式 (6.34) 和 (6.35) 计算每个变量对检测统计量的贡献和贡献率，进而依据规则 6.6 进行非预期故障隔离，判断故障变量，从而找到与故障相关的硬件.

例如，对于第 2 批数据的故障样本方向，其贡献率图如图 6.5(a) 所示，其中横轴表示变量的下标, 纵轴表示贡献率. 可以发现贡献率最大的变量为第 1 个变量 E_ϕ, 对应的硬件为滚动轴上的地球敏感器, 其贡献率达到 94.50%, 因此有理由认为滚动地球敏感器发生了故障.

同理, 对于第 6 批数据, 其贡献率图如图 6.5(b) 所示. 可以发现贡献率最大的变量为第 2 个变量 E_θ, 对应的硬件为俯仰轴上的地球敏感器, 其贡献率达到 63.82%, 说明俯仰地球敏感器发生了故障. 与第 2 批数据 94.50%的最大贡献率相比, 63.82% 比较小, 这是因为该故障为缓变故障, 故障噪声比 (FNR, Fault Noise Ratio) 较小, 使得故障方向被噪声严重污染.

其他批次数据的非预期隔离结果见表 6.4 的右子表.

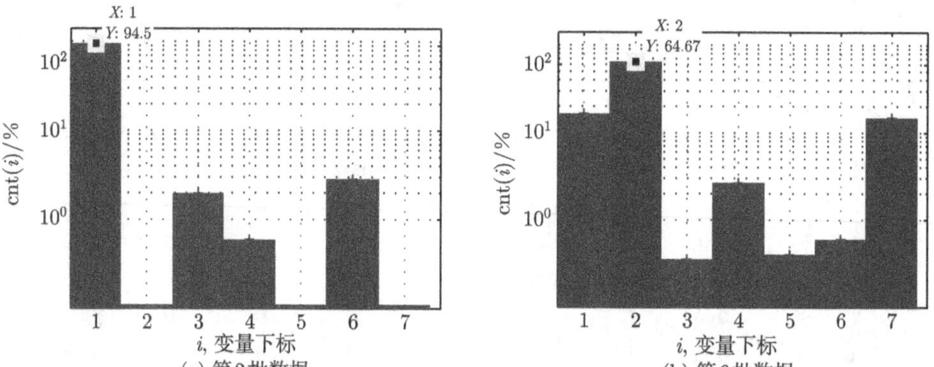

(a) 第2批数据　　(b) 第6批数据

图 6.5　SACS-非预期故障隔离图–贡献率图

6.5　结　论

针对非平稳数据, 本章提出了基于平滑预处理的非预期故障诊断方法, 并针对卫星姿态控制系统进行了仿真验证, 得到了下述结论:

(1) 数据的平滑预处理可以提取出正常数据的非平稳趋势和平稳残差. 该方法可以增强计算的稳健性和降低数据的相关性, 这两个性质为非预期故障检测和隔离提供了便利.

(2) 与基于位置信息的故障诊断方法相比, 基于方向信息的方法更加可靠, 因为后者可以避免由故障幅值不同引起的误判问题.

(3) 新的基于平滑预处理的贡献率指标比传统的基于部分分解的贡献率指标更加合理, 不会出现“负贡献”, 且在一定程度上解决了“故障掩饰”问题.

(4) 尽管如此, 该方法仍有一定的局限性, 表现在下面两个方面:

(a) 该方法需要**独立批次**的离线正常训练数据, 测试数据和训练数据的时间戳必须**对齐**, 而且要求它们在统计意义下是可以**复现**的. (在第 7 章中, 这样数据条件定义为多批次 (Multi-batch)[90] 数据条件.)

(b) 该方法的训练数据是离线数据, 而数据容量 N 是相对固定的, 因此, 随着(在线) 测试数据的累积, 该方法的检测统计量没有解析的增量/减量算法.

针对上述两方面的局限性, 第 7 章将提出基于时序建模的故障检测方法, 用于解决单批次数据条件和数据累积过程的故障诊断问题.

第 7 章　基于时序建模的故障检测方法

7.1　引　　言

如 5.2 节所述, 在非预期故障诊断的四个功能中, 预期故障检测是基础, 其性能直接影响后续的预期故障隔离、非预期故障检测和非预期故障隔离. 因此, 本章和第 8 章重点关注非预期故障诊断的通用过程模型中的预期故障检测功能.

第 6 章研究了非平稳数据的故障诊断问题. 非平稳数据往往表现出一定的周期性和局部单调性, 例如, 图 7.1[9] 是一个典型的青霉素生产分批补料过程的监控记录. 数据经历了快速下降 (Rapid Decline)、初始平稳 (Initial State)、瞬态 (Transition) 和平稳态 (Stationary State) 等过程.

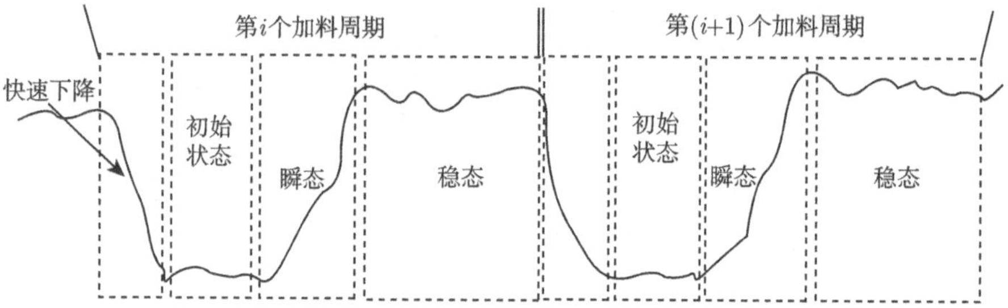

图 7.1　ISF-监控数据图 [9]

数据驱动故障诊断方法依赖一定的数据条件. 数据条件分为**多批次**(Multi-batch) 和**单批次**(Single-batch). 多批次是指存在独立批次的离线训练数据, 测试数据与训练数据能够复现, 且它们的时间戳能够对齐; 单批次是指不存在独立批次的离线训练数据, 测试数据与训练数据都是在线的, 属于同一个批次, 它们经常不会复现. 针对多批次数据条件, 第 6 章采用平滑预处理方法解决非平稳数据的故障诊断问题. 本章的第一个问题是: **针对单批次数据条件, 如何改进标准检测统计量, 使其适用于非平稳过程的预期故障检测**? 7.2 节将研究这个问题.

随着时间的推移, 监控数据不断累积. 系统的参数和检测统计量都需要及时更新, 这就是增量 (Incremental) 问题. 类似地, 当前端的监控数据过期的时候, 就要及时剔除掉这些数据对参数和检测统计量的影响, 这就是减量 (Decremental) 问题. 增量问题和减量问题是对偶的, 统一称为自适应 (Adaptive) 或者滑动窗 (Moving-window) 问题 [93−95]. 在更新运算中, 传统的暴力算法 (BFA, Brute Force

Algorithm) 的计算量非常大, 不适用于诸如在轨卫星和嵌入式等受资源约束的系统. 本章的第二个问题是: **对于改进的检测统计量, 如何设计增量/减量算法, 使得参数和检测统计量能够快速更新**? 7.3 节将研究这个问题.

7.2 基于时序建模的改进检测统计量

7.2.1 标准检测统计量

把公式 (5.6) 定义的检测统计量称为标准 (Standard) 检测统计量, 记为 sT^2.

本章的数据条件是单批次的, 也就是说训练数据和测试数据属于同一个批次, 正因如此, 为了区别数据的先后, 我们为数据加上时间戳, k. 假定 $\boldsymbol{Y}_k \in \mathbb{R}^{n_{\boldsymbol{y}}\times k}$ 是 $n_{\boldsymbol{y}}$ 维正常的训练数据, 共有 k 个样本, 而 $\boldsymbol{y}_{k+1} \in \mathbb{R}^{n_{\boldsymbol{y}}}$ 是测试数据. 本章的任务就是用前端的正常数据 $\boldsymbol{Y}_k$ 判断后端的测试数据 $\boldsymbol{y}_{k+1}$ 是否为故障数据.

注解 7.1 值得注意的是, 第 5 章和第 6 章的数据条件是多批次的, 即假定存在独立批次的离线训练数据, 因而训练数据的容量是固定的, 记为 N. 而本章的数据条件是单批次的, 随着时间的增长, 正常数据的容量 k 是不断增长的.

类似于 5.3 节中定义的均值向量和标准差对角矩阵, $\boldsymbol{Y}_k$ 的均值向量 $\overline{\boldsymbol{Y}}_k \in \mathbb{R}^{n_{\boldsymbol{y}}\times 1}$ 和标准差对角矩阵 $\mathbf{std}_k \in \mathbb{R}^{n_{\boldsymbol{y}}\times n_{\boldsymbol{y}}}$ 分别为

$$\overline{\boldsymbol{Y}}_k = \begin{pmatrix} \overline{\boldsymbol{Y}}_k(1) \\ \vdots \\ \overline{\boldsymbol{Y}}_k(n_{\boldsymbol{y}}) \end{pmatrix}, \quad \overline{\boldsymbol{Y}}_k(i) = \frac{1}{k}\sum_{j=1}^{k} Y_k(i,j) \tag{7.1}$$

$$\mathbf{std}_k = \begin{pmatrix} \mathrm{std}_{k,1} & & \\ & \ddots & \\ & & \mathrm{std}_{k,n_{\boldsymbol{y}}} \end{pmatrix}, \quad \mathrm{std}_{k,i} = \sqrt{\frac{1}{k-1}\sum_{j=1}^{N}\left(Y_k(i,j) - \overline{\boldsymbol{Y}}_k(i)\right)^2} \tag{7.2}$$

由第 5 章可知, 标准检测统计量 sT^2 的构造过程包括如下三个步骤.

(1) 对 $\boldsymbol{Y}_k$ 和 $\boldsymbol{y}_{k+1}$ 进行正规化处理, 即中心化和单位化, 获得校正残差 $\boldsymbol{R}_k$ 和预测残差 $\boldsymbol{r}_{k+1}$

$$\begin{cases} \boldsymbol{R}_k = \mathbf{std}_k^{-1}\left(\boldsymbol{Y}_k - \overline{\boldsymbol{Y}}_k \mathbf{1}_k^{\mathrm{T}}\right) & (7.3\text{a}) \\ \boldsymbol{r}_{k+1} = \mathbf{std}_k^{-1}\left(\boldsymbol{y}_{k+1} - \overline{\boldsymbol{Y}}_k\right) & (7.3\text{b}) \end{cases}$$

其中 $\mathbf{1}_k = (1, \cdots, 1)^{\mathrm{T}} \in \mathbb{R}^{k\times 1}$.

(2) 计算校正残差的方差矩阵 $\hat{\boldsymbol{S}}_k \in \mathbb{R}^{n_{\boldsymbol{y}}\times n_{\boldsymbol{y}}}$

$$\hat{\boldsymbol{S}}_k = \frac{1}{k-1}\boldsymbol{R}_k\boldsymbol{R}_k^{\mathrm{T}} \tag{7.4}$$

(3) 由 $\hat{\boldsymbol{S}}_k$ 和 $\boldsymbol{r}_{k+1}$ 构造标准检测统计量 sT^2

$$sT^2\left(\boldsymbol{y}_{k+1}\right) = \boldsymbol{r}_{k+1}^{\mathrm{T}}\hat{\boldsymbol{S}}_k^{+}\boldsymbol{r}_{k+1} \tag{7.5}$$

其中 $\hat{\boldsymbol{S}}_k^{+}$ 表示样本方差矩阵 $\hat{\boldsymbol{S}}_k$ 的 M-P 逆.

依据公式 (7.3)~(7.5), 得

$$\begin{aligned} sT^2\left(\boldsymbol{y}_{k+1}\right) = & \left(\boldsymbol{y}_{k+1} - \overline{\boldsymbol{Y}}_k\right)^{\mathrm{T}}\left[\frac{1}{k-1}\left(\boldsymbol{Y}_k - \overline{\boldsymbol{Y}}_k\boldsymbol{1}_k^{\mathrm{T}}\right)\right. \\ & \left.\cdot\left(\boldsymbol{Y}_k - \overline{\boldsymbol{Y}}_k\boldsymbol{1}_k^{\mathrm{T}}\right)^{\mathrm{T}}\right]^{+}\left(\boldsymbol{y}_{k+1} - \overline{\boldsymbol{Y}}_k\right) \end{aligned} \tag{7.6}$$

若误报率设置为 α, $F_{1-\alpha}\left(n_{\boldsymbol{y}}, k-n_{\boldsymbol{y}}\right)$ 是 F 分布对应于 $(1-\alpha)$ 的分位数, 则检测阈值为

$$T_\alpha^2 = \frac{n_{\boldsymbol{y}}\left(k^2-1\right)}{k(k-n_{\boldsymbol{y}})}F_{1-\alpha}\left(n_{\boldsymbol{y}}, k-n_{\boldsymbol{y}}\right) \tag{7.7}$$

7.2.2　改进检测统计量

提出的改进 (Improved) 检测统计量, 记为 iT^2, 定义如下

$$\begin{aligned} iT^2\left(\boldsymbol{y}_{k+1}\right) = & \left(\boldsymbol{y}_{k+1} - \hat{\boldsymbol{y}}_{k+1}\right)^{\mathrm{T}}\left[\frac{1}{k-1}\left(\boldsymbol{Y}_k - \hat{\boldsymbol{Y}}_k\right)\right. \\ & \left.\cdot\left(\boldsymbol{Y}_k - \hat{\boldsymbol{Y}}_k\right)^{\mathrm{T}}\right]^{+}\left(\boldsymbol{y}_{k+1} - \hat{\boldsymbol{y}}_{k+1}\right) \end{aligned} \tag{7.8}$$

其中 $\hat{\boldsymbol{Y}}_k$ 和 $\hat{\boldsymbol{y}}_{k+1}$ 分别是训练数据的校正值和测试数据的预测值, 它们可以看成是非平稳数据的趋势项 iT^2 的构造流程如图 7.2 所示, 图中“黑箱”表示趋势提取算法. 问题是: 如何设计趋势提取算法?

本章采用时间序列建模 (TSM, Time Series Modeling) 的方法解决上述问题. 时间序列建模是系统辨识 (SI, System Identification) 中的最重要的技术之一 [96], 其实质是在选定设计函数 (DF, Design Functions) 的基础上, 拟合时间序列. 设计函数的范围非常广, 包括时域设计函数、频域设计函数和时/频设计函数, 常用的时域设计函数包括多项式函数、三角多项式函数、混合多项式函数和样条函数等.

趋势提取算法主要的步骤有: 选择设计函数、计算设计矩阵、估计参数、计算校正值和预测值, 见算法 7.1.

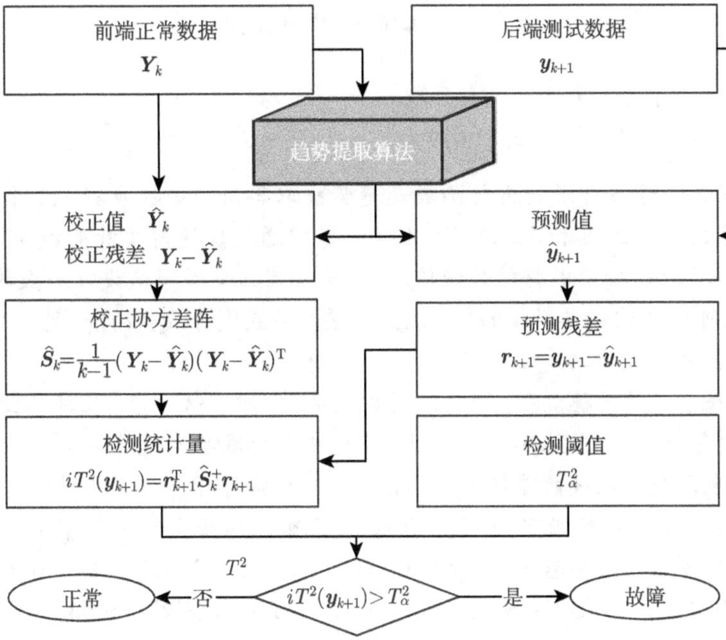

图 7.2 iT^2-改进检测统计量的构造过程

算法 7.1 趋势提取算法

已知 训练数据 $\boldsymbol{Y}_k$.

求 参数 $\hat{\boldsymbol{\beta}}_k$; 校正值 $\hat{\boldsymbol{Y}}_k$; 预测值 $\hat{\boldsymbol{y}}_{k+1}$.

步骤 第一步: 选择合适的基函数

$$\boldsymbol{f}(t) = \begin{pmatrix} f_1(t) \\ \vdots \\ f_{n_{\boldsymbol{x}}}(t) \end{pmatrix} \tag{7.9}$$

第二步: 利用基函数计算设计矩阵

$$\boldsymbol{X}_k = (\boldsymbol{f}(1), \boldsymbol{f}(2), \cdots, \boldsymbol{f}(k)) = \begin{pmatrix} f_1(1) & f_1(2) & \cdots & f_1(k) \\ f_2(1) & f_2(2) & \cdots & f_2(k) \\ \vdots & \vdots & & \vdots \\ f_{n_{\boldsymbol{x}}}(1) & f_{n_{\boldsymbol{x}}}(2) & \cdots & f_{n_{\boldsymbol{x}}}(k) \end{pmatrix} \tag{7.10}$$

第三步: 利用正常数据和设计矩阵估计线性方程 $\boldsymbol{Y}_k = \boldsymbol{\beta}_k \boldsymbol{X}_k + \boldsymbol{E}_k$ 的参数 $\boldsymbol{\beta}_k \in \mathbb{R}^{n_{\boldsymbol{y}} \times n_{\boldsymbol{x}}}$, 参数的最小二乘解为

$$\hat{\boldsymbol{\beta}}_k = \boldsymbol{Y}_k \boldsymbol{X}_k^+ \tag{7.11}$$

第四步: 利用估计的系数计算校正值和预测值, 即 $\hat{\boldsymbol{Y}}_k$ 和 $\hat{\boldsymbol{y}}_{k+1}$ 为

$$\begin{cases} \hat{\boldsymbol{Y}}_k = \hat{\boldsymbol{\beta}}_k \boldsymbol{X}_k & (7.12\text{a}) \\ \hat{\boldsymbol{y}}_{k+1} = \hat{\boldsymbol{\beta}}_k \boldsymbol{x}_{k+1}, \quad \boldsymbol{x}_{k+1} = \boldsymbol{f}(k+1) & (7.12\text{b}) \end{cases}$$

注解 7.2　选择合适的设计函数是趋势提取算法的关键步骤, 设计函数的选择依赖一定的数学工具和人工经验, 例如, 可以通过快速傅里叶变换 (FFT, Fast Fourier Transform) 搜索数据的频域信息, 依此确定三角多项式设计函数的频率, 见 7.4.1 节; 也可以通过观察数据的特征点, 确定多项式设计函数的阶, 见 7.4.2 节. 针对不同情况, 本章提出的建议如下:

(1) 如果系统是平稳过程, 那么选用常值函数, 即 $\boldsymbol{f}(t) \equiv 1$. 此时参数 $\boldsymbol{\beta}_k$ 退化成为均值向量 $\overline{\boldsymbol{Y}}_k$, 改进检测统计量 iT^2 退化成为标准检测统计量 sT^2.

(2) 如果系统存在线性趋势, 那么选用一次多项式, $\boldsymbol{f}(t) = (1, t)^{\mathrm{T}}$.

(3) 如果系统的值域很宽, 而且拐点较多, 那么选用高次多项式, $\boldsymbol{f}(t) = (1, t, \cdots, t^{n_{\boldsymbol{x}}-1})^{\mathrm{T}}$. 此时, iT^2 与动态主元分析 (DPCA, Dynamic Principal Component Analysis) 的预测误差平方 (SPE, Square Prediction Error) 检测统计量相关.

(4) 如果系统存在周期性趋势, 则选用三角函数, $\boldsymbol{f}(t) = (1, \sin(\omega t), \cos(\omega t), \cdots)^{\mathrm{T}}$.

(5) 更复杂的系统可以参考混合多项式、样条函数和小波基函数等.

7.2.3　结构比较

假定 $\boldsymbol{r}_{s,k+1}$, $\boldsymbol{R}_{s,k}$, $\hat{\boldsymbol{S}}_{s,k}^{+}$ 和 $T_{s,k+1}^2$ 分别表示 sT^2 的预测残差、校正残差、方差矩阵的逆和标准检测统计量, 即

$$\begin{cases} \boldsymbol{r}_{s,k+1} = \left(\boldsymbol{y}_{k+1} - \overline{\boldsymbol{Y}}_k\right) & (7.13\text{a}) \\ \boldsymbol{R}_{s,k} = \left(\boldsymbol{Y}_k - \overline{\boldsymbol{Y}}_k \boldsymbol{1}_k^{\mathrm{T}}\right) & (7.13\text{b}) \\ \hat{\boldsymbol{S}}_{s,k}^{+} = \left(\dfrac{1}{k-1} \boldsymbol{R}_{s,k} \boldsymbol{R}_{s,k}^{\mathrm{T}}\right)^{+} & (7.13\text{c}) \\ sT_{k+1}^2 = \boldsymbol{r}_{s,k+1}^{\mathrm{T}} \hat{\boldsymbol{S}}_{s,k}^{+} \boldsymbol{r}_{s,k+1} & (7.13\text{d}) \end{cases}$$

假定 $\boldsymbol{r}_{i,k+1}$, $\boldsymbol{R}_{i,k}$, $\hat{\boldsymbol{S}}_{i,k}^{+}$ 和 $T_{i,k+1}^2$ 分别表示 iT^2 的预测残差、校正残差、方差矩阵的逆和改进检测统计量, 即

$$\begin{cases} \boldsymbol{r}_{i,k+1} = \left(\boldsymbol{y}_{k+1} - \hat{\boldsymbol{y}}_{k+1}\right) & (7.14\text{a}) \\ \boldsymbol{R}_{i,k} = \left(\boldsymbol{Y}_k - \hat{\boldsymbol{Y}}_k\right) & (7.14\text{b}) \\ \hat{\boldsymbol{S}}_{i,k}^{+} = \left(\dfrac{1}{k-1} \boldsymbol{R}_{i,k} \boldsymbol{R}_{i,k}^{\mathrm{T}}\right)^{+} & (7.14\text{c}) \\ T_{i,k+1}^2 = \boldsymbol{r}_{i,k+1}^{\mathrm{T}} \hat{\boldsymbol{S}}_{i,k}^{+} \boldsymbol{r}_{i,k+1} & (7.14\text{d}) \end{cases}$$

可以发现 sT^2 和 iT^2 有相同的结构, 即

$$T_{k+1}^2 = \boldsymbol{r}_{k+1}^{\mathrm{T}} \hat{\boldsymbol{S}}_k^{+} \boldsymbol{r}_{k+1}^{\mathrm{T}} \tag{7.15}$$

不同的是 sT^2 中的均值向量被 iT^2 中的趋势项代替, 即 $\overline{\boldsymbol{Y}}_k$ 和 $\overline{\boldsymbol{Y}}_k \mathbf{1}_k^{\mathrm{T}}$ 分别被 $\hat{\boldsymbol{y}}_{k+1}$ 和 $\hat{\boldsymbol{Y}}_k$ 代替.

7.2.4 改进检测统计量的性能分析

1. 计算更稳健

逆矩阵运算的稳健性是由矩阵的条件数决定的 [92], 条件数的定义见公式 (6.6). 条件数越小, 逆运算就越稳健. 类似于第 6 章中基于平滑预处理的方法, 基于时序建模的方法也可以增强计算的稳健性. 因为时序建模提取且剔除了原始信号的非平稳趋势, 相当于剔除了其中的最大奇异值, 使得条件数显著减小, 即

$$\mathrm{CN}\left(\hat{\boldsymbol{S}}_{i,k}\right) \leqslant \mathrm{CN}\left(\hat{\boldsymbol{S}}_{s,k}\right) \tag{7.16}$$

其中 $\hat{\boldsymbol{S}}_{i,k}$ 和 $\hat{\boldsymbol{S}}_{s,k}$ 分别是 iT^2 和 sT^2 的校正方差矩阵, 定义见公式 (7.13c) 和 (7.14c). 由于 $\hat{\boldsymbol{S}}_{i,k}$ 的条件数比较小, 所以改进检测统计量 iT^2 的计算相对更稳健.

注解 7.3 (1) 传统的降维技术也是增强计算稳健性的方法, 比如主元分析、偏最小二乘和典型相关分析. 但是降维技术有两个瓶颈: 其一, 受信噪比 (SNR, Signal-Noise Ratio) 的影响, 主元的数量较难确定; 其二, 数据降维需要进行矩阵分解, 而矩阵分解运算增加了算法浮点数, 且没有解析的增量/减量更新公式.

(2) 基于时序建模的趋势提取算法可以替代降维技术, 既可以防止矩阵分解的较高算法浮点数, 又可以获得解析的增量/减量更新公式, 见 7.3 节.

2. 适应性更强

适应性是用于评估预测性能的指标, 该指标可以用残差的幅值来衡量, 幅值越小, 适应性越强. 从预测的角度看, sT^2 简单地用训练数据的均值向量 $\overline{\boldsymbol{Y}}_k$ 当作测试数据 $\boldsymbol{y}_{k+1}$ 的预测值, 这种预测方法的误差幅值非常大, 导致 sT^2 适应性较差. 对于具有强单调性、周期性和广域波动等非平稳数据来说, sT^2 的适应性跟不上数据的正常变化, 使得校正残差和预测残差非常大. 由于 iT^2 考虑了数据的非平稳趋势, 因此残差的幅值相对较小, 即

$$\begin{cases} \|\boldsymbol{R}_{i,k}\| \leqslant \|\boldsymbol{R}_{s,k}\| \\ \|\boldsymbol{r}_{i,k+1}\| \leqslant \|\boldsymbol{r}_{s,k+1}\| \end{cases} \tag{7.17}$$

其中 $\|\boldsymbol{R}_{i,k}\|$, $\|\boldsymbol{R}_{s,k}\|$, $\boldsymbol{r}_{i,k+1}$ 和 $\boldsymbol{r}_{s,k+1}$ 的定义见公式 (7.13) 和 (7.14).

实际上, 由注解 7.2 可知, sT^2 是 iT^2 的特例. 如果设计函数是常值函数, 即 $\boldsymbol{f}(t) \equiv 1$, 那么 $\boldsymbol{X}_k = \boldsymbol{1}_k$, $\hat{\boldsymbol{\beta}}_k = \overline{\boldsymbol{Y}}_k$, $\hat{\boldsymbol{Y}}_k = \overline{\boldsymbol{Y}}_k \boldsymbol{1}_k^{\mathrm{T}}$, $\hat{\boldsymbol{y}}_{k+1} = \overline{\boldsymbol{Y}}_{k+1}$ 且 iT^2 退化为 sT^2. 如果设计函数是多项式函数, 且 $n_x > 1$, 那么 $\hat{\boldsymbol{Y}}_k$ 和 $\hat{\boldsymbol{y}}_{k+1}$ 代表了过程的非平稳趋势项, 此时 iT^2 的残差更小, 适应性更强.

如果两种方法的预测残差的幅值相当, 且当前数据为故障数据, 则

$$T_{i,k+1}^2 \geqslant T_{s,k+1}^2 \tag{7.18}$$

此时, iT^2 对故障数据更敏感, 因而检测率更高.

类似地, 如果两种方法的校正残差的幅值相当, 且当前数据为正常数据, 则

$$T_{i,k+1}^2 \leqslant T_{s,k+1}^2 \tag{7.19}$$

此时, iT^2 对正常数据不敏感, 因而误报率更低.

7.3 改进检测统计量的增量/减量算法

随着数据的累积, 参数和检测统计量需要随之更新. 如果在 $(k+1)$ 时刻的数据被检测为正常数据, 应该把 $\boldsymbol{y}_{k+1}$ 添加到训练数据中, 从而 $\boldsymbol{Y}_k$ 变成了 $\boldsymbol{Y}_{k+1}$. 如果在 $k+1$ 时刻的数据被检测为故障数据, 那么观测值 $\boldsymbol{y}_{k+1}$ 就应该用预测值 $\hat{\boldsymbol{y}}_{k+1}$ 代替, 并且把 $\hat{\boldsymbol{y}}_{k+1}$ 添加到训练数据中. 本节不妨假设 $(k+1)$ 时刻的数据为正常数据. 相反, 减量是增量的逆过程, 当数据过期的时候, 应该剔除这些数据对参数和检测统计量的影响.

假定 $\boldsymbol{y}_{k+1}$ 是新添加的训练数据 (正常数据), $\boldsymbol{y}_1$ 是最陈旧的训练数据, $\boldsymbol{y}_{k+2}$ 是新的待测试数据, $\boldsymbol{Y}_{i:j}$ 是介于 i 和 j 之间的所有数据, 那么这些数据可以用分块矩阵表示如下:

$$\boldsymbol{Y}_{k+1} = \left(\boldsymbol{Y}_k, \boldsymbol{y}_{k+1}\right) = \left(\boldsymbol{y}_1, \boldsymbol{Y}_{2:k+1}\right) \tag{7.20}$$

$$\boldsymbol{X}_{k+1} = \left(\boldsymbol{X}_k, \boldsymbol{x}_{k+1}\right) = \left(\boldsymbol{x}_1, \boldsymbol{X}_{2:k+1}\right) \tag{7.21}$$

增量算法是指添加新的训练数据 $\boldsymbol{y}_{k+1}$ 后, $\hat{\boldsymbol{\beta}}$, $\hat{\boldsymbol{Y}}$, $\hat{\boldsymbol{y}}$ 和 iT^2 的更新算法, 增量算法的最终目标是构建用于检测 $\boldsymbol{y}_{k+2}$ 的检测统计量 $T_{i,k+2}^2$. 类似地, 减量算法是指去除旧的训练数据 $\boldsymbol{y}_1$ 后的更新算法.

简单起见, 把公式 (7.14) 中的 $\boldsymbol{r}_{i,k}, \boldsymbol{R}_{i,k}, \hat{\boldsymbol{S}}_{i,k}^{+}$ 和 iT_k^2 分别用 $\boldsymbol{r}_k, \boldsymbol{R}_k, \hat{\boldsymbol{S}}_k^{+}$ 和 T_k^2 代替.

7.3.1 暴力算法

暴力算法 (BFA, Brute Force Algorithm) 是指不依赖任何技巧, 直接依据原始公式重复计算的方法. T_{k+1}^2 当然可以通过暴力算法直接计算出来, 依据公式 (7.14) 有

$$\begin{cases} \boldsymbol{r}_{k+2} = \left(\boldsymbol{y}_{k+2} - \hat{\boldsymbol{y}}_{k+2}\right) & (7.22\text{a}) \\ \boldsymbol{R}_{k+1} = \left(\boldsymbol{Y}_{k+1} - \hat{\boldsymbol{Y}}_{k+1}\right) & (7.22\text{b}) \\ \hat{\boldsymbol{S}}_{k+1}^{+} = \left(\dfrac{1}{k}\boldsymbol{R}_{k+1}\boldsymbol{R}_{k+1}^{\mathrm{T}}\right)^{+} & (7.22\text{c}) \\ T_{k+2}^2 = \boldsymbol{r}_{k+2}^{\mathrm{T}}\hat{\boldsymbol{S}}_{k+1}^{+}\boldsymbol{r}_{k+2} & (7.22\text{d}) \end{cases}$$

其中

$$\begin{cases} \hat{\boldsymbol{\beta}}_{k+1} = \boldsymbol{Y}_{k+1}\boldsymbol{X}_{k+1}^{+} & (7.23\text{a}) \\ \hat{\boldsymbol{Y}}_{k+1} = \hat{\boldsymbol{\beta}}_{k+1}\boldsymbol{X}_{k+1} & (7.23\text{b}) \\ \hat{\boldsymbol{y}}_{k+2} = \hat{\boldsymbol{\beta}}_{k+1}\boldsymbol{x}_{k+2}, \quad \boldsymbol{x}_{k+2} = \boldsymbol{f}(k+2) & (7.23\text{c}) \end{cases}$$

其中 $\boldsymbol{f}$ 是由公式 (7.9) 定义的设计函数.

可以发现, 暴力算法需要计算大量高阶矩阵的逆运算和乘积运算, 这两种运算的算法浮点数非常高. 为了减小计算量, 我们采用增量/减量算法.

7.3.2 减量算法

增量/减量算法目的是减少计算量, 方法是"用向量相乘代替矩阵相乘". 从公式 (7.22) 和 (7.23) 可以看到, $\hat{\boldsymbol{Y}}$ 和 $\hat{\boldsymbol{y}}$ 的更新依赖于参数 $\hat{\boldsymbol{\beta}}$ 的更新; 而 iT^2 的更新还依赖于校正方差的逆矩阵 $\hat{\boldsymbol{S}}^{+}$ 的更新. $\hat{\boldsymbol{\beta}}$ 的更新公式在很多文献都可以找到, 比如 [96], 但是现有文献中鲜有 $\hat{\boldsymbol{S}}^{+}$ 的更新公式. 因此, 7.3.2 节重点推导 $\hat{\boldsymbol{S}}^{+}$ 的更新公式.

1. 参数的更新公式

$\hat{\boldsymbol{\beta}}$ 的增量公式为

$$\hat{\boldsymbol{\beta}}_{k+1} = \hat{\boldsymbol{\beta}}_k + \boldsymbol{r}_{k+1}\boldsymbol{K}_{k+1}^{\mathrm{T}} \tag{7.24}$$

其中 $\boldsymbol{r}_{k+1}$ 是预测残差, $\boldsymbol{K}_{k+1}$ 是权矩阵, 定义如下

$$\begin{cases} \boldsymbol{r}_{k+1} = \boldsymbol{y}_{k+1} - \hat{\boldsymbol{\beta}}_k\boldsymbol{x}_{k+1}, \boldsymbol{x}_{k+1} = \boldsymbol{f}(k+1) & (7.25\text{a}) \\ \boldsymbol{K}_{k+1} = \left(1+\lambda_{k+1}\right)^{-1}\gamma_{k+1} & (7.25\text{b}) \end{cases}$$

其中 $\boldsymbol{f}$ 是设计函数, 见公式 (7.9), 另外上式的三个中间变量的定义如下

$$\begin{cases}\gamma_{k+1}=\boldsymbol{Q}_k\boldsymbol{x}_{k+1} & (7.26\text{a})\\ \lambda_{k+1}=\boldsymbol{x}_{k+1}^{\mathrm{T}}\gamma_{k+1} & (7.26\text{b})\\ \boldsymbol{Q}_k=\left(\boldsymbol{X}_k\boldsymbol{X}_k^{\mathrm{T}}\right)^{+} & (7.26\text{c})\end{cases}$$

$\boldsymbol{Q}$ 的增量公式为

$$\boldsymbol{Q}_{k+1}=\boldsymbol{Q}_k-\gamma_{k+1}\boldsymbol{K}_{k+1}^{\mathrm{T}} \tag{7.27}$$

减量公式是增量公式的对偶公式. $\hat{\boldsymbol{\beta}}$ 的减量公式为

$$\hat{\boldsymbol{\beta}}_k=\hat{\boldsymbol{\beta}}_{k+1}-\boldsymbol{r}_1\boldsymbol{K}_1^{\mathrm{T}} \tag{7.28}$$

其中 $\boldsymbol{r}_1$ 是校正误差, $\boldsymbol{K}_1$ 是权矩阵, 定义如下

$$\begin{cases}\boldsymbol{r}_1=\boldsymbol{y}_1-\hat{\boldsymbol{\beta}}_{k+1}\boldsymbol{x}_1,\quad \boldsymbol{x}_1=\boldsymbol{f}(1) & (7.29\text{a})\\ \boldsymbol{K}_1=(1-\lambda_1)^{-1}\gamma_1 & (7.29\text{b})\end{cases}$$

上式的三个中间变量的定义如下

$$\begin{cases}\gamma_1=\boldsymbol{Q}_{k+1}^{\mathrm{T}}\boldsymbol{x}_1 & (7.30\text{a})\\ \lambda_1=\boldsymbol{x}_1^{\mathrm{T}}\gamma_1 & (7.30\text{b})\\ \boldsymbol{Q}_{k+1}=\left(\boldsymbol{X}_{k+1}\boldsymbol{X}_{k+1}^{\mathrm{T}}\right)^{+} & (7.30\text{c})\end{cases}$$

$\boldsymbol{Q}$ 的减量公式为

$$\boldsymbol{Q}_k=\boldsymbol{Q}_{k+1}+\gamma_1\boldsymbol{K}_1^{\mathrm{T}} \tag{7.31}$$

2. 校正方差逆矩阵的更新公式

利用分块矩阵逆的推论 2.9, 可以获得 $\hat{\boldsymbol{S}}^{+}$ 的更新公式, 如下.

定理 7.2　$\boldsymbol{r}_{k+1}$ 的定义见公式 (7.25a); $\boldsymbol{r}_1$ 的定义见公式 (7.29a); λ_{k+1} 的定义见公式 (7.26b) 和 λ_1 的定义见公式 (7.30b), 那么公式 (7.32) 和 (7.33) 分别是 $\hat{\boldsymbol{S}}^{+}$ 的增量公式和减量公式.

(1) **增量公式**

$$\hat{\boldsymbol{S}}_{k+1}^{+}=\frac{k}{k-1}\left(\hat{\boldsymbol{S}}_k^{+}-\frac{\hat{\boldsymbol{S}}_k^{+}\boldsymbol{r}_{k+1}\boldsymbol{r}_{k+1}^{\mathrm{T}}\hat{\boldsymbol{S}}_k^{+}}{(k-1)\left(1+\lambda_{k+1}\right)+\boldsymbol{r}_{k+1}^{\mathrm{T}}\hat{\boldsymbol{S}}_k^{+}\boldsymbol{r}_{k+1}}\right) \tag{7.32}$$

(2) **减量公式**

$$\hat{\boldsymbol{S}}_k^+ = \frac{k-1}{k}\left(\hat{\boldsymbol{S}}_{k+1}^+ + \frac{\hat{\boldsymbol{S}}_{k+1}^+\boldsymbol{r}_1\boldsymbol{r}_1^{\mathrm{T}}\hat{\boldsymbol{S}}_{k+1}^+}{k(1+\lambda_1)-\boldsymbol{r}_1^{\mathrm{T}}\hat{\boldsymbol{S}}_{k+1}^+\boldsymbol{r}_1}\right) \tag{7.33}$$

证明 增量公式 (7.32) 与减量公式 (7.33) 存在对偶关系. 因此我们只需证明公式 (7.32). 证明过程分为五个步骤, 如下.

(1) 往证

$$\hat{\boldsymbol{S}}_k = \frac{1}{k-1}\left(\boldsymbol{Y}_k\boldsymbol{Y}_k^{\mathrm{T}} - \boldsymbol{Y}_k\boldsymbol{H}_k\boldsymbol{Y}_k^{\mathrm{T}}\right) \tag{7.34}$$

其中 $\boldsymbol{H}_k$ 是投影矩阵, 定义如下

$$\boldsymbol{H}_k = \boldsymbol{X}_k^+\boldsymbol{X}_k \tag{7.35}$$

实际上,

$$\begin{aligned}
\hat{\boldsymbol{S}}_k &= \frac{1}{k-1}\left(\boldsymbol{Y}_k - \hat{\boldsymbol{Y}}_k\right)\left(\boldsymbol{Y}_k - \hat{\boldsymbol{Y}}_k\right)^{\mathrm{T}} \\
&= \frac{1}{k-1}(\boldsymbol{Y}_k - \boldsymbol{Y}_k\boldsymbol{H}_k)(\boldsymbol{Y}_k - \boldsymbol{Y}_k\boldsymbol{H}_k)^{\mathrm{T}} \\
&= \frac{1}{k-1}\boldsymbol{Y}_k(\boldsymbol{I}_k - \boldsymbol{H}_k)\boldsymbol{Y}_k^{\mathrm{T}}
\end{aligned} \tag{7.36}$$

其中第 2 个等式的依据是公式 (7.23b) 和 (7.35), 第 3 个等式的依据是 $(\boldsymbol{I}_k - \boldsymbol{H}_k)$ 的幂等性.

(2) 往证

$$\boldsymbol{Y}_{k+1}\boldsymbol{Y}_{k+1}^{\mathrm{T}} = \boldsymbol{Y}_k\boldsymbol{Y}_k^{\mathrm{T}} + \boldsymbol{y}_{k+1}\boldsymbol{y}_{k+1}^{\mathrm{T}} \tag{7.37}$$

实际上用 $\boldsymbol{Y}_{k+1} = \left(\boldsymbol{Y}_k, \boldsymbol{y}_{k+1}\right)$ 可以直接验证公式 (7.37) 成立.

(3) 往证

$$\boldsymbol{Y}_{k+1}\boldsymbol{H}_{k+1}\boldsymbol{Y}_{k+1}^{\mathrm{T}} = \boldsymbol{Y}_k\boldsymbol{H}_k\boldsymbol{Y}_k^{\mathrm{T}} - \left(1+\lambda_{k+1}\right)^{-1}\boldsymbol{r}_{k+1}\boldsymbol{r}_{k+1}^{\mathrm{T}} + \boldsymbol{y}_{k+1}\boldsymbol{y}_{k+1}^{\mathrm{T}} \tag{7.38}$$

其中 $\boldsymbol{\alpha}_{k+1} = \boldsymbol{X}_k^{\mathrm{T}}\boldsymbol{Q}_k\boldsymbol{x}_{k+1}$, $\boldsymbol{r}_{k+1}$ 的定义见公式 (7.25a), λ_{k+1} 的定义见公式 (7.26b).

实际上, 容易验证

$$\boldsymbol{H}_{k+1} = \begin{pmatrix} \boldsymbol{H}_k & \boldsymbol{0} \\ \boldsymbol{0}^{\mathrm{T}} & 0 \end{pmatrix} + \left(1+\lambda_{k+1}\right)^{-1}\begin{pmatrix} -\boldsymbol{\alpha}_{k+1}\boldsymbol{\alpha}_{k+1}^{\mathrm{T}} & \boldsymbol{\alpha}_{k+1} \\ \boldsymbol{\alpha}_{k+1}^{\mathrm{T}} & \lambda_{k+1} \end{pmatrix} \tag{7.39}$$

因此

$$
\begin{aligned}
&\boldsymbol{Y}_{k+1}\boldsymbol{H}_{k+1}\boldsymbol{Y}_{k+1}^{\mathrm{T}}\\
=&\boldsymbol{Y}_k\boldsymbol{H}_k\boldsymbol{Y}_k^{\mathrm{T}}+\left(1+\lambda_{k+1}\right)^{-1}\\
&\cdot\left(-\boldsymbol{Y}_k\boldsymbol{\alpha}_{k+1}\boldsymbol{\alpha}_{k+1}^{\mathrm{T}}\boldsymbol{Y}_k^{\mathrm{T}}+\boldsymbol{y}_{k+1}\boldsymbol{\alpha}_{k+1}^{\mathrm{T}}\boldsymbol{Y}_k^{\mathrm{T}}+\boldsymbol{Y}_k\boldsymbol{\alpha}_{k+1}\boldsymbol{y}_{k+1}^{\mathrm{T}}+\lambda_{k+1}\boldsymbol{y}_{k+1}\boldsymbol{y}_{k+1}^{\mathrm{T}}\right)\\
=&\boldsymbol{Y}_k\boldsymbol{H}_k\boldsymbol{Y}_k^{\mathrm{T}}+\left(1+\lambda_{k+1}\right)^{-1}\\
&\cdot\left(-\hat{\boldsymbol{y}}_{k+1}\hat{\boldsymbol{y}}_{k+1}^{\mathrm{T}}+\boldsymbol{y}_{k+1}\hat{\boldsymbol{y}}_{k+1}^{\mathrm{T}}+\hat{\boldsymbol{y}}_{k+1}\boldsymbol{y}_{k+1}^{\mathrm{T}}+\lambda_{k+1}\boldsymbol{y}_{k+1}\boldsymbol{y}_{k+1}^{\mathrm{T}}\right)\\
=&\boldsymbol{Y}_k\boldsymbol{H}_k\boldsymbol{Y}_k^{\mathrm{T}}-\left(1+\lambda_{k+1}\right)^{-1}\boldsymbol{r}_{k+1}\boldsymbol{r}_{k+1}^{\mathrm{T}}+\boldsymbol{y}_{k+1}\boldsymbol{y}_{k+1}^{\mathrm{T}}
\end{aligned}
\tag{7.40}
$$

(4) 依据公式 (7.34), (7.37) 和 (7.38), 得

$$
\hat{\boldsymbol{S}}_{k+1}=\frac{(k-1)}{k}\hat{\boldsymbol{S}}_k+\frac{1}{k}\left(1+\lambda_{k+1}\right)^{-1}\boldsymbol{r}_{k+1}\boldsymbol{r}_{k+1}^{\mathrm{T}} \tag{7.41}
$$

(5) 最后, 依据公式 (2.71) 和 (7.41), 可以验证增量公式 (7.32) 成立. ■

3. 改进检测统计量的增量/减量算法

基于 $\hat{\boldsymbol{\beta}}$ 和 $\hat{\boldsymbol{S}}^{+}$ 的增量/减量更新公式, 提出了改进检测统计量 iT^2 的增量/减量算法, 记为 IDiT^2, 见算法 7.3, 其中 I 和 D 分别是 Incremental 和 Decremental 的首字母. 可以发现该算法用向量相乘代替了矩阵求逆和矩阵相乘, 因而计算量能够显著减小.

算法 7.3　ID$\boldsymbol{iT^2}$ 算法

已知　更新前的参数 $\hat{\boldsymbol{\beta}}_k$、样本方差 $\hat{\boldsymbol{S}}_k^{+}$ 和中间变量 $\boldsymbol{Q}_k$; 新测试数据 $\boldsymbol{y}_{k+2}$; 新训练数据 $\boldsymbol{y}_{k+1}$; 过期的训练数据 $\boldsymbol{y}_1$.

求　更新后的参数 $\hat{\boldsymbol{\beta}}_k$、样本方差 $\hat{\boldsymbol{S}}_k^{+}$、中间变量 $\boldsymbol{Q}_k$ 和检测统计量 T_{k+2}^2.

步骤

增量

第一步: 依据公式 (7.26a) 和 (7.26b) 分别计算 γ_{k+1} 和 $\boldsymbol{\lambda}_{k+1}$.

第二步: 依据公式 (7.25a) 和 (7.25b) 分别计算 $\boldsymbol{r}_{k+1}$ 和 $\boldsymbol{K}_{k+1}$.

第三步: 依据公式 (7.27), (7.24) 和 (7.32) 分别更新 $\boldsymbol{Q}_{k+1}$, $\hat{\boldsymbol{\beta}}_{k+1}$ 和 $\hat{\boldsymbol{S}}_{k+1}^{+}$.

减量

第四步: 依据公式 (7.30a) 和 (7.30b) 分别计算 γ_1 和 $\boldsymbol{\lambda}_1$.

第五步: 依据公式 (7.29a) 和 (7.29b) 分别计算 $\boldsymbol{r}_1$ 和 $\boldsymbol{K}_1$.

第六步: 依据公式 (7.31), (7.28) 和 (7.33) 分别更新 $\boldsymbol{Q}_k$, $\hat{\boldsymbol{\beta}}_k$ 和 $\hat{\boldsymbol{S}}_k^{+}$.

检测残差和检测统计量

第七步: 计算检测残差: $\boldsymbol{r}_{k+2}=\boldsymbol{y}_{k+2}-\hat{\boldsymbol{\beta}}_k\boldsymbol{f}(k+2)$.

第八步: 计算检测统计量: $T_{k+2}^2=\boldsymbol{r}_{k+2}^{\mathrm{T}}\hat{\boldsymbol{S}}_k^{+}\boldsymbol{r}_{k+2}^{\mathrm{T}}$.

7.3.3 算法的复杂度对比分析

本节分析算法 7.3 的算法浮点数. 由于增量和减量公式是对偶的, 所以仅分析增量公式. 相对于乘法的运算量来说, 加法的运算量可以忽略, 因此只考虑乘法的算法浮点数. 暴力算法需要直接计算高阶矩阵的乘积和逆矩阵, 它们的算法浮点数可以用引理 2.14 来衡量.

表 7.1 总结了暴力更新算法和增量更新算法的浮点运算量. 值得注意的是: 暴力算法的最高阶是三阶, 所以三阶以下的运算都忽略了. 类似地, 增量算法最高阶是二阶, 所以二阶项以下的运算都忽略了. 可以发现:

如果训练数据的容量很大, 即 $k\gg 1$, 那么增量算法的算法浮点数远远低于暴力算法.

表 7.1 检测统计量更新的浮点运算量

暴力算法		增量算法	
运算公式	FLOPS	运算公式	FLOPS
$\boldsymbol{X}_{k+1}^{+}$	$\frac{3}{2}kn_{\boldsymbol{x}}^2+\frac{1}{2}n_{\boldsymbol{x}}^3$	γ_{k+1} 公式 (7.26a)$\boldsymbol{\lambda}_{k+1}$(7.26b)	$n_{\boldsymbol{x}}^2$
$\hat{\boldsymbol{\beta}}_{k+1}=\boldsymbol{Y}_k\boldsymbol{X}_{k+1}^{+}$	$kn_{\boldsymbol{y}}n_{\boldsymbol{x}}$	$\boldsymbol{r}_{k+1}$ 公式 (7.25a)$\boldsymbol{K}_{k+1}$(7.25b)	$n_{\boldsymbol{x}}n_{\boldsymbol{y}}$
$\hat{\boldsymbol{Y}}_{k+1}=\hat{\boldsymbol{\beta}}_{k+1}\boldsymbol{X}_{k+1}$	$kn_{\boldsymbol{y}}n_{\boldsymbol{x}}$	$\boldsymbol{Q}_{k+1}$ 公式 (7.27)	$n_{\boldsymbol{x}}^2$
$\hat{\boldsymbol{S}}_{k+1}=\frac{1}{k}\boldsymbol{R}_{k+1}\boldsymbol{R}_{k+1}^{\mathrm{T}}$	$kn_{\boldsymbol{y}}^2$	$\hat{\boldsymbol{\beta}}_{k+1}$ 公式 (7.24)	$n_{\boldsymbol{y}}n_{\boldsymbol{x}}$
$\hat{\boldsymbol{S}}_{k+1}^{+}$	$2n_{\boldsymbol{y}}^3$	$\hat{\boldsymbol{S}}_{k+1}^{+}$ 公式 (7.32)	$3n_{\boldsymbol{y}}^2$
总运算量	$k\left(\frac{3}{2}n_{\boldsymbol{x}}^2+n_{\boldsymbol{y}}n_{\boldsymbol{x}}+n_{\boldsymbol{y}}^2\right)$ $+2n_{\boldsymbol{y}}^3+\frac{1}{2}n_{\boldsymbol{x}}^3$	总运算量	$2n_{\boldsymbol{x}}^2+2n_{\boldsymbol{y}}n_{\boldsymbol{x}}$ $+3n_{\boldsymbol{y}}^2$

7.4 仿真验证及结果分析

本节用两个案例验证基于时序建模的非预期故障诊断方法的有效性. 值得注意的是: 本仿真只关注其预期故障检测功能; 另外, 程序基于 MATLAB 环境, 不适合验证算法浮点数, 因而缺少暴力算法和增量算法运算量的仿真验证.

7.4.1 案例 1: 单输入单输出 (SISO)

1. 数据描述

案例 1 的研究对象是一个单输入单输出 (SISO, Single Input Single Output) 的

非线性非平稳系统, 系统模型源于文献 [85]. 系统的输出方程是二次的 (即非线性的); 输入数据是带噪声的正弦信号 (即非平稳的).

系统的状态空间方程为

$$\begin{cases} x_{k+1} = ax_k + bu_k \\ y_k = cx_k^2 + v_k + f_k \end{cases}$$

其中 $a = 0.1$, $b = 2$, $c = 1$; 输入信号为 $u_k = \sin(0.05k) + w_k$; 状态噪声满足 $w_k \sim N(0, 0.1^2)$; 输出信号为 y_k; 测量噪声满足 $v_k \sim N(0, 0.1^2)$; 故障信号为 f_k, 从第 225 个采样点开始输出变量发生故障, 故障幅值先逐渐增大, 继而幅值不变, 后逐渐减小, 最后在第 280 个采样点减小到零, 即

$$f_k = \begin{cases} 0, & 1 \leqslant k \leqslant 224 \\ -0.5 - 0.1(k - 225), & 225 \leqslant k \leqslant 244 \\ -2.5, & 245 \leqslant k \leqslant 260 \\ -2.5 + 0.1(k - 260), & 261 \leqslant k \leqslant 280 \\ 0, & 281 \leqslant k \leqslant 315 \end{cases}$$

仿真的数据如图 7.3 所示, 该图包括三条曲线, 即输入信号 u_k(图 (a), 顶部)、输出信号 y_k(图 (b), 中部) 和故障信号 f_k(图 (c), 底部). 可以发现正常输出信号是非平稳的, 而且输出信号波动区间为 [−2, 6], 故障信号波动区间为 [0, −2], 故障信号被非平稳正常信号所覆盖.

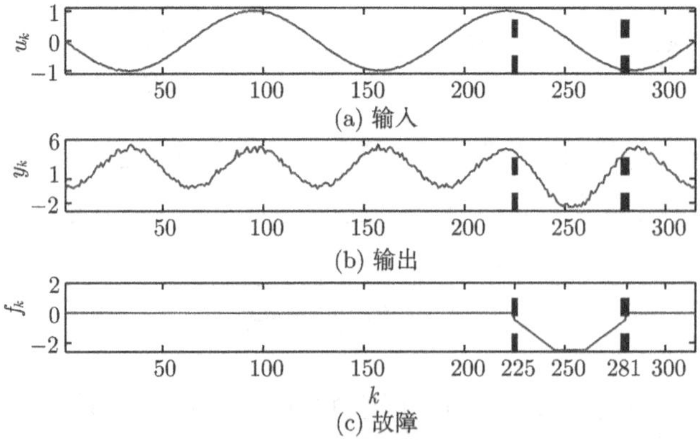

图 7.3　SISO-数据图

2. 设计函数的选择和参数的估计

区间 [1, 250] 上的采样点是无故障数据, 将前 200 个采样点当作训练数据. 经过快速傅里叶变换 (FFT) 后, (u_k, y_k) 功率谱如图 7.4 所示, 可以发现 u 和 y 分别在 $\omega_u = 0.05$ 和 $\omega_y = 0.1$ 上有最大的功率, 因此把设计函数设置为

$$\boldsymbol{f}(t) = (1, \sin(0.05t), \cos(0.05t), \sin(0.1t), \cos(0.1t))^{\mathrm{T}}$$

依据算法 7.1, 估计参数 $\hat{\boldsymbol{\beta}}$, 得

$$\hat{\boldsymbol{\beta}} = \begin{pmatrix} 0.001 & 1.001 & -0.000 & -0.001 & 0.001 \\ 2.463 & -0.009 & 0.013 & -0.259 & -2.457 \end{pmatrix}$$

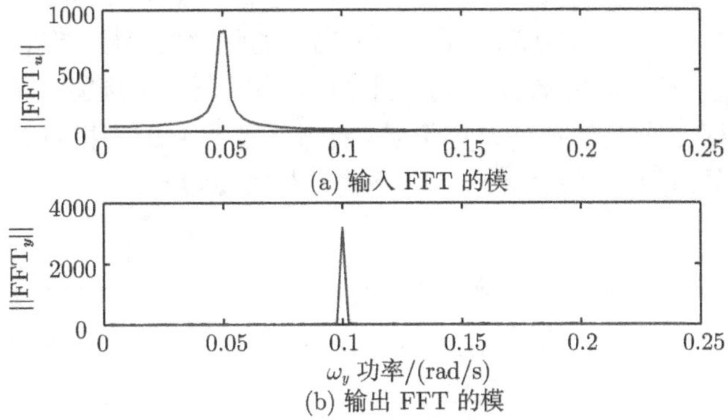

图 7.4 SISO-功率谱

3. 检测性能对比

将区间 [201, 315] 上的采样点当作测试数据. 分别依据公式 (7.12a) 和 (7.12b) 计算校正残差和预测残差, 依据公式 (7.8) 计算检测统计量, 故障误报率设为 $\alpha = 0.05$, 依据公式 (7.7) 计算检测阈值, 得

$$T_{\alpha}^2 = \frac{n_{\boldsymbol{y}}(k^2-1)}{k(k-n_{\boldsymbol{y}})} F_{1-\alpha}(n_{\boldsymbol{y}}, k-n_{\boldsymbol{y}}) = \frac{2(200^2-1)}{200(200-2)} F_{0.95}(2, 200-2) = 6.1443$$

检测的结果见图 7.5, 可以发现, 标准检测统计量 sT^2 的检测率非常低, 几乎

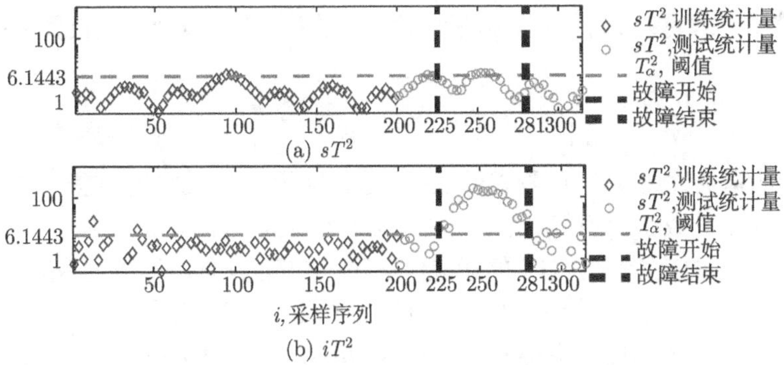

图 7.5 SISO-sT^2(a) 和 iT^2(b) 故障检测对比图

无法检测故障; 相反, 改进检测统计量 iT^2 的检测率却为 100%. 另外从第 100 个采样点附近的检测结果看, sT^2 误报率较高, 而 iT^2 误报率较低.

7.4.2 案例 2: 卫星姿态控制系统 (SACS)

1. 数据描述

卫星姿态控制系统 (SACS) 也是非线性非平稳系统 [26]. 本章的数据与 6.3 节中介绍的数据相同. 本次仿真选择了三个方向上的陀螺仪变量, 即滚动陀螺仪 (g_ϕ)、俯仰陀螺仪 (g_θ) 和偏航陀螺仪 (g_ψ). 图 7.6(顶部子图) 刻画的是滚动陀螺仪 (g_ϕ) 发生漂移故障时三个陀螺仪的监控记录, 故障从第 328 个采样点开始.g_θ 和 g_ϕ 的均值是非平稳的, 故障的幅值相对于非平稳趋势来说很小.

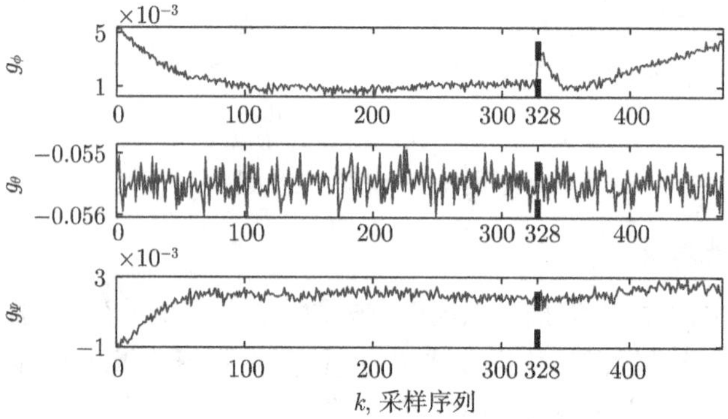

图 7.6 SACS-滚动陀螺仪故障数据图

2. 设计函数的选择和参数的估计

区间 [1, 327] 上的采样点是正常数据, 把它当作训练数据. 观察发现, 训练数据拐点较少, 三阶多项式足以刻画正常数据的趋势, 所以设计函数设置为三阶多项式, 即

$$\boldsymbol{f}(t) = \left(1, t, t^2\right)^{\mathrm{T}}$$

iT^2 的稳健性比 sT^2 的稳健性要强, 这是因为 iT^2 的样本方差条件数比 sT^2 的样本方差条件数小得多, 其实 $\mathrm{CN}_{iT^2} = 2.9744 \ll \mathrm{CN}_{sT^2} = 31.4782$

另外, iT^2 的适应性比 sT^2 的适应性要强, 这可以从训练数据的残差看出来, 见图 7.7, 其中 iT^2 的校正残差用 “+” 表示, sT^2 校正残差用 “$\lozenge$” 表示. 可以发现前者的残差幅值范围比后者小得多, 在滚动陀螺仪 g_ϕ 和偏航轴陀螺仪 g_ψ 上表现尤为明显.

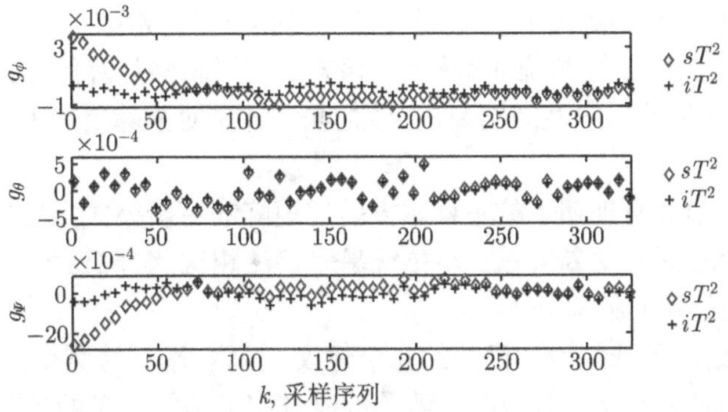

图 7.7 SACS-sT^2(◇) 和 iT^2(+) 的校正残差对比

3. 检测性能对比

将区间 [328, 500] 上的采样点当作测试数据. 依据公式 (7.8) 计算检测统计量, 依据公式 (7.7) 计算检测阈值, 得

$$T_\alpha^2 = \frac{n_{\boldsymbol{y}}\left(k^2-1\right)}{k(k-n_{\boldsymbol{y}})}F_{1-\alpha}\left(n_{\boldsymbol{y}}, k-n_{\boldsymbol{y}}\right) = \frac{3\left(327^2-1\right)}{327(327-3)}F_{0.95}\left(3, 327-3\right) = 7.9703$$

sT^2 和 iT^2 的故障检测结果见图 7.8. 可以发现, 与 sT^2 相比, iT^2 对故障更加敏感, 即检测率更高. 另外由检测图的前 10 个样本点可以发现, iT^2 误报率更低.

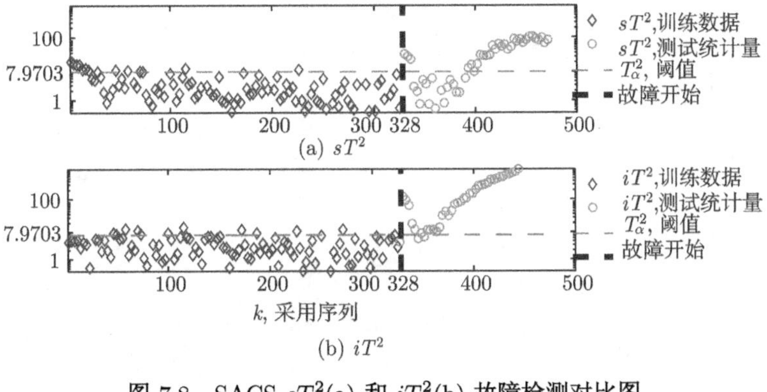

图 7.8 SACS-sT^2(a) 和 iT^2(b) 故障检测对比图

7.5 结 论

针对单批次的非平稳数据, 本章基于时序建模和预测技术构建了一个改进检测统计量, 并且推导了该统计量的增量/减量更新公式, 两个案例验证了上述改进检测统计量的有效性. 基本结论如下:

(1) 与平滑预处理类似, 时序建模方法可以提取出正常数据的非平稳趋势项和平稳的残差项. 与标准检测统计量相比, 该方法可以增强计算的稳健性, 另外还能够增强检测统计量的适应性, 这保证了该检测统计量对故障更加敏感, 因而检测率更高.

(2) 本章给出并且证明了校正样本方差逆矩阵的更新公式, 依此给出了改进检测统计量的增量/减量更新算法. 与传统暴力算法相比, 该算法大大降低了检测统计量更新的算法浮点数.

注释 7.2 给出了选择设计函数的几个建议. 显然, 改进检测统计量的性能依赖于设计函数的选择. 但是, 这些设计函数可能脱离了系统自身的机理. 为了寻找好的设计函数, 经常不得不采用试错 (Trial and Error) 的方法. 如果可以通过物理分析, 获得故障诊断对象的数据输入/输出之间的模型结构, 是否可以用这个结构代替设计函数呢? 第 8 章和第 9 章将针对这个问题展开研究.

第 8 章　静态模型故障检测方法评估

8.1 引　　言

第 4 章和第 5 章构造了 T^2 检测统计量, 该统计量假定在无故障状态下, 测试数据与训练数据都是平稳的, 而且服从相同的正态分布, 也就是说监控数据的均值和方差是保持不变的. 这种假设与现实是矛盾的, 现实中正常系统可能是非平稳的, 经常遇到工作点变化问题, 比如, 为了完成生产任务, 生产车间可能加快生产率, 进料和产品都发生了显著变化, 但是车间是正常的, 这种变化不能认为是故障.

除了人的知识, 故障诊断还有两个重要的信息源. 第一, 训练数据信息, 正常的训练数据蕴涵了系统在正常模式下的特性. 因而可以采用数据驱动的方法进行故障诊断, 如第 5 章至第 7 章, 把这些方法称为**"全数据"**方法. 第二, 系统模型信息、系统的模型结构 [96] 和模型参数代表了正常信息, 传统的基于模型的故障诊断方法就依赖于系统的模型信息, 把这些方法称为**"全模型"**方法. 然而现实情况可能会遇到**"半数据半模型"**的故障诊断问题. 一方面, 通过状态监控, 能够获得一部分训练数据, 但是数据的品质不高, 比如数据容量有限或者数据可能被噪声污染. 另一方面, 通过机理分析, 能够获得系统的模型结构, 该结构描述了输入/输出 (I/O, Input/Output) 变量所满足的数学模型, 但是模型的参数却是未知的. 针对上述问题, Ding S X 等于最近几年提出了基于模型故障诊断的数据驱动设计 [9,12,99−102] 的概念, 用以解决"半数据半模型"的故障诊断问题. 本章关注两种输入/输出模型结构. 其一, 静态结构, 见公式 (8.1); 其二, 动态结构 —— 状态空间结构, 见公式 (9.1). 本章针对静态结构, 选择不同的回归方法, 利用训练数据, 估计模型的参数, 进而完成故障检测, 依此评估不同回归方法的校正性能和故障检测性能. 第 9 章, 将针对动态结构, 研究非预期故障的数据驱动诊断方法和最优可视化算法.

对于静态结构, 潜变量回归方法可以实现潜变量的提取, 参数的估计和检测统计量的构建. 本章关注四种潜变量回归方法, 即主元回归 (PCR, Principal Component Regression)、典型相关回归 (CCR, Canonical Correlation Regression)、偏最小二乘回归 (PLSR, Partial Least Square Regression) 和降秩回归 (RRR, Reduced Rank Regression). 因此, 本章的第一个问题是: **能否用统一的框架规范潜变量的提取、回归和检测这三个过程**? 8.2 节和 8.3 节将研究这个问题.

由定理 3.14 可知: 如果数据满足 G-M 条件 [77, 103, 104], 那么普通最小二乘回归 (OLSR, Ordinary Least Square Regression) 可以无偏地估计静态模型参数, 而且具有线性方差一致最小性. 因此, 本章的第二个问题是: **各种潜变量回归方法和普通最小二回归所估计的参数有什么关联, 转化条件是什么**? 8.4.1 节将研究这个问题.

各种方法的潜变量提取准则不同, 必然导致参数估计的差异, 进而影响回归方法的校正性能和检测性能. 因此, 本章的第三个问题是: **各种潜变量回归方法的校正性能有什么差异, 这些差异又是如何影响故障检测性能的**? 8.4.2 节和 8.4.3 节将研究这个问题.

8.2 静态模型检测基本方法

考虑如下经典的静态线性系统

$$\boldsymbol{y}=\boldsymbol{\beta u}+\boldsymbol{e} \tag{8.1}$$

其中 $\boldsymbol{u}\in\mathbb{R}^{n_{\boldsymbol{u}}\times 1}$ 为输入向量, $\boldsymbol{y}\in\mathbb{R}^{n_{\boldsymbol{y}}\times 1}$ 为输出向量, $\boldsymbol{e}\in\mathbb{R}^{n_{\boldsymbol{y}}\times 1}$ 为噪声向量, 且 $\boldsymbol{e}\sim N_{n_{\boldsymbol{y}}}(\boldsymbol{0},\boldsymbol{\Sigma})$, $\boldsymbol{\beta}\in\mathbb{R}^{n_{\boldsymbol{y}}\times n_{\boldsymbol{u}}}$ 为系数矩阵.

8.2.1 模型已知

若模型是已知的, 即系数矩阵 $\boldsymbol{\beta}$ 和噪声的方差 $\hat{\boldsymbol{S}}$ 是已知的, 则对任意的测试数据 $\left(\boldsymbol{u}^{\mathrm{T}},\boldsymbol{y}^{\mathrm{T}}\right)^{\mathrm{T}}$ 可以按照下式构建检测残差

$$\boldsymbol{r}=\boldsymbol{y}-\boldsymbol{\beta u} \tag{8.2}$$

引入下列记号

$$\begin{cases}\boldsymbol{z}=\left(\boldsymbol{u}^{\mathrm{T}},\boldsymbol{y}^{\mathrm{T}}\right)^{\mathrm{T}}\\ \boldsymbol{Q}=(-\boldsymbol{\beta},\boldsymbol{I})\end{cases} \tag{8.3}$$

并按照下式构建残差

$$\boldsymbol{r}=\boldsymbol{Qz} \tag{8.4}$$

残差 (8.2) 和 (8.4) 的检测统计量为

$$\chi^2(\boldsymbol{z})=\boldsymbol{r}^{\mathrm{T}}\boldsymbol{\Sigma}^{-1}\boldsymbol{r} \tag{8.5}$$

若测试数据为正常数据, 那么 $\chi^2(\boldsymbol{z})$ 服从自由度为 $n_{\boldsymbol{y}}$ 的 χ^2 分布. 显著性水平为 α, $\chi^2_{1-\alpha}(n_{\boldsymbol{y}})$ 是自由度为 $n_{\boldsymbol{y}}$ 的 χ^2 分布对应于 $(1-\alpha)$ 的分位数, 即

$$P\left\{\chi^2(\boldsymbol{z})<\chi^2_{1-\alpha}(n_{\boldsymbol{y}})\right\}=1-\alpha \tag{8.6}$$

$\chi^2(\boldsymbol{z})$ 始终为正值, 所以检测统计量 $\chi^2(\boldsymbol{z})$ 只有置信上限

$$\mathrm{UCL} = \chi^2_{1-\alpha}(n_{\boldsymbol{y}}) \tag{8.7}$$

模型已知条件下, 静态模型检测算法:

第一步: 依据公式 (8.2) 或者公式 (8.4) 构造检测残差 $\boldsymbol{r}$.

第二步: 依据公式 (8.5) 构造检测统计量 $\chi^2(\boldsymbol{z})$.

第三步: 依据公式 (8.7) 计算置信上限 UCL.

第四步: 如果 $\chi^2(\boldsymbol{z}) \in [0, \mathrm{UCL}]$, 则 $\boldsymbol{z}$ 是正常数据, 否则 z 是故障数据.

8.2.2 模型未知

若模型是未知的, 即系数矩阵 $\boldsymbol{\beta}$ 和噪声的方差 $\boldsymbol{\Sigma}$ 是未知的, 则可以利用训练数据辨识出用于构建残差的参数. 实际上, 由公式 (8.1) 可知静态结构的输入–输出–噪声

$$\begin{cases} \boldsymbol{U} = (\boldsymbol{u}_1, \cdots, \boldsymbol{u}_N) & \text{(8.8a)} \\ \boldsymbol{Y} = (\boldsymbol{y}_1, \cdots, \boldsymbol{y}_N) & \text{(8.8b)} \\ \boldsymbol{E} = (\boldsymbol{e}_1, \cdots, \boldsymbol{e}_N) & \text{(8.8c)} \end{cases}$$

满足

$$\boldsymbol{Y} = \boldsymbol{\beta}\boldsymbol{U} + \boldsymbol{E} \tag{8.9}$$

其中 $\boldsymbol{U} \in \mathbb{R}^{n_{\boldsymbol{u}} \times N}$ 表示 $n_{\boldsymbol{u}}$ 维的输入数据, $\boldsymbol{Y} \in \mathbb{R}^{n_{\boldsymbol{y}} \times N}$ 表示 $n_{\boldsymbol{y}}$ 维的输出数据, $\boldsymbol{U}$ 和 $\boldsymbol{Y}$ 都有 N 个样本 (列); $\boldsymbol{E} \in \mathbb{R}^{n_{\boldsymbol{y}} \times N}$ 表示噪声, 而 $\boldsymbol{\beta} \in \mathbb{R}^{n_{\boldsymbol{y}} \times n_{\boldsymbol{u}}}$ 表示未知的参数矩阵.

注解 8.1 区别公式 (3.82) 和 (8.9).

(1) 公式 (8.9) 假定 $\boldsymbol{U}$ 和 $\boldsymbol{Y}$ 都经过了中心化处理, 即 $\boldsymbol{U}$ 和 $\boldsymbol{Y}$ 的每个样本都减去了各自的样本均值.

(2) 在公式 (3.82) 中 $\boldsymbol{y}$ 和 $\boldsymbol{\beta}$ 是向量, 而在公式 (8.9) 中 $\boldsymbol{Y}$ 和 $\boldsymbol{\beta}$ 是矩阵.

引入下列记号

$$\boldsymbol{Z} = \begin{pmatrix} \boldsymbol{U} \\ \boldsymbol{Y} \end{pmatrix} \tag{8.10}$$

则有

$$\boldsymbol{Q}\boldsymbol{Z} = \boldsymbol{E} \tag{8.11}$$

上式的每一列

$$\boldsymbol{Q}\boldsymbol{z}_i = \boldsymbol{e}_i \sim N(\boldsymbol{0}, \boldsymbol{\Sigma}) \tag{8.12}$$

这意味着 $\boldsymbol{Q}$ 可以零化正常数据 $\boldsymbol{z}_i$, 它是静态模型的某种稳定特征. 矩阵 $\boldsymbol{Q}$ 可以用正常的历史训练数据估计出来, 进而构造当前测试数据的检测残差和检测统计量. 为了表述方便, 本章将矩阵 $\boldsymbol{Q}$ 称作静态模型的稳定核表示 (SKR, Stable Kernel Representation).

由公式 (8.9) 可知, $\boldsymbol{Z}$ 可以由 $\boldsymbol{U}$ 近似线性表示, 假定 $\boldsymbol{U}$ 是行满秩的 (此时称 $\boldsymbol{U}$ 是持续激励的数据), 那么 $\boldsymbol{Z}$ 的奇异值分解应该有 $n_{\boldsymbol{u}}$ 个明显占优的奇异值, 且有 $n_{\boldsymbol{y}}$ 个明显接近零的奇异值. 对 $\boldsymbol{Z}$ 进行如下奇异值分解 (Singular Value Decomposition)

$$\boldsymbol{Z}=(\boldsymbol{\Gamma}_1,\boldsymbol{\Gamma}_2)\begin{pmatrix}\boldsymbol{\Lambda}_1 & \\ & \boldsymbol{\Lambda}_2\end{pmatrix}(\boldsymbol{V}_1,\boldsymbol{V}_2)^{\mathrm{T}} \tag{8.13}$$

其中 $\boldsymbol{\Lambda}_1=\operatorname{diag}\left(\lambda_1,\cdots,\lambda_{n_{\boldsymbol{u}}}\right),\lambda_1\geqslant\cdots\geqslant\lambda_{n_{\boldsymbol{u}}},\boldsymbol{\Lambda}_2=\operatorname{diag}\left(\lambda_{n_{\boldsymbol{u}}+1},\cdots,\lambda_{n_{\boldsymbol{u}}+n_{\boldsymbol{y}}}\right)$, 而且 $\boldsymbol{\Lambda}_2\approx\boldsymbol{0}$, 则存在可逆矩阵 $\boldsymbol{T}$ 使得

$$\boldsymbol{Q}=\boldsymbol{T}\boldsymbol{\Gamma}_2 \tag{8.14}$$

因此用下式作为稳定核表示的估计

$$\hat{\boldsymbol{Q}}=\boldsymbol{\Gamma}_2 \tag{8.15}$$

并按照下式构建残差

$$\boldsymbol{r}=\hat{\boldsymbol{Q}}\boldsymbol{z} \tag{8.16}$$

噪声的方差阵可以用样本方差阵近似表示, 如下

$$\hat{\boldsymbol{S}}=\frac{1}{N-1}(\boldsymbol{Q}\boldsymbol{Z})(\boldsymbol{Q}\boldsymbol{Z})^{\mathrm{T}} \tag{8.17}$$

残差 (8.16) 的检测统计量为

$$\begin{cases}T^2(\boldsymbol{z})=\boldsymbol{r}^{\mathrm{T}}\hat{\boldsymbol{S}}^{-1}\boldsymbol{r}\\ F(\boldsymbol{z})=\dfrac{N(N-n_{\boldsymbol{y}})}{n_{\boldsymbol{y}}(N^2-1)}T^2(\boldsymbol{z})\end{cases} \tag{8.18}$$

若测试数据为正常数据, 那么 $F(\boldsymbol{z})$ 服从自由度为 $(n_{\boldsymbol{y}},N-n_{\boldsymbol{y}})$ 的 F 分布. 显著性水平为 α, $F_{1-\alpha}(n_{\boldsymbol{y}},N-n_{\boldsymbol{y}})$ 是自由度为 $(n_{\boldsymbol{y}},N-n_{\boldsymbol{y}})$ 的 F 分布对应于 $(1-\alpha)$ 的分位数, 即

$$P\{F(z)<F_{1-\alpha}(n_{\boldsymbol{y}},N-n_{\boldsymbol{y}})\}=1-\alpha \tag{8.19}$$

由于 $F(\boldsymbol{z})$ 始终为正值, 所以检测统计量 $F(\boldsymbol{z})$ 只有置信上限

$$\mathrm{UCL}=F_\alpha(n_{\boldsymbol{y}},N-n_{\boldsymbol{y}}) \tag{8.20}$$

对应地, $T^2(\boldsymbol{z})$ 的置信上限为

$$T_{\alpha}^{2}=\frac{n_{\boldsymbol{y}}\left(N^{2}-1\right)}{N(N-n_{\boldsymbol{y}})}F_{1-\alpha}\left(n_{\boldsymbol{y}},N-n_{\boldsymbol{y}}\right) \tag{8.21}$$

模型未知条件下, 静态模型检测算法:

第〇步: 依据公式 (8.13) 和公式 (8.15) 估计稳定核表示 $\hat{\boldsymbol{Q}}$.

第一步: 依据公式 (8.16) 构造检测残差 $\boldsymbol{r}$.

第二步: 依据公式 (8.18) 构造检测统计量 $T^2(\boldsymbol{z})$ 或者 $F(\boldsymbol{z})$.

第三步: 依据公式 (8.21) 或者公式 (8.20) 计算置信上限 UCL.

第四步: 如果 $T^2(\boldsymbol{z})$ 或者 $F(\boldsymbol{z})\in[0,\mathrm{UCL}]$, 则 $\boldsymbol{z}$ 是正常数据, 否则 $\boldsymbol{z}$ 是故障数据.

注解 8.2 上述检测统计量与 4.4.3 节的预测残差检测统计量有联系也有区别.

(1) 联系在于两者都利用了训练数据的奇异值分解, 都是针对小奇异值对应的残差空间构建检测统计量. 因而, 它们都对正常的变化不敏感, 对故障变化敏感. 作为上述算法的补充, 可以类似地构造主成分检测统计量: 该统计量对正常的变化也很敏感, 可以用于检测工作点变化.

(2) 区别在于, 本节假定输入/输出数据的静态模型结构, 且检测统计量包含了样本方差的逆 $\hat{S}^{-1}$, 而 4.4.3 节的预测残差检测统计量既没有静态模型结构的假设, 也不需要计算包含样本方差的逆.

8.3 潜变量回归与检测的权框架

由 3.3.2 节的分析可知: 对于模型 (8.9), 当 $\boldsymbol{U}$ 秩亏时, 潜变量回归 (LVR, Latent Variable Regression) 方法常用于估计公式 (8.9) 中的参数 [106,107,109–116].

潜变量回归方法用于故障检测, 涉及潜变量的提取、参数的估计和检测统计量的构建. 下面关注四种潜变量回归方法, 即主元回归 (PCR, Principal Component Regression)、典型相关回归 (CCR, Canonical Correlation Regression)、偏最小二乘回归 (PLSR, Partial Least Square Regression) 和降秩回归 (RRR, Reduced Rank Regression). 因此, 面临的第一个问题是: **能否用统一的框架规范潜变量提取、潜变量回归和潜变量检测这三个过程**? 8.2 节和 8.3 节将研究这个问题.

如果数据满足 G-M 条件 [77, 103, 104], 那么普通最小二乘回归 (OLSR, Ordinary Least Square Regression) 可以无偏地估计静态模型参数, 而且具有线性方差一致最小性. 因此, 面临的第二个问题是: **各种潜变量回归方法和普通最小二乘回归所估计的参数有什么关联, 转化条件是什么**? 8.4.1 节将研究这个问题.

各种方法的潜变量提取准则不同, 必然导致参数估计的差异, 进而影响回归方法的校正性能和检测性能. 因此, 本章的第三个问题是: **各种潜变量回归方法的校正性能有什么差异, 这些差异又是如何影响故障检测性能的**? 8.4.2 节和 8.4.3 节将研究这个问题.

8.3.1 潜变量提取

潜变量回归的第一步就是潜变量提取 (LVE, Latent Variables Extraction), 即依据一定的准则, 从输入数据 $\boldsymbol{U}$ 中提取潜变量 (LV, Latent Variables) 数据 $\boldsymbol{T}$, 如下

$$\boldsymbol{T} = \boldsymbol{W}^{\mathrm{T}}\boldsymbol{U} \tag{8.22}$$

其中 $\boldsymbol{W} \in \mathbb{R}^{n_{\boldsymbol{u}} \times n_{\boldsymbol{t}}}$ 是权矩阵, $\boldsymbol{T} \in \mathbb{R}^{n_{\boldsymbol{t}} \times N}$ 是潜变量数据. 注意, $n_{\boldsymbol{u}}$, $n_{\boldsymbol{y}}$ 和 $n_{\boldsymbol{t}}$ 分别表示 $\boldsymbol{U}$, $\boldsymbol{Y}$ 和 $\boldsymbol{T}$ 的行数 (又称为维数或者变量数).

潜变量回归与普通最小二乘回归不同点在于: 潜变量回归往往是有偏的, 而且权矩阵往往是降秩的, 即

$$n_{\boldsymbol{t}} < n_{\boldsymbol{u}} \tag{8.23}$$

为了方便理论推导和算法实现, 如文献 [111] 一样, 约定潜变量数据是标准正交的, 即

$$\boldsymbol{T}\boldsymbol{T}^{\mathrm{T}} = \boldsymbol{I}_{n_{\boldsymbol{t}}} \tag{8.24}$$

8.3.2 潜变量回归

潜变量回归就是利用潜变量估计参数, 计算训练数据 $\boldsymbol{Y}$ 的校正值和测试数据 $\boldsymbol{y}$ 的预测值, 其中参数估计是核心.

用 $\boldsymbol{\beta}_{\boldsymbol{T}} \in \mathbb{R}^{n_{\boldsymbol{y}} \times n_{\boldsymbol{t}}}$ 表示 $\boldsymbol{T}$ 到 $\boldsymbol{Y}$ 的线性映射, 即

$$\boldsymbol{Y} = \boldsymbol{\beta}_{\boldsymbol{T}}\boldsymbol{T} + \boldsymbol{F} \tag{8.25}$$

其中 $\boldsymbol{F}$ 类似于公式 (8.9) 中的 $\boldsymbol{E}$, 尽管它们不相等, 但都是零均值的; $\boldsymbol{\beta}_{\boldsymbol{T}}$ 在主元分析、典型相关分析和偏最小二乘分析中常称为负载 (Loadings). $\boldsymbol{T}$ 是行满秩的, 所以 $\boldsymbol{\beta}_{\boldsymbol{T}}$ 存在唯一的最小二乘估计

$$\hat{\boldsymbol{\beta}}_{\boldsymbol{T}} = \boldsymbol{Y}\boldsymbol{T}^{\mathrm{T}}\left(\boldsymbol{T}\boldsymbol{T}^{\mathrm{T}}\right)^{-1} \tag{8.26}$$

由公式 (8.22), (8.24) 和 (8.26) 得

$$\hat{\boldsymbol{\beta}}_{\boldsymbol{T}} = \boldsymbol{Y}\boldsymbol{U}^{\mathrm{T}}\boldsymbol{W} \tag{8.27}$$

把公式 (8.22) 和 (8.27) 代入 (8.25), 得

$$\boldsymbol{Y} = \left(\boldsymbol{Y}\boldsymbol{U}^{\mathrm{T}}\boldsymbol{W}\boldsymbol{W}^{\mathrm{T}}\right)\boldsymbol{U} + \boldsymbol{F} \tag{8.28}$$

比较公式 (8.9) 和 (8.28), 潜变量回归依据下式估计参数 $\boldsymbol{\beta}$

$$\hat{\boldsymbol{\beta}} = \boldsymbol{Y}\boldsymbol{U}^{\mathrm{T}}\boldsymbol{W}\boldsymbol{W}^{\mathrm{T}} \tag{8.29}$$

参数 $\boldsymbol{\beta}$ 估计出来后, 训练数据 $\boldsymbol{Y}$ 的校正值和测试数据 $\boldsymbol{y}$ 的预测值如下

$$\begin{cases} \hat{\boldsymbol{Y}} = \hat{\boldsymbol{\beta}}\boldsymbol{U} & (8.30\text{a}) \\ \hat{\boldsymbol{y}} = \hat{\boldsymbol{\beta}}\boldsymbol{u} & (8.30\text{b}) \end{cases}$$

由公式 (8.29) 和 (8.30) 可得

$$\begin{cases} \hat{\boldsymbol{Y}} = \left(\boldsymbol{Y}\boldsymbol{U}^{\mathrm{T}}\boldsymbol{W}\boldsymbol{W}^{\mathrm{T}}\right)\boldsymbol{U} & (8.31\text{a}) \\ \hat{\boldsymbol{y}} = \left(\boldsymbol{Y}\boldsymbol{U}^{\mathrm{T}}\boldsymbol{W}\boldsymbol{W}^{\mathrm{T}}\right)\boldsymbol{u} & (8.31\text{b}) \end{cases}$$

再由公式 (8.22), (8.24) 和 (8.31a) 可得

$$\hat{\boldsymbol{Y}} = \boldsymbol{Y}\left(\boldsymbol{T}^{\mathrm{T}}\left(\boldsymbol{T}\boldsymbol{T}^{\mathrm{T}}\right)^{-1}\boldsymbol{T}\right) \tag{8.32}$$

上式说明 $\hat{\boldsymbol{Y}}$ 是 $\boldsymbol{Y}$ 在 $\boldsymbol{T}$ 上的正交投影.

校正性能可以由残差平方和 (SSE, Sum Squares for Error) 来评估, 定义如下

$$\mathrm{SSE} = \frac{1}{N-1}\left\|\boldsymbol{Y} - \hat{\boldsymbol{Y}}\right\|^2 \tag{8.33}$$

其中 $\|\cdot\|$ 表示 Frobenius 范数, 即

$$\|\boldsymbol{A}\| = \sqrt{\mathrm{tr}\left(\boldsymbol{A}^{\mathrm{T}}\boldsymbol{A}\right)} \tag{8.34}$$

而 $\mathrm{tr}(\cdot)$ 表示矩阵的迹函数, 即矩阵对角线元素之和.

由公式 (8.24), (8.33) 和 (8.34) 可得

$$\mathrm{SSE} = \frac{1}{N-1}\left(\|\boldsymbol{Y}\|^2 - \left\|\hat{\boldsymbol{Y}}\right\|^2\right) \tag{8.35}$$

由公式 (8.22), (8.34) 和 (8.35) 可得

$$\mathrm{SSE} = \frac{1}{N-1}\left(\mathrm{tr}\left(\boldsymbol{Y}\left(\boldsymbol{I}_N - \boldsymbol{U}^{\mathrm{T}}\boldsymbol{W}\boldsymbol{W}^{\mathrm{T}}\boldsymbol{U}\right)\boldsymbol{Y}^{\mathrm{T}}\right)\right) \tag{8.36}$$

8.3.3　潜变量检测

潜变量检测 (LVD, Latent Variables Detection) 就是利用潜变量回归技术构建检测统计量和检测规则的故障检测方法. 校正值 $\hat{\boldsymbol{Y}}$ 和预测值 $\hat{\boldsymbol{y}}$ 计算出来之后, 校正残差 $\boldsymbol{R}$ 和预测残差 $\boldsymbol{r}$ 分别为

$$\begin{cases} \boldsymbol{R} = \boldsymbol{Y} - \hat{\boldsymbol{Y}} & (8.37\text{a}) \\ \boldsymbol{r} = \boldsymbol{y} - \hat{\boldsymbol{y}} & (8.37\text{b}) \end{cases}$$

由公式 (8.30) 和 (8.37) 可得

$$\begin{cases} \boldsymbol{R} = \begin{pmatrix} -\hat{\boldsymbol{\beta}} & \boldsymbol{I} \end{pmatrix} \begin{pmatrix} \boldsymbol{U} \\ \boldsymbol{Y} \end{pmatrix} & (8.38\text{a}) \\ \boldsymbol{r} = \begin{pmatrix} -\hat{\boldsymbol{\beta}} & \boldsymbol{I} \end{pmatrix} \begin{pmatrix} \boldsymbol{u} \\ \boldsymbol{y} \end{pmatrix} & (8.38\text{b}) \end{cases}$$

由公式 (8.29) 和 (8.38) 可得

$$\begin{cases} \boldsymbol{R} = \begin{pmatrix} -\boldsymbol{Y}\boldsymbol{U}^{\mathrm{T}}\boldsymbol{W}\boldsymbol{W}^{\mathrm{T}} & \boldsymbol{I} \end{pmatrix} \begin{pmatrix} \boldsymbol{U} \\ \boldsymbol{Y} \end{pmatrix} & (8.39\text{a}) \\ \boldsymbol{r} = \begin{pmatrix} -\boldsymbol{Y}\boldsymbol{U}^{\mathrm{T}}\boldsymbol{W}\boldsymbol{W}^{\mathrm{T}} & \boldsymbol{I} \end{pmatrix} \begin{pmatrix} \boldsymbol{u} \\ \boldsymbol{y} \end{pmatrix} & (8.39\text{b}) \end{cases}$$

校正残差的样本方差为

$$\hat{\boldsymbol{S}} = \frac{1}{N-1}\boldsymbol{R}\boldsymbol{R}^{\mathrm{T}} \tag{8.40}$$

由公式 (8.24), (8.39a) 和 (8.40) 可得

$$\hat{\boldsymbol{S}} = \frac{1}{N-1}\boldsymbol{Y}\left(\boldsymbol{I}_N - \boldsymbol{U}^{\mathrm{T}}\boldsymbol{W}\boldsymbol{W}^{\mathrm{T}}\boldsymbol{U}\right)\boldsymbol{Y}^{\mathrm{T}} \tag{8.41}$$

注解 8.3　由定义 (8.33) 可知, 校正残差平方和 SSE 是数值; 由定义 (8.40) 可知, 校正样本方差 $\hat{\boldsymbol{S}}$ 是矩阵. 两者存在如下关系

$$\mathrm{SSE} = \mathrm{tr}(\hat{\boldsymbol{S}}) \tag{8.42}$$

类似于第 5 章至第 7 章, T^2 检测统计量由校正样本方差和预测残差构成, 如下

$$\begin{cases} T^2(\boldsymbol{u},\boldsymbol{y}) = \boldsymbol{r}^{\mathrm{T}}\hat{\boldsymbol{S}}^{-1}\boldsymbol{r} \\ F(\boldsymbol{u},\boldsymbol{y}) = \dfrac{N(N-n_{\boldsymbol{y}})}{n_{\boldsymbol{y}}(N^2-1)}T^2(\boldsymbol{u},\boldsymbol{y}) \end{cases} \tag{8.43}$$

若残差服从正态分布, 则 $F(\boldsymbol{u},\boldsymbol{y})$ 服从自由度为 $(n_{\boldsymbol{y}}, N-n_{\boldsymbol{y}})$ 的 F 分布. 因此, $T^2(\boldsymbol{u},\boldsymbol{y})$ 的检测阈值为

$$T_\alpha^2 = \frac{n_{\boldsymbol{y}}\left(N^2-1\right)}{N(N-n_{\boldsymbol{y}})} F_{1-\alpha}(n_{\boldsymbol{y}}, N-n_{\boldsymbol{y}}) \tag{8.44}$$

其中 α 是显著性水平, 而 $F_{1-\alpha}(n_{\boldsymbol{y}}, N-n_{\boldsymbol{y}})$ 是 F 分布对应于 $(1-\alpha)$ 的分位数.

潜变量检测的规则如下.

规则 8.1 如果 $T^2(\boldsymbol{u},\boldsymbol{y}) > T_\alpha^2$, 则 $(\boldsymbol{u},\boldsymbol{y})$ 是故障数据; 否则, $(\boldsymbol{u},\boldsymbol{y})$ 是正常数据.

8.3.4 故障诊断性能评估

在 4.2.3 节中已经介绍, 检测率和误报率是用于评价故障检测方法的性能指标. $\boldsymbol{Z}_f$ 表示故障数据, N_f 表示样本容量, 对于某种故障检测方法, N_{fa} 表示正常数据被误判为故障数据的样本数; N_{fn} 表示故障数据被误判为正常数据的样本数, 则该方法对该故障的检测率 (FDR, Fault Detection Rate) 为

$$\text{FDR} = 1 - \frac{N_{fn}}{N_f} \tag{8.45}$$

漏报率 (FNR, False Negative Rate) 和检测率之和等于 1, 即

$$\text{FNR} + \text{FDR} = 1 \tag{8.46}$$

误报率 (FAR, False Alarm Rate) 表示正常数据被判断为故障数据的比例, 显然, 误报率越小越好, 检测率越大越好. 理想条件下, FAR 就是显著性水平, 因此 FAR 也记为 α. 实际应用中, 为了计算检测阈值, FAR 往往是固定的, 一般设置为区间 $[0.01, 0.05]$, 检测阈值见公式 (8.44). 由于 FAR 是固定的, 因此本章只考虑检测率 FDR 这一个指标.

8.3.5 小结

由公式 (8.22), (8.27), (8.29), (8.31), (8.36), (8.39) 和 (8.41) 可知, 权矩阵 $\boldsymbol{W}$ 在潜变量提取、潜变量回归和潜变量检测中发挥关键作用. 其实, 上述所有公式完全由 $\boldsymbol{W}$ 决定, 正因如此, 我们提出了潜变量提取、潜变量回归和潜变量检测的权框架, 记为“W- 框架”, 其中“W”是权 (Weight) 的首字母.

第一步: 计算权矩阵 $\boldsymbol{W}$ 和潜变量 $\boldsymbol{T}$, 依据指定的潜变量提取准则和公式 (8.22).

第二步: 计算负载 $\boldsymbol{\beta_T}$, 依据公式 (8.27).

第三步: 计算参数 $\boldsymbol{\beta}$, 依据公式 (8.29).

第四步: 计算校正值 $\hat{\boldsymbol{Y}}$ 和预测值 $\hat{\boldsymbol{y}}$, 依据公式 (8.31).

第五步: 评估校正性能 SSE, 公式 (8.36).

第六步: 计算校正残差 $\boldsymbol{R}$ 和预测残差 $\boldsymbol{r}$, 依据公式 (8.39).

第七步: 计算校正样本方差 $\hat{\boldsymbol{S}}$, 依据公式 (8.41).

第八步: 计算检测统计量 $T^2(\boldsymbol{u},\boldsymbol{y})$, 依据公式 (8.43).

第九步: 计算检测阈值 T_α^2, 依据给定的显著性水平 α 和公式 (8.44).

第十步: 检测故障, 依据规则 8.1.

第十一步: 评估检测性能 FDR, 依据公式 (8.45).

在权框架的 11 个步骤中, 第 1 步是潜变量提取; 第 2 步至第 5 步是潜变量回归; 第 6 步至第 11 步是潜变量检测. 表 8.1 的顶部 A 总结了潜变量提取、潜变量回归和潜变量检测的权框架.

表 8.1　权框架的总结

A: 潜变量提取、潜变量回归和潜变量检测的统一过程	
潜变量 $\boldsymbol{T}$	公式 (8.22): $\boldsymbol{T}=\boldsymbol{W}^{\mathrm{T}}\boldsymbol{U}$
负载 $\boldsymbol{\beta}_T$	公式 (8.27): $\hat{\boldsymbol{\beta}}_T=\boldsymbol{Y}\boldsymbol{U}^{\mathrm{T}}\boldsymbol{W}$
参数 $\boldsymbol{\beta}$	公式 (8.29): $\hat{\boldsymbol{\beta}}=\boldsymbol{Y}\boldsymbol{U}^{\mathrm{T}}\boldsymbol{W}\boldsymbol{W}^{\mathrm{T}}$
校正值 $\hat{\boldsymbol{Y}}$	公式 (8.31a): $\hat{\boldsymbol{Y}}=\left(\boldsymbol{Y}\boldsymbol{U}^{\mathrm{T}}\boldsymbol{W}\boldsymbol{W}^{\mathrm{T}}\right)\boldsymbol{U}$
预测值 $\hat{\boldsymbol{y}}$	公式 (8.31b): $\hat{\boldsymbol{y}}=\left(\boldsymbol{Y}\boldsymbol{U}^{\mathrm{T}}\boldsymbol{W}\boldsymbol{W}^{\mathrm{T}}\right)\boldsymbol{u}$
校正性能 SSE	公式 (8.36): $\mathrm{SSE}=\left(\mathrm{tr}\left(\boldsymbol{Y}\left(\boldsymbol{I}_N-\boldsymbol{U}^{\mathrm{T}}\boldsymbol{W}\boldsymbol{W}^{\mathrm{T}}\boldsymbol{U}\right)\boldsymbol{Y}^{\mathrm{T}}\right)\right)/(N-1)$
校正残差 $\boldsymbol{R}$	公式 (8.39a): $\boldsymbol{R}=\begin{pmatrix}-\boldsymbol{Y}\boldsymbol{U}^{\mathrm{T}}\boldsymbol{W}\boldsymbol{W}^{\mathrm{T}} & \boldsymbol{I}\end{pmatrix}\begin{pmatrix}\boldsymbol{U}\\ \boldsymbol{Y}\end{pmatrix}$
预测残差 $\boldsymbol{r}$	公式 (8.39b): $\boldsymbol{r}=\begin{pmatrix}-\boldsymbol{Y}\boldsymbol{U}^{\mathrm{T}}\boldsymbol{W}\boldsymbol{W}^{\mathrm{T}} & \boldsymbol{I}\end{pmatrix}\begin{pmatrix}\boldsymbol{u}\\ \boldsymbol{y}\end{pmatrix}$
校正样本方差 $\hat{\boldsymbol{S}}$	公式 (8.41): $\hat{\boldsymbol{S}}=\boldsymbol{Y}\left(\boldsymbol{I}_N-\boldsymbol{U}^{\mathrm{T}}\boldsymbol{W}\boldsymbol{W}^{\mathrm{T}}\boldsymbol{U}\right)\boldsymbol{Y}^{\mathrm{T}}/(N-1)$
检测统计量	公式 (8.43): $T^2(\boldsymbol{u},\boldsymbol{y})=\boldsymbol{r}^{\mathrm{T}}\hat{\boldsymbol{S}}^{-1}\boldsymbol{r}$
检测性能 FDR	公式 (8.45): $\mathrm{FDR}=1-\mathrm{N}_{\mathrm{f_n}}/\mathrm{N_f}$

B: 潜变量回归的权矩阵					
	LVMR				OLSR
	PCR	CCR	PLSR	RRR	
准则	方差最大化	相关系数最大化	样本方差最大化	残差平方和最小化	残差平方和最小化
优化公式	公式 (8.47)	公式 (8.51)	公式 (8.58)	公式 (8.62)	公式 (8.68)
权矩阵 $\boldsymbol{W}$	公式 (8.50a)	公式 (8.57a)	公式 (8.61a)	公式 (8.67a)	公式 (8.70a)
算法复杂度	1-SVD	1-SVD; 2-QRD	n_t-SVD	1-GEVD	1-QRD

C: 潜变量回归和潜变量检测的性能	
参数定理	公式 (8.73), (8.74), (8.75), (8.76)
校正定理	公式 (8.84), (8.85), (8.86), (8.87)
检测定理	公式 (8.88), (8.89)

8.4 潜变量的提取和权矩阵的计算

由 8.3 节分析可知, 潜变量提取和权矩阵 $\boldsymbol{W}$ 的表示是潜变量技术的最关键的因素, 因而本节的焦点是计算各种潜变量回归方法对应的 $\boldsymbol{W}$. 值得注意的是, 本章并不要求 $\boldsymbol{U}$ 是行满秩的, 因此与已有的研究相比, 本章的研究结果适用性更广.

8.4.1 主元分析和主元回归

主元分析 (PCA, Principal Component Analysis) 是一种常用的潜变量提取方法, 它是主元回归 (PCR) 的基础. 在主元分析中, 潜变量 (LV) 也称为主元 (PC, Principal Components). 当潜变量回归利用主元分析提取潜变量时, 潜变量回归就称为主元回归. 方差代表了数据的自信息 (Self-information), 因此该方法以方差最大化为准则 [50, 117, 118], 如下

$$\begin{cases}\max\limits_{\boldsymbol{w}} \boldsymbol{w}^{\mathrm{T}}\boldsymbol{U}\boldsymbol{U}^{\mathrm{T}}\boldsymbol{w} \\ \text{s.t.}\ \ \boldsymbol{w}^{\mathrm{T}}\boldsymbol{w}=1\end{cases} \tag{8.47}$$

优化问题 (8.47) 通过奇异值分解求解, 如下

$$\boldsymbol{U}\boldsymbol{U}^{\mathrm{T}}=\boldsymbol{\Gamma}\boldsymbol{\Lambda}\boldsymbol{\Gamma}^{\mathrm{T}} \tag{8.48}$$

其中 $\boldsymbol{\Lambda}=\operatorname{diag}(\lambda_1,\cdots,\lambda_{n_u})$ 是奇异值对角阵, 且 $\lambda_1\geqslant\cdots\geqslant\lambda_{n_u}$. 可以验证 $\boldsymbol{\Gamma}$ 的第一列 $\boldsymbol{\Gamma}_1$ 就是优化问题 (8.47) 的解, 即 $\boldsymbol{w}=\boldsymbol{\Gamma}_1$.

若记 $\boldsymbol{\Gamma}_{1:n_t}=(\boldsymbol{\Gamma}_1,\cdots,\boldsymbol{\Gamma}_{n_t})$ 和 $\boldsymbol{\Lambda}_{1:n_t}=\operatorname{diag}(\lambda_1,\cdots,\lambda_{n_t})$, 则

$$\boldsymbol{\Lambda}_{1:n_t}^{-1/2}\boldsymbol{\Gamma}_{1:n_t}^{\mathrm{T}}\boldsymbol{U}\boldsymbol{U}^{\mathrm{T}}\boldsymbol{\Gamma}_{1:n_t}\boldsymbol{\Lambda}_{1:n_t}^{-1/2}=\boldsymbol{I}_{n_t} \tag{8.49}$$

最终, 主元回归的权矩阵和潜变量如下

$$\begin{cases}\boldsymbol{W}_{\mathrm{PCR}}=\boldsymbol{\Gamma}_{1:n_t}\boldsymbol{\Lambda}_{1:n_t}^{-1/2} & \text{(8.50a)}\\ \boldsymbol{T}_{\mathrm{PCR}}=\boldsymbol{\Lambda}_{1:n_t}^{-1/2}\boldsymbol{\Gamma}_{1:n_t}^{\mathrm{T}}\boldsymbol{U} & \text{(8.50b)}\end{cases}$$

可以发现, 为了计算主元回归的权矩阵, 只需要一次形如公式 (8.48) 的奇异值分解.

8.4.2 典型相关分析和典型相关回归

典型相关分析 (CCA, Canonical Correlation Analysis) 是本章关注的第二种潜变量提取方法, 它是典型相关回归的基础. 当潜变量回归利用典型相关分析提取潜变量时, 潜变量回归就称为典型相关回归 (CRR). 相关系数代表了数据的互信息

(Mutual Information), 因此该方法以相关系数最大化为准则 [50,51,117,119−121], 如下

$$\begin{cases} \max\limits_{\boldsymbol{w}} \boldsymbol{w}^{\mathrm{T}}\boldsymbol{U}\boldsymbol{Y}^{\mathrm{T}}\boldsymbol{c} \\ \text{s.t.}\ \ \boldsymbol{w}^{\mathrm{T}}\boldsymbol{U}\boldsymbol{U}^{\mathrm{T}}\boldsymbol{w}=1, \boldsymbol{c}^{\mathrm{T}}\boldsymbol{Y}\boldsymbol{Y}^{\mathrm{T}}\boldsymbol{c}=1 \end{cases} \tag{8.51}$$

优化问题 (8.51) 有多种求解方法, 由于输入数据 $\boldsymbol{U}$ 和输出数据 $\boldsymbol{Y}$ 都可能不是行满秩的, 因此本章采用文献 [122] 中提到奇异值分解方法, 如下

$$\boldsymbol{Q}_{\boldsymbol{u}}^{\mathrm{T}}\boldsymbol{Q}_{\boldsymbol{y}}=\boldsymbol{\Gamma}\boldsymbol{\Lambda}\boldsymbol{V}^{\mathrm{T}} \tag{8.52}$$

其中 $\boldsymbol{\Lambda}=\operatorname{diag}(\lambda_1,\cdots,\lambda_l)$ 是奇异值对角阵, 且 $\lambda_1 \geqslant \cdots \geqslant \lambda_l$, $l=rk\left(\boldsymbol{Q}_{\boldsymbol{u}}^{\mathrm{T}}\boldsymbol{Q}_{\boldsymbol{y}}\right)$, 而 $\boldsymbol{Q}_{\boldsymbol{u}}$ 和 $\boldsymbol{Q}_{\boldsymbol{y}}$ 通过如下 QR 分解获得

$$\begin{cases} \boldsymbol{U}^{\mathrm{T}}=\boldsymbol{Q}_{\boldsymbol{u}}\boldsymbol{R}_{\boldsymbol{u}} & (8.53\text{a}) \\ \boldsymbol{Y}^{\mathrm{T}}=\boldsymbol{Q}_{\boldsymbol{y}}\boldsymbol{R}_{\boldsymbol{y}} & (8.53\text{b}) \end{cases}$$

其中 $\boldsymbol{R}_{\boldsymbol{u}}$ 和 $\boldsymbol{R}_{\boldsymbol{y}}$ 都是行满秩的, $\boldsymbol{Q}_{\boldsymbol{u}}$ 和 $\boldsymbol{Q}_{\boldsymbol{y}}$ 都是列满秩且标准正交的.

因为

$$\left(\boldsymbol{R}_{\boldsymbol{u}}^{+}\boldsymbol{\Gamma}_1\right)^{\mathrm{T}}\boldsymbol{U}\boldsymbol{Y}^{\mathrm{T}}\left(\boldsymbol{R}_{\boldsymbol{y}}^{+}\boldsymbol{V}_1\right)=\lambda_1 \tag{8.54}$$

所以优化问题 (8.51) 的解为

$$\begin{cases} \boldsymbol{w}=\boldsymbol{R}_{\boldsymbol{u}}^{+}\boldsymbol{\Gamma}_1 & (8.55\text{a}) \\ \boldsymbol{c}=\boldsymbol{R}_{\boldsymbol{y}}^{+}\boldsymbol{V}_1 & (8.55\text{b}) \end{cases}$$

进一步, 如果记 $\boldsymbol{\Gamma}_{1:n_t}=(\boldsymbol{\Gamma}_1,\cdots,\boldsymbol{\Gamma}_{n_t})$ 和 $\boldsymbol{\Lambda}_{1:n_t}=\operatorname{diag}(\lambda_1,\cdots,\lambda_{n_t})$, 则可以验证

$$\begin{cases} \left(\boldsymbol{R}_{\boldsymbol{u}}^{+}\boldsymbol{\Gamma}_{1:n_t}\right)^{\mathrm{T}}\boldsymbol{U}\boldsymbol{U}^{\mathrm{T}}\left(\boldsymbol{R}_{\boldsymbol{u}}^{+}\boldsymbol{\Gamma}_{1:n_t}\right)=\boldsymbol{I}_{n_t} & (8.56\text{a}) \\ \left(\boldsymbol{R}_{\boldsymbol{u}}^{+}\boldsymbol{\Gamma}_{1:n_t}\right)^{\mathrm{T}}\boldsymbol{U}\boldsymbol{Y}^{\mathrm{T}}\left(\boldsymbol{R}_{\boldsymbol{y}}^{+}\boldsymbol{V}_{1:n_t}\right)=\boldsymbol{\Lambda}_{1:n_t} & (8.56\text{b}) \end{cases}$$

最终, 典型相关回归的权矩阵和潜变量如下

$$\begin{cases} \boldsymbol{W}_{\mathrm{CCR}}=\boldsymbol{R}_{\boldsymbol{u}}^{+}\boldsymbol{\Gamma}_{1:n_t} & (8.57\text{a}) \\ \boldsymbol{T}_{\mathrm{CCR}}=\boldsymbol{\Gamma}_{1:n_t}^{\mathrm{T}}\boldsymbol{R}_{\boldsymbol{u}}^{+\mathrm{T}}\boldsymbol{U} & (8.57\text{b}) \end{cases}$$

可以发现, 为了计算典型相关回归的权矩阵, 只需要一次形如公式 (8.52) 的奇异值分解和两个形如公式 (8.53a) 和 (8.53b) 的 QR 分解.

8.4.3 偏最小二乘和偏最小二乘回归

偏最小二乘是本章关注的第三种潜变量提取方法，它是偏最小二乘回归的基础. 当潜变量回归通过偏最小二乘方法提取潜变量时，潜变量回归就称为偏最小二乘回归.

典型相关分析与偏最小二乘的关键区别在于：前者认为相关系数代表了数据的互信息，因此以相关系数最大化为潜变量提取准则；后者认为协方差代表了数据的互信息，因此以协方差最大化为准则 [50,107,109,117,118,123−128]，如下

$$\begin{cases} \max\limits_{\boldsymbol{w}} \boldsymbol{w}^{\mathrm{T}}\boldsymbol{U}\boldsymbol{Y}^{\mathrm{T}}\boldsymbol{c} \\ \text{s.t.}\ \ \boldsymbol{w}^{\mathrm{T}}\boldsymbol{w}=1, \boldsymbol{c}^{\mathrm{T}}\boldsymbol{c}=1 \end{cases} \tag{8.58}$$

优化问题 (8.58) 可以通过如下奇异值分解求解

$$\boldsymbol{U}\boldsymbol{Y}^{\mathrm{T}}=\boldsymbol{\varGamma}\boldsymbol{\varLambda}\boldsymbol{V}^{\mathrm{T}} \tag{8.59}$$

其中 $\boldsymbol{\varLambda}=\operatorname{diag}(\lambda_1,\cdots,\lambda_l)$, $\lambda_1 \geqslant \cdots \geqslant \lambda_l$, $l=rk\left(\boldsymbol{U}\boldsymbol{Y}^{\mathrm{T}}\right)$，而优化问题 (8.58) 的解为

$$\begin{cases} \boldsymbol{w}=\boldsymbol{\varGamma}_1 & \text{(8.60a)} \\ \boldsymbol{c}=\boldsymbol{V}_1 & \text{(8.60b)} \end{cases}$$

与 $\boldsymbol{W}_{\mathrm{PCR}}$ 和 $\boldsymbol{W}_{\mathrm{CCR}}$ 不同，$\boldsymbol{W}_{\mathrm{PLSR}}$ 的计算需要多次奇异值分解，因为 $\boldsymbol{T}=\boldsymbol{\varGamma}^{\mathrm{T}}\boldsymbol{U}$ 并不是正交的，其中 $\boldsymbol{U}$ 源于公式 (8.59). $\boldsymbol{W}_{\mathrm{PLSR}}$ 的求解方法见算法 8.2.

算法 8.2 偏最小二乘潜变量提取算法

已知 输入数据 $\boldsymbol{U}$；输出数据 $\boldsymbol{Y}$；潜变量的维数 n_t. **求:**偏最小二乘回归的权矩阵 $\boldsymbol{W}_{\mathrm{PLSR}}$；潜变量 $\boldsymbol{T}_{\mathrm{PLSR}}$.

步骤 i 从 1 到 n_t.

第一步: $\boldsymbol{U}_0 \leftarrow \boldsymbol{U}$.

第二步: 奇异值分解: $\boldsymbol{\varGamma}\boldsymbol{\varLambda}\boldsymbol{V}^{\mathrm{T}}=\boldsymbol{U}_{i-1}\boldsymbol{Y}^{\mathrm{T}}$.

第三步: 计算非直接权 $\boldsymbol{W}_i^*$、得分 $\boldsymbol{T}_i$ 和负载 $\boldsymbol{P}_i$:

$$\begin{cases} \boldsymbol{W}_i^*=\left\|\boldsymbol{\varGamma}_1^{\mathrm{T}}\boldsymbol{U}_{i-1}\right\|^{-1}\boldsymbol{\varGamma}_1 \\ \boldsymbol{T}_i=\boldsymbol{W}_i^{*\mathrm{T}}\boldsymbol{U}_{i-1} \\ \boldsymbol{P}_i=\boldsymbol{U}_{i-1}\boldsymbol{T}_i^{\mathrm{T}} \end{cases}$$

第四步: 计算直接权 $\boldsymbol{W}_i$: $\boldsymbol{W}_i^{\mathrm{T}}=\boldsymbol{W}_i^{*\mathrm{T}}-\sum\limits_{j=1}^{i-1}\left(\boldsymbol{W}_i^{*\mathrm{T}}\boldsymbol{P}_j\right)\boldsymbol{W}_j^{\mathrm{T}}$.

第五步: 计算 $\boldsymbol{U}_i$: $\boldsymbol{U}_i=(\boldsymbol{U}_{i-1}-\boldsymbol{P}_i\boldsymbol{T}_i)$.

第六步: 计算权矩阵 $\boldsymbol{W}_{\mathrm{PLSR}}$ 和潜变量 $\boldsymbol{T}_{\mathrm{PLSR}}$

$$\begin{cases} \boldsymbol{W}_{\mathrm{PLSR}} = (\boldsymbol{W}_1, \cdots, \boldsymbol{W}_{n_t}) & (8.61\mathrm{a}) \\ \boldsymbol{T}_{\mathrm{PLSR}} = \boldsymbol{W}_{\mathrm{PLSR}}^{\mathrm{T}} \boldsymbol{U} & (8.61\mathrm{b}) \end{cases}$$

可以发现, 为了计算偏最小二乘回归的权矩阵, 需要 n_t 次形如公式 (8.59) 的奇异值分解和算法 8.2 中多次矩阵乘法运算.

8.4.4 降秩回归

降秩回归是本章关注的第四种潜变量回归方法, 它又称为冗余分析或者最优降秩方法 [111, 129]. 该方法以校正残差平方和最小化为准则 [130], 如下

$$\begin{cases} \min\limits_{\boldsymbol{W} \in \mathbb{R}^{n_t \times n_u}} \dfrac{1}{N-1} \left\| \boldsymbol{Y} - \hat{\boldsymbol{Y}} \right\|^2 \\ \text{s.t.} \quad \boldsymbol{W}^{\mathrm{T}} \boldsymbol{U} \boldsymbol{U}^{\mathrm{T}} \boldsymbol{W} = \boldsymbol{I}_{n_t}, \hat{\boldsymbol{Y}} = \boldsymbol{Y} \boldsymbol{U}^{\mathrm{T}} \boldsymbol{W} \boldsymbol{W}^{\mathrm{T}} \boldsymbol{U} \end{cases} \tag{8.62}$$

可以验证, 优化问题 (8.62) 与下面这个优化问题等价

$$\begin{cases} \max\limits_{\boldsymbol{w}} \boldsymbol{w}^{\mathrm{T}} \boldsymbol{U} \boldsymbol{Y}^{\mathrm{T}} \boldsymbol{Y} \boldsymbol{U}^{\mathrm{T}} \boldsymbol{w} \\ \text{s.t.} \quad \boldsymbol{w}^{\mathrm{T}} \boldsymbol{U} \boldsymbol{U}^{\mathrm{T}} \boldsymbol{w} = 1 \end{cases} \tag{8.63}$$

优化问题 (8.63) 可以通过如下广义特征值分解求解

$$\left(\boldsymbol{U} \boldsymbol{Y}^{\mathrm{T}} \boldsymbol{Y} \boldsymbol{U}^{\mathrm{T}} \right) \boldsymbol{\Gamma} = \left(\boldsymbol{U} \boldsymbol{U}^{\mathrm{T}} \right) \boldsymbol{\Gamma} \boldsymbol{\Lambda} \tag{8.64}$$

其中 $\boldsymbol{\Lambda} = \mathrm{diag}\,(\lambda_1, \cdots, \lambda_l)$ 的对角元是广义特征值, $\boldsymbol{\Gamma}$ 是对应的广义特征向量, $l = rk\left(\boldsymbol{U}\boldsymbol{Y}^{\mathrm{T}}\right)$. 可以验证优化问题 (8.63) 的解为

$$\boldsymbol{w} = \left\| \boldsymbol{\Gamma}_1^{\mathrm{T}} \boldsymbol{U} \right\|^{-1} \boldsymbol{\Gamma}_1 \tag{8.65}$$

其中 $\boldsymbol{\Gamma}_1$ 是 $\boldsymbol{\Gamma}$ 的第一列.

进一步, 若记 $\boldsymbol{\Gamma}_{1:n_t} = (\boldsymbol{\Gamma}_1, \cdots, \boldsymbol{\Gamma}_{n_t})$ 和 $\hat{\boldsymbol{S}}_{1:n_t} = \mathrm{diag}\left(\left\| \boldsymbol{\Gamma}_1^{\mathrm{T}} \boldsymbol{U} \right\|^2, \cdots, \left\| \boldsymbol{\Gamma}_{n_t}^{\mathrm{T}} \boldsymbol{U} \right\|^2 \right)$, 则可以验证 [131]

$$\left(\hat{\boldsymbol{S}}_{1:n_t}^{-1/2} \boldsymbol{\Gamma}_{1:n_t}^{\mathrm{T}} \boldsymbol{U} \right) \left(\hat{\boldsymbol{S}}_{1:n_t}^{-1/2} \boldsymbol{\Gamma}_{1:n_t}^{\mathrm{T}} \boldsymbol{U} \right)^{\mathrm{T}} = \boldsymbol{I}_{n_t} \tag{8.66}$$

最终, 降秩回归的权矩阵和潜变量如下

$$\begin{cases} \boldsymbol{W}_{\mathrm{RRR}} = \boldsymbol{\Gamma}_{1:n_t} \hat{\boldsymbol{S}}_{1:n_t}^{-1/2} & (8.67\mathrm{a}) \\ \boldsymbol{T}_{\mathrm{RRR}} = \hat{\boldsymbol{S}}_{1:n_t}^{-1/2} \boldsymbol{\Gamma}_{1:n_t}^{\mathrm{T}} \boldsymbol{U} & (8.67\mathrm{b}) \end{cases}$$

可以发现, 为了计算降秩回归的权矩阵, 只需要一次形如公式 (8.64) 广义特征值分解.

普通最小二乘回归

尽管普通最小二乘回归是满秩回归 (FRR, Full Rank Regression), 即潜变量的数量 $n_{\boldsymbol{t}}$ 等于 $\boldsymbol{U}$ 的秩 $r_{\boldsymbol{u}}$, 但是 **W** 框架仍然可以解释普通最小二乘回归, 正因如此, 我们说"普通最小二乘回归是特殊的潜变量回归方法". 普通最小二乘回归以残差平方和最小化为优化目标, 如下

$$\begin{cases} \min\limits_{\boldsymbol{W}\in\mathbb{R}^{n_{\boldsymbol{u}}\times r_{\boldsymbol{u}}}} \dfrac{1}{N-1}\left\|\boldsymbol{Y}-\hat{\boldsymbol{Y}}\right\|^2 \\ \text{s.t. } \hat{\boldsymbol{Y}} = \left(\boldsymbol{Y}\boldsymbol{U}^{\mathrm{T}}\boldsymbol{W}\boldsymbol{W}^{\mathrm{T}}\right)\boldsymbol{U} \end{cases} \tag{8.68}$$

其中 $n_{\boldsymbol{u}}$ 是 $\boldsymbol{U}$ 的行数, $r_{\boldsymbol{u}}$ 是 $\boldsymbol{U}$ 的秩.

$\boldsymbol{U}$ 经过公式 (8.53a) 定义的 QR 分解, 得到上三角矩阵 $\boldsymbol{R}_{\boldsymbol{u}}$, 可以验证

$$\left(\boldsymbol{R}_{\boldsymbol{u}}^{+\mathrm{T}}\boldsymbol{U}\right)\left(\boldsymbol{R}_{\boldsymbol{u}}^{+\mathrm{T}}\boldsymbol{U}\right)^{\mathrm{T}} = \boldsymbol{I}_{r_{\boldsymbol{u}}} \tag{8.69}$$

最终, 普通最小二乘回归的权矩阵和潜变量如下

$$\begin{cases} \boldsymbol{W}_{\mathrm{OLSR}} = \boldsymbol{R}_{\boldsymbol{u}}^{+} & (8.70\mathrm{a}) \\ \boldsymbol{T}_{\mathrm{OLSR}} = \boldsymbol{Q}_{\boldsymbol{u}}^{\mathrm{T}} & (8.70\mathrm{b}) \end{cases}$$

可以发现, 为了计算普通最小二乘回归的权矩阵, 只需要一次形如公式 (8.53a) 的 QR 分解.

如果输入数据 $\boldsymbol{U}$ 不是行满秩的, 那么普通最小二乘问题 (8.68) 的解不是唯一的. 而由公式 (8.29) 和 (8.70a) 估计的参数只是一个特解. 实际上, 由公式 (8.29), (8.53a) 和 (8.70a) 可得

$$\hat{\boldsymbol{\beta}}_{\mathrm{OLSR}} = \boldsymbol{Y}\boldsymbol{U}^{+} \tag{8.71}$$

如果输入数据 $\boldsymbol{U}$ 是行满秩的, 那么 $\boldsymbol{U}^{+} = \boldsymbol{U}^{\mathrm{T}}\left(\boldsymbol{U}\boldsymbol{U}^{\mathrm{T}}\right)^{-1}$, 此时普通最小二乘问题 (8.68) 的解是唯一的.

8.4.5 小结

四种潜变量回归方法都涉及矩阵的分解: 奇异值分解、QR 分解或者广义特征值分解. 可以发现主元回归需要一次形如公式 (8.48) 的奇异值分解; 典型相关回归需要一次形如公式 (8.52) 的奇异值分解和两次形如公式 (8.53) 的 QR 分解; 偏最小二乘回归需要 $n_{\boldsymbol{t}}$ 次形如公式 (8.59) 的奇异值分解; 降秩回归需要一次形如公式 (8.64) 的广义特征值分解; 普通最小二乘需要一次形如公式 (8.53a) 的 QR 分解. 如果我们用矩阵分解的次数来衡量不同方法的算法浮点数, 那么我们有如下结论:

偏最小二乘回归的计算量最大; 典型相关回归计算量次之; 降秩回归和主元回归的计算量相当; 普通最小二乘回归的计算量最小.

表 8.1 的中部 B 总结了各种潜变量回归方法的优化准则、优化公式、权矩阵和算法浮点数.

8.5　潜变量回归与检测的性能分析与评估

本节提出并且证明了关于潜变量回归和检测的三个定理, 这些定理为选择潜变量回归和检测方法提供了理论依据. 表 8.1 的底部 C 总结了这三个定理.

众多应用中, 输出数据 $\boldsymbol{Y}$ 的行数 $n_{\boldsymbol{y}}$ 往往比输入数据 $\boldsymbol{U}$ 的行数 $n_{\boldsymbol{u}}$ 要小, 即 $n_{\boldsymbol{y}} \leqslant n_{\boldsymbol{u}}$.

进一步, $\boldsymbol{U}$ 和 $\boldsymbol{Y}$ 未必都是行满秩的, 因此假定输出数据 $\boldsymbol{Y}$ 的秩 $r_{\boldsymbol{y}}$ 比输入数据 $\boldsymbol{U}$ 的秩 $r_{\boldsymbol{u}}$ 要小, 即

$$r_{\boldsymbol{y}} \leqslant r_{\boldsymbol{u}} \tag{8.72}$$

8.5.1　参数定理

若用 $\hat{\boldsymbol{\beta}}_{\text{PCR}}, \hat{\boldsymbol{\beta}}_{\text{CCR}}, \hat{\boldsymbol{\beta}}_{\text{PLSR}}, \hat{\boldsymbol{\beta}}_{\text{RRR}}$ 与 $\hat{\boldsymbol{\beta}}_{\text{OLSR}}$ 分别表示主元回归、典型相关回归、偏最小二乘回归、降秩回归和普通最小二乘回归的估计参数, 那么定理 8.3 描述这些参数的转化条件.

定理 8.3 (参数定理)　*假定 n_t 是潜变量的维数, $r_{\boldsymbol{u}}$ 和 $r_{\boldsymbol{y}}$ 分别表示 $\boldsymbol{U}$ 和 $\boldsymbol{Y}$ 的秩, 那么下面四个命题成立:*

(1) *如果 $n_t = r_{\boldsymbol{u}}$, 那么*

$$\hat{\boldsymbol{\beta}}_{\text{PCR}} = \hat{\boldsymbol{\beta}}_{\text{OLSR}} \tag{8.73}$$

(2) *如果 $n_t = r_{\boldsymbol{u}}$, 而且 $\boldsymbol{U}$ 是行满秩的, 那么*

$$\hat{\boldsymbol{\beta}}_{\text{PLSR}} = \hat{\boldsymbol{\beta}}_{\text{OLSR}} \tag{8.74}$$

(3) *如果 $n_t \geqslant r_{\boldsymbol{y}}$, 那么*

$$\hat{\boldsymbol{\beta}}_{\text{CCR}} = \hat{\boldsymbol{\beta}}_{\text{OLSR}} \tag{8.75}$$

(4) *如果 $n_t \geqslant r_{\boldsymbol{y}}$, 而且 $\boldsymbol{U}$ 是行满秩的, 那么*

$$\hat{\boldsymbol{\beta}}_{\text{RRR}} = \hat{\boldsymbol{\beta}}_{\text{OLSR}} \tag{8.76}$$

证明　(1) 如果 $n_t = r_{\boldsymbol{u}}$, 那么依据公式 (8.48) 和 (8.50a) 可得

$$\begin{aligned}\boldsymbol{W}_{\text{PCR}}\boldsymbol{W}_{\text{PCR}}^{\mathrm{T}} &= \boldsymbol{\Gamma}_{1:n_t}\boldsymbol{\Lambda}_{1:n_t}^{-1/2}\left(\boldsymbol{\Gamma}_{1:n_t}\boldsymbol{\Lambda}_{1:n_t}^{-1/2}\right)^{\mathrm{T}} \\ &= \boldsymbol{\Gamma}\boldsymbol{\Lambda}^{-1}\boldsymbol{\Gamma}^{\mathrm{T}} = \left(\boldsymbol{U}\boldsymbol{U}^{\mathrm{T}}\right)^{+}\end{aligned} \tag{8.77}$$

由公式 (8.29), (8.71) 和 (8.77) 可得

$$\begin{aligned}\hat{\boldsymbol{\beta}}_{\mathrm{PCR}} &= \boldsymbol{Y}\boldsymbol{U}^{\mathrm{T}}\boldsymbol{W}_{\mathrm{PCR}}\boldsymbol{W}_{\mathrm{PCR}}^{\mathrm{T}} \\ &= \boldsymbol{Y}\boldsymbol{U}^{\mathrm{T}}\left(\boldsymbol{U}\boldsymbol{U}^{\mathrm{T}}\right)^{+} = \boldsymbol{Y}\boldsymbol{U}^{+} = \hat{\boldsymbol{\beta}}_{\mathrm{OLSR}}\end{aligned}$$

(2) 如果 $n_t = r_{\boldsymbol{u}}$, 而且 $\boldsymbol{U}$ 是行满秩的, 那么 $\boldsymbol{W}_{\mathrm{PLSR}} \in \mathbb{R}^{n_u \times n_u}$ 是可逆矩阵, 由公式 (8.22) 可得 $\boldsymbol{U} = \boldsymbol{W}_{\mathrm{PLSR}}^{+\mathrm{T}}\boldsymbol{T}_{\mathrm{PLSR}}$, 于是

$$\boldsymbol{U}^{+} = \boldsymbol{T}_{\mathrm{PLSR}}^{\mathrm{T}}\boldsymbol{W}_{\mathrm{PLSR}}^{\mathrm{T}} \tag{8.78}$$

由公式 (8.24), (8.29), (8.71) 和 (8.78) 可得

$$\begin{aligned}\hat{\boldsymbol{\beta}}_{\mathrm{PLSR}} &= \boldsymbol{Y}\boldsymbol{U}^{\mathrm{T}}\boldsymbol{W}_{\mathrm{PLSR}}\boldsymbol{W}_{\mathrm{PLSR}}^{\mathrm{T}} \\ &= \boldsymbol{Y}\boldsymbol{U}^{\mathrm{T}}\boldsymbol{W}_{\mathrm{PLSR}}\boldsymbol{T}_{\mathrm{PLSR}}\boldsymbol{T}_{\mathrm{PLSR}}^{\mathrm{T}}\boldsymbol{W}_{\mathrm{PLSR}}^{\mathrm{T}} \\ &= \boldsymbol{Y}\boldsymbol{U}^{\mathrm{T}}\boldsymbol{U}^{+\mathrm{T}}\boldsymbol{U}^{+} = \boldsymbol{Y}\boldsymbol{U}^{+} = \hat{\boldsymbol{\beta}}_{\mathrm{OLSR}}\end{aligned}$$

其中第二个等式的依据是公式 (8.24), 第四个等式的依据是公式 (8.78).

(3) 如果 $n_t \geqslant r_{\boldsymbol{y}}$, 那么公式 (8.52) 等价于

$$\boldsymbol{Q}_{\boldsymbol{u}}^{\mathrm{T}}\boldsymbol{Q}_{\boldsymbol{y}} = \boldsymbol{\Gamma}_{1:n_t}\boldsymbol{\Lambda}_{1:n_t}\boldsymbol{V}_{1:n_t}^{\mathrm{T}} \tag{8.79}$$

由公式 (8.29), (8.53), (8.57a), (8.71) 和 (8.79) 可得

$$\begin{aligned}\hat{\boldsymbol{\beta}}_{\mathrm{CCR}} &= \boldsymbol{Y}\boldsymbol{U}^{\mathrm{T}}\boldsymbol{W}_{\mathrm{CCR}}\boldsymbol{W}_{\mathrm{CCR}}^{\mathrm{T}} = \left(\boldsymbol{Q}_{\boldsymbol{y}}\boldsymbol{R}_{\boldsymbol{y}}\right)^{\mathrm{T}}\boldsymbol{Q}_{\boldsymbol{u}}\boldsymbol{R}_{\boldsymbol{u}}\boldsymbol{R}_{\boldsymbol{u}}^{+}\boldsymbol{\Gamma}_{1:n_t}\boldsymbol{\Gamma}_{1:n_t}^{\mathrm{T}}\boldsymbol{R}_{\boldsymbol{u}}^{+\mathrm{T}} \\ &= \boldsymbol{R}_{\boldsymbol{y}}^{\mathrm{T}}\boldsymbol{Q}_{\boldsymbol{y}}^{\mathrm{T}}\boldsymbol{Q}_{\boldsymbol{u}}\boldsymbol{\Gamma}_{1:n_t}\boldsymbol{\Gamma}_{1:n_t}^{\mathrm{T}}\boldsymbol{R}_{\boldsymbol{u}}^{+\mathrm{T}} = \boldsymbol{R}_{\boldsymbol{y}}^{\mathrm{T}}\left(\boldsymbol{\Gamma}_{1:n_t}\boldsymbol{\Lambda}_{1:n_t}\boldsymbol{V}_{1:n_t}^{\mathrm{T}}\right)^{\mathrm{T}}\boldsymbol{\Gamma}_{1:n_t}\boldsymbol{\Gamma}_{1:n_t}^{\mathrm{T}}\boldsymbol{R}_{\boldsymbol{u}}^{+\mathrm{T}} \\ &= \boldsymbol{R}_{\boldsymbol{y}}^{\mathrm{T}}\left(\boldsymbol{V}_{1:n_t}\boldsymbol{\Lambda}_{1:n_t}\boldsymbol{\Gamma}_{1:n_t}^{\mathrm{T}}\right)\boldsymbol{R}_{\boldsymbol{u}}^{+\mathrm{T}} = \boldsymbol{R}_{\boldsymbol{y}}^{\mathrm{T}}\left(\boldsymbol{Q}_{\boldsymbol{u}}^{\mathrm{T}}\boldsymbol{Q}_{\boldsymbol{y}}\right)^{\mathrm{T}}\boldsymbol{R}_{\boldsymbol{u}}^{+\mathrm{T}} = \boldsymbol{Y}\boldsymbol{U}^{+} = \hat{\boldsymbol{\beta}}_{\mathrm{OLSR}}\end{aligned}$$

其中第二个等式的依据是公式 (8.53) 和 (8.57a). 第四个和第六个等式的依据是公式 (8.79).

(4) 如果 $\boldsymbol{U}$ 是行满秩的, 那么 $\hat{\boldsymbol{S}} = \mathrm{diag}\left(\left\|\boldsymbol{\Gamma}_1^{\mathrm{T}}\boldsymbol{U}\right\|^2, \cdots, \left\|\boldsymbol{\Gamma}_{n_u}^{\mathrm{T}}\boldsymbol{U}\right\|^2\right)$ 是可逆的, 其中 $\boldsymbol{\Gamma}$ 源于广义特征值分解公式 (8.64), 而且

$$\left(\hat{\boldsymbol{S}}^{-1/2}\boldsymbol{\Gamma}^{\mathrm{T}}\boldsymbol{U}\right)\left(\hat{\boldsymbol{S}}^{-1/2}\boldsymbol{\Gamma}^{\mathrm{T}}\boldsymbol{U}\right)^{\mathrm{T}} = \boldsymbol{I}_{n_u}$$

因此

$$\begin{cases}\boldsymbol{\Gamma}^{\mathrm{T}}\boldsymbol{U}\boldsymbol{U}^{\mathrm{T}}\boldsymbol{\Gamma} = \hat{\boldsymbol{S}} & (8.80\mathrm{a}) \\ \left(\boldsymbol{U}\boldsymbol{U}^{\mathrm{T}}\right)^{-1} = \boldsymbol{\Gamma}\hat{\boldsymbol{S}}^{-1}\boldsymbol{\Gamma}^{\mathrm{T}} & (8.80\mathrm{b})\end{cases}$$

在公式 (8.64) 两端同时左乘 $\boldsymbol{\Gamma}^{\mathrm{T}}$, 再依据公式 (8.80a) 可得

$$\boldsymbol{\Gamma}^{\mathrm{T}}\boldsymbol{U}\boldsymbol{Y}^{\mathrm{T}}\boldsymbol{Y}\boldsymbol{U}^{\mathrm{T}}\boldsymbol{\Gamma}=\boldsymbol{\Gamma}^{\mathrm{T}}\boldsymbol{U}\boldsymbol{U}^{\mathrm{T}}\boldsymbol{\Gamma}\boldsymbol{\Lambda}=\hat{\boldsymbol{S}}\boldsymbol{\Lambda} \tag{8.81}$$

如果 $n_t \geqslant r_y$, 再注意到公式 (8.81) 两边的秩不大于 r_y, 且对角矩阵 $\hat{S}$ 的对角元是降序的, 可得

$$\lambda_{n_t+1}=\cdots=\lambda_{n_u}=0 \tag{8.82}$$

于是

$$\boldsymbol{\Gamma}_{n_t+1:n_u}^{\mathrm{T}}\boldsymbol{U}\boldsymbol{Y}^{\mathrm{T}}=\boldsymbol{0} \tag{8.83}$$

其中 $\boldsymbol{\Gamma}_{n_t+1:n_u}$ 是 $\boldsymbol{\Gamma}$ 的最后几列.

最后, 由公式 (8.29), (8.67a), (8.71), (8.80b) 和 (8.83) 可得

$$\begin{aligned}
\hat{\boldsymbol{\beta}}_{\mathrm{RRR}} &= \boldsymbol{Y}\boldsymbol{U}^{\mathrm{T}}\boldsymbol{W}_{\mathrm{RRR}}\boldsymbol{W}_{\mathrm{RRR}}^{\mathrm{T}}=\boldsymbol{Y}\boldsymbol{U}^{\mathrm{T}}\boldsymbol{\Gamma}_{1:n_t}\hat{\boldsymbol{S}}_{1:n_t}^{-1}\boldsymbol{\Gamma}_{1:n_t}^{\mathrm{T}}\\
&=\left(\boldsymbol{Y}\boldsymbol{U}^{\mathrm{T}}\boldsymbol{\Gamma}_{1:n_t},\boldsymbol{0}\right)\begin{pmatrix}\hat{\boldsymbol{S}}_{1:n_t}^{-1}\boldsymbol{\Gamma}_{1:n_t}^{\mathrm{T}}\\ \hat{\boldsymbol{S}}_{n_t+1:n_u}^{-1}\boldsymbol{\Gamma}_{n_t+1:n_u}^{\mathrm{T}}\end{pmatrix}\\
&=\left(\boldsymbol{Y}\boldsymbol{U}^{\mathrm{T}}\boldsymbol{\Gamma}_{1:n_t},\boldsymbol{Y}\boldsymbol{U}^{\mathrm{T}}\boldsymbol{\Gamma}_{n_t+1:n_u}\right)\begin{pmatrix}\hat{\boldsymbol{S}}_{1:n_t}^{-1}\boldsymbol{\Gamma}_{1:n_t}^{\mathrm{T}}\\ \hat{\boldsymbol{S}}_{n_t+1:n_u}^{-1}\boldsymbol{\Gamma}_{n_t+1:n_u}^{\mathrm{T}}\end{pmatrix}\\
&=\boldsymbol{Y}\boldsymbol{U}^{\mathrm{T}}\boldsymbol{\Gamma}\begin{pmatrix}\hat{\boldsymbol{S}}_{1:n_t}^{-1} & \boldsymbol{0}\\ \boldsymbol{0} & \hat{\boldsymbol{S}}_{n_t+1:n_u}^{-1}\end{pmatrix}\left(\boldsymbol{\Gamma}_{1:n_t},\boldsymbol{\Gamma}_{n_t+1:n_u}\right)^{\mathrm{T}}\\
&=\boldsymbol{Y}\boldsymbol{U}^{\mathrm{T}}\boldsymbol{\Gamma}\hat{\boldsymbol{S}}^{-1}\boldsymbol{\Gamma}^{\mathrm{T}}=\boldsymbol{Y}\boldsymbol{U}^{\mathrm{T}}\left(\boldsymbol{U}\boldsymbol{U}^{\mathrm{T}}\right)^{-1}\\
&=\boldsymbol{Y}\boldsymbol{U}^{+}=\hat{\boldsymbol{\beta}}_{\mathrm{OLSR}}
\end{aligned}$$

其中第二个等式的依据是公式 (8.67a), 第四个等式的依据是公式 (8.83), 第七个等式的依据是公式 (8.80b). ■

注解 8.4 (1) 无论 $\boldsymbol{U}$ 是否行满秩, 公式 (8.73) 和 (8.75) 都成立.

(2) 只有当 $\boldsymbol{U}$ 行满秩的时候, 公式 (8.74) 和 (8.76) 才成立.

8.5.2 校正定理

潜变量回归的校正性能可以用校正残差平方和来评估, 见公式 (8.35). 残差平方和越小, 说明校正精度越高.

假定所有潜变量回归方法所提取的潜变量的维数都相同, 等于 n_t(否则, 如果不同方法提取不同维数的潜变量, 则没有比较的意义, 因为只要潜变量的维数 n_t 足够大的, 那么任意潜变量回归方法的残差平方和都等于最小二乘回归的残差平方和).

定理 8.4 描述主元回归、典型相关回归、偏最小二乘回归、降秩回归和普通最小二乘回归的校正性能关系. 命题 (1) 说明: 任何潜变量回归方法的精度都比普通最小二乘回归的精度要低; 命题 (2) 说明: 当潜变量的维数与输入数据的秩相等的时候, 所有潜变量回归方法的精度都与普通最小二乘的精度相等; 命题 (3) 说明: 降秩回归的精度比其他所有潜变量回归方法的精度都要高; 命题 (4) 说明: 当潜变量的维数与输出数据的秩相等的时候, 降秩回归和典型相关回归的精度比主元回归和偏最小二乘回归的精度要高.

定理 8.4 (校正定理) 假定 n_t 表示潜变量的维数, $r_{\boldsymbol{u}}$ 表示输入数据 $\boldsymbol{U}$ 的秩, $r_{\boldsymbol{y}}$ 表示输出数据 $\boldsymbol{Y}$ 的秩. $\mathrm{SSE}_{\mathrm{PCR}}$, $\mathrm{SSE}_{\mathrm{CCR}}$, $\mathrm{SSE}_{\mathrm{PLSR}}$, $\mathrm{SSE}_{\mathrm{RRR}}$ 和 $\mathrm{SSE}_{\mathrm{OLSR}}$ 分别表示主元回归、典型相关回归、偏最小二乘回归、降秩回归和普通最小二乘回归的校正残差平方和, 那么下面四个命题成立:

(1) 对于任意 $n_t \geqslant 1$, 有

$$\mathrm{SSE}_{\mathrm{OLSR}} \leqslant \mathrm{SSE}_{*} \tag{8.84}$$

其中 $*$ 代表 PCR, CCR, PLSR 或者 RRR.

(2) 如果 $n_t = r_{\boldsymbol{u}}$, 那么

$$\mathrm{SSE}_{\mathrm{OLSR}} = \mathrm{SSE}_{*} \tag{8.85}$$

其中 $*$ 代表 PCR, CCR, PLSR 或者 RRR.

(3) 对于任意 $n_t \geqslant 1$, 有

$$\mathrm{SSE}_{\mathrm{RRR}} \leqslant \mathrm{SSE}_{**} \tag{8.86}$$

其中 $**$ 代表 PCR, PLSR 或者 CCR.

(4) 如果 $n_t \geqslant r_{\boldsymbol{y}}$, 那么

$$\mathrm{SSE}_{\mathrm{OLSR}} = \mathrm{SSE}_{\mathrm{CCR}} = \mathrm{SSE}_{\mathrm{RRR}} \leqslant \mathrm{SSE}_{***} \tag{8.87}$$

其中 $***$ 代表 PCR 或者 PLSR.

证明 (1) 假定潜变量用 $\boldsymbol{T}_* = \boldsymbol{W}_*^{\mathrm{T}}\boldsymbol{U}$ 来表示, 其中 $*$ 代表 PCR, CCR, PLSR 或者 RRR, 那么 $\boldsymbol{T}_*$ 可以扩张为 $\boldsymbol{U}$ 的行空间的标准正交基, 记为 $\begin{pmatrix} \boldsymbol{T}_* \\ \tilde{\boldsymbol{T}}_* \end{pmatrix}$. 显然, 存在列满秩的矩阵 $\boldsymbol{R}$, 使得 $\boldsymbol{U} = \boldsymbol{R}\begin{pmatrix} \boldsymbol{T}_* \\ \tilde{\boldsymbol{T}}_* \end{pmatrix}$, 所以

$$\boldsymbol{U}^{+}\boldsymbol{U} - \boldsymbol{T}_*^{\mathrm{T}}\boldsymbol{T}_* = \left(\boldsymbol{R}\begin{pmatrix} \boldsymbol{T}_* \\ \tilde{\boldsymbol{T}}_* \end{pmatrix}\right)^{+}\boldsymbol{R}\begin{pmatrix} \boldsymbol{T}_* \\ \tilde{\boldsymbol{T}}_* \end{pmatrix} - \boldsymbol{T}_*^{\mathrm{T}}\boldsymbol{T}_* = \tilde{\boldsymbol{T}}_*^{\mathrm{T}}\tilde{\boldsymbol{T}}_* \geqslant \boldsymbol{0}$$

于是

$$U^+U \geqslant T_*^{\mathrm{T}}T_*$$

$$YU^+UY^{\mathrm{T}} \geqslant YT_*^{\mathrm{T}}T_*Y^{\mathrm{T}}$$

$$\left\|\hat{Y}_{\mathrm{OLSR}}\right\|^2 = \mathrm{tr}\left(YU^+UY^{\mathrm{T}}\right) \geqslant \mathrm{tr}\left(YT_*^{\mathrm{T}}T_*Y^{\mathrm{T}}\right)$$

最后依据公式 (8.35) 可知公式 (8.84) 成立.

(2) 如果 $n_t = r_u$, 那么

$$U^+U = T_*^{\mathrm{T}}T_*$$

于是

$$\left\|\hat{Y}_{\mathrm{OLSR}}\right\|^2 = \mathrm{tr}\left(YU^+UY^{\mathrm{T}}\right) = \mathrm{tr}\left(YT_*^{\mathrm{T}}T_*Y^{\mathrm{T}}\right) = \left\|\hat{Y}_*\right\|^2$$

结合公式 (8.35) 可知公式 (8.85) 成立.

(3) 依据降秩回归的优化目标公式 (8.62) 可知 (8.86) 成立.

(4) 依据定理 8.3 (4), 如果 $n_t \geqslant r_y$, 那么 $\hat{\beta}_{\mathrm{CCR}} = \hat{\beta}_{\mathrm{OLSR}}$, 因此 $\hat{Y}_{\mathrm{CCR}} = \hat{Y}_{\mathrm{OLSR}}$. 同理可得 $\hat{Y}_{\mathrm{RRR}} = \hat{Y}_{\mathrm{OLSR}}$. 结合公式 (8.35), 得 $\mathrm{SSE_{OLSR}} = \mathrm{SSE_{CCR}}$. 再利用公式 (8.84), 得 $\mathrm{SSE_{OLSR}} = \mathrm{SSE_{CCR}} = \mathrm{SSE_{RRR}} \leqslant \mathrm{SSE}_{***}$, 其中 $***$ 代表 PCR 或者 PLSR. ■

8.5.3 检测定理

本章用检测率 (FDR) 评估潜变量检测的性能. 影响检测率的因素众多, 例如, 噪声的大小、训练样本的多寡和故障幅值的大小. 噪声越小, 训练样本越多, 参数估计就越准确, 检测率就越高; 故障幅值越大, 检测率也越高.

那么, 在假定训练样本足量的情况下, 不同潜变量检测方法的检测率有什么不同呢? 定理 8.5 回答了这个问题. 其中, 第 1 个命题说明: 当潜变量的维数与输入数据的秩相等的时候, 所有潜变量检测方法的性能相同; 第 2 个命题说明: 当潜变量的维数与输出数据的秩相等时, 典型相关回归和降秩回归的检测率比主元回归和偏最小二乘回归的检测率高.

定理 8.5(检测定理) 假定所有潜变量方法都提取同等维数的潜变量, 且 $\mathrm{FDR_{PCR}}$, $\mathrm{FDR_{PLSR}}$, $\mathrm{FDR_{CCR}}$, $\mathrm{FDR_{RRR}}$ 和 $\mathrm{FDR_{OLSR}}$ 分别表示主元回归、典型相关回归、偏最小二乘回归、降秩回归和普通最小二乘回归的对应的检测率, 下述两个命题成立:

(1) 如果 $n_t = r_u$, 那么

$$\mathrm{FDR}_* = \mathrm{FDR_{OLSR}} \tag{8.88}$$

其中 $*$ 表示 PCR, CCR, PLSR 或者 RRR.

(2) 如果 $n_t = r_{\boldsymbol{y}}$, 那么

$$\mathrm{FDR}_{**} \leqslant \mathrm{FDR}_{\mathrm{CCR}} = \mathrm{FDR}_{\mathrm{RRR}} = \mathrm{FDR}_{\mathrm{OLSR}} \tag{8.89}$$

其中 $**$ 表示 PCR 或者 PLSR.

证明 分别用 $T^2_{\mathrm{PCR}}(\boldsymbol{u},\boldsymbol{y})$, $T^2_{\mathrm{PCR}}(\boldsymbol{u},\boldsymbol{y})$, $T^2_{\mathrm{PCR}}(\boldsymbol{u},\boldsymbol{y})$, $T^2_{\mathrm{PCR}}(\boldsymbol{u},\boldsymbol{y})$ 和 $T^2_{\mathrm{PCR}}(\boldsymbol{u},\boldsymbol{y})$ 表示主元回归、典型相关回归、偏最小二乘回归、降秩回归和普通最小二乘回归对应的检测统计量.

(1) 如果 $n_t = r_{\boldsymbol{u}}$, 那么依据定理 8.3, 所有潜变量回归的参数估计等价于普通最小二乘估计, 所以预测残差、校正残差和检测统计量都相等, 因此所有方法的检测率相等.

(2) 如果 $n_t = r_{\boldsymbol{y}}$, 那么依据定理 8.3(4) 有

$$\hat{\boldsymbol{S}}_{\mathrm{CCR}} = \hat{\boldsymbol{S}}_{\mathrm{RRR}} = \hat{\boldsymbol{S}}_{\mathrm{PLSR}} \tag{8.90}$$

正如 (8.84) 的证明过程, 可以证明

$$\boldsymbol{Y}\boldsymbol{U}^{+}\boldsymbol{U}\boldsymbol{Y}^{\mathrm{T}} \geqslant \boldsymbol{Y}\boldsymbol{T}_{**}^{\mathrm{T}}\boldsymbol{T}_{**}\boldsymbol{Y}^{\mathrm{T}} \tag{8.91}$$

其中 $**$ 是 PCR 或者 PLSR. 结合公式 (8.35) 可得

$$\hat{\boldsymbol{S}}_{\mathrm{OLSR}} = \hat{\boldsymbol{S}}_{\mathrm{CCR}} = \hat{\boldsymbol{S}}_{\mathrm{RRR}} \leqslant \hat{\boldsymbol{S}}_{**} \tag{8.92}$$

不妨假设所有方法的检测残差 $\boldsymbol{r}$ 相同 (见注解 8.5), 由检测统计量的公式 (8.43) 和公式 (8.92) 得

$$T^2_{\mathrm{OLSR}}(\boldsymbol{u},\boldsymbol{y}) = T^2_{\mathrm{CCR}}(\boldsymbol{u},\boldsymbol{y}) = T^2_{\mathrm{RRR}}(\boldsymbol{u},\boldsymbol{y}) \geqslant T^2_{**}(\boldsymbol{u},\boldsymbol{y}) \tag{8.93}$$

由公式 (8.93) 可知公式 (8.89) 成立. ■

注解 8.5 其实, 不同方法的检测残差 $\boldsymbol{r}$ 一般不相同, 但是, 如果输入/输出方程 (8.9) 中的噪声项 $\boldsymbol{E}$ 服从零均值的正态分布, 那么不同方法的残差就是零均值的, 且它们的幅值范围是相当的, 所以如果测试残差的样本足够多, 那么公式 (8.93) 在统计意义下成立.

8.6 仿真验证及结果分析

本节给出 4 个仿真案例, 用于验证 8.3 节中的三个定理. 其中案例 1 和案例 2 是纯数学仿真, 案例 3 是基于真实工业系统的仿真, 案例 4 是真实的实验数据. 4 个案例的数据基本信息见表 8.2. 所有案例的显著性水平设置为 $\alpha = 0.05$.

表 8.2 四个案例的数据基本信息

记号	案例 1-MISO	案例 2-MIMO	案例 3-TEP	案例 4-NIR
$n_{\boldsymbol{u}}$, $\boldsymbol{U}$ 的变量数	6	6	9	511
$n_{\boldsymbol{y}}$, $\boldsymbol{Y}$ 的变量数	1	4	5	4
N_{cal}, 校正样本数	1200	1200	3000	54
N_{pre}, 预测样本数	400	400	1000	17
N_{detect}, 检测样本数	2000	2000	5000	无

8.6.1 案例 1: 多输入单输出 (MISO)

案例 1 是多输入单输出 (MISO, Multiple Input Single Output) 数据, 总的样本容量为 $N = 2000$, 满足

$$\boldsymbol{Y} = \boldsymbol{\beta}\boldsymbol{U} + \boldsymbol{E} + \boldsymbol{F} \tag{8.94}$$

其中参数 $\boldsymbol{\beta} \in \mathbb{R}^{1\times 6}$ 为

$$\boldsymbol{\beta} = \begin{pmatrix} -0.5533 & -0.7969 & 0.6423 & 1.3388 & -1.4291 & 0.8914 \end{pmatrix} \tag{8.95}$$

$\boldsymbol{Y} \in \mathbb{R}^{1\times N}$ 是输出数据; $\boldsymbol{U} \in \mathbb{R}^{6\times N}$ 是输入数据, 输入的每个样本 (列) 是独立同分布的随机变量, 满足 $\boldsymbol{U}_i \sim N(\boldsymbol{0}, \boldsymbol{\Lambda}), i = 1, \cdots, N$, 其中 $\boldsymbol{\Lambda}$ 是协方差矩阵, 满足

$$\boldsymbol{\Lambda} = \begin{pmatrix} 1^2 & & \\ & \ddots & \\ & & 6^2 \end{pmatrix} \tag{8.96}$$

$\boldsymbol{E} \in \mathbb{R}^{1\times N}$ 是独立的噪声, 满足 $\boldsymbol{E}_i \sim N\left(0, 0.5^2\right), i = 1, \cdots, N$; $\boldsymbol{F} \in \mathbb{R}^{1\times N}$ 是阶跃故障

$$\boldsymbol{F}_i = \begin{cases} 0, & i = 1, \cdots, 1600 \\ 2, & i = 1601, \cdots, N \end{cases} \tag{8.97}$$

案例 1 的数据图如图 8.1(a) 所示, 其中 y_1(图底端) 是故障变量, 虚线表示故障发生时间, 区间 [1, 1600] 上采样点是正常数据, [1601, 2000] 上的采样点是故障数据.

1. 验证参数定理

区间 [1, 1200] 上的采样点用于估计参数. 当 $n_t = 6$ 时, 依据公式 (8.50a) 和 (8.61a) 分别计算 $\boldsymbol{W}_{\text{PCR}}$ 和 $\boldsymbol{W}_{\text{PLSR}}$, 依据公式 (8.29) 计算参数 $\boldsymbol{\beta}$, 可以发现

$$\hat{\boldsymbol{\beta}}_{\text{PCR}} = \hat{\boldsymbol{\beta}}_{\text{PLSR}} = \hat{\boldsymbol{\beta}}_{\text{OLSR}} = (-0.5437, -0.7882, 0.6564, 1.3569, -1.4238, 0.8308)$$

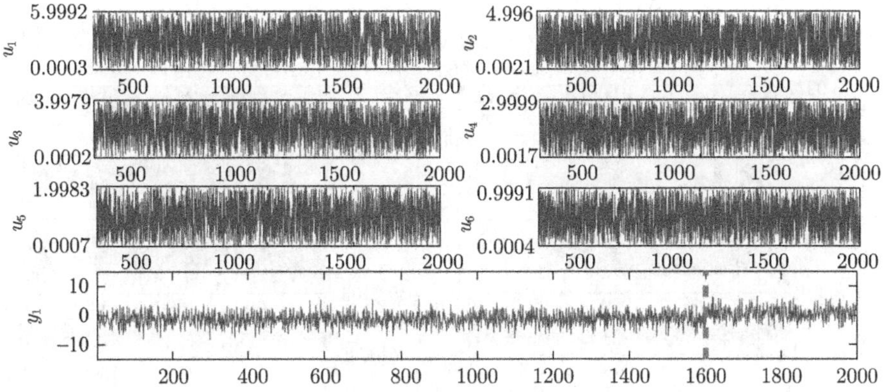

(a) MISO-数据图

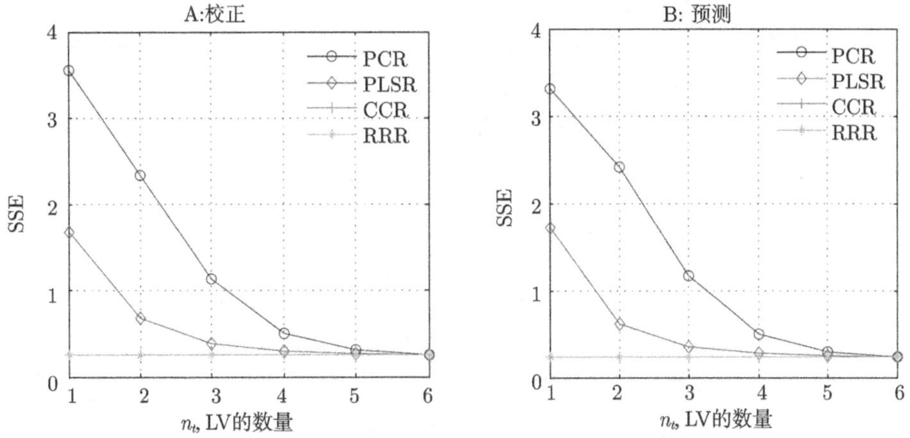

(b) MISO-校正残差平方和(左)和预测残差平方和(右)

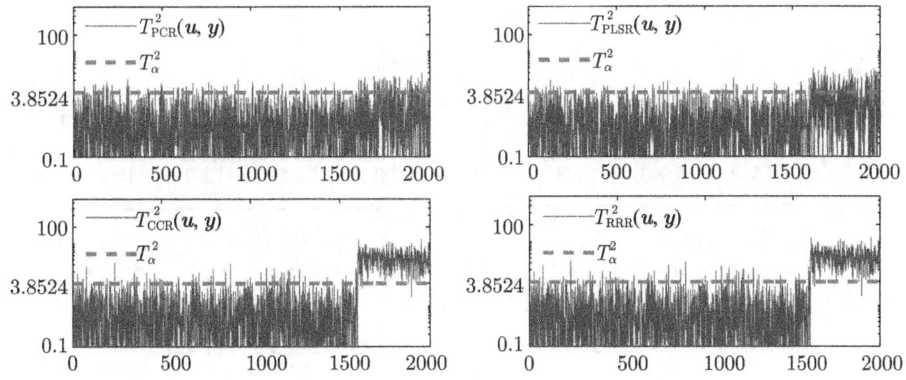

(c) MISO-检测图

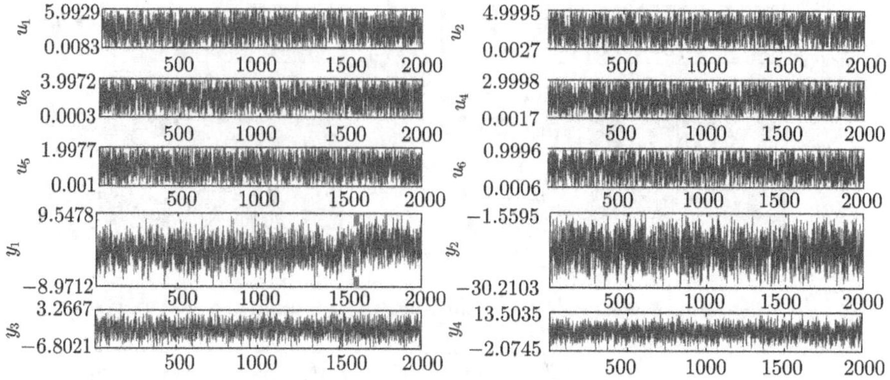

(d) 数据图

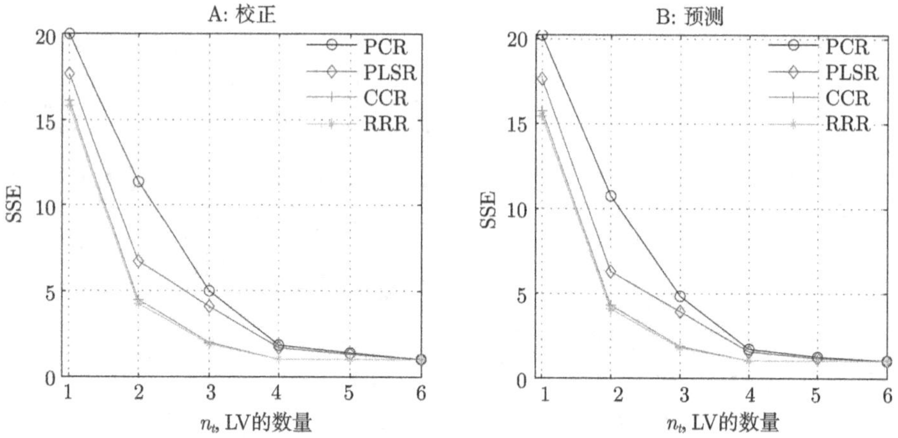

(e) MIMO-校正残差平方和(左)和预测残差平方和(右)

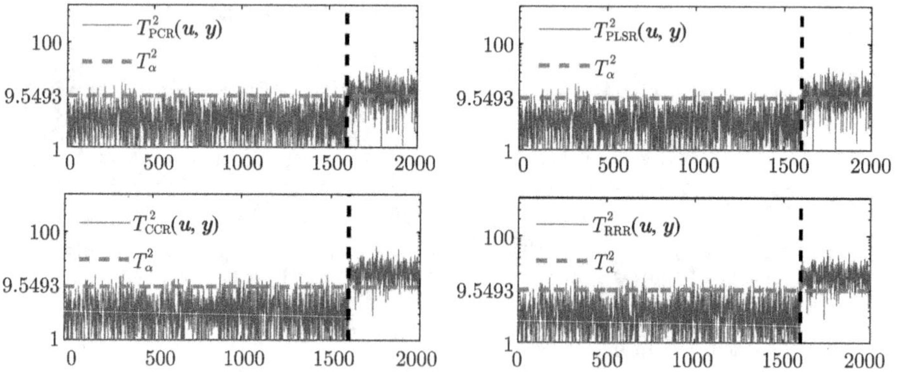

(f) MIMO-检测图

图 8.1　MIMO- 仿真图

类似地, 当 $n_t = 1$ 时, 依据公式 (8.57a) 和 (8.67a) 分别计算 $\boldsymbol{W}_{\mathrm{CCR}}$ 和 $\boldsymbol{W}_{\mathrm{RRR}}$. 依据公式 (8.29) 计算 $\boldsymbol{\beta}$, 得

$$\hat{\boldsymbol{\beta}}_{\mathrm{CCR}} = \hat{\boldsymbol{\beta}}_{\mathrm{RRR}} = \hat{\boldsymbol{\beta}}_{\mathrm{OLSR}}$$

仿真结果验证了定理 8.3 的正确性.

2. 验证校正定理

依据公式 (8.36) 计算残差平方和. 图 8.1(b) 的左子图和表 8.3 的左子表刻画了不同潜变量回归方法提取不同数量的潜变量时对应的校正残差平方和, 可以发现

(1) 对于任意 $n_t \geqslant 1$, 有 $0.251 = \mathrm{SSE}_{\mathrm{OLSR}} \leqslant \mathrm{SSE}_*$, 其中 $*$ 表示 PCR, CCR, PLSR 或者 RRR.

(2) 如果 $n_t = r_u = 6$, 那么 $0.251 = \mathrm{SSE}_{\mathrm{OLSR}} = \mathrm{SSE}_*$, 其中 $*$ 表示 PCR, CCR, PLSR 或者 RRR.

(3) 对于任意 $n_t \geqslant 1$, 有 $\mathrm{SSE}_{\mathrm{RRR}} \leqslant \mathrm{SSE}_{**}$, 其中 $**$ 表示 PCR, PLSR 或者 CCR.

(4) 如果 $n_t = r_y = 1$, 那么 $0.251 = \mathrm{SSE}_{\mathrm{OLSR}} = \mathrm{SSE}_{\mathrm{CCR}}, = \mathrm{SSE}_{\mathrm{RRR}} \leqslant \mathrm{SSE}_{***}$, 其中 $***$ 表示 PCR 或者 PLSR.

图 8.1(b) 的右子图和表 8.3 的右子表刻画了预测残差平方和, 可以发现预测误差与校正误差保持高度一致. 注意, CCR 和 RRR 的残差平方和曲线重叠了.

表 8.3 MISO-校正残差平方和 (左) 和预测残差平方和 (右)

n_t	A: 校正残差平方和					B: 预测残差平方和				
	PCR	PLSR	CCR	RRR	OLSR	PCR	PLSR	CCR	RRR	OLSR
1	3.550	1.682	0.251	0.251	—	3.315	1.713	0.234	0.234	—
2	2.339	0.681	0.251	0.251	—	2.414	0.613	0.234	0.234	—
3	1.128	0.391	0.251	0.251	—	1.167	0.356	0.234	0.234	—
4	0.507	0.300	0.251	0.251	—	0.496	0.286	0.234	0.234	—
5	0.309	0.270	0.251	0.251	—	0.294	0.255	0.234	0.234	—
6	0.251	0.251	0.251	0.251	0.251	0.234	0.234	0.234	0.234	0.234

仿真结果验证了定理 8.4 的正确性.

3. 验证检测定理

参数估计后, 依据公式 (8.41) 计算样本方差阵. 把所有 2000 个样本当成检测样本, 依据公式 (8.43) 计算检测统计量, 依据公式 (8.44) 计算检测阈值, 得

$$T_\alpha^2 = \frac{1\left(1200^2 - 1\right)}{1200(1200-1)} F_{0.95}\left(1, 1200 - 1\right) = 3.8542$$

当 $n_t = r_y = 1$ 时, 有 $0.2515 = \hat{S}_{\text{OLSR}} = \hat{S}_{\text{CCR}} = \hat{S}_{\text{RRR}} \leqslant \hat{S}_*$, 其中 $*$ 表示 PCR 或者 PLSR, 另外有 $\hat{S}_{\text{PCR}} = 3.5537$, $\hat{S}_{\text{PLSR}} = 1.6835$.

在案例 1 中, 最后 400 个样本是故障数据, 图 8.1(c) 刻画了四种回归方法对应的检测结果. 由于输出数据自身幅值范围很宽, 所以发生故障前后的输出数据变化不明显, 但是不同方法的检测性能差异很大, 经统计得

$$\text{FDR}_{\text{PCR}} = 19\% < \text{FDR}_{\text{PLSR}} = 32\% < \text{FDR}_{\text{CCR}} = \text{FDR}_{\text{CCR}} = 99\%$$

该仿真结果验证了定理 8.5 的正确性.

8.6.2　案例 2: 多输入多输出 (MIMO)

案例 2 是多输入多输出 (MIMO, Multiple Input Multiple Output) 数据. 类似于案例 1, 案例 2 也满足公式 (8.94), 只不过案例 2 的参数 $\boldsymbol{\beta} \in \mathbb{R}^{4\times 6}$ 为

$$\boldsymbol{\beta} = \begin{pmatrix} -1.4610 & 0.7611 & -0.6093 & 1.2816 & 0.5573 & 1.8944 \\ -3.0880 & -1.2897 & 0.4404 & -2.0392 & -0.6327 & -0.8027 \\ 0.6380 & -0.2806 & -1.2138 & -0.4288 & 0.1225 & 0.1411 \\ 0.3212 & 1.6849 & -0.4566 & 1.2481 & -0.6780 & 0.5853 \end{pmatrix} \tag{8.98}$$

案例 2 的输出数据是四维的, 故障发生在第一个输出变量上, 故障信号 $\boldsymbol{F} \in \mathbb{R}^{4\times N}$ 满足

$$\boldsymbol{F}_i = \begin{cases} \begin{pmatrix} 0 & 0 & 0 & 0 \end{pmatrix}^{\text{T}}, & i = 1, \cdots, 1600 \\ \begin{pmatrix} 2 & 0 & 0 & 0 \end{pmatrix}^{\text{T}}, & i = 1601, \cdots, N \end{cases} \tag{8.99}$$

1. 验证参数定理

区间 [1, 1200] 上的数据用于估计参数. 当 $n_t = 6$ 时, 有

$$\begin{aligned} \hat{\boldsymbol{\beta}}_{\text{PCR}} &= \hat{\boldsymbol{\beta}}_{\text{PLSR}} = \hat{\boldsymbol{\beta}}_{\text{OLSR}} \\ &= \begin{pmatrix} -1.4439 & 0.7600 & -0.6155 & 1.2448 & 0.5986 & 1.9671 \\ -3.0875 & -1.2898 & 0.4385 & -2.0405 & -0.6404 & -0.7800 \\ 0.6387 & -0.2767 & -1.2044 & -0.4692 & 0.1417 & 0.2391 \\ 0.3234 & 1.6719 & -0.4538 & 1.2534 & -0.6747 & 0.5225 \end{pmatrix} \end{aligned}$$

类似地, 当 $n_t = 4$ 时, 有

$$\hat{\boldsymbol{\beta}}_{\text{CCR}} = \hat{\boldsymbol{\beta}}_{\text{RRR}} = \hat{\boldsymbol{\beta}}_{\text{OLSR}}$$

2. 验证校正定理

图 8.1(e) 的左子图和表 8.4 的左子表刻画了不同潜变量回归方法提取不同数量的潜变量时对应的校正残差平方和, 可以发现:

(1) 对任意 $n_t \geqslant 1$, 有 $1.028 = \mathrm{SSE_{OLSR}} \leqslant \mathrm{SSE}_*$, 其中 $*$ 表示 PCR, CCR, PLSR 或者 RRR.

(2) 如果 $n_t = r_u = 6$, 那么 $1.028 = \mathrm{SSE_{OLSR}} = \mathrm{SSE}_*$, 其中 $*$ 表示 PCR, CCR, PLSR 或者 RRR.

(3) 对任意 $n_t \geqslant 1$, 有 $\mathrm{SSE_{RRR}} \leqslant \mathrm{SSE}_{**}$, 其中 $**$ 表示 PCR, PLSR 或者 CCR.

(4) 如果 $n_t = r_y = 4$, 那么, $1.028 = \mathrm{SSE_{OLSR}} = \mathrm{SSE_{CCR}} = \mathrm{SSE_{RRR}} \leqslant \mathrm{SSE}_{***}$, 其中 $***$ 表示 PCR 或者 PLSR.

区间 [1201, 1600] 上的样本用作预测样本. 图 8.1(e) 的右子图和表 8.4 的右子表刻画了预测残差平方和. 可以发现校正残差平方和和预测残差平方和保持高度一致, 这不足为奇, 因为数据确实是由线性静态方程生成的.

表 8.4 MIMO-校正残差平方和 (左) 和预测残差平方和 (右)

n_t	A: 校正残差平方和					B: 预测残差平方和				
	PCR	PLSR	CCR	RRR	OLSR	PCR	PLSR	CCR	RRR	OLSR
1	20.06	17.70	16.12	16.81	—	20.30	17.65	16.47	16.479	—
2	11.39	6.750	4.483	4.280	—	10.79	6.285	4.063	4.064	—
3	6.023	4.093	2.021	1.917	—	4.839	3.885	1.791	1.791	—
4	1.807	1.667	1.028	1.028	—	1.724	1.575	1.003	1.003	—
5	1.397	1.305	1.028	1.028	—	1.274	1.194	1.003	1.003	—
6	1.028	1.028	1.028	1.028	1.028	1.003	1.003	1.003	1.003	1.003

3. 验证检测定理

如果 $n_t = r_y = 4$, 检测阈值为 $T_\alpha^2 = \dfrac{4\left(1200^2-4\right)}{1200(1200-4)} F_{0.95}\left(4, 1200-4\right) = 9.5493$. 所有 2000 个样本当作检测样本, 图 8.1(f) 刻画了不同方法的检测结果, 可以发现, PCR 和 PLSR 的检测率较低. 仿真再一次验证了检测定理的正确性, 实际上

$$\mathrm{FDR_{PCR}} = 59\% < \mathrm{FDR_{PLSR}} = 61\% < \mathrm{FDR_{CCR}} = \mathrm{FDR_{CCR}} = 90\%$$

8.6.3 案例 3: 田纳西–伊斯曼过程 (TEP)

田纳西–伊斯曼过程 (TEP, Tennessee-Eastman Process) 的具体介绍见 5.4 节. 本案例选择了与产品相关的 5 个输出变量和 9 个输入变量, 见表 8.5.

表 8.5　TEP-输入变量和输出变量

输入				输出	
变量 u	单位	变量 u	单位	变量 y	单位
D 流速, u_1	kgh^{-1}	分离塔流速, u_6	$\mathrm{m^3h^{-1}}$	成分 D, y_1	kgh^{-1}
E 流速, u_2	kgh^{-1}	汽提塔流速, u_7	$\mathrm{m^3h^{-1}}$	成分 E, y_2	kgh^{-1}
A 流速, u_3	kscmh^{-1}	反应器水流速, u_8	$\mathrm{m^3h^{-1}}$	成分 F, y_3	kgh^{-1}
A/C 流速比, u_4	1	冷凝水流速, u_9	$\mathrm{m^3h^{-1}}$	成分 G, y_4	kgh^{-1}
阀门, u_5	%			成分 H, y_5	kgh^{-1}

仿真时间为 50 小时, 采样周期为 0.01 小时, 一共有 5000 个样本. 前 4000 个样本为正常数据, 后 1000 个样本为故障数据, 故障变量为第 4 个输入变量, 即 u_4.

1. 验证参数定理

区间 [1, 3000] 上的样本用于估计参数. 当 $n_t = 9$ 时, 有

$$\hat{\boldsymbol{\beta}}_{\mathrm{PCR}} = \hat{\boldsymbol{\beta}}_{\mathrm{PLSR}} = \hat{\boldsymbol{\beta}}_{\mathrm{OLSR}} = \begin{pmatrix} -0.0130 & -0.0043 & -0.0028 & \ldots & -0.0169 & -0.0007 & 0.0001 \\ -0.0277 & 0.0789 & 0.0098 & \ldots & -0.0858 & 0.0003 & 0.0000 \\ 0.0128 & -0.0091 & -0.0077 & \ldots & -0.0444 & -0.0017 & -0.0001 \\ -3.6496 & 10.3922 & -0.0935 & \ldots & -1.3322 & 0.0534 & -0.0008 \\ -7.4083 & -6.5757 & -0.0291 & \ldots & 4.4050 & -0.0742 & 0.0051 \end{pmatrix}$$

类似地, 当 $n_t = 5$ 时, 有

$$\hat{\boldsymbol{\beta}}_{\mathrm{CCR}} = \hat{\boldsymbol{\beta}}_{\mathrm{RRR}} = \hat{\boldsymbol{\beta}}_{\mathrm{OLSR}}$$

2. 验证校正定理

图 8.2(b) 的左子图和表 8.6 的左子表刻画了不同潜变量回归方法提取不同数量的潜变量时对应的校正残差平方和.

(1) 对任意 $n_t \geqslant 1$, 有 $0.497 = \mathrm{SSE}_{\mathrm{OLSR}} \leqslant \mathrm{SSE}_*$, 其中 $*$ 表示 PCR, CCR, PLSR 或者 RRR.

(2) 如果 $n_t = r_{\boldsymbol{u}} = 9$, 那么 $0.497 = \mathrm{SSE}_{\mathrm{OLSR}} = \mathrm{SSE}_*$, 其中 $*$ 表示 PCR, CCR, PLSR 或者 RRR.

(3) 对任意 $n_t \geqslant 1$, 有 $\mathrm{SSE}_{\mathrm{RRR}} \leqslant \mathrm{SSE}_{**}$, 其中 $**$ 表示 PCR, PLSR 或者 CCR.

(4) 如果 $n_t \geqslant r_{\boldsymbol{y}} = 4$, 那么 $0.497 = \mathrm{SSE}_{\mathrm{OLSR}} = \mathrm{SSE}_{\mathrm{CCR}} = \mathrm{SSE}_{\mathrm{RRR}} \leqslant \mathrm{SSE}_{***}$, 其中 $***$ 表示 PCR 或者 PLSR.

区间 [3001, 4000] 上的样本用作预测样本. 图 8.2(b) 的右子图和表 8.6 的右子表刻画了预测残差平方和. 可以发现校正残差平方和和预测残差平方和有时候不一

致. 例如, 当 $n_t = 2$ 时, 校正残差平方和满足 $\mathrm{SSE_{RRR}} = 0.4973 < 0.5026 = \mathrm{SSE_{CCR}}$, 然而预测残差平方和却有 $\mathrm{SSE_{RRR}} = 0.4745 > 0.4553 = \mathrm{SSE_{CCR}}$.

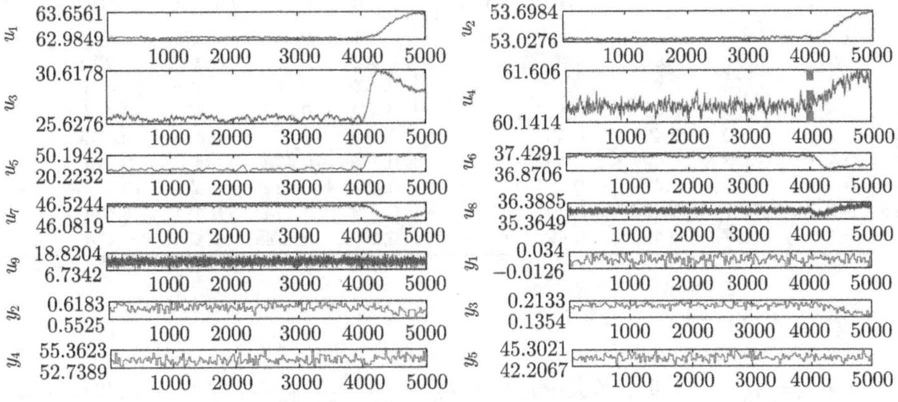

(a) 数据图

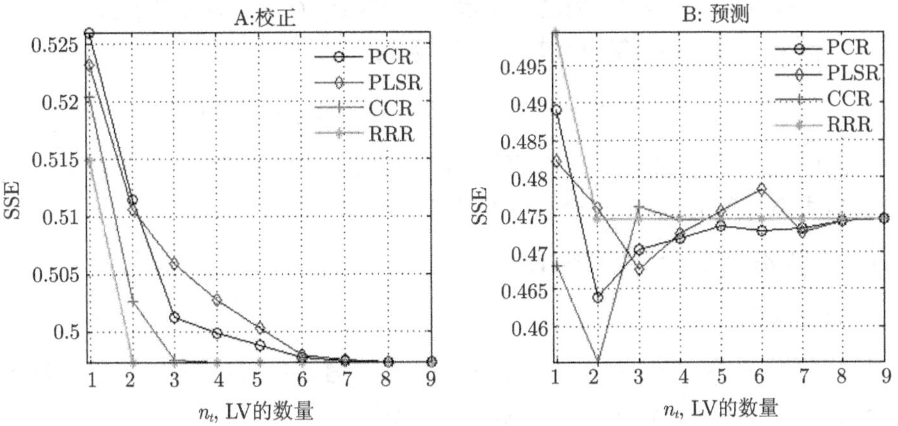

(b) TEP-校正残差平方和(左)和预测残差平方和(右)

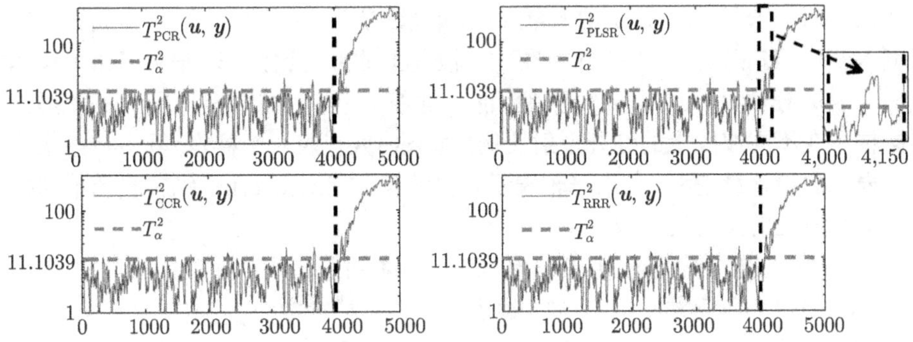

(c) TEP-检测图

图 8.2 TEP- 仿真图

表 8.6　TEP-校正残差平方和 (左) 和预测残差平方和 (右)

n_t	A: 校正残差平方和					B: 预测残差平方和				
	PCR	PLSR	CCR	RRR	OLSR	PCR	PLSR	CCR	RRR	OLSR
1	0.525	0.523	0.520	0.5149	—	0.489	0.482	0.468	0.499	—
2	0.511	0.510	**0.502**	**0.4973**	—	0.463	0.475	**0.455**	**0.474**	—
3	0.501	0.505	0.497	0.497	—	0.470	0.467	0.476	0.474	—
4	0.499	0.502	0.497	0.497	—	0.471	0.472	0.474	0.474	—
5	0.498	0.500	0.497	0.497	—	0.473	0.475	0.474	0.474	—
6	0.497	0.498	0.497	0.497	—	0.472	0.478	0.474	0.474	—
7	0.497	0.497	0.497	0.497	—	0.473	0.472	0.474	0.474	—
8	0.497	0.497	0.497	0.497	—	0.474	0.474	0.474	0.474	—
9	0.497	0.497	0.497	0.497	0.497	0.474	0.474	0.474	0.474	0.474

3. 验证检测定理

当 $n_t = r_{\boldsymbol{y}} = 5$ 时, 检测阈值为 $T_\alpha^2 = \dfrac{5\left(3000^2-5\right)}{3000(3000-5)}F_{0.95}\left(5,3000-5\right) = 11.1039$. 所有 5000 个样本当成测试样本, 注意最后 1000 个为故障数据. 图 8.2(c) 刻画了不同方法的检测结果, 经过统计可以发现

$$\mathrm{FDR}_{\mathrm{PLSR}}= 87.9880\% < \mathrm{FDR}_{\mathrm{PCR}} = 92.4928\% \approx \mathrm{FDR}_{\mathrm{CCR}} = \mathrm{FDR}_{\mathrm{RRR}} = 92.4925\%$$

其中, 偏最小二乘回归方法在 4000 至 4150 间的漏检率比较高, 如图 8.2(c) 右上角子图的放大部分所示. 其他三个方法的检测性能差异不大.

8.6.4　案例 4: 近红外反射 (NIR)

1. 数据描述

可以从 http://w3.uniroma1.it/chemo/metrics/chemom/mslide4.html 下载近红外反射 (NIR, Near Infrared Reflection) 光谱数据.

众多文献都利用该数据验证潜变量回归问题[106, 107]. 该数据集有 71 个饼干样本, 光谱波长范围是 1380 纳米至 2400 纳米, 分为 511 个波段, 每个波段对应一个输入变量. $\boldsymbol{U}$ 记录了 71 个样本在 511 波段上的反射比例; $\boldsymbol{Y}$ 记录了每个样本的 $n_y = 4$ 种成分含量: 脂肪 (y_1)、蔗糖 (y_2)、面粉 (y_3) 和水分 (y_4). 图 8.3(a) 描绘了不同样本在不同波段上的红外反射比例. 每条曲线代表一个样本, 其中一条水平轴 (y_3) 表示面粉含量, 另一条水平轴表示实验波长 (Wavelength), 纵轴表示不同样本在不同波段上的反射比例, $\boldsymbol{U}$.

把这 71 个数据分为两组, 第一组 54 个样本用于校正 (训练), 剩下 17 个用于预测 (测试). $\boldsymbol{U}$ 的变量数 $n_{\boldsymbol{u}} = 511$ 远远大于校正样本数 $N_{\mathrm{cal}} = 54$.

2. 验证校正定理

图 8.3(b) 的左子图和表 8.7 的左子表刻画了不同潜变量回归方法提取不同数

量的潜变量时对应的校正残差平方和, 可以发现

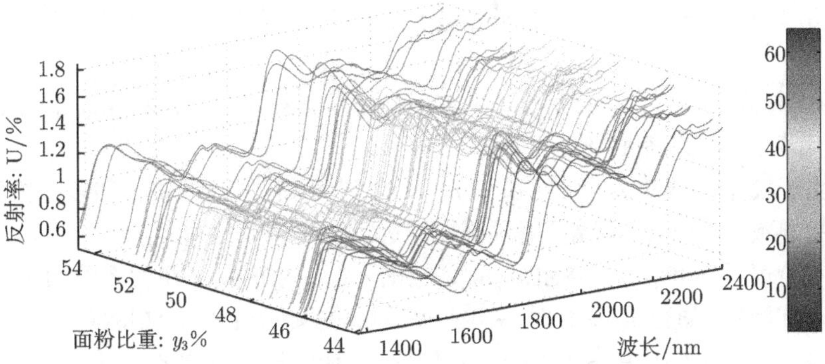

(a) NIR-数据图

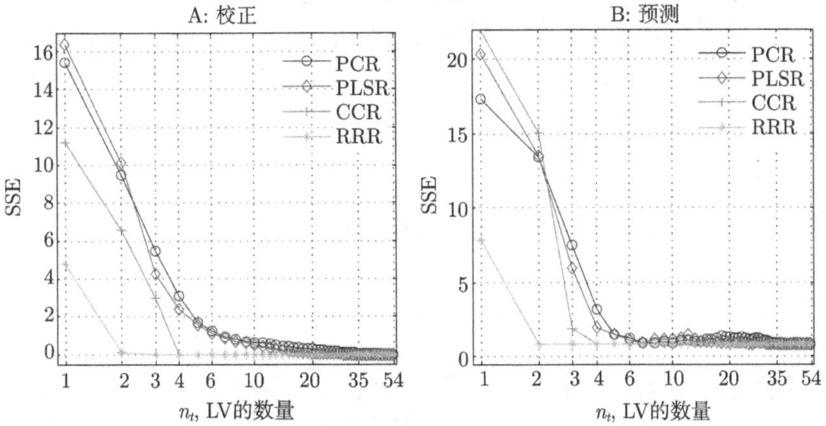

(b) NIR-校正残差平方和(左)和预测残差平方和(右)

图 8.3 NIR-仿真图

表 8.7 NIR-校正残差平方和 (左) 和预测残差平方和 (右)

n_t	A: 校正残差平方和				B: 预测残差平方和			
	PCR	PLSR	CCR	RRR	PCR	PLSR	CCR	RRR
1	16.44	16.40	7.950	4.770	17.34	20.33	16.90	7.795
2	9.508	10.11	3.292	0.117	13.452	13.542	8.924	0.814
3	6.456	4.279	**0.359**	$\mathbf{7.4*10^{-6}}$	7.537	6.980	**0.706**	**0.867**
4	3.094	2.419	0.000	0.000	3.229	1.977	0.867	0.867
⋯	⋯	⋯	⋯	⋯	⋯	⋯	⋯	⋯
54	0.000	0.000	0.000	0.000	0.867	0.867	0.867	0.867

(1) 对于任意 $n_t \geqslant 1$, 有 $0 = \mathrm{SSE}_{\mathrm{OLSR}} \leqslant \mathrm{SSE}_*$, 其中 $*$ 代表 PCR, CCR, PLSR 或者 RRR.

(2) 如果 $n_t = r_u = 54$, 那么 $0 = \mathrm{SSE}_{\mathrm{OLSR}} = \mathrm{SSE}_*$, 其中 $*$ 代表 PCR, CCR, PLSR 或者 RRR.

(3) 对于任意 $n_t \geqslant 1$, 有 $\mathrm{SSE}_{\mathrm{RRR}} \leqslant \mathrm{SSE}_{**}$, 其中 $**$ 代表 PCR, PLSR 或者 CCR.

(4) 如果 $n_t \geqslant r_y = 4$, 那么 $0 = \mathrm{SSE}_{\mathrm{OLSR}} = \mathrm{SSE}_{\mathrm{CCR}} = \mathrm{SSE}_{\mathrm{RRR}} \leqslant \mathrm{SSE}_{***}$, 其中 $***$ 代表 PCR 或者 PLSR.

由于校正样本数太少, 当 $n_t = r_u = 54$ 时, 所有方法的校正残差平方和等于 0, 这容易导致“过拟合”现象, 即预测性能远远低于校正性能.

实验表明 $\mathrm{SSE}_{\mathrm{PCR}} \leqslant \mathrm{SSE}_{\mathrm{PLSR}} \leqslant \mathrm{SSE}_{\mathrm{CCR}} = \mathrm{SSE}_{\mathrm{RRR}}$ 在大多数情况下都成立. 然而也有例外, 如当 $n_t = 2$ 时, $\mathrm{SSE}_{\mathrm{PCR}} = 9.508 < 10.119 = \mathrm{MSE}_{\mathrm{PLSR}}$. 这也意味着当 $n_t < r_y$ 时, PCR, PLSR, CCR 和 RRR 的精度没有确定的关系.

图 8.3(b) 的右子图和表 8.7 的右子表刻画了预测残差平方和. 由于存在噪声, 校正高精度并不能总是保证预测高精度. 比如, 当 $n_t = 3$ 时, 校正残差平方和 $\mathrm{SSE}_{\mathrm{CCR}} = 0.359 > 7.409 \times 10^{-6} = \mathrm{SSE}_{\mathrm{RRR}}$, 然而预测残差平方和却有 $\mathrm{SSE}_{\mathrm{CCR}} = 0.706 < 0.867 = \mathrm{SSE}_{\mathrm{RRR}}$.

3. 验证检测定理

案例 4 没有故障样本, 因此没有验证检测定理.

8.7 结论

针对静态输入/输出模型结构, 本章研究了潜变量提取、回归和检测的统一框架. 在该框架下, 用权矩阵解释了不同的潜变量回归方法, 分析了它们的参数转化条件、校正性能和检测性能, 四个仿真案例也验证了相关理论的正确性, 获得了下述结论:

(1) 权框架可以很好地解释潜变量回归方法, 普通最小二乘也不例外.

(2) 参数定理刻画了不同潜变量回归和普通最小二乘回归的转化关系.

(3) 校正定理刻画了不同潜变量回归的校正性能. 定理表明, 降秩回归精度最高, 典型相关回归次之, 偏最小二乘回归和主元回归最低.

(4) 检测定理刻画了不同潜变量检测方法的检测性能. 定理表明, 如果输入输出数据确实满足静态线性结构, 那么降秩检测是优选方法.

上述三个定理为选择潜变量回归和检测方法提供了理论依据. 本章针对静态输入/输出模型结构研究了潜变量回归和检测问题, 第 9 章将针对动态模型结构研究非预期故障诊断与可视化问题.

第 9 章　动态模型非预期故障诊断与可视化

9.1 引　　言

第 8 章研究了静态模型的故障检测评估问题, 本章研究动态模型非预期故障诊断的数据驱动设计与最优可视化问题.

如果系统参数是已知的, 传统的基于模型的故障诊断方法通过构造残差进行故障诊断[10, 59, 60], 如对偶空间法. 然而, 本章假定系统参数是未知的. 一般来说, 数据驱动故障诊断方法要辨识的参数不是模型 (9.1) 的系统参数, 而是要辨识能够直接用于故障诊断的参数, 例如, 残差生成的稳定核表示 (SKR, Stable Kernel Representation)[12, 35]. 因此, 本章的第一个问题是: **如何直接利用训练数据辨识动态系统残差生成的稳定核表示**? 9.2 节将研究这个问题.

动态系统也可能遇到非预期故障 [66,132−134]. 比如, 如果预期故障模式库中只考虑单变量常值故障, 那么多变量故障和变幅值故障就是非预期故障. 因此, 本章的第二个问题是: **针对动态系统, 如何利用上述稳定核表示设计非预期故障检测统计量**? 9.3 节将研究这个问题.

数据可视化是一个集计算机科学、心理学和统计学为一体的交叉学科问题 [135]. 可视化可以给用户带来直觉信息, 实现“可想象”到“可看见”的跨越. 比如故障检测图和贡献率图都是具体的可视化例子, 这些方法用曲线图和柱状图将故障信息表现出来, 使得故障诊断结果一目了然 [58].

系统的监控信息往往是高维的, 而人的视觉只能够观察三维空间内的信息. 因此, 可视化需要把高维信息按照某个视角投影到低维空间中. 然而, 数据降维必然导致信息的损失, 为了达到最好的可视化效果, 必须寻找一个最优可视化映射, 使得信息损失最小. 因此, 本章要回答的第三个问题是: **如何设计可视化映射, 使得故障隔离信息损失最少**? 9.4 节将研究这个问题.

9.2 动态模型检测基本方法

考虑如下经典的动态线性系统

$$\begin{cases} \boldsymbol{x}(k+1) = \boldsymbol{A}\boldsymbol{x}(k) + \boldsymbol{B}\boldsymbol{u}(k) + \boldsymbol{E}\boldsymbol{w}(k) & \text{(9.1a)} \\ \boldsymbol{y}(k) = \boldsymbol{C}\boldsymbol{x}(k) + \boldsymbol{D}\boldsymbol{u}(k) + \boldsymbol{v}(k) & \text{(9.1b)} \end{cases}$$

其中公式 (9.30a) 是状态方程, 公式 (9.30b) 是测量方程, $\boldsymbol{x} \in \mathbb{R}^{n_x}$, $\boldsymbol{u} \in \mathbb{R}^{n_u}$ 和 $\boldsymbol{y} \in \mathbb{R}^{n_y}$ 分别是状态变量、输入变量和输出变量; $\boldsymbol{w}(k) \sim N(\boldsymbol{0}, \boldsymbol{\Sigma}_{\boldsymbol{w}})$ 是过程噪声, 方差为 $\boldsymbol{\Sigma}_{\boldsymbol{w}} \in \mathbb{R}^{n_w \times n_w}$; $\boldsymbol{v}(k) \sim N(\boldsymbol{0}, \boldsymbol{\Sigma}_{\boldsymbol{v}})$ 是测量噪声, 方差为 $\boldsymbol{\Sigma}_{\boldsymbol{v}} \in \mathbb{R}^{n_y \times n_y}$, 两种噪声是统计独立的; $(\boldsymbol{A}, \boldsymbol{B}, \boldsymbol{C}, \boldsymbol{D}, \boldsymbol{E})$ 是**未知的**系统参数.

假定 s 是给定的延迟因子 (Lagged Variable), 那么 Hankel 向量 $\boldsymbol{\omega}_s(k) \in \mathbb{R}^{sn_\omega}$ 和 Hankel 数据矩阵 $\boldsymbol{\Omega}_{s,N}(k) \in \mathbb{R}^{sn_\omega \times N}$ 的定义 [12, ?] 分别见公式 (9.2a) 和 (9.2b)

$$\begin{cases} \boldsymbol{\omega}_s(k) = \begin{pmatrix} \boldsymbol{\omega}(k+0) \\ \boldsymbol{\omega}(k+1) \\ \vdots \\ \boldsymbol{\omega}(k+s-1) \end{pmatrix} & \text{(9.2a)} \\ \boldsymbol{\Omega}_{s,N}(k) = \begin{pmatrix} \boldsymbol{\omega}(k+0) & \boldsymbol{\omega}(k+1) & \cdots & \boldsymbol{\omega}(k+N-1) \\ \boldsymbol{\omega}(k+1) & \boldsymbol{\omega}(k+2) & \cdots & \boldsymbol{\omega}(k+N) \\ \vdots & \vdots & & \vdots \\ \boldsymbol{\omega}(k+s-1) & \boldsymbol{\omega}(k+s) & \cdots & \boldsymbol{\omega}(k+N+s-2) \end{pmatrix} & \text{(9.2b)} \end{cases}$$

其中 $\boldsymbol{\omega}$ 可以表示 $\boldsymbol{x}$, $\boldsymbol{u}$, $\boldsymbol{y}$, $\boldsymbol{w}$ 或者 $\boldsymbol{v}$; 类似地, $\boldsymbol{\Omega}$ 可以表示 $\boldsymbol{X}$, $\boldsymbol{U}$, $\boldsymbol{Y}$, $\boldsymbol{W}$ 或者 $\boldsymbol{V}$; 另外, k, s 和 N 分别称为 $\boldsymbol{\Omega}_{s,N}(k)$ 的起点、高度 (Height) 和宽度 (Width).

为了方便推导, 记

$$\begin{cases} \boldsymbol{\Omega}_{s,N} = \boldsymbol{\Omega}_{s,N}(1) & \text{(9.3a)} \\ \boldsymbol{\Omega}_N = \boldsymbol{\Omega}_{1,N}(1) & \text{(9.3b)} \end{cases}$$

可观测矩阵 $\boldsymbol{\Gamma}_s \in \mathbb{R}^{sn_y \times n_x}$ 的定义为

$$\boldsymbol{\Gamma}_s = \begin{pmatrix} \boldsymbol{C}\boldsymbol{A}^0 \\ \boldsymbol{C}\boldsymbol{A}^1 \\ \vdots \\ \boldsymbol{C}\boldsymbol{A}^{s-1} \end{pmatrix} \tag{9.4}$$

与输入变量 $\boldsymbol{u}$ 对应的 Toeplitz 矩阵 $\boldsymbol{H}_{\boldsymbol{u},s} \in \mathbb{R}^{sn_y \times sn_u}$ 定义为

$$\boldsymbol{H}_{\boldsymbol{u},s} = \begin{pmatrix} \boldsymbol{D} & \boldsymbol{0} & \cdots & \boldsymbol{0} \\ \boldsymbol{C}\boldsymbol{A}^0\boldsymbol{B} & \boldsymbol{D} & \ddots & \vdots \\ \vdots & \ddots & \ddots & \boldsymbol{0} \\ \boldsymbol{C}\boldsymbol{A}^{s-2}\boldsymbol{B} & \cdots & \boldsymbol{C}\boldsymbol{A}^0\boldsymbol{B} & \boldsymbol{D} \end{pmatrix} \tag{9.5}$$

类似地, 当把 $\boldsymbol{H}_{\boldsymbol{u},s}$ 中的 $\boldsymbol{D}$ 和 $\boldsymbol{B}$ 分别换成 $\mathbf{0}$ 和 $\boldsymbol{E}$, 就可以得到与过程噪声 $\boldsymbol{w}$ 对应的 Toeplitz 矩阵 $\boldsymbol{H}_{\boldsymbol{w},s} \in \mathbb{R}^{sn_{\boldsymbol{y}} \times sn_{\boldsymbol{w}}}$.

依据公式 (9.1)~(9.5) 的定义得

$$\boldsymbol{y}_s(k) = \boldsymbol{\Gamma}_s x(k) + \boldsymbol{H}_{\boldsymbol{u},s}\boldsymbol{u}_s(k) + \boldsymbol{H}_{\boldsymbol{w},s}\boldsymbol{w}_s(k) + \boldsymbol{v}_s(k) \tag{9.6}$$

$\boldsymbol{\Gamma}_s$ 的对偶空间 (PS, Parity Space) 记为 $\boldsymbol{\Gamma}_s^{\perp} \in \mathbb{R}^{(sn_{\boldsymbol{y}}-n_{\boldsymbol{x}}) \times sn_{\boldsymbol{y}}}$, $\boldsymbol{\Gamma}_s^{\perp}$ 实质是 $\boldsymbol{\Gamma}_s$ 的标准正交左零空间, 即

$$\begin{cases} \boldsymbol{\Gamma}_s^{\perp}\boldsymbol{\Gamma}_s = \mathbf{0} & (9.7\text{a}) \\ \boldsymbol{\Gamma}_s^{\perp}\left(\boldsymbol{\Gamma}_s^{\perp}\right)^{\mathrm{T}} = \boldsymbol{I}_{sn_{\boldsymbol{y}}-n_{\boldsymbol{x}}} & (9.7\text{b}) \end{cases}$$

进一步, 引入下述记号

$$\begin{cases} \boldsymbol{z}_s(k) = \begin{pmatrix} \boldsymbol{u}_s(k) \\ \boldsymbol{y}_s(k) \end{pmatrix} & (9.8\text{a}) \\ \boldsymbol{Q} = \boldsymbol{\Gamma}_s^{\perp}(-\boldsymbol{H}_{\boldsymbol{u},s}, \boldsymbol{I}) & (9.8\text{b}) \\ n_{\boldsymbol{z}} = n_{\boldsymbol{u}} + n_{\boldsymbol{y}} & (9.8\text{c}) \\ n_{\boldsymbol{r}} = sn_{\boldsymbol{y}} - n_{\boldsymbol{x}} & (9.8\text{d}) \end{cases}$$

显然 $\boldsymbol{Q} \in \mathbb{R}^{n_{\boldsymbol{r}} \times sn_{\boldsymbol{z}}}$, 把 $\boldsymbol{Q}$ 称为动态模型残差生成的**稳定核表示**, $n_{\boldsymbol{r}}$ 是 $\boldsymbol{Q}$ 的秩. 后面将会发现稳定核表示是故障诊断的最关键信息. 在公式 (9.6) 两边同时乘以 $\boldsymbol{\Gamma}_s^{\perp}$, 再依据公式 (9.7a) 和 (9.8) 得

$$\boldsymbol{Q}\boldsymbol{z}_s(k) = \boldsymbol{\Gamma}_s^{\perp}(\boldsymbol{H}_{\boldsymbol{w},s}\boldsymbol{w}_s(k) + \boldsymbol{v}_s(k)) \tag{9.9}$$

其中等式右边 $\boldsymbol{\Gamma}_s^{\perp}(\boldsymbol{H}_{w,s}\boldsymbol{w}_s(k) + \boldsymbol{v}_s(k))$ 是随机型信号. 分别记

$$\begin{cases} \boldsymbol{e}_s(k) = \boldsymbol{\Gamma}_s^{\perp}(\boldsymbol{H}_{\boldsymbol{w},s}\boldsymbol{w}_s(k) + \boldsymbol{v}_s(k)) & (9.10\text{a}) \\ \boldsymbol{r}_s(k) = \boldsymbol{Q}\boldsymbol{z}_s(k) & (9.10\text{b}) \end{cases}$$

公式 (9.10a) 称为分析型残差, 公式 (9.10b) 则称为计算型残差, 显然

$$\boldsymbol{r}_s(k) = \boldsymbol{e}_s(k) \sim N(\mathbf{0}, \boldsymbol{\Sigma}_{r_s}) \tag{9.11}$$

其中

$$\boldsymbol{\Sigma}_{r_s} = \boldsymbol{\Gamma}_s^{\perp}\left(\boldsymbol{H}_{\boldsymbol{w},s}\boldsymbol{\Sigma}_{\boldsymbol{w}}\boldsymbol{H}_{\boldsymbol{w},s}^{\mathrm{T}} + \boldsymbol{\Sigma}_{\boldsymbol{v}}\right)\boldsymbol{\Gamma}_s^{\perp\mathrm{T}} \tag{9.12}$$

9.2.1 模型已知

若模型是已知的, 即系数矩阵 $(\boldsymbol{A}, \boldsymbol{B}, \boldsymbol{C}, \boldsymbol{D}, \boldsymbol{E})$ 和噪声的方差 $(\boldsymbol{\Sigma}_{\boldsymbol{w}}, \boldsymbol{\Sigma}_{\boldsymbol{v}})$ 是已知的, 则对任意的测试数据 $\boldsymbol{z}_s(k)$ 可以按照公式 (9.10b) 构建检测残差, 对应的检测统计量为

$$\chi^2(\boldsymbol{z}_s) = \boldsymbol{r}_s^{\mathrm{T}} \hat{\boldsymbol{S}}_{r_s}^{-1} \boldsymbol{r}_s \tag{9.13}$$

若测试数据为正常数据, 那么 $\chi^2(\boldsymbol{z}_s)$ 服从自由度为 n_r 的 χ^2 分布. 显著性水平为 α, $\chi^2_{1-\alpha}(n_y)$ 是自由度为 n_r 的 χ^2 分布对应于 $(1-\alpha)$ 的分位数, 即

$$P\left\{\chi^2(\boldsymbol{z}_s) < \chi^2_{1-\alpha}(n_r)\right\} = 1-\alpha \tag{9.14}$$

$\chi^2(\boldsymbol{z}_s)$ 始终为正值, 所以检测统计量 $\chi^2(\boldsymbol{z}_s)$ 只有置信上限

$$\mathrm{UCL} = \chi^2_{1-\alpha}(n_r) \tag{9.15}$$

模型已知条件下, 静态模型检测算法:

第一步: 依据公式 (9.10b) 构造检测残差 $\boldsymbol{r}_s$.

第二步: 依据公式 (9.13) 构造检测统计量 $\boldsymbol{\chi}^2(\boldsymbol{z}_s)$.

第三步: 依据公式 (9.15) 计算置信上限 UCL.

第四步: 如果 $\chi^2(\boldsymbol{z}_s) \in [0, \mathrm{UCL}]$, 则 $\boldsymbol{z}_s$ 是正常数据, 否则 $\boldsymbol{z}_s$ 为故障数据.

9.2.2 模型未知

若模型参数 $(\boldsymbol{A}, \boldsymbol{B}, \boldsymbol{C}, \boldsymbol{D}, \boldsymbol{E})$ 是未知的, 则需要用正常训练数据辨识稳定核表示 $\boldsymbol{Q}$ 和残差方差 $\boldsymbol{\Sigma}_{r_s}$, 动态结构的输入–输出–噪声分别为

$$\begin{cases} \boldsymbol{U}_s = (\boldsymbol{u}_s(1), \cdots, \boldsymbol{u}_s(N)) & (9.16\mathrm{a}) \\ \boldsymbol{Y}_s = (\boldsymbol{y}_s(1), \cdots, \boldsymbol{y}_s(N)) & (9.16\mathrm{b}) \\ \boldsymbol{W}_s = (\boldsymbol{w}_s(1), \cdots, \boldsymbol{w}_s(N)) & (9.16\mathrm{c}) \\ \boldsymbol{V}_s = (\boldsymbol{v}_s(1), \cdots, \boldsymbol{v}_s(N)) & (9.16\mathrm{d}) \end{cases}$$

结合公式 (9.6) 和公式 (9.8b) 得

$$\boldsymbol{\Gamma}_s^{\perp} \boldsymbol{Y}_s = \boldsymbol{\Gamma}_s^{\perp}(\boldsymbol{H}_{\boldsymbol{u},s} \boldsymbol{U}_s + \boldsymbol{H}_{\boldsymbol{w},s} \boldsymbol{W}_s + \boldsymbol{V}_s) \tag{9.17}$$

引入下列记号

$$\boldsymbol{Z}_s = \begin{pmatrix} \boldsymbol{U}_s \\ \boldsymbol{Y}_s \end{pmatrix} \tag{9.18}$$

则有

$$\boldsymbol{Q} \boldsymbol{Z}_s = \boldsymbol{\Gamma}_s^{\perp}(\boldsymbol{H}_{\boldsymbol{w},s} \boldsymbol{W}_s + \boldsymbol{V}_s) \tag{9.19}$$

上式意味着 $\boldsymbol{Q}$ 可以零化正常数据 $\boldsymbol{Z}_s$, 因而它是动态模型的某种稳定特征. 矩阵 $\boldsymbol{Q}$ 可以用正常的历史训练数据估计出来, 进而构造当前测试数据的检测残差和检测统计量.

由公式 (9.19) 可知, $\boldsymbol{Z}_s$ 可以由 $\boldsymbol{U}_s$ 近似线性表示, 假定 $\boldsymbol{U}_s$ 是行满秩的 (此时称 $\boldsymbol{U}_s$ 是持续激励的数据), 那么 $\boldsymbol{Z}_s$ 的奇异值分解应该有 $sn_{\boldsymbol{u}}+n_{\boldsymbol{x}}$ 明显占优的奇异值, 记

$$n_{\boldsymbol{r}} = sn_{\boldsymbol{y}} - n_{\boldsymbol{x}} \tag{9.20}$$

则有 $n_{\boldsymbol{r}}$ 个明显接近零的奇异值.

对 $\boldsymbol{Z}_s$ 进行如下奇异值分解, 即

$$\boldsymbol{Z}_s = (\boldsymbol{\varGamma}_1, \boldsymbol{\varGamma}_2)\begin{pmatrix} \boldsymbol{\varLambda}_1 & \\ & \boldsymbol{\varLambda}_2 \end{pmatrix}(\boldsymbol{V}_1, \boldsymbol{V}_2)^{\mathrm{T}} \tag{9.21}$$

其中 $\boldsymbol{\varLambda}_2 \approx \boldsymbol{0}$, 则存在可逆线性变换 $\boldsymbol{T}$ 使得

$$\boldsymbol{Q} = \boldsymbol{T}\boldsymbol{\varGamma}_2 \tag{9.22}$$

因此用下式作为稳定核表示的估计

$$\hat{\boldsymbol{Q}} = \boldsymbol{\varGamma}_2 \tag{9.23}$$

并按照下式构建残差

$$\boldsymbol{r}_s = \hat{\boldsymbol{Q}}\boldsymbol{z}_s \tag{9.24}$$

噪声的方差阵可以用样本方差阵近似表示如下

$$\hat{\boldsymbol{S}}_{\boldsymbol{r}_s} = \frac{1}{N-1}(\boldsymbol{Q}\boldsymbol{Z}_s)(\boldsymbol{Q}\boldsymbol{Z}_s)^{\mathrm{T}} \tag{9.25}$$

残差 (9.24) 的检测统计量为

$$\begin{cases} T^2(\boldsymbol{z}_s) = \boldsymbol{r}_s^{\mathrm{T}}\hat{\boldsymbol{S}}_{r_s}^{-1}\boldsymbol{r}_s \\ F(\boldsymbol{z}_s) = \dfrac{N(N-n_r)}{n_r(N^2-1)}T^2(\boldsymbol{z}_s) \end{cases} \tag{9.26}$$

若测试数据 $\boldsymbol{z}_s$ 为正常数据, 那么 $F(\boldsymbol{z}_s)$ 服从自由度为 $(n_r, N-n_r)$ 的 F 分布. 显著性水平为 α, $F_{1-\alpha}(n_r, N-n_r)$ 是自由度为 $(n_r, N-n_r)$ 的 F 分布对应于 $(1-\alpha)$ 的分位数, 即

$$P\{F(z) < F_{1-\alpha}(n_r, N-n_r)\} = 1-\alpha \tag{9.27}$$

$F(\boldsymbol{z}_s)$ 始终为正值, 所以检测统计量 $F(\boldsymbol{z}_s)$ 只有置信上限

$$\mathrm{UCL} = F_{\alpha}(n_r, N-n_r) \tag{9.28}$$

对应地, $T^2(\boldsymbol{z}_s)$ 的置信上限为

$$T_{\alpha}^{2}=\frac{n_{\boldsymbol{r}}\left(N^{2}-1\right)}{N(N-n_{\boldsymbol{r}})}F_{1-\alpha}\left(n_{\boldsymbol{r}},N-n_{\boldsymbol{r}}\right) \tag{9.29}$$

模型未知条件下, 动态模型检测算法:

第〇步: 依据公式 (9.21) 和公式 (9.23) 估计稳定核表示 $\hat{\boldsymbol{Q}}$.

第一步: 依据公式 (9.10b) 构造检测残差 $\boldsymbol{r}_s$.

第二步: 依据公式 (9.26) 构造检测统计量 $T^2(\boldsymbol{z}_s)$ 或者 $F(\boldsymbol{z}_s)$.

第三步: 依据公式 (9.29) 或者 (9.28) 计算置信上限 UCL.

第四步: 如果 $T^2(\boldsymbol{z}_s)$ 或者 $F(\boldsymbol{z}_s)\in[0,\mathrm{UCL}]$, 则 $\boldsymbol{z}_s$ 是正常数据, 否则 $\boldsymbol{z}_s$ 是故障数据.

带有故障的动态线性系统为

$$\begin{cases}\boldsymbol{x}\left(k+1\right)=\boldsymbol{A}\boldsymbol{x}\left(k\right)+\boldsymbol{B}\left[\boldsymbol{u}\left(k\right)+\boldsymbol{f}^{\boldsymbol{u}}\left(k\right)\right]+\boldsymbol{E}\boldsymbol{w}\left(k\right) & (9.30\text{a})\\ \boldsymbol{y}\left(k\right)=\boldsymbol{C}\boldsymbol{x}\left(k\right)+\boldsymbol{D}\left[\boldsymbol{u}\left(k\right)+\boldsymbol{f}^{\boldsymbol{u}}\left(k\right)\right]+\boldsymbol{f}^{\boldsymbol{y}}\left(k\right)+\boldsymbol{v}\left(k\right) & (9.30\text{b})\end{cases}$$

其中 $\boldsymbol{f}^{\boldsymbol{u}}\in\mathbb{R}^{n_{\boldsymbol{u}}}$ 和 $\boldsymbol{f}^{\boldsymbol{y}}\in\mathbb{R}^{n_{\boldsymbol{y}}}$ 分别是执行器故障和传感器故障. 记

$$\boldsymbol{f}_s\left(k\right)=\begin{pmatrix}-\boldsymbol{f}_s^{\boldsymbol{u}}\left(k\right)\\ \boldsymbol{f}_s^{\boldsymbol{y}}\left(k\right)\end{pmatrix} \tag{9.31}$$

则类似于公式 (9.6) 可得

$$\boldsymbol{y}_s\left(k\right)=\boldsymbol{\Gamma}_s x\left(k\right)+\boldsymbol{H}_{\boldsymbol{u},s}\boldsymbol{u}_s\left(k\right)+\boldsymbol{H}_{\boldsymbol{w},s}\boldsymbol{w}_s\left(k\right)+\boldsymbol{H}_{\boldsymbol{u},s}\boldsymbol{f}_s^{\boldsymbol{u}}\left(k\right)+\boldsymbol{f}_s^{\boldsymbol{y}}\left(k\right)+\boldsymbol{v}_s\left(k\right) \tag{9.32}$$

在公式 (9.6) 两边同时乘以 $\boldsymbol{\Gamma}_s^{\perp}$ 得

$$\boldsymbol{Q}\boldsymbol{z}_s\left(k\right)=\boldsymbol{Q}\boldsymbol{f}_s\left(k\right)+\boldsymbol{\Gamma}_s^{\perp}\left(\boldsymbol{H}_{\boldsymbol{w},s}\boldsymbol{w}_s\left(k\right)+\boldsymbol{v}_s\left(k\right)\right) \tag{9.33}$$

其中等式右边第一项 $\boldsymbol{Q}\boldsymbol{f}_s(k)$ 是确定型信号, 与故障相关; 等式右边第二项是随机型信号, 与噪声相关, 与故障无关. 记

$$\begin{cases}\boldsymbol{e}_s\left(k\right)=\boldsymbol{\Gamma}_s^{\perp}\left(\boldsymbol{H}_{\boldsymbol{w},s}\boldsymbol{w}_s\left(k\right)+\boldsymbol{v}_s\left(k\right)\right)\\ \boldsymbol{r}_s\left(k\right)=\boldsymbol{Q}\boldsymbol{z}_s\left(k\right)\end{cases} \tag{9.34}$$

则有

$$\boldsymbol{r}_s\left(k\right)=\boldsymbol{Q}\boldsymbol{f}_s\left(k\right)+\boldsymbol{e}_s\left(k\right)\sim N\left(\boldsymbol{Q}\boldsymbol{f}_s\left(k\right),\boldsymbol{\Sigma}_{\boldsymbol{r}_s}\right) \tag{9.35}$$

注解 9.1 在下列三种情况下, 故障是不可检测的, 或者故障的检测率很低:

(1) 如果 $\boldsymbol{f}_s(k) \neq 0$, 但是 $\boldsymbol{Q}\boldsymbol{f}_s(k) = 0$, 那么对应的故障就无法检测, 因为当前故障信号 $\boldsymbol{f}_s$ 与稳定核表示是正交的, 如文献 [60] 中提到的直流电机 (DC motor), 它的某个传感器故障是无法检测的.

(2) 如果 $\boldsymbol{f}_s(k) \neq 0$, 且 $\boldsymbol{Q}\boldsymbol{f}_s(k) \neq 0$, 但是故障噪声比 (FNR, Fault-Noise Rate) 很小, FNR 的定义如下

$$\mathrm{FNR} = \left|\boldsymbol{Q}\boldsymbol{f}_s(k)\right| / \mathrm{norm}\left(\boldsymbol{\Sigma}_{r_s}\right) \tag{9.36}$$

那么对应的故障检测率就很低. 因为当前故障相对于噪声来说是微小故障 (Incipient Fault), 故障信号已经被噪声严重污染甚至完全覆盖了.

(3) 如果故障误报率 α 设置过小, 即检测阈值过大, 那么故障检测率也会降低.

9.3 动态系统的非预期故障诊断

本章仍采用第 5 章的非预期故障诊断的通用过程模型, 该模型包括了预期故障检测、预期故障隔离、非预期故障检测和非预期故障隔离四项功能. 本节的重点是: 基于稳定核表示 $\boldsymbol{Q}$ 构造故障的特征方向和非预期故障检测统计量.

9.3.1 预期故障隔离

第 6 章介绍了时序数据的特征方向 (Feature Direction), 本节将基于稳定核表示 $\boldsymbol{Q}$ 构造动态模型的特征方向.

$\boldsymbol{Q}$ 的定义见公式 (9.8b), 单位长度的特征方向定义如下

$$\boldsymbol{r}_i = \begin{cases} \dfrac{\displaystyle\sum_{j=0}^{s-1} \boldsymbol{Q}\left(i + jn_{\boldsymbol{u}}, :\right)}{\left\|\displaystyle\sum_{j=0}^{s-1} \boldsymbol{Q}\left(i + jn_{\boldsymbol{u}}, :\right)\right\|}, & i = 1, \cdots, n_{\boldsymbol{u}} \\[2ex] \dfrac{\displaystyle\sum_{j=0}^{s-1} \boldsymbol{Q}\left(i + jn_{\boldsymbol{y}} + sn_{\boldsymbol{u}} - n_{\boldsymbol{u}}, :\right)}{\left\|\displaystyle\sum_{j=0}^{s-1} \boldsymbol{Q}\left(i + jn_{\boldsymbol{y}} + sn_{\boldsymbol{u}} - n_{\boldsymbol{u}}, :\right)\right\|}, & i = n_{\boldsymbol{u}} + 1, \cdots, n_{\boldsymbol{u}} + n_{\boldsymbol{y}} = n_f \end{cases} \tag{9.37}$$

其中 $\{\boldsymbol{r}_i\}_{i=1}^{n_{\boldsymbol{u}}}$ 表示执行器故障的特征方向, $\{\boldsymbol{r}_i\}_{i=n_{\boldsymbol{u}}+1}^{n_f}$ 表示传感器故障的特征方向.

预期故障模式库 $\{\boldsymbol{r}_i\}_{i=1}^{n_f}$ 中只考虑了单变量常值故障, 此时故障模式库共有 $n_f = n_{\boldsymbol{u}} + n_{\boldsymbol{y}}$ 类预期故障模式, 每一类预期故障对应一个特征方向, 或者说对应一个输入变量或者输出变量.

注解 9.2 确切地说, 每一类预期故障对应一对特征方向, 即 $+\boldsymbol{r}_i$ 和 $-\boldsymbol{r}_i$. 但是这两个方向完全相反, 且对应的变量相同, 所以认为它们是相同的故障模式.

如果第 i 个变量发生了故障, 由公式 (9.35) 定义的残差变成了

$$\boldsymbol{r}_s(k) = |f|\,\boldsymbol{r}_i + \boldsymbol{e}_s(k) \sim N\left(|f|\,\boldsymbol{r}_i, \boldsymbol{\Sigma}_{\boldsymbol{r}_s}\right) \tag{9.38}$$

其中 $|f|$ 表示故障的幅值.

两个故障特征方向的夹角 $\theta(\boldsymbol{r}_i, \boldsymbol{r}_j)$ 为

$$\theta(\boldsymbol{r}_i, \boldsymbol{r}_j) = \arccos\left(\left|\boldsymbol{r}_i^{\mathrm{T}}\boldsymbol{r}_j\right| / \|\boldsymbol{r}_i\|\,\|\boldsymbol{r}_j\|\right) \tag{9.39}$$

其中 arccos 表示余弦函数. 由于特征方向都是单位长度的, 所以

$$\theta(\boldsymbol{r}_i, \boldsymbol{r}_j) = \arccos\left(\left|\boldsymbol{r}_i^{\mathrm{T}}\boldsymbol{r}_j\right|\right) \tag{9.40}$$

检测残差 $\boldsymbol{r}_s(k)$ 又称为故障的当前方向 (Current Direction) 或者样本方向 (Sample Direction). 用 $\theta(\boldsymbol{r}_s(k), \boldsymbol{r}_i)$ 表示 $\boldsymbol{r}_s(k)$ 与 $\boldsymbol{r}_i$ 之间的夹角, 即

$$\theta(\boldsymbol{r}_s(k), \boldsymbol{r}_i) = \arccos\left(\left|\boldsymbol{r}_s^{\mathrm{T}}(k)\,\boldsymbol{r}_i\right| / \left(\|\boldsymbol{r}_s(k)\|\,\|\boldsymbol{r}_i\|\right)\right) = \arccos\left(\left|\boldsymbol{r}_s^{\mathrm{T}}(k)\,\boldsymbol{r}_i\right| / \left(\|\boldsymbol{r}_s(k)\|\right)\right) \tag{9.41}$$

如果当前方向与第 i_0 个特征方向的夹角最小, 那么有理由认为当前故障模式就是第 i_0 类故障模式, 正因为如此, 构造下述预期故障隔离规则.

规则 9.1 若 i_0 满足

$$i_0 = \arg\min_i \{\theta(\boldsymbol{r}_s(k), \boldsymbol{r}_i), i = 1, \cdots, n_f\} \tag{9.42}$$

则当前故障模式为第 i_0 类预期故障模式.

注解 9.3 下面几种情况, 可能导致错误的故障隔离结果:

(1) 如果故障噪声比很小, 那么故障隔离可能出错. 因为当前方向被噪声污染, 导致当前方向严重偏离特征方向. 正因为如此, 本节我们假定故障噪声比足够大, 使得下式成立

$$\|\boldsymbol{r}_s(k)\| \approx |f| \tag{9.43}$$

(2) 如果某两个特征方向的夹角 $\theta(\boldsymbol{r}_{i_0}, \boldsymbol{r}_i)$ 特别小, 那么这两类故障容易相互错误隔离, 见 9.4 节的仿真.

(3) 如果当前故障为非预期故障, 那么规则 (9.1) 不可避免地会把非预期故障指定为某个与之夹角最小的故障. 例如, 如果我们只考虑单变量常值故障, 那么非预期故障, 如多变量故障和变幅值故障, 就可能会被错误地判断为某类预期故障. 9.3.2 节, 我们将构建一个用于判断某个被隔离的故障到底是预期故障还是非预期故障的检测统计量.

9.3.2 非预期故障检测

在非预期故障检测层, 要进一步确认当前故障是否真的是第 i_0 类故障模式. 其实, 在 6.2.3 节中已经构造了一个基于特征方向的非预期故障检测统计量, 见公式 (6.20). 本节引入一个基于动态系统结构的非预期故障检测统计量 (UFDS, Unanticipated Fault Detection Statistics).

首先证明一个定理, 该定理是非预期故障检测规则的理论依据, 如下.

定理 9.2 如果 i_0 源于公式 (9.42), 故障噪声比能够保证公式 (9.43) 成立, 且三个记号 $\text{sign}\left(\boldsymbol{r}_s(k)^{\text{T}}\boldsymbol{r}_{i_0}\right)$, $\tilde{\boldsymbol{r}}_s(k)$ 和 $\text{UFDS}(\boldsymbol{r}_s(k))$ 的定义如下

$$\text{sign}\left(\boldsymbol{r}_s(k)^{\text{T}}\boldsymbol{r}_{i_0}\right)=\begin{cases}1, & \boldsymbol{r}_s(k)^{\text{T}}\boldsymbol{r}_{i_0}>0\\ -1, & \boldsymbol{r}_s(k)^{\text{T}}\boldsymbol{r}_{i_0}\leqslant 0\end{cases} \tag{9.44}$$

$$\tilde{\boldsymbol{r}}_s(k)=\boldsymbol{r}_s(k)-\text{sign}\left(\boldsymbol{r}_s(k)^{\text{T}}\boldsymbol{r}_{i_0}\right)\|\boldsymbol{r}_s(k)\|\,\boldsymbol{r}_{i_0} \tag{9.45}$$

$$\text{UFDS}(\boldsymbol{r}_s(k))=\tilde{\boldsymbol{r}}_s(k)\,\boldsymbol{\Sigma}_{\boldsymbol{r}_s}^{-1}\tilde{\boldsymbol{r}}_s(k) \tag{9.46}$$

那么, $\text{UFDS}(\boldsymbol{r}_s(k))$ 是满足自由度为 $n_{\boldsymbol{r}}$ 的卡方分布, 即

$$\text{UFDS}(\boldsymbol{r}_s(k))\sim\chi^2(n_{\boldsymbol{r}}) \tag{9.47}$$

证明 简单起见, 记 $\boldsymbol{r}=\boldsymbol{r}_s(k)$ 和 $\boldsymbol{e}=\boldsymbol{e}_s(k)$.

如果 $\boldsymbol{r}$ 与 $\boldsymbol{r}_{i_0}$ 方向相同, 即 $\text{sign}\left(\boldsymbol{r}_s(k)^{\text{T}}\boldsymbol{r}_{i_0}\right)=1$, 那么由公式 (9.38) 和 (9.43) 得

$$\boldsymbol{r}=|f|\,\boldsymbol{r}_{i_0}+\boldsymbol{e} \tag{9.48}$$

$$\tilde{\boldsymbol{r}}_s(k)=\boldsymbol{r}-\|\boldsymbol{r}\|\,\boldsymbol{r}_{i_0}\approx(|f|\,\boldsymbol{r}_{i_0}+\boldsymbol{e})-|f|\,\boldsymbol{r}_{i_0}=\boldsymbol{e} \tag{9.49}$$

由公式 (9.11) 可得

$$\tilde{\boldsymbol{r}}_s(k)\approx\boldsymbol{e}\sim N(\boldsymbol{0},\boldsymbol{\Sigma}_{\boldsymbol{r}_s}) \tag{9.50}$$

类似地, 如果 $\boldsymbol{r}$ 与 $\boldsymbol{r}_{i_0}$ 方向相反, 即 $\text{sign}\left(\boldsymbol{r}_s(k)^{\text{T}}\boldsymbol{r}_{i_0}\right)=-1$, 我们同样可以证明公式 (9.50) 成立.

综上, 可得 $\text{UFDS}(\boldsymbol{r}_s(k))\sim\chi^2(n_{\boldsymbol{r}})$.

如果 $\chi^2_\alpha(n_r)$ 表示卡方分布对应于 $(1-\alpha)$ 的分位数, 那么 $\text{UFDS}(\boldsymbol{r}_s(k))$ 对应的检测阈值为

$$\text{UFDS}_\alpha=\chi^2_\alpha(n_r) \tag{9.51}$$

基于定理 9.2, 提出如下非预期故障检测规则.

规则 9.3 如果 $\text{UFDS}(\boldsymbol{r}_s(k))>\text{UFDS}_\alpha$, 那么当前故障是非预期故障; 否则是预期故障, 且故障变量就是 $\boldsymbol{r}_{i_0}$ 所对应的变量.

9.3.3　非预期故障隔离

对于动态系统, 本节并没有提供非预期故障隔离功能. 第 5 章和第 6 章提供的贡献图不能直接用于动态系统的非预期故障隔离, 因为此时的残差空间不再是简单的输出数据空间. 但是, 可视化有望为非预期故障隔离提供丰富的视觉信息. 故障的特征方向和样本方向的维数非常大, 查看故障信息比较困难, 因此需要用可视化技术将高维故障信息投影到低维空间中, 见 9.4 节.

9.4　故障的最优可视化算法

数据可视化是一个交叉学科问题 [135]. 可视化的任务不是实现故障诊断的完全自动化, 而是把故障信息以可视的形式呈现出来. 视觉信息比非零则一的自动化判别信息丰富得多, 本节的焦点是: 利用降维技术, 在低维空间实现高维故障方向的可视化. 显然, 数据降维可能导致可用信息减少. 因此降维映射应该尽可能地保留对故障诊断有用的信息, 尤其是故障模式之间的隔离信息. 我们把故障可视化问题归纳如下.

问题 9.4　*故障可视化就是要找到一个从残差空间 $\mathbb{R}^{n_r}$ 到可视化空间的 $\mathbb{R}^{n_M}$ 的降秩线性映射 $\boldsymbol{M} \in \mathbb{R}^{n_M \times n_r}$, 使得 $\boldsymbol{M}$ 尽可能地保留故障模式库的隔离信息. 方便起见, 我们约定 $\boldsymbol{M}$ 是标准正交投影 (Orthprojector), 即*

$$\boldsymbol{M}\boldsymbol{M}^{\mathrm{T}} = \boldsymbol{I}_{n_M} \tag{9.52}$$

故障特征方向的定义见公式 (9.37). 假设 $\boldsymbol{r}_i$ 和 $\boldsymbol{r}_j$ 是两个特征方向, 那么什么是“隔离信息”呢? 我们知道, 如果特征方向的夹角 $\theta(\boldsymbol{r}_i, \boldsymbol{r}_j)$ 越大, 那么 $\boldsymbol{r}_i$ 和 $\boldsymbol{r}_j$ 就越容易隔离. 所以把两个故障的夹角当做它们之间的“隔离信息”是一个看似合理的定义, 然而这样的定义将会导致降维计算的困难. 幸运的是, 利用三角形的“大边对大角”原理, 可以将夹角转化为特征方向之差 $\boldsymbol{r}_i - \boldsymbol{r}_j$ 的长度. 故障之间的隔离信息越多, 夹角就越大, 那么方向差对应的边长就越长.

如图 9.1 所示, 实线箭头表示两个特征方向, 它们都在单位圆上. 虚线箭头表示特征方向之差. 两个故障的可隔离性越好, 夹角 θ 就越大, 边长 $\boldsymbol{r}_i - \boldsymbol{r}_j$ 就越长.

正因为如此, 我们用特征方向的距离平方当做 $\boldsymbol{r}_i$ 和 $\boldsymbol{r}_j$ 之间的隔离信息 (Isolation Information), 并记为 $\mathrm{Iso}(\boldsymbol{r}_i, \boldsymbol{r}_j)$, 定义如下

$$\mathrm{Iso}(\boldsymbol{r}_i, \boldsymbol{r}_j) = (\boldsymbol{r}_i - \boldsymbol{r}_j)^{\mathrm{T}} (\boldsymbol{r}_i - \boldsymbol{r}_j) \tag{9.53}$$

故障模式库 $\{\boldsymbol{r}_i\}_{i=1}^{n_f}$ 的总隔离信息 (Total Isolation Information) 记为 TIso, 定义如下

$$\mathrm{TIso} = \sum_{j=1}^{n_f} \sum_{i=1}^{n_f} \mathrm{Iso}(\boldsymbol{r}_i, \boldsymbol{r}_j) \tag{9.54}$$

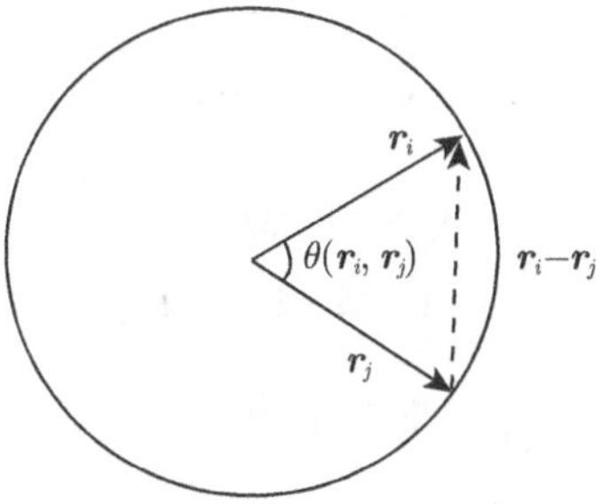

图 9.1 特征方向和大边对大角原理

当 $\{\boldsymbol{r}_i\}_{i=1}^{n_f}$ 映射成 $\{\boldsymbol{M}\boldsymbol{r}_i\}_{i=1}^{n_f}$ 后, 保留的隔离信息 (Maintained Isolation Information) 和保留的总隔离信息 (Maintained Total Isolation Information) 分别记为 $\mathrm{Iso}_{\boldsymbol{M}}$ 和 $\mathrm{TIso}_{\boldsymbol{M}}$, 见公式 (9.55) 和 (9.56)

$$\mathrm{Iso}_{\boldsymbol{M}}(\boldsymbol{r}_i, \boldsymbol{r}_j) = [\boldsymbol{M}(\boldsymbol{r}_i - \boldsymbol{r}_j)]^{\mathrm{T}} [\boldsymbol{M}(\boldsymbol{r}_i - \boldsymbol{r}_j)] \tag{9.55}$$

$$\mathrm{TIso}_{\boldsymbol{M}} = \sum_{j=1}^{n_f} \sum_{i=1}^{n_f} \mathrm{Iso}_{\boldsymbol{M}}(\boldsymbol{r}_i, \boldsymbol{r}_j) \tag{9.56}$$

如定理 9.5 所述, 数据可视化会导致总隔离信息变少.

定理 9.5 故障可视化会导致总隔离信息减小, 即 $\mathrm{TIso}_{\boldsymbol{M}} \leqslant \mathrm{TIso}$.

证明 对于任意标准正交映射 $\boldsymbol{M}$, 有

$$\boldsymbol{M}^{\mathrm{T}}\boldsymbol{M} \leqslant \boldsymbol{I}_{n_r} \tag{9.57}$$

所以

$$\begin{aligned} & \mathrm{Iso}_{\boldsymbol{M}}(\boldsymbol{r}_i, \boldsymbol{r}_j) \\ = & (\boldsymbol{r}_i - \boldsymbol{r}_j)^{\mathrm{T}} \boldsymbol{M}^{\mathrm{T}} \boldsymbol{M} (\boldsymbol{r}_i - \boldsymbol{r}_j) \\ \leqslant & (\boldsymbol{r}_i - \boldsymbol{r}_j)^{\mathrm{T}} \boldsymbol{I}_{n_r} (\boldsymbol{r}_i - \boldsymbol{r}_j) \\ = & \mathrm{Iso}(\boldsymbol{r}_i, \boldsymbol{r}_j) \end{aligned} \tag{9.58}$$

于是

$$\mathrm{TIso}_{\boldsymbol{M}} = \sum_{j=1}^{n_f} \sum_{i=1}^{n_f} \mathrm{Iso}_{\boldsymbol{M}}(\boldsymbol{r}_i, \boldsymbol{r}_j) \leqslant \sum_{j=1}^{n_f} \sum_{i=1}^{n_f} \mathrm{Iso}(\boldsymbol{r}_i, \boldsymbol{r}_j) = \mathrm{TIso} \tag{9.59}$$

■

基于定理 9.5, 我们把问题 9.4 转述如下.

问题 9.6 在给定预期故障特征方向库 $\{\boldsymbol{r}_i\}_{i=1}^{n_f}$ 的条件下, 故障可视化就是寻找某个标准正交映射 $\boldsymbol{M}:\mathbb{R}^{n_r}\to\mathbb{R}^{n_{\boldsymbol{M}}}$, 使得总隔离信息能够最大地保留, 即

$$\begin{cases}\max\limits_{\boldsymbol{M}} \mathrm{TIso}_{\boldsymbol{M}} \\ \text{s.t. } \boldsymbol{M}\boldsymbol{M}^{\mathrm{T}}=\boldsymbol{I}_{n_{\boldsymbol{M}}}\end{cases} \tag{9.60}$$

预期故障特征方向库 $\{\boldsymbol{r}_i\}_{i=1}^{n_f}$ 的散度矩阵 (Scatter Matrix) [7] 的定义如下

$$\boldsymbol{\Phi}=\sum_{j=1}^{n_f}\sum_{i=1}^{n_f}(\boldsymbol{r}_i-\boldsymbol{r}_j)(\boldsymbol{r}_i-\boldsymbol{r}_j)^{\mathrm{T}} \tag{9.61}$$

容易验证下面两个公式成立

$$\begin{cases}\mathrm{TIso}=\mathrm{tr}\left(\boldsymbol{\Phi}\right) & \text{(9.62a)} \\ \mathrm{TIso}_{\boldsymbol{M}}=\mathrm{tr}\left(\boldsymbol{M}\boldsymbol{\Phi}\boldsymbol{M}^{\mathrm{T}}\right) & \text{(9.62b)}\end{cases}$$

其中 $\mathrm{tr}(\cdot)$ 是矩阵的迹函数.

引理 9.7 若 $\boldsymbol{\Phi}_1\geqslant\boldsymbol{\Phi}_2$, 则 $\mathrm{tr}\left(\boldsymbol{\Phi}_1\right)\geqslant\mathrm{tr}\left(\boldsymbol{\Phi}_2\right)$.

依据公式 (9.62b) 和引理 9.7, 可以把问题 9.6 转化为主元分析问题, 如下.

问题 9.8

$$\begin{cases}\max\limits_{\boldsymbol{M}} \boldsymbol{M}\boldsymbol{\Phi}\boldsymbol{M}^{\mathrm{T}} \\ \text{s.t. } \boldsymbol{M}\boldsymbol{M}^{\mathrm{T}}=\boldsymbol{I}_{n_{\boldsymbol{M}}}\end{cases} \tag{9.63}$$

优化问题 (9.63) 可以通过奇异值分解来求解, 见 8.3.1 节. 若 $\boldsymbol{\Phi}$ 的奇异值分解为

$$\boldsymbol{\Phi}=\boldsymbol{\Gamma}\boldsymbol{\Lambda}\boldsymbol{\Gamma}^{\mathrm{T}} \tag{9.64}$$

其中 $\boldsymbol{\Lambda}=\mathrm{diag}\left(\lambda_1,\cdots,\lambda_{n_r}\right)$, $\lambda_1\leqslant\cdots\leqslant\lambda_{n_r}$, 那么 $\boldsymbol{\Gamma}^{\mathrm{T}}$ 的最前面 n_r 行就是公式 (9.63) 的解, 即

$$\boldsymbol{M}=\boldsymbol{\Gamma}_{1:n_{\boldsymbol{M}}}^{\mathrm{T}} \tag{9.65}$$

基于上述分析, 我们构建了故障的最优可视化算法, 如下.

算法 9.9 故障的最优可视化算法

已知 稳定核表示 $\boldsymbol{Q}$; 可视化空间的维数 $n_{\boldsymbol{M}}$.

求 最优可视化映射 $\boldsymbol{M}$.

步骤

第一步: 依据公式 (9.37) 计算故障特征方向 $\{\boldsymbol{r}_i\}_{i=1}^{n_f}$;

第二步: 依据公式 (9.61) 计算散度矩阵 $\boldsymbol{\Phi}$;

第三步: 依据公式 (9.64) 进行奇异值分解;

第四步: 依据公式 (9.65) 获得最优可视化映射 $\boldsymbol{M}$.

9.5 仿真验证及结果分析

9.5.1 诊断对象和数据说明

线性化的垂直起降系统 (VTOL, Vertical Take-off and Landing) 源于文献 [88], [136]. 垂直起降系统共有 $n_{\boldsymbol{x}} = 4$ 个状态量, 分别为水平速度、垂直速度、俯仰角速度和俯仰角度; 有 $n_{\boldsymbol{u}} = 2$ 个输入变量, 分别为旋叶控制力矩和平衡尾翼控制力矩; 有 $n_{\boldsymbol{y}} = 4$ 个输出变量, 该模型参数为

$$\boldsymbol{A} = \begin{pmatrix} 0.981 & 0.008 & -0.045 & -0.245 \\ 0.011 & 0.581 & -0.389 & -1.666 \\ 0.045 & 0.127 & 0.823 & 0.480 \\ 0.011 & 0.035 & 0.443 & 1.136 \end{pmatrix}; \quad \boldsymbol{B} = \begin{pmatrix} 0.266 & 0.036 \\ 1.762 & -3.266 \\ -2.315 & 1.720 \\ -0.608 & 0.466 \end{pmatrix}$$

$$\boldsymbol{C} = \begin{pmatrix} 1 & 0 & 0 & 0 \\ 0 & 1 & 0 & 0 \\ 0 & 0 & 1 & 0 \\ 0 & 1 & 1 & 1 \end{pmatrix}; \quad \boldsymbol{D} = \boldsymbol{0}; \quad \boldsymbol{E} = \boldsymbol{I}_4; \quad \boldsymbol{\varSigma}_{\boldsymbol{w}} = 0.5\boldsymbol{I}_4; \quad \boldsymbol{\varSigma}_{\boldsymbol{v}} = 2\boldsymbol{I}_4$$

依据上述模型仿真生成 5000 个正常训练数据和 1700 个测试数据, 其中测试数据中引入六种预期单变量故障和一种非预期多变量故障, 各种故障具体信息见表 9.1.

表 9.1 VTOL- 故障描述

类型	故障变量	故障模式	故障时间
$\boldsymbol{r}_1$	$\boldsymbol{f}_{u_1}$	第一个执行器偏置故障, 偏置量 −8	$300 \leqslant k \leqslant 400$
$\boldsymbol{r}_2$	$\boldsymbol{f}_{u_2}$	第二个执行器偏置故障, 偏置量 −8	$500 \leqslant k \leqslant 600$
$\boldsymbol{r}_3$	$\boldsymbol{f}_{y_1}$	第一个传感器偏置故障, 偏置量 −100	$700 \leqslant k \leqslant 800$
$\boldsymbol{r}_4$	$\boldsymbol{f}_{y_2}$	第二个传感器偏置故障, 偏置量 −10	$900 \leqslant k \leqslant 1000$
$\boldsymbol{r}_5$	$\boldsymbol{f}_{y_3}$	第三个传感器偏置故障, 偏置量 −20	$1100 \leqslant k \leqslant 1200$
$\boldsymbol{r}_6$	$\boldsymbol{f}_{y_4}$	第四个传感器偏置故障, 偏置量 −10	$1300 \leqslant k \leqslant 1400$
$\boldsymbol{r}_{\mathrm{UF}}$	$\boldsymbol{f}_{u_1-u_2}$	第一个执行器和第二个执行器偏置故障 -10	$1500 \leqslant k \leqslant 1600$

9.5.2 非预期故障诊断流程

1. 稳定核表示和故障特征方向

延迟因子设置为 $s = 3$, 此时稳定核表示的秩为 $n_{\boldsymbol{r}} = sn_{\boldsymbol{y}} - n_{\boldsymbol{x}} = 8$. 利用正常训练数据 $(\boldsymbol{U}, \boldsymbol{Y})$, 依据公式 (9.23), 辨识稳定核表示 $\boldsymbol{Q} \in \mathbb{R}^{8\times 18}$; 依据公式 (9.25) 计

算训练残差的样本方差矩阵 $\boldsymbol{\Sigma}_{\boldsymbol{r}_s} \in \mathbb{R}^{8\times 8}$; 依据公式 (9.37) 计算预期故障特征方向库 $\boldsymbol{R} = (\boldsymbol{r}_1, \cdots, \boldsymbol{r}_6)$, 得

$$\boldsymbol{R} = \begin{pmatrix} -0.1548 & -0.1626 & 0.0127 & -0.0111 & -0.0241 & -0.0201 \\ -0.8661 & 0.2213 & 0.0268 & 0.0932 & -0.1034 & -0.1157 \\ 0.8910 & -0.6378 & -0.0181 & 0.1216 & 0.4269 & -0.1665 \\ -0.1245 & 0.9534 & -0.0181 & -0.4462 & -0.6392 & 0.5945 \\ -0.4292 & -0.5021 & 0.0388 & -0.1073 & -0.0077 & 0.0172 \\ -2.3667 & 1.3591 & 0.0558 & -0.1395 & 0.1007 & 0.2029 \\ 2.8593 & -1.5671 & -0.0695 & 0.1469 & 0.5320 & -0.2119 \\ 1.2935 & 0.6057 & -0.0629 & -0.5861 & -0.5829 & 0.7727 \end{pmatrix}$$

2. 预期故障检测

利用测试数据, 依据公式 (9.9) 计算测试残差, 即 $\boldsymbol{r}_s(k) = \boldsymbol{Q}\boldsymbol{z}_s(k)$, 依据公式 (9.26) 计算检测统计量 $T^2(\boldsymbol{r}_s(k))$; 误报率设为 $\alpha = 0.05$, 依据公式 (9.29) 计算检测阈值, 得

$$T_\alpha^2 = \frac{8\left(5000^2-1\right)}{5000(5000-8)} F_{0.95}(8, 5000-8) = 15.5470$$

检测结果如图 9.2(a) 所示. 其中, 实线表示检测统计量, 虚线表示检测阈值. 可以发现: 无论是预期故障还是非预期故障, 故障检测率都很高, 这是因为故障噪声比很大.

3. 预期故障隔离

依据 (9.41) 计算当前故障方向与所有预期故障特征方向的夹角, 依据公式 (9.42) 找到最小夹角对应的预期故障模式, 依据规则 9.1 进预期故障隔离, 预期故障隔离结果见图 9.2b. 其中, 横轴表示采样序列, 纵轴表示 6 种预期故障类型. 可以发现 $\boldsymbol{f}_{y_2}$ 和 $\boldsymbol{f}_{y_4}$ 的隔离结果非常不稳定, 而且容易错误隔离. 另外, 非预期故障 $\boldsymbol{f}_{u_1-u_2}$ 会被错误地判断为 $\boldsymbol{f}_{y_1}$.

4. 非预期故障检测

依据公式 (9.47) 计算非预期故障检测统计量; 依据公式 (9.51) 计算检测阈值, 得

$$\mathrm{UFDS} = \chi_{0.05}^2(8) = 15.5073$$

依据规则 9.3 进行非预期故障检测, 检测结果如图 9.2(c) 所示. 其中, 实线表示检测统计量, 虚线表示检测阈值. 可以发现: 6 种单变量故障的统计量小于阈值, 被判

断为预期故障, 而多变量故障 $\boldsymbol{f}_{u_1-u_2}$ 的统计量大于阈值, 被判断为非预期故障. 也就是说规则 9.3 能够实现非预期故障检测.

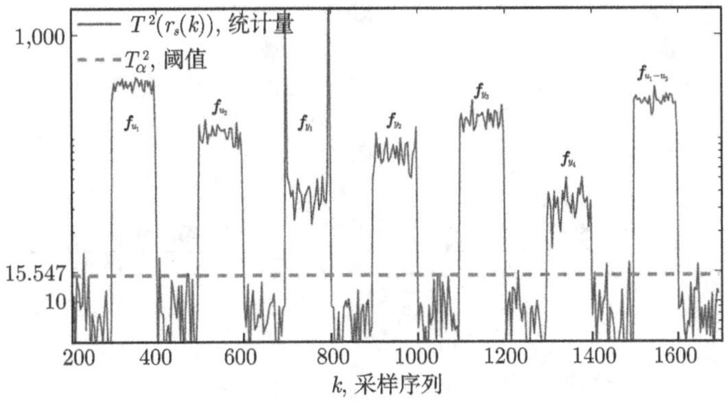

(a) VTOL-仿真图

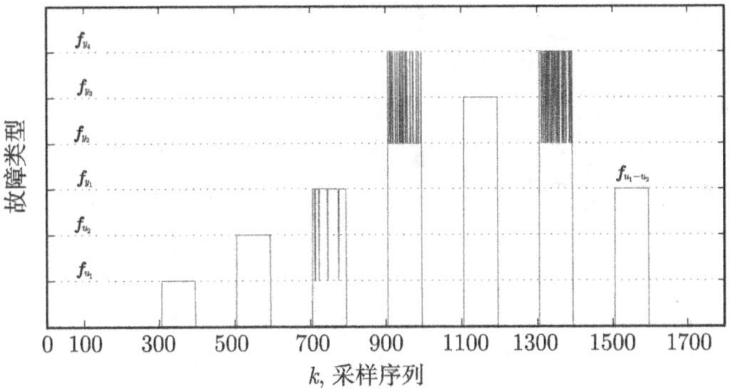

(b) VTOL-预期故障隔离图

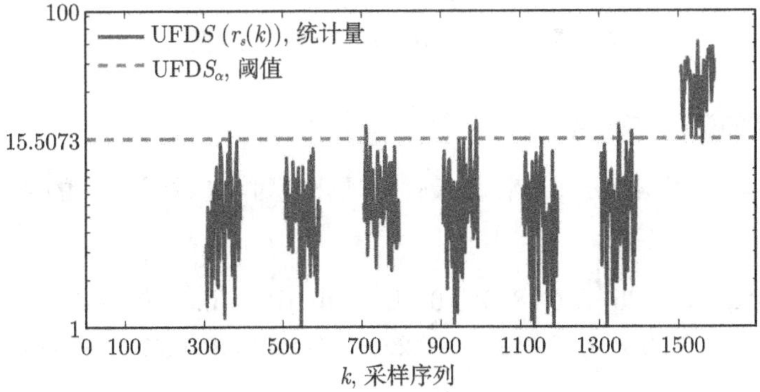

(c) VTOL-非预期故障检测图

图 9.2　VTOL-仿真图

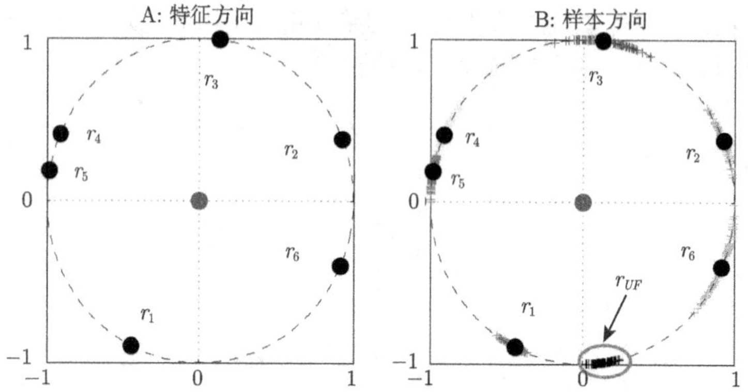

(a) VTOL-平面图

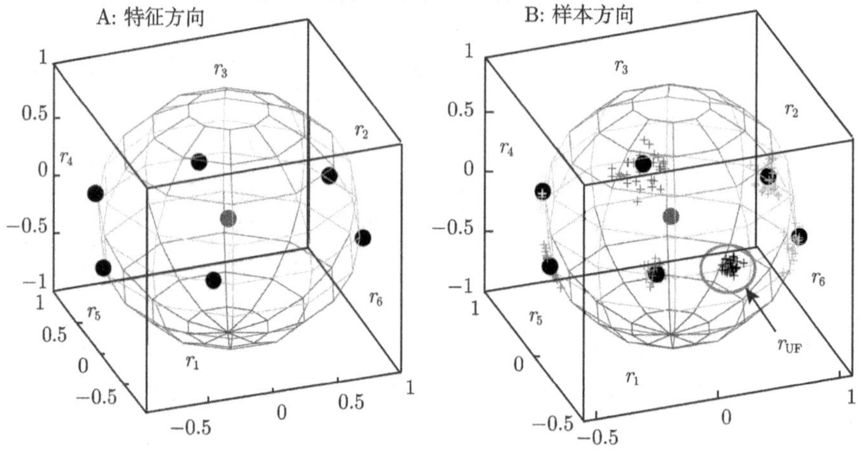

(b) VTOL-立体图

图 9.3　VTOL-故障最优可视化图

9.5.3　故障的最优可视化

若 $n_{\boldsymbol{M}}=2$, 依据算法 9.9 计算最优可视化映射 $\boldsymbol{M}$ 和降维后的特征方向 $\boldsymbol{R}_M$, 得

$$\boldsymbol{M}=\begin{pmatrix}-0.0046 & 0.0225 & -0.2806 & 0.5426 & 0.0135 & 0.3130 & -0.5021 & 0.5254\\ 0.0530 & 0.2344 & -0.1185 & -0.2295 & 0.1286 & 0.4447 & -0.5334 & -0.6138\end{pmatrix}$$

$$\boldsymbol{R}=(\boldsymbol{r}_{\boldsymbol{M}_1},\cdots,\boldsymbol{r}_{\boldsymbol{M}_6})=\begin{pmatrix}-0.4436 & 0.9265 & 0.1308 & -0.9122 & -0.9831 & 0.9157\\ -0.8962 & 0.3763 & 0.9914 & 0.4097 & 0.1833 & -0.4018\end{pmatrix}$$

故障的最优可视化平面图如图 9.3(a) 所示, 其中左子图 A 的原点表示正常模式, 其他 6 个实心点“•”表示 6 个预期故障的特征方向. 右子图 B 中的加号“+”

代表 6 个预期故障和 1 个非预期故障对应的单位化故障样本方向, 多变量故障是非预期故障, 见椭圆标识区域. 可以发现 $\boldsymbol{r}_4$ 与 $\boldsymbol{r}_6$ 的方向几乎相反. 实际上依据定义 (9.40) 计算它们的夹角, 得 $\theta(\boldsymbol{r}_4,\boldsymbol{r}_6)=\pi-0.1274$, 它们分别对应第 2 个输出变量故障模式 $\boldsymbol{f}_{y_2}$ 和第 4 个输出变量故障模式 $\boldsymbol{f}_{y_4}$. 因为它们的夹角很小, 所以难以隔离, 这就解释了为什么预期故障隔离时, $\boldsymbol{f}_{y_2}$ 和 $\boldsymbol{f}_{y_4}$ 会出现判断不稳定的现象, 如图 9.2(b) 所示.

类似地, 当 $n_{\boldsymbol{M}}=3$ 时, 依据算法 9.9 计算三维最优可视化映射 $\boldsymbol{M}$ 及降维后的特征方向 $\boldsymbol{R}_{\boldsymbol{M}}$. 故障特征方向的最优可视化立体图如图 9.3(b) 所示, 左子图 A 的实心点代表正常模式和 6 种预期故障模式的特征方向; 右子图 B 中的加号代表 6 种预期故障和 1 种非预期故障的单位化样本故障方向. 可以发现, 样本方向绕着特征方向扰动. 尽管 $\boldsymbol{f}_{u_1-u_2}$ 被错误地判断为 $\boldsymbol{f}_{y_1}$, 即特征方向 $\boldsymbol{r}_3$, 但是样本方向 $\boldsymbol{r}_s(k)$ 与特征方向 $\boldsymbol{f}_{y_1}$ 夹角还是比较大, 见椭圆区域, 这预示着当前故障可能是一种新的故障. 另外当前方向与 $\boldsymbol{r}_1$ 比较靠近, 可能该故障与第一个执行器 u_1 有关.

9.6 结　论

针对动态输入/输出模型结构, 本章研究了残差生成的稳定核表示及其辨识算法; 基于稳定核表示, 给出了利用故障的方向信息进行预期故障隔离和非预期故障检测的规则; 最后以总隔离信息损失最小为准则, 给出了求解故障最优可视化映射的算法, 获得了下述结论:

(1) 动态模型残差生成的稳定核表示可以通过正常训数据辨识出来, 而且稳定核表示是故障诊断的关键信息源.

(2) 基于故障的特征方向可以有效构建预期故障隔离规则和非预期故障检测规则.

(3) 最优可视化算法把高维方向信息投影到低维可视化空间, 并且最大地保留了隔离信息. 故障方向的可视化使得工程人员能够以最好的视角观察故障方向, 结合相关的知识和经验, 有望更合理地进行故障诊断.

第 10 章　非预期故障诊断工具箱设计

10.1　引　　言

至今为止, 公开的故障诊断工具箱非常少, Ding S X 在文献 [137] 中介绍了一种基于模型的故障诊断工具箱, 里面的主要方法是观测器法和对偶空间法. 类似地, Varga A 在文献 [138] 中描述了一个基于 M-函数设计和残差生成滤波器的故障检测工具箱, 但是该工具箱仍然属于基于模型的故障诊断方法范畴. 上述两个工具箱都没有考虑非预期故障问题. 尽管现在已经有很丰富的数据驱动故障检测方法和一部分的隔离方法, 但是仍然没有公开的数据驱动故障诊断工具箱. 结合各种传统的数据驱动故障诊断方法, 以及第 5 章至第 9 章的思路, 作者设计了一个基于 MATLAB 平台的非预期故障诊断可视化工具箱, 命名为 D34MB. 本工具箱由作者和德国杜伊斯堡–埃森大学复杂系统与自动控制研究所的陈志文共同完成, 最初的版本是英文版. 在工具箱的设计阶段, 他提供了一些关于版面布局和功能结构的思路, 但是工具箱的设计、实现、调试和包装的大部分工作都由作者完成. 这些工作任务非常艰巨、代码容量大、时间跨度长. 该工具箱集成了第 5 章至第 9 章的各种新方法, 也为功能扩展提供了接口.

10.2　工具箱的特点与理念

本工具箱拥有基于 MATLAB 的 GUI, 界面友好, 布局合理. 在功能方面, 除了具备传统数据驱动故障诊断方法外, 该工具箱还具有很多新方法和新理念.

10.2.1　非预期故障诊断功能和可视化

对于很多系统来说, 非预期故障是客观存在的. 然而传统故障诊断方法很少考虑这个问题. 本工具箱扩展了传统故障诊断方法的功能, 添加了非预期故障检测功能和非预期故障隔离功能.

非预期故障诊断功能的设计依据是第 5 章的非预期故障诊断的通用模型, 该模型把非预期故障诊断过程分为预期故障检测、预期故障隔离、非预期故障检测和非预期故障隔离四个渐进的功能模块. 从工具箱所具备的功能来说, 非预期故障诊断的通用模型实质是诊断过程的功能化和模块化.

如第 9 章所述, 故障的可视化是非常重要的内容. 本工具箱拥有友好的图形用户界面, 而且还具备: 原始数据图、功率谱图、累积方差图、预期故障检测图、预期故障隔离图、非预期故障检测图、非预期故障隔离图 (贡献图) 和故障最优可视化图等功能. 其中, 故障最优可视化图既可以是二维的, 也可以是三维的.

10.2.2 基于模型故障诊断的数据驱动设计方法

传统的基于模型故障诊断方法的信息源是模型, 这类方法假设输入输出数据符合某种模型结构, 比如状态空间模型结构, 而且模型的参数是**已知的**. 传统的数据驱动故障诊断方法的信息源是数据, 这类方法不要求数据的输入输出模型的结构信息, 但是要求能够获得足量的正常训练数据. 一方面, 如果模型参数已知而且精度很高, 就可以依据模型仿真生成数据; 另一方面, 如果数据品质较高, 就可以通过训练数据辨识模型的参数. 因此对于故障诊断来说, 精确的模型和高品质的数据是两种可以相互转化的信息源.

然而现实情况可能需要面对“半模型半数据”的故障诊断问题. 一方面, 通过机理分析能够获得系统的模型结构, 但是模型参数是未知的; 另一方面, 通过过程监控, 能够获得一部分训练数据, 但是数据品质不高, 比如数据容量有限甚至很少, 而且数据可能被噪声污染. 为了解决上述问题, Ding S X 等提出了基于模型故障诊断的数据驱动设计 (D34MB, Data-Driven Design FORModel-Based Fault Diagnosis Systems) 的概念 [9,12,99−102], 这也是作者在德国联合培养期间的研究课题. 基于模型故障诊断的数据驱动设计也是本工具箱的一个最新特点, 正因如此, 本工具箱命名为 D34MB. 论文第 8 章和第 9 章就是与 D34MB 紧密相关的理论成果. 它们分别是针对静态模型和动态模型的数据驱动故障诊断设计方法. 在工具箱中, 前者对应的方法按钮有“PCR, CCR, PLSR, RRR 和 OLSR”, 后者对应的方法按钮有“DDPS, DDPCA, IDPCA, ARX 和 RobustARX”, 如图 10.1 所示.

D34MB 可以用不严格的等式表示为“D34MB= 基于模型 + 数据驱动 + 故障诊断”. 从这个公式可以发现, D34MB 与系统辨识 (SI, System Identification) 有密切关系 [13, 60]. 系统辨识与 D34MB 的关键差异在于: 前者的核心是利用数据和模型结构辨识模型参数; 而后者的核心是利用数据和模型结构辨识出能够直接用于故障诊断的信息. 例如, 对于同样的状态空间模型结构, 前者要辨识系统参数 $(\boldsymbol{A}, \boldsymbol{B}, \boldsymbol{C}, \boldsymbol{D}, \boldsymbol{E})$, 而后者要辨识残差生成的稳定核表示 $\boldsymbol{Q}$, 见第 9 章.

10.2.3 残差生成的稳定核表示

本工具箱采用了模块化设计方法. 模块化的本质是“高内聚, 低耦合”. 面对现存大量的数据驱动故障诊断方法, 本工具箱的模块化设计有两个重要的作用: 其一, 快速实现各种数据驱动故障诊断方法的各项功能; 其二, 为未来可能的扩展功能提供高效维护接口.

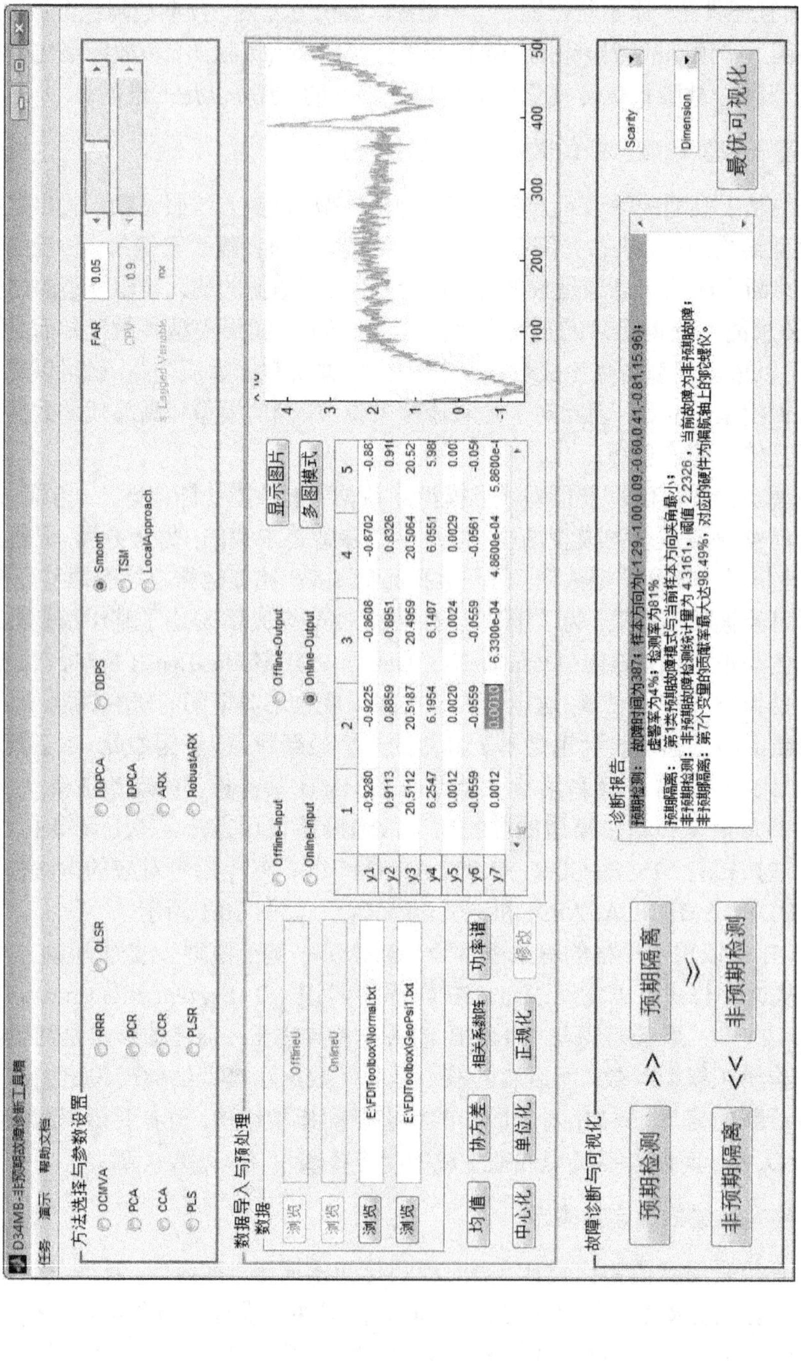

图 10.1　D34MB-非预期故障诊断工具箱的界面

本工具箱用稳定核表示的思想实现模块化设计.

数据驱动故障诊断方法包括了训练和测试两个阶段, 训练的目的是辨识可以直接用于生成检测残差相关的参数, 称为"稳定核表示", 见 8.2 节和 9.2 节. 测试过程包括了残差生成 (Residual Generation) 和残差评估 (Residual Evaluation) 两个过程. 前者的功能是利用稳定核表示生成残差, 后者的功能是构建能够用于实现故障诊断的统计量.

针对不同系统结构和数据特点, 第 5 章至第 9 章采用了不同的构建残差的方法, 但是残差生成过程可以实现模块化, 所有数据驱动残差生成方法都有如下公共的架构:

$$\boldsymbol{r}=\boldsymbol{Q}\boldsymbol{z} \tag{10.1}$$

其中 $\boldsymbol{r}$ 是残差, $\boldsymbol{z}$ 由待测试数据决定, $\boldsymbol{Q}$ 由训练数据决定, 称为稳定核表示. 在没有噪声的情况下, $\boldsymbol{r}$ 等于零向量, 也就是说 $\boldsymbol{Q}$ 是 $\boldsymbol{z}$ 的左核, 又称左零空间.

1. I/O 数据

对于动态模型, 见第 9 章, $\boldsymbol{Q}$ 和 $\boldsymbol{z}$ 分别为

$$\begin{cases} \boldsymbol{Q}_{\text{dynamic}}=\boldsymbol{\Gamma}_s^{\perp}\begin{pmatrix} -\boldsymbol{H}_{\boldsymbol{u},s} & \boldsymbol{I}_{sn_y} \end{pmatrix} \\ \boldsymbol{z}_{\text{dynamic}}=\begin{pmatrix} \boldsymbol{u}_s(k) \\ \boldsymbol{y}_s(k) \end{pmatrix} \end{cases} \tag{10.2}$$

对于静态模型, 见第 8 章, $\boldsymbol{Q}$ 和 $\boldsymbol{z}$ 分别为

$$\begin{cases} \boldsymbol{Q}_{\text{static}}=\begin{pmatrix} -\hat{\boldsymbol{\beta}} & \boldsymbol{I}_{n_y} \end{pmatrix} \\ \boldsymbol{z}_{\text{static}}=\begin{pmatrix} \boldsymbol{u} \\ \boldsymbol{y} \end{pmatrix} \end{cases} \tag{10.3}$$

2. 时序数据

若监控数据不区分输入变量和输出变量, 则称为时序数据. 时序数据的残差生成具有如下结构

$$\boldsymbol{r}=\boldsymbol{y}-\hat{\boldsymbol{y}} \tag{10.4}$$

对于单批次条件的非平稳数据, 见第 7 章, $\hat{\boldsymbol{y}}$ 是前端在线训练数据预测的趋势, 即

$$\hat{\boldsymbol{y}}=\hat{\boldsymbol{y}}_i=\hat{\boldsymbol{\beta}}_{i-1}\boldsymbol{x}_i \tag{10.5}$$

其中 $\boldsymbol{x}=\boldsymbol{f}(i)$, 而 $\boldsymbol{f}$ 是设计函数. 综上, $\boldsymbol{Q}$ 和 $\boldsymbol{z}$ 分别为

$$\begin{cases} \boldsymbol{Q}_{\mathrm{TSM}}=\begin{pmatrix} -\hat{\boldsymbol{\beta}}_{i-1} & \boldsymbol{I}_{n_{\boldsymbol{y}}} \end{pmatrix} \\ \boldsymbol{z}_{\mathrm{TSM}}=\begin{pmatrix} \boldsymbol{x}_i \\ \boldsymbol{y}_i \end{pmatrix} \end{cases} \tag{10.6}$$

对于多批次条件的非平稳数据, 见第 6 章, $\hat{\boldsymbol{y}}$ 是独立批次离线正常训练数据的平滑趋势, 即

$$\hat{\boldsymbol{y}}=\hat{\boldsymbol{y}}_i=\sum_{j=-n_p}^{n_f} a_j \boldsymbol{y}_{i+j} \tag{10.7}$$

于是对应的 $\boldsymbol{Q}$ 和 $\boldsymbol{z}$ 分别为

$$\begin{cases} \boldsymbol{Q}_{\mathrm{Smooth}}=\begin{pmatrix} -\hat{\boldsymbol{y}}_i & \boldsymbol{I}_{n_{\boldsymbol{y}}} \end{pmatrix} \\ \boldsymbol{z}_{\mathrm{Smooth}}=\begin{pmatrix} 1 \\ \boldsymbol{y} \end{pmatrix} \end{cases} \tag{10.8}$$

对于平稳数据, 见第 5 章, 基于单类多元统计分析的预测值 $\hat{\boldsymbol{y}}$ 是正常训练数据的均值, 即

$$\hat{\boldsymbol{y}}=\overline{\boldsymbol{Y}} \tag{10.9}$$

于是对应的 $\boldsymbol{Q}$ 和 $\boldsymbol{z}$ 分别为

$$\begin{cases} \boldsymbol{Q}_{\mathrm{OCMSA}}=\begin{pmatrix} -\overline{\boldsymbol{Y}} & \boldsymbol{I}_{n_{\boldsymbol{y}}} \end{pmatrix} \\ \boldsymbol{z}_{\mathrm{OCMSA}}=\begin{pmatrix} 1 \\ \boldsymbol{y} \end{pmatrix} \end{cases} \tag{10.10}$$

10.2.4 丰富的标称数据和验证模型

本工具箱提供了丰富的用于验证各种数据驱动方法的标称数据和 SIMULINK 仿真模型. 例如, 卫星姿态控制系统数据、近红外光谱数据、田纳西–伊斯曼过程模型、垂直起降系统模型 (VTOL, Vertical Take-off Landing)、直流电机模型 (Direct Current Motor)、三水箱模型 (Three-Tank System)、倒摆模型 (Inverted Pendulum) 和连续搅拌加热器模型 (CSTH, Continuous Stirred Tank Heater Simulation) 等.

10.3 工具箱的设计与实现

如图 10.1 所示, 工具箱的图形用户界面 (GUI, Graphical User Interface) 主要分成三个部分: 方法选择和参数设置 (界面顶部); 数据导入和预处理 (界面中部); 故障诊断和可视化 (界面底部).

10.3.1 方法选择和参数设置

图 10.1 顶部区域是方法选择和参数设置功能区. 直接点击单选按钮就可以选择故障诊断的方法, 拉动滚动条就设置故障诊断的公共参数, 当然也可以手动输入.

工具箱提供大量的数据驱动故障诊断方法, 分为下面几类:

(1) 基于动态模型故障诊断的数据驱动设计方法, 具体包括:

(a) 数据驱动的对偶空间, 参考第 9 章.

(b) 直接动态主元分析和非直接动态主元分析, 参考文献 [140].

(c) 带外部输入的自回归和鲁棒 ARX, 参考文献 [88].

(2) 基于静态模型故障诊断的数据驱动设计方法, 参考第 8 章, 具体包括:

(a) 主元回归.

(b) 偏最小二乘回归.

(c) 典型相关回归.

(d) 降秩回归.

(e) 普通最小二乘回归.

(3) 传统的数据降维方法, 参考文献 [7], [12], 具体包括:

(a) 主元分析.

(b) 偏最小二乘分析.

(c) 典型相关分析.

(4) 基于时序建模的方法, 参考第 7 章.

(5) 基于平滑预处理的方法, 参考第 6 章.

(6) 基于单类多元统计分析的方法, 参考第 5 章.

(7) 微小故障的局部法, 参考文献 [141] ~[143].

注解 10.1 本工具箱主要提供数据驱动故障诊断方法, 然而, 从功能的完整性角度出发, 本工具箱的功能将进一步扩展, 各种基于模型故障诊断方法将陆续补全, 如对偶空间法、故障检测滤波、诊断观测器和未知输入观测器.

10.3.2 数据导入和预处理

图 10.1 中部区域是数据导入和预处理功能区.

数据可以来自 MATLAB 的工作空间, 也可以是计算机中的文件数据, 如“. txt”和“. mat”文件. 若数据来源于工作空间, 那么只要把变量名输入文本框即可; 若数据来源于文件, 那么需要输入文件的路径, 或者点击“浏览”导入浏览文件路径.

数据导入后, 数据表格以数值的形式显示数据, 数据图以曲线形式显示数据. 数据表和数据图可以交互响应, 点击数据表, 对应行的数据曲线将在数据图中显示. 此外, 该区域还有统计数据信息和数据预处理等功能, 包括:

(1) 数据的统计信息, 如均值向量、样本方差矩阵和相关系数矩阵.

(2) 数据的离散傅里叶变换和功率谱曲线.

(3) 数据的中心化、单位化和正则化预处理.

(4) 数据的添加、删除和修改.

10.3.3 故障诊断和可视化

图 10.1 底部区域是故障诊断和可视化功能区.

“预期检测”按钮用于判断系统是否发生故障. “预期隔离”按钮用于判断系统发生哪种预期故障. “非预期检测”按钮用于判断系统是否发生非预期故障. “非预期隔离”按钮用于观察和判断非预期故障的故障变量.

故障诊断的结果用文本和图形两种方式显示. 文本指的是诊断过程报告, 包括预期故障检测结果 (如故障检测率、误报率、故障发生时间和故障样本方向), 预期隔离结果, 非预期检测结果和非预期隔离结果. 图形指的是预期故障检测图、预期故障隔离图、非预期故障检测图、非预期故障隔离图 (贡献图) 和故障方向可视化图.

按钮“最优可视化”是专门为状态空间模型设计的最优可视化功能. 下拉框“Dimension”用于设置可视化空间的维度. 下拉框“Scarity”用于调整数据显示的稀疏程度.

10.3.4 工具箱常用的 MATLAB 命令

在工具箱设计代码中用到一些 MATLAB 自带工具箱的命令, 包括矩阵相关命令、符号函数相关命令、统计相关命令和作图相关命令. 见表 10.1～ 表 10.4.

表 10.1 矩阵相关命令

全 0 矩阵	zeros(m, n)
全 1 矩阵	ones(m, n)
单位矩阵	eye(m, n)
矩阵的迹	trace(A)
矩阵的行列式	det(A)
矩阵的范数	norm(A)
分块对角矩阵	blkdiag(A, B)
Givens 选择	[G, y] = planerot(x)
QR 分解	[Q, R, E] = qr(A)
简约 QR 分解	[Q, R, E] = qr(A, 0)
奇异值分解	[U, S, V] = svd(A)
简约奇异值分解	[U, S, V] = svd(A, 0)
特征值分解	[V, D] = eig(X)
广义特征值分解	[V, D] = eig(A, B)

续表

可逆矩阵的逆	inv(A)
矩阵的广义逆	pinv(A)
方程 ($\boldsymbol{Ax} = \boldsymbol{b}$) 的基础解系	null(A)
最小二乘解	A\b 或者 [B, BINT, R] = regress(b, X)
极小范数最小二乘解	pinv(A)*b
矩阵的条件数	cond(A)
Kronecker 积	kron(X, Y)
主元分析	[Coeff, Score, Latent, Tsquare] = princomp(X)
偏最小二乘	[Xl, Yl, Xs, Ys, Beta, PctVar, Mse] = plsregress(X, Y, t)
Kalman 滤波	[KEST, L, P] = kalman(SYS, QN, RN, NN)
线性二次高斯控制	KLQG = lqg(SYS, QXU, QWV)

表 10.2 符号函数相关命令

符号定义	syms x y z	化简	simple(S)	作图	ezplot(S)
取值	subs(S, x, x0)	微分	diff(f, ″t″, n)	差分	diff(X)
不定积分	int(f)	定积分	int(f, x, a, b)	实部	real(x)
虚部	imag(x)	解方程	solve(S= 0)		

表 10.3 统计相关命令

样本均值	mean(X)	无偏样本方差	var(X)
样本标准差	std(X)	无偏样本协方差	cov(X, Y)
相关系数	corrcoef(X)	求和	sum(X)
最大值	[Y, I] = max(X)	最小值	[Y, I] = min(X)
中位数	median(X)	排序	[Y, I] = sort(X, dim, mode)
反转	fliplr(X)	正态分布的分位数	norminv(P, mu, sigma)
χ^2 分布的分位数	chi2inv(P, V)	t 分布的分位数	tinv(P, V)
F 分布的分位数	finv(P, V1, V2)		

表 10.4 作图相关命令

二维图	plot(x, y, 'o', 'linewidth', 3)
二维对数图	semilogy(x, y)
标题	title('titleName', 'FontSize', 14)
坐标	ylabel('ylabelName', 'FontSize', 14)
文字型刻度	set(gca, 'xtick', 'tick1', 'tick2')
顺序曲线题注	legend('legendName1', 'legendName12', 'Location', 'NorthEast')
选择曲线题注	legend([handle1, handle2], 'Legend1', 'Legend2', 'FontSize', 14)
文本题注	text(x0, y0, 'FontSize', 14, 'Color', 'r')
坐标范围	axis([Xmin, Xmax, Ymin, Ymax])
坐标 (x) 范围	xlim([Xmin Xmax])
坐标 (y) 范围	ylim([Ymin Ymax])

续表

图片位置大小	set(gcf, 'Position', [Xbegin, Ybegin, Width, Hight])
直线	line([x0 x1], [y0, y1])
填充	fill([x1, x2, ...], [y1, y2, ...], color)
网格三维图	[X, Y]= meshgrid(x, y), mesh(X, Y, Z)
曲线三维图	X = repmat(x, length(y), 1), Y = repmat(y, 1, length(x)), plot3(X, Y, Z)

10.4　工具箱的演示

结合第 3 章的卫星姿态控制系统数据，演示本工具箱的非预期故障诊断的流程.

1. 方法选择和参数的设置

选择“Smooth”，该方法对应第 6 章基于平滑预处理的非预期故障诊断方法. 误报率取默认值，即 FAR = 0.05.

2. 数据导入和预处理

卫星姿态控制系统数据是时序数据. 所有数据列表见表 6.1. 第 1 批数据是正常训练数据，保存在文件“Normal. txt”中. 第 19 批数据是测试数据，保存在文件“GeoPsi1.txt”中. 点击“浏览”导入数据文件. 数据自动显示在右侧数据表和数据图中，可以选择查看原始数据、数据的统计特性和预处理数据. 图 10.1 中部右侧显示了第 19 批测试数据的第 7 个变量，可以发现数据在第 387 个采样点上发生明显突变.

3. 故障诊断和可视化

预期故障检测　点击“预期检测”按钮，会弹出平滑方法的参数设置对话框，将平滑阶设置为 $k=10$，平滑因子设置为 $b=1$. 预期故障检测的结果 (故障时间、故障样本方向和故障特征方向) 自动保存在工作空间中. 检测图如图 10.2 所示，其中图 (a) 是第 2 批数据的检测结果；图 (b) 是第 19 批数据的检测结果.

预期故障隔离　假定前 18 批数据已经完成诊断，此时预期故障模式库中有 6 个预期故障模式. 与第 19 批故障方向夹角最小的故障模式为第 1 类预期故障模式.

非预期故障检测　初始阶段，预期故障模式库是空集，因此第 2 批数据必然是非预期故障. 对于第 19 批数据，由于 $4.3161 = \mathrm{UFDS}(\boldsymbol{y}) > N_{0.05} = 2.2326$，即非预期故障检测统计量大于阈值，因此第 19 批数据被判断为非预期故障.

非预期故障隔离　第 2 批测试数据的非预期故障隔离结果见图 10.3(a). 可以发现贡献率最大的变量为第 1 个变量，其贡献率达到 94.50%，对应的硬件为滚动轴上的地球敏感器，因此有理由认为滚动地球敏感器发生了故障. 同理，对于第 19

批数据的故障样本方向, 贡献率图如图 10.3(b) 所示. 可以发现贡献率最大的变量为第 7 个变量, 其贡献率达到 98.49%, 对应的硬件为偏航轴上的陀螺仪, 说明偏航陀螺仪发生了故障. 诊断结束后, 自动形成诊断报告. 例如, 第 19 批数据的诊断报告如下:

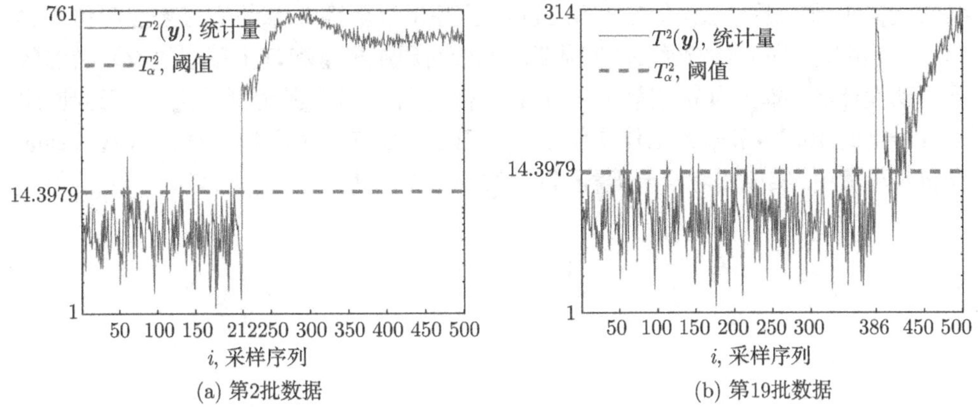

图 10.2 SACS-预期故障检测图

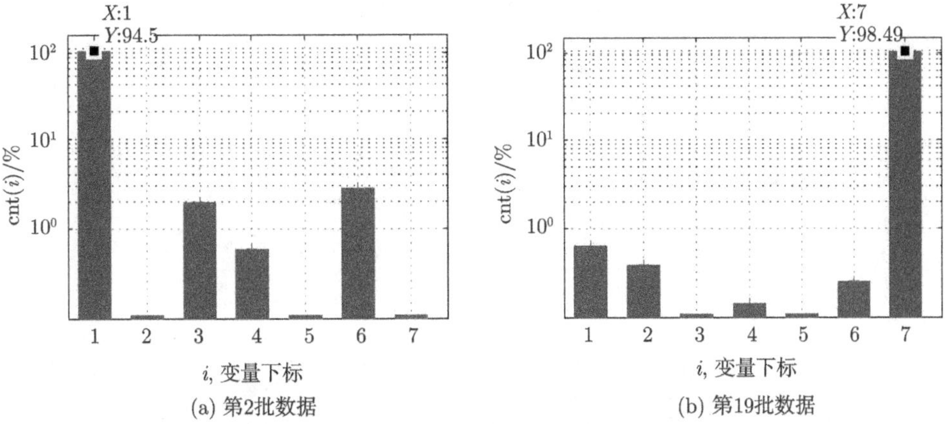

图 10.3 SACS-非预期故障隔离图–贡献率图

“故障时间为 387, 样本方向为 $(-1.29, -1.00, 0.09, -0.60, 0.41, -0.81, 15.96)$, 误报率为 4%, 检测率为 81%; 第 1 类预期故障模式与当前样本方向夹角最小; 非预期故障检测统计量为 4.3161, 阈值 2.2326, 当前故障为非预期故障; 第 7 个变量的贡献率最大达 98.49%, 对应的硬件为偏航轴上的陀螺仪.”

10.5　结　　论

作为前述章节的系统集成, 本章介绍了一个非预期故障诊断工具箱. 该工具箱界面友好、功能完善、方法新颖、案例丰富, 适用于科学研究和方法验证. 除了传统的数据驱动诊断方法, 本工具箱还包含了第 5 章至第 9 章的所有方法和仿真案例. 工具箱具有许多新特性, 如非预期故障诊断通用模型和基于模型故障诊断的数据驱动设计等. 本工具箱依赖 MATLAB 环境, 计算机资源消耗较大, 与工业应用还有一定的距离. 未来的工作是将该工具箱从 MATLAB 环境转移到微软 Visual Studio 环境中, 实现两者混合编程, 以期实现工业应用.

参 考 文 献

[1] Box G E P. Some theorems on quadratic forms applied in the study of analysis of variance problems: Effect of inequality of variance in one-way classification [J]. Annals of Mathematical Statistics, 1954, (25): 290–302.

[2] Jackson J E, Mudholkar G S. Control procedures for residuals associated with principal component analysis [J]. Technometrics, 1979(21): 341–349.

[3] Golub, Gene H, Kahan W. Calculating the singular values and pseudo-inverse of a matrix [J]. Journal of the Society for Industrial and Applied Mathematics: Series B, Numerical Analysis, 1965, (2): 205–224.

[4] Trefethen L N, Bau III D. Numerical Linear Algebra [M]. Siam, 1997.

[5] 刘玉琏, 杨奎元, 刘伟, 等. 数学分析讲义学习辅导书 [M]. 北京：高等教育出版社, 2003.

[6] Meyer C D. Matrix analysis and applied linear algebra [M]. Siam, 2000.

[7] Chiang L H, Braatz R D, Russell E L. Fault detection and diagnosis in industrial systems [M]. New York: Springer, 2001.

[8] Isermann R. Fault-diagnosis Applications: Model-based Condition Monitoring: Actuators, Drives, Machinery, Plants, Sensors, and Fault-tolerant Systems [M]. New York: Springer Science & Business Media, 2011.

[9] Ding S, Zhang P, Ding E, et al. A survey of the application of basic data-driven and model-based methods in process monitoring and fault diagnosis [C]. In Proceedings of the 18th IFAC World Congress, 2011.

[10] Chen J, Patton R J. Robust Model-based Fault Diagnosis for Dynamic Systems [M]. New York: Springer Publishing Company, 2012.

[11] Ding S X. Model-based Fault Diagnosis Techniques [M]. New York: Springer, 2008.

[12] Ding S X. Data-driven Design of Fault Diagnosis and Fault-tolerant Control Systems [M]. New York: Springer, 2014.

[13] Qin S J. Survey on data-driven industrial process monitoring and diagnosis [J]. Annual Reviews in Control, 2012, 36 (2): 220–234.

[14] Patcha A, Park J M. An overview of anomaly detection techniques: Existing solutions and latest technological trends [J]. Computer Networks, 2007, 51 (12): 3448–3470.

[15] Litt J S, Simon D L, Garg S, et al. A survey of intelligent control and health management technologies for aircraft propulsion systems [J]. Journal of Aerospace Computing, Information and Communication, 2004, 1 (12): 543–563.

[16] 胡雷. 面向飞行器健康管理的新异类检测方法研究 [D]. 长沙: 国防科学技术大学, 2010.

[17] Jagota A. Novelty detection on a very large number of memories stored in a hopfield-style network [C]. In Neural Networks, 1991, IJCNN-91-Seattle International Joint

Conference on., 1991: 905–vol.
[18] Hofbaur M W, Williams B C. Hybrid diagnosis with unknown behavioral modes [R]. 2002.
[19] Duan Z, Cai Z, Yu J. Unknown Fault Detection for Mobile Robots Based on Particle Filters [C]. In Intelligent Control and Automation, 2006. WCICA 2006. The Sixth World Congress on, 2006: 5452–5456.
[20] 栾家辉. 故障重构技术在卫星姿控系统故障诊断中的应用研究 [D]. 哈尔滨: 哈尔滨工业大学, 2006.
[21] Zhang B, Sconyers C, Byington C, et al. Anomaly detection: A robust approach to detection of unanticipated faults [C]. In Prognostics and Health Management, 2008. PHM 2008. International Conference on, 2008: 1–8.
[22] 徐克俊. 航天发射故障诊断技术 [M]. 北京：国防工业出版社, 2007.
[23] Bartkowiak A M. Anomaly, novelty, one-class classification: a short introduction [C]. In Computer Information Systems and Industrial Management Applications (CISIM), 2010. International Conference on, 2010: 1–6.
[24] Agarwal A, Shah D, Kalmala N, et al. Method and apparatus for transactional fault tolerance in a client-server system. October 27 2009. US Patent 7, 610, 510.
[25] Jin J, Ko S, Ryoo C K. Fault tolerant control for satellites with four reaction wheels [J]. Control Engineering Practice, 2008, 16 (10): 1250–1258.
[26] 屠善澄. 卫星姿态动力学与控制 [M]. 北京：中国宇航出版社, 2001.
[27] Pecht M, Jaai R. A prognostics and health management roadmap for information and electronics-rich systems [J]. Microelectronics Reliability, 2010, 50 (3): 317–323.
[28] Beard R V. Failure accomodation in linear systems through self-reorganization [D]. New York: Massachusetts Institute of Technology, 1971.
[29] Jones L H. Failure detection in linear systems [J]. Monthly Weather Review, 1973, 38(1): 642.
[30] Patton R, Chen J. A review of parity space approaches to fault diagnosis [J]. 1991.
[31] O'Reilly J. Observers for Linear Systems [M]. Pittsburgn: Academic Press, 1983.
[32] Wúnnenberg J. Observer-based Fault Detection in Dynamic Systems [M]. VDI Verlag, 1990.
[33] Ding S, Ding E, Jeinsch T. An approach to analysis and design of observer and parity relation based FDI systems [C]. In Proceedings of XIV IFAC World Congress. 1999.
[34] Ding X, Guo L, Jeinsch T. A characterization of parity space and its application to robust fault detection [J]. IEEE Transactions on Automatic Control, 1999, 44 (2): 337–343.
[35] Ding S X. Model-based Fault Diagnosis Techniques[M]: New York: Springer, 2013.
[36] 段琢华. 基于自适应粒子滤波器的移动机器人故障诊断理论与方法研究 [D]. 长沙: 中南大学信息科学与工程学院, 2007.

[37] Portlock J N, Cubero S N. Dynamics and Control of a VTOL quad-thrust aerial robot [C]. In Mechatronics and Machine Vision in Practice, 2008: 27–40.

[38] Li T. Expert systems for engineering diagnosis: styles, requirements for tools, and adaptability [M] // Li T. Knowledge-based System Diagnosis, Supervision, and Control. New York: Springer, 1989: 27–37.

[39] Benkhedda H, Patton R. B-spline network integrating qualitative and quantitative fault detection [J]. Proceeding of IFAC World Congress, 1996, 96: 163–168.

[40] Chow M, Li B, Goddu G. Intelligent motor fault detection[J]. Intelliget Techniques in Industry, 1998.

[41] Chow M Y, Sharpe R N, Hung J C. On the application and design of artificial neural networks for motor fault detection. I [J]. Industrial Electronics, IEEE Transactions on, 1993, 40 (2): 181–188.

[42] Tsuge Y, Shiozaki J, Matsuyama H, et al. Fault diagnosis algorithms based on the signed directed graph and its modifications [C]. In I. Chem. Eng. Symp. Ser, 1985: 133.

[43] Iri M, Aoki K, O'Shima E, et al. An algorithm for diagnosis of system failures in the chemical process [J]. Computers & Chemical Engineering, 1979, 3 (1): 489–493.

[44] Shiozaki J, Matsuyama H, O'shima E, et al. An improved algorithm for diagnosis of system failures in the chemical process [J]. Computers & Chemical Engineering, 1985, 9 (3): 285–293.

[45] Perner P. Concepts for Novelty Detection and Handling Based on a Case-based Reasoning Process Scheme [M] // Perner P. Advances in Data Mining. Theoretical Aspects and Applications. Springer, 2007: 21–33.

[46] 田玉玲. 多层免疫故障诊断模型的研究 [J]. 计算机工程与应用, 2009, 44 (9): 245–248.

[47] Djurdjanovic D, Liu J, Marko K A, et al. Immune systems inspired approach to anomaly detection and fault diagnosis for engines [C]. In Neural Networks, 2007. IJCNN 2007. International Joint Conference on, 2007: 1375–1382.

[48] 任伟建, 于宗艳, 王玉英, 等. 人工免疫系统及其在故障诊断领域中的应用 [J]. 系统工程与电子技术, 2007, 28 (12): 1960–1966.

[49] 戴一阳, 陈宁, 赵劲松, 等. 人工免疫系统在间歇化工过程故障诊断中的应用 [J]. 化工学报, 2009 (1): 172–176.

[50] Abdi H, Williams L J. Principal component analysis [J]. Wiley Interdisciplinary Reviews: Computational Statistics, 2010, 2 (4): 433–459.

[51] Thompson B. Canonical correlation analysis [J]. Encyclopedia of statistics in behavioral science, 2006.

[52] Tobias R D. An introduction to partial least squares regression [C]. In Proceedings of the Twentieth Annual SAS users Group International Conference. SAS Institute Cary, NC, 1995: 1250–1257. Ann. SAS Users Group Int. Conf., 20th, Orlando, FL.

1995: 2–6.

[53] Hu L, Hu N, Qin G, et al. Turbopump condition monitoring using incremental clustering and one-class support vector machine [J]. Chinese Journal of Mechanical Engineering, 2011, 24 (3): 474–489.

[54] 周福娜. 基于统计特征提取的多故障诊断方法及应用研究 [D]. 上海: 上海海事大学, 2009.

[55] Camelio S J, Jaime A Hu. Multiple fault diagnosis for sheet metal fixtures using designated component analysis [J]. Johns Hopkins APL Technical Digest, 2004, 126 (1): 91–97.

[56] den Kerkhof, Jef Vanlaer, Geert Gins, Jan FM Van Impe P V. Contribution plots for Statistical Process Control: Analysis of the smearing-out effect [J]. Control Conference (ECC), European, 2013, 1013: 428–433.

[57] Venkatasubramanian V, Rengaswamy R, Yin K, et al. A review of process fault detection and diagnosis: Part I: Quantitative model-based methods [J]. Computers & chemical engineering, 2003, 27 (3): 293–311.

[58] He Q P, Qin S J, Wang J. A new fault diagnosis method using fault directions in Fisher discriminant analysis [J]. AIChE Journal, 2005, 51 (2): 555–571.

[59] Gertler J, Singer D. A new structural framework for parity equation-based failure detection and isolation [J]. Automatica, 1990, 26 (2): 381–388.

[60] Gustafsson F. Statistical signal processing approaches to fault detection [J]. Annual Reviews in Control, 2007, 31 (1): 41–54.

[61] Yue H H, Qin S J. Reconstruction-based fault identification using a combined index [J]. Industrial & engineering chemistry research, 2001, 40 (20): 4403–4414.

[62] Alcala C F, Qin S J. Reconstruction-based contribution for process monitoring [J]. Automatica, 2009, 45 (7): 1593–1600.

[63] Westerhuis J A, Gurden S P, Smilde A K. Generalized contribution plots in multivariate statistical process monitoring [J]. Chemometrics and Intelligent Laboratory Systems, 2000, 51 (1): 95–114.

[64] Van den Kerkhof P, Vanlaer J, Gins G, et al. Contribution plots for Statistical Process Control: analysis of the smearing-out effect [C]. In Control Conference (ECC), 2013 European. 2013: 428–433.

[65] Joe Qin S. Statistical process monitoring: basics and beyond [J]. Journal of Chemometrics, 2003, 17 (8-9): 480–502.

[66] Brotherton T, Johnson T. Anomaly detection for advanced military aircraft using neural networks [C]. In Aerospace Conference, 2001, IEEE Proceedings. 2001: 3113–3123.

[67] Iverson D L. Inductive system health monitoring[C]//International Conference on Artificial Intelligence, Ic-Ai″04, Volumme 2 & Proceedings of the International Confer-

ence on Machine Learning, Models, Techndogies & Applications, Minta ″04 Jbine, 21–24, 2004, Las Vegas, Nevada, Vsa, DBLP, 2004: 605–611.

[68] 任国全, 米东, 徐燕申. 基于 ART-2 网络的自行火炮变速箱状态自适应分类 [J]. 火炮发射与控制学报, 2006 (3): 43–46.

[69] 康海英. 基于阶次跟踪的自行火炮变速箱性能检测与故障诊断研究 [D]. 石家庄: 军械工程学院, 2006.

[70] 安若铭. 基于层次模型的航天器故障诊断技术研究及应用 [D]. 哈尔滨：哈尔滨工业大学, 2006.

[71] 安若铭, 谷吉海, 何传严, 等. 粗糙集在卫星电源系统故障诊断中的应用研究 [J]. 中国空间科学技术, 2008, 28 (4): 59–64.

[72] 蒋丽英. 基于 FDA/DPLS 方法的流程工业故障诊断研究 [D]. 杭州: 浙江大学, 2006.

[73] 沙金刚. 基于免疫原理的发动机数控系统故障诊断研究 [D]. 南京: 南京航空航天大学, 2007.

[74] Chandola V, Banerjee A, Kumar V. Anomaly detection: A survey[J]. ACM Computing Surveys (CSUR), 2009, 41(3): 15.

[75] Cancro G J, Trela M D. STEREO Fault Protection Challenges and learned [J]. Johns Hopkins APL technical digest, 2009, 28 (2): 155–161.

[76] Barua A, Sinha P, Khorasani K. A diagnostic tree approach for fault cause identification in the attitude control subsystem of satellites [J]. Aerospace and Electronic Systems, IEEE Transactions on, 2009, 45 (3): 983–1002.

[77] Wang Z, Yi D, Duan X, et al. Measurement data modeling and parameter estimation [M]. Boca Ration: CRC Press, 2011.

[78] Alcala C F, Qin S J. Analysis and generalization of fault diagnosis methods for process monitoring [J]. Journal of Process Control, 2011, 21 (3): 322–330.

[79] Downs J J, Vogel E F. A plant-wide industrial process control problem [J]. Computers & Chemical Engineering, 1993, 17 (3): 245–256.

[80] Lyman P R, Georgakis C. Plant-wide control of the Tennessee Eastman problem [J]. Computers & Chemical Engineering, 1995, 19 (3): 321–331.

[81] McAvoy T, Ye N. Base control for the Tennessee Eastman problem [J]. Computers & Chemical Engineering, 1994, 18 (5): 383–413.

[82] Juricek B C, Seborg D E, Larimore W E. Identification of the Tennessee Eastman challenge process with subspace methods [J]. Control Engineering Practice, 2001, 9(12): 1337–1351.

[83] Antelo L T, Banga J R, Alonso A A. Hierarchical design of decentralized control structures for the Tennessee Eastman Process [J]. Computers & Chemical Engineering, 2008, 32 (9): 1995–2016.

[84] Kulkarni A, Jayaraman V K, Kulkarni B D. Knowledge incorporated support vector machines to detect faults in Tennessee Eastman Process [J]. Computers & Chemical

Engineering, 2005, 29 (10): 2128–2133.
[85] Fitzgerald W J. Nonlinear and Nonstationary Signal Processing [M]. Cambridge: Cambridge University Press, 2000.
[86] Bartelmus W, Chaari F, Zimroz R, et al. Modelling of gearbox dynamics under time-varying nonstationary load for distributed fault detection and diagnosis [J]. European Journal of Mechanics-A/Solids, 2010, 29 (4): 637–646.
[87] Urresty J, Riba Ruiz J R, Romeral L. Diagnosis of interturn faults in PMSMs operating under nonstationary conditions by applying order tracking filtering [J]. Power Electronics, IEEE Transactions on, 2013, 28 (1): 507–516.
[88] Dong J, Verhaegen M, Gustafsson F. Robust fault detection with statistical uncertainty in identified parameters [J]. Signal Processing, IEEE Transactions on, 2012, 60(10): 5064–5076.
[89] Li G, Qin S J, Yuan T. Nonstationarity and cointegration tests for fault detection of dynamic processes [J]. IFAC Proceedings Volumes, 2014, 47(3): 10616–10621.
[90] Nomikos P, MacGregor J F. Monitoring batch processes using multiway principal component analysis [J]. AIChE Journal, 1994, 40 (8): 1361–1376.
[91] Wang J, He Z, Pan X, et al. Fault diagnosis for satellite's attitude determination system based on model error prediction and EMD [C]. In American Control Conference (ACC), 2013: 4337–4342.
[92] Wilkinson J H. The Algebraic Eigenvalue Problem [M]. Oxford Clarendon Press, 1966.
[93] Li W, Yue H H, Valle-Cervantes S, et al. Recursive PCA for adaptive process monitoring [J]. Journal of Process Control, 2000, 10 (5): 471–486.
[94] Wang X, Kruger U, Irwin G W. Process monitoring approach using fast moving window PCA [J]. Industrial & Engineering Chemistry Research, 2005, 44 (15): 5691–5702.
[95] He X B, Yang Y P. Variable MWPCA for adaptive process monitoring [J]. Industrial & Engineering Chemistry Research, 2008, 47 (2): 419–427.
[96] Ljung L. System identification: Theory for the user [J]. Preniice Hall Inf and System Sciencess Series, New Jersey, 1987, 7632.
[97] Meyer C D. Matrix Analysis and Applied Linear Algebra [M]. Philadelphia Siam, 2000.
[98] Móller H M. Exact Computation of the Generalized Inverse and the Least-squares Solution [M]. Dortmund Techn. Univ., Fak. fúr Mathematik, 1999.
[99] Ding S X, Yin S, Wang Y, et al. Data-driven design of observers and its applications [C]. In Proceedings of the 18th IFAC world congress, 2011.
[100] Ding S X. Data-driven design of model-based fault diagnosis systems [C]. In 8th IFAC Symposium on Advanced Control of Chemical Processes, The International Federation of Automatic Control, Furama Riverfront, Singapore, July, 2012: 10–13.
[101] Ding S, Zhang P, Naik A, et al. Subspace method aided data-driven design of fault

detection and isolation systems [J]. Journal of Process Control, 2009, 19 (9): 1496–1510.

[102] Ding S X, Yin S, Peng K, et al. A novel scheme for key performance indicator prediction and diagnosis with application to an industrial hot strip mill [J]. Industrial Informatics, IEEE Transactions on, 2013, 9 (4): 2239–2247.

[103] Borowiak D. Linear models, least squares and alternatives [J]. Technometrics, 2001, 43 (1): 99.

[104] Yuan M, Ekici A, Lu Z, et al. Dimension reduction and coefficient estimation in multivariate linear regression [J]. Journal of the Royal Statistical Society: Series B (Statistical Methodology), 2007, 69 (3): 329–346.

[105] Zeng J, Xie L, Kruger U, et al. Regression-based analysis of multivariate non-Gaussian datasets for diagnosing abnormal situations in chemical processes [J]. AIChE Journal, 2014, 60 (1): 148–159.

[106] Goutis C, Fearn T. Partial least squares regression on smooth factors [J]. Journal of the American Statistical Association, 1996, 91 (434): 627–632.

[107] Kondylis A, Whittaker J. Feature selection for functional PLS [J]. Chemometrics and Intelligent Laboratory Systems, 2013, 121: 82–89.

[108] Zheng K, Zhang X, Iqbal J, et al. Calibration transfer of near-infrared spectra for extraction of informative components from spectra with canonical correlation analysis [J]. Journal of Chemometrics, 2014.

[109] Ge Z, Song Z. Subspace partial least squares model for multivariate spectroscopic calibration [J]. Chemometrics and Intelligent Laboratory Systems, 2013, 125: 51–57.

[110] Burnham A J, MacGregor J F, Viveros R. Latent variable multivariate regression modeling [J]. Chemometrics and Intelligent Laboratory Systems, 1999, 48 (2): 167–180.

[111] Burnham A J, Viveros R, MacGregor J F. Frameworks for latent variable multivariate regression [J]. Journal of Chemometrics, 1996, 10 (1): 31–46.

[112] Burnham A J, MacGregor J F, Viveros R. A statistical framework for multivariate latent variable regression methods based on maximum likelihood [J]. Journal of Chemometrics, 1999, 13 (1): 49–66.

[113] Jolliffe I T. A note on the use of principal components in regression [J]. Applied Statistics, 1982: 300–303.

[114] Glahn H R. Canonical correlation and its relationship to discriminant analysis and multiple regression [J]. Journal of the Atmospheric Sciences, 1968, 25 (1): 23–31.

[115] Geladi P, Kowalski B R. Partial least-squares regression: A tutorial [J]. Analytica Chimica Acta, 1986, 185: 1–17.

[116] Tso M S. Reduced-rank regression and canonical analysis [J]. Journal of the Royal Statistical Society. Series B (Methodological), 1981: 183–189.

[117] Borga M, Landelius T, Knutsson H. A unified approach to PCA, PLS, MLR and CCA [J]. Linköping University Department of Electrical Engineering, 2010.

[118] Hotelling H. Analysis of a complex of statistical variables into principal components [J]. Journal of Educational Psychology, 1933, 24 (6): 417.

[119] Hotelling H. Relations between two sets of variates [J]. Biometrika, 1936: 321–377.

[120] Weenink D. Canonical correlation analysis [C]. In Proceedings of the Institute of Phonetic Sciences of the University of Amsterdam, 2003: 81–99.

[121] Fan X, Konold T R. Canonical correlation analysis [J]. The Reviewer's Guide to Quantitative Methods in the Social Sciences, 2010: 29–40.

[122] Bjórck A, Golub G H. Numerical methods for computing angles between linear subspaces [J]. Mathematics of Computation, 1973, 27 (123): 579–594.

[123] Wold S, Trygg J, Berglund A, et al. Some recent developments in PLS modeling [J]. Chemometrics and Intelligent Laboratory Systems, 2001, 58 (2): 131–150.

[124] Pedersen D K, Martens H, Nielsen J P, et al. Near-infrared absorption and scattering separated by extended inverted signal correction (EISC): analysis of near-infrared transmittance spectra of single wheat seeds [J]. Applied Spectroscopy, 2002, 56 (9): 1206–1214.

[125] Li Z, Kruger U, Wang X, et al. An error-in-variable projection to latent structure framework for monitoring technical systems with orthogonal signal components [J]. Chemometrics and Intelligent Laboratory Systems, 2014, 133: 70–83.

[126] Kaspar M, Ray W T. Partial least squares modelling as successive singular value decompositions [J]. Computers & Chemical Engineering, 1993, 17 (10): 985–989.

[127] Barker M, Rayens W. Partial least squares for discrimination [J]. Journal of Chemometrics, 2003, 17 (3): 166–173.

[128] Dayal B, MacGregor J F. Improved PLS algorithms [J]. Journal of Chemometrics, 1997, 11 (1): 73–86.

[129] Van Den Wollenberg A L. Redundancy analysis an alternative for canonical correlation analysis [J]. Psychometrika, 1977, 42 (2): 207–219.

[130] Izenman A J. Reduced-rank regression for the multivariate linear model [J]. Journal of Multivariate Analysis, 1975, 5 (2): 248–264.

[131] Zhang X. Matrix analysis and applications [J]. Tsinghua and Springer Publishing house, Beijing, 2004: 71–100.

[132] Zhang B, Sconyers C, Byington C, et al. A probabilistic fault detection approach: Application to bearing fault detection [J]. Industrial Electronics, IEEE Transactions on, 2011, 58 (5): 2011–2018.

[133] He Z M, Zhou H Y, Wang J Q, et al. Model for Unanticipated Fault Detection by OCPCA [J]. Advanced Materials Research, 2012, 591: 2108–2113.

[134] Wang J, He Z, Wang D, et al. Data-driven diagnosing for unanticipated fault by

a general process model [C]. In Chinese Automation Congress (CAC), 2013. 2013: 459–464.

[135] Swayne D F, Cook D, Buja A. XGobi: Interactive dynamic data visualization in the X Window System [J]. Journal of Computational and Graphical Statistics, 1998, 7(1): 113–130.

[136] Narendra K S, Tripathi S. Identification and optimization of aircraft dynamics [J]. Journal of Aircraft, 1973, 10 (4): 193–199.

[137] Ding S X, Atlas E, Schneider S, et al. An introduction to a MATLAB-based FDI-toolbox [C]. In Proceedings of Fault Detection, Supervision and Safety of Technical Processes, 2006.

[138] Varga A. A fault detection toolbox for MATLAB [C]. Computer Aided Control System Design, 2006 IEEE International Conference on Contrd Applications, 2006 IEEE International Symposium on Intelligent Control, IEEE, 2006: 3013–3018.

[139] Verhaegen M. Identification of the deterministic part of MIMO state space models given in innovations form from input-output data [J]. Automatica, 1994, 30 (1): 61–74.

[140] Li W, Qin S J. Consistent dynamic PCA based on errors-in-variables subspace identification [J]. Journal of Process Control, 2001, 11 (6): 661–678.

[141] Basseville M. On-board component fault detection and isolation using the statistical local approach [J]. Automatica, 1998, 34(11): 1391–1415.

[142] Kruger U, Chen Q, Sandoz D, et al. Extended PLS approach for enhanced condition monitoring of industrial processes [J]. AIChE Journal, 2001, 47 (9): 2076–2091.

[143] Chen Z, Zhang K, Yang X, et al. Study on small multiplicative fault detection using Canonical Correlation Analysis with the local approach [C]. In the 9th IFAC Symposium on Fault Detection, Supervision and Safety of Technical Processes (SafeProcess 2015) in Paris, France from September 2-4, 2016.

索　　引